U0267008

《现代数学基础丛书》编委会

现代数学基础丛书·典藏版 118

算子代数与非交换 L_p 空间引论

许全华　吐尔德别克　陈泽乾　著

科 学 出 版 社

北　京

内 容 简 介

本书介绍算子代数与非交换 L_p 空间的基本内容，共分 6 章. 第 1 章和第 2 章阐述 C^* 代数的基本理论，包括 Gelfand 变换、连续函数演算、Jordan 分解和 GNS 构造等内容. 第 3 章和第 4 章系统论述 von Neumann 代数的基本理论，涵盖了核算子、算子代数的局部凸拓扑、Borel 函数演算、von Neumann 二次交换子定理和 Kaplansky 稠密性定理、正规泛函等内容. 第 5 章介绍非交换 L_p 空间的基本性质，包括非交换测度空间、非交换 Hölder 不等式、非交换 L_p 空间的对偶性、可测算子以及非交换测度空间的张量积等内容. 第 6 章是若干例子，它们是前述各章内容的补充与综合应用. 附录介绍 Hilbert 空间上紧算子的谱理论. 全书内容简练、结构清晰，每个结果都给出详细的证明并且例题充分翔实.

本书可作为数学专业的研究生教材，也可供从事数学和理论物理研究的教师与科研人员参考.

图书在版编目(CIP)数据

算子代数与非交换 L_p 空间引论/许全华，吐尔德别克，陈泽乾著. —北京：科学出版社，2010. 5

(现代数学基础丛书·典藏版；118)

ISBN 978-7-03-027247-8

Ⅰ.算… Ⅱ.①许… ②吐… ③陈… Ⅲ.算子代数 Ⅳ.O177.5

中国版本图书馆 CIP 数据核字 (2010) 第 068895 号

责任编辑：王丽平 房 阳/责任校对：钟 洋

责任印制：赵 博/封面设计：陈 敬

科学出版社出版

北京东黄城根北街 16 号

邮政编码：100717

http://www.sciencep.com

北京凌奇印刷有限责任公司印刷

科学出版社发行 各地新华书店经销

*

2010 年 5 月第 一 版 开本：720×1000 1/16

2024 年 4 月 印 刷 印张：13 1/4

字数：250 000

定价：78.00 元

(如有印装质量问题，我社负责调换)

《现代数学基础丛书》序

对于数学研究与培养青年数学人才而言，书籍与期刊起着特殊重要的作用．许多成就卓越的数学家在青年时代都曾钻研或参考过一些优秀书籍，从中汲取营养，获得教益．

20 世纪 70 年代后期，我国的数学研究与数学书刊的出版由于“文化大革命”的浩劫已经被破坏与中断了 10 余年，而在这期间国际上数学研究却在迅猛地发展着．1978 年以后，我国青年学子重新获得了学习、钻研与深造的机会．当时他们的参考书籍大多还是 50 年代甚至更早期的著述．据此，科学出版社陆续推出了多套数学丛书，其中《纯粹数学与应用数学专著》丛书与《现代数学基础丛书》更为突出，前者出版约 40 卷，后者则逾 80 卷．它们质量甚高，影响颇大，对我国数学研究、交流与人才培养发挥了显著效用．

《现代数学基础丛书》的宗旨是面向大学数学专业的高年级学生、研究生以及青年学者，针对一些重要的数学领域与研究方向，作较系统的介绍．既注意该领域的基础知识，又反映其新发展，力求深入浅出，简明扼要，注重创新．

近年来，数学在各门科学、高新技术、经济、管理等方面取得了更加广泛与深入的应用，还形成了一些交叉学科．我们希望这套丛书的内容由基础数学拓展到应用数学、计算数学以及数学交叉学科的各个领域．

这套丛书得到了许多数学家长期的大力支持，编辑人员也为其付出了艰辛的劳动．它获得了广大读者的喜爱．我们诚挚地希望大家更加关心与支持它的发展，使它越办越好，为我国数学研究与教育水平的进一步提高做出贡献．

杨　乐

2003 年 8 月

《现代数学基础丛书》序

前　言

算子代数是泛函分析的一个重要方向, 它的基本内容是 C^* 代数与 von Neumann 代数. C^* 代数可以看作局部紧拓扑空间理论在非交换方向的发展, 而 von Neumann 代数则是经典测度与积分理论的推广. 历史上, 为了研究量子力学的数学基础, von Neumann 与 Murray、Gelfand、Naimark 在 20 世纪 40 年代奠定了算子代数的基础. 随后经过众多数学家的努力, 算子代数的基本理论日臻完善并被广泛应用于其他数学领域, 如 K 理论、非交换几何、量子概率、算子空间和非交换调和分析等, 同时它还是研究量子统计物理、量子场论和量子信息与量子计算等许多物理学理论的数学工具. 掌握算子代数的基本理论, 对于学习和理解当代数学与物理学众多前沿领域的知识是十分必要的.

本书主要介绍算子代数与非交换 L_p 空间的基本内容, 第 1 章和第 2 章介绍 C^* 代数的基本理论; 第 3 章和第 4 章介绍 von Neumann 代数的基本理论; 第 5 章和第 6 章简要介绍非交换 L_p 空间的基本性质以及相关的各种例子.

第 1 章介绍 C^* 代数的一些基本性质. 该章最重要的结论是 Gelfand 基本定理, 即交换 C^* 代数同构于某个局部紧拓扑空间上连续函数全体构成的 C^* 代数. 有了这个定理, 就可以把 C^* 代数上的解析函数演算推广为连续函数演算, 连续函数演算是 C^* 代数理论中一个很有用的工具.

第 2 章由两部分组成. 第一部分介绍 C^* 代数上正线性泛函的基本性质, 第二部分讨论 C^* 代数的表示问题. 我们将证明任何一个 C^* 代数都同构于 $\mathcal{B}(\mathbb{H})$ 的某个 C^* 子代数, 最后给出有限维 C^* 代数的结构.

第 3 章讨论 $\mathcal{B}(\mathbb{H})$ 上的几种局部凸拓扑. 前两章研究 C^* 代数时主要用到 $\mathcal{B}(\mathbb{H})$ 的一致拓扑 (算子范数确定的拓扑), 该章将介绍另外六种局部凸拓扑. 虽然它们都比前者弱, 但在研究 von Neumann 代数时经常要用到. 我们还将研究 von Neumann 代数的一些很基本的性质. 特别是在 3.4 节, 我们要介绍 Borel 函数演算, 它是连续函数演算的推广.

第 4 章进一步介绍 von Neumann 代数的基本性质. 首先证明 von Neumann 代数的两个基本定理, 即 von Neumann 二次交换子定理与 Kaplansky 稠密性定理; 其次讨论正规线性泛函和正规同态的基本性质; 最后介绍 C^* 代数的 von Neumann 代数包络, 它建立了 C^* 代数与 von Neumann 代数之间联系的纽带.

第 5 章介绍非交换 L_p 空间的基本性质, 主要包括非交换测度空间、非交换 Hölder 不等式、对偶性定理、可测算子以及非交换测度空间的张量积等内容.

第 6 章则是若干例子, 它们可以看成是前述各章内容的补充与综合应用. 这些例子通常要涉及不同章节的内容, 需要读者融会贯通.

第 5 章和第 6 章通常不包含在算子代数的内容中, 但它们是算子代数基本内容的自然延伸, 而且在非交换概率以及算子空间理论中有重要的应用. 考虑到国内目前还没有介绍这方面内容的书籍, 本书增加了这两章的内容.

阅读本书需要测度论与拓扑向量空间的基础知识, 建议读者参考 Rudin 的两部名著: *Real and Complex Analysis* 和 *Functional Analysis*. 另外, 本书给出了一个附录, 介绍 Hilbert 空间上算子的极分解和紧算子的谱理论. 这是为没有该方面基础知识的读者准备的.

本书是为数学专业的研究生设计的教材, 其材料基于多年来我在法国佛朗什-孔泰大学 (Université de Franh-Comté) 为研究生讲授算子代数基础课程时撰写的讲稿. 为了便于初学者学习和掌握, 全书力求简洁明了, 每个结果都给出详细的证明并且例题尽量做到充分翔实. 同时, 每章后面都配有一定数量的习题, 供学生作为课后练习以便加强对所学内容的理解和掌握. 另外, 需要进一步学习和了解算子代数内容的读者可以参考 Dixmier、Kadison-Ringrose、Pedersen、Sakai 和 Takesaki 等的专著, 算子代数与非交换 L_p 空间在其他数学领域的某些最新应用则可参见 Pisier 与我写的综述文章以及我即将出版的专著 (见参考文献).

本书原本是用法文和英文写成的讲稿, 吐尔德别克和陈泽乾将其翻译成中文, 其中别克翻译了前 4 章和附录, 陈泽乾翻译了后两章. 陈泽乾用本书初稿在中国科学院武汉物理与数学研究所为研究生讲授算子代数课程时对书稿作了仔细订正, 其中尹智协助校订了最后两章. 我最后对书稿作了统一的修改和补充.

许全华

2009 年 2 月于贝桑松

目　录

第1章　C^*　代　数

本章介绍 C^* 代数的一些基本性质. 本章最重要的结论是 Gelfand 基本定理, 即交换 C^* 代数同构于某个局部紧空间上定义的连续函数全体构成的 C^* 代数. 有了这个定理, 我们就可以将 C^* 代数上的解析函数演算推广为连续函数演算, 这是 C^* 代数理论中一个很有用的工具. 本章内容依次为：1.1 节讨论谱集与预解集; 1.2 节证明 Gelfand 基本定理; 1.3 节讨论连续函数演算及其应用; 1.4 节证明 C^* 代数的所有正元素构成一个闭锥, 并且任何 C^* 代数都有逼近单位元; 1.5 节讨论 C^* 代数的同态与理想.

1.1　谱与预解式

本节首先给出 C^* 代数的定义, 然后介绍它的元的谱集与预解集及其基本性质. 本节的大部分结果对 Banach 代数也成立. 以后没有特别声明时, 我们考虑的线性空间都是复数域 $\mathbb{C}$ 上的线性空间.

定义 1.1.1　设 $\mathbb{A}$ 是一个复 Banach 空间.

(1) 若 $\mathbb{A}$ 上定义了一个乘法运算并满足条件：

$$\|xy\| \leqslant \|x\|\|y\|, \quad \forall x, y \in \mathbb{A},$$

则称 $\mathbb{A}$ 为一个 Banach 代数.

(2) Banach 代数 $\mathbb{A}$ 上的对合是指在 $\mathbb{A}$ 上定义的一个满足下列条件的 $*$ 运算：对任意元 $x, y \in \mathbb{A}$ 和任意复数 λ 有

(i) $(x^*)^* = x$;

(ii) $(x+y)^* = x^* + y^*$;

(iii) $(\lambda x)^* = \overline{\lambda} x^*$;

(iv) $(xy)^* = y^* x^*$,

x^* 称为 x 的伴随.

(3) 具有对合的 Banach 代数 $\mathbb{A}$ 称为一个 C^* 代数, 若 $\mathbb{A}$ 满足

$$\|xx^*\| = \|x\|^2, \quad \forall x \in \mathbb{A}.$$

(4) 代数 $\mathbb{A}$ 称为一个单位代数, 若 $\mathbb{A}$ 具有单位元, 即存在 $e \in \mathbb{A}$ 使得

$$xe = ex = x, \quad \forall x \in \mathbb{A}.$$

(5) 代数 $\mathbb{A}$ 称为一个交换代数, 若

$$xy = yx, \quad \forall x, y \in \mathbb{A}.$$

注 1.1.1　下列命题成立:

(1) 对合是在 C^* 代数 $\mathbb{A}$ 上的一个等距同构映射, 即

$$\|x^*\| = \|x\|, \quad \forall x \in \mathbb{A}.$$

事实上, 由 $\|x\|^2 = \|xx^*\| \leqslant \|x\|\|x^*\|$ 得知 $\|x\| \leqslant \|x^*\|$, 再由伴随得到等式.

(2) 若 Banach 代数 $\mathbb{A}$ 存在单位元 e, 则单位元 e 是唯一的. 若单位代数 $\mathbb{A}$ 是 C^* 代数, 则 $e^* = e$ 且 $\|e\| = 1$ (除非 $\mathbb{A} = \{0\}$).

(3) 若 $\mathbb{A}$ 中的元 e 和 e' 分别满足

$$ex = x, \quad xe' = x, \quad \forall x \in \mathbb{A}$$

(e 和 e' 分别称为 $\mathbb{A}$ 的左单位元和右单位元), 则 $e = e'$. 因此 $\mathbb{A}$ 具有单位元.

约定　将总是用 1 表示单位元, 对 $x \in \mathbb{A}$ 和 $\lambda \in \mathbb{C}$, $x + \lambda$ 表示 $\mathbb{A}$ 的元 $x + \lambda 1$.

单位化　设 $\mathbb{A}$ 是一个没有单位元的 C^* 代数. 令

$$\widetilde{\mathbb{A}} = \mathbb{A} \times \mathbb{C} = \{(x, \lambda) : x \in \mathbb{A},\ \lambda \in \mathbb{C}\}.$$

在 $\widetilde{\mathbb{A}}$ 上引入如下乘法运算:

$$(x, \lambda)(y, \mu) = (xy + \mu x + \lambda y, \lambda\mu)$$

和对合运算

$$(x, \lambda) \to (x^*, \overline{\lambda}),$$

那么 $\widetilde{\mathbb{A}}$ 成为一个具有对合的单位代数, 其单位元素为 $(0, 1)$. 通过自然对应 $x \mapsto (x, 0)$, 我们可以把 $\mathbb{A}$ 看成 $\widetilde{\mathbb{A}}$ 的一个子代数. $\mathbb{A}$ 是 $\widetilde{\mathbb{A}}$ 的一个理想, 即

$$\widetilde{y}x,\ x\widetilde{z} \in \mathbb{A}, \quad \forall x \in \mathbb{A}, \forall \widetilde{y},\ \widetilde{z} \in \widetilde{\mathbb{A}}.$$

在 $\widetilde{\mathbb{A}}$ 上定义如下范数:

$$\|(x, \lambda)\| = \sup_{y \in \mathbb{A},\ \|y\| \leqslant 1} \|xy + \lambda y\|.$$

要验证这个函数满足范数的条件, 只需证明: $\|(x, \lambda)\| = 0 \Rightarrow (x, \lambda) = (0, 0)$. 若不然, 假设 $\lambda \neq 0$, 那么对任意 $y \in \mathbb{A}$ 有 $xy + \lambda y = 0$. 从而 $(-\lambda^{-1}x)y = y$, 即 $-\lambda^{-1}x$ 是 $\mathbb{A}$ 的左单位元. 再取伴随可知 $-\overline{\lambda^{-1}}x^*$ 是 $\mathbb{A}$ 的右单位元. 故 $\mathbb{A}$ 有单位元, 矛盾! 又当 $x \in \mathbb{A}$ 时, $\|(x, 0)\| = \|x\|$. 故 $(x, \lambda) = (0, 0)$.

因为对任意 $x \in \mathbb{A}$ 有 $\|(x,0)\| = \|x\|$, 对任意 $\lambda \in \mathbb{C}$ 有 $\|(0,\lambda)\| = |\lambda|$, 故可将 $\mathbb{A}$ 和 $\mathbb{C}$ 分别看成 $\widetilde{\mathbb{A}}$ 的子空间 $\mathbb{A} \times \{0\}$ 和 $\{0\} \times \mathbb{C}$. 由于 $\mathbb{A}$, $\mathbb{C}$ 都是 Banach 空间, 故它们是 $\widetilde{\mathbb{A}}$ 的闭子空间.

考虑线性泛函 $\varphi : \widetilde{\mathbb{A}} \to \mathbb{C}$ 使得 $\varphi(x,\lambda) = \lambda, \forall (x,\lambda) \in \widetilde{\mathbb{A}}$. 由于 $\ker \varphi = \mathbb{A}$ 是 $\widetilde{\mathbb{A}}$ 中的闭子空间, 从而 φ 是连续的. 故

$$|\lambda| \leqslant \|\varphi\| \|(x,\lambda)\|, \quad \forall (x,\lambda) \in \widetilde{\mathbb{A}}.$$

又

$$\|x\| = \|(x,0)\| \leqslant \|(x,\lambda)\| + \|(0,-\lambda)\| \leqslant (1 + \|\varphi\|)\|(x,\lambda)\|.$$

从而得到

$$\|x\| + |\lambda| \leqslant (1 + 2\|\varphi\|)\|(x,\lambda)\|, \quad \forall (x,\lambda) \in \widetilde{\mathbb{A}}.$$

显然

$$\|(x,\lambda)\| \leqslant \|x\| + |\lambda|.$$

因此 $(x,\lambda) \mapsto \|x\| + |\lambda|$ 定义了 $\widetilde{\mathbb{A}}$ 上的一个等价范数. 由于在新范数下 $\widetilde{\mathbb{A}}$ 是完备的, 故 $\widetilde{\mathbb{A}}$ 是一个 Banach 代数 (注意: 在这个新范数下 $\widetilde{\mathbb{A}}$ 虽然是一个 Banach 代数, 但不是 C^* 代数).

下面证明 $\widetilde{\mathbb{A}}$ 是一个 C^* 代数, 即

$$\|(x,\lambda)\|^2 \leqslant \|(x,\lambda)^*(x,\lambda)\|.$$

这是因为

$$\begin{aligned}
\|(x,\lambda)\|^2 &= \sup_{y\in\mathbb{A},\ \|y\|\leqslant 1} \|xy + \lambda y\|^2 \\
&= \sup_{y\in\mathbb{A},\ \|y\|\leqslant 1} \|y^*(x^*xy + \lambda x^*y + \overline{\lambda}xy + |\lambda|^2 y)\| \\
&\leqslant \sup_{y\in\mathbb{A},\ \|y\|\leqslant 1} \|(x^*x + \lambda x^* + \overline{\lambda}x + |\lambda|^2)y\| \\
&= \|(x,\lambda)^*(x,\lambda)\|.
\end{aligned}$$

故 $\widetilde{\mathbb{A}}$ 是一个单位 C^* 代数. $\mathbb{A}$ 是 $\widetilde{\mathbb{A}}$ 的余维数为 1 的理想. $\widetilde{\mathbb{A}}$ 称为 $\mathbb{A}$ 的单位化.

定义 1.1.2 设 $\mathbb{A}$ 是一个 C^* 代数, $x \in \mathbb{A}$.

(1) 如果 $x^* = x$, 则称 x 为自伴的 (埃尔米特的). 用 $\mathbb{A}_h$ 表示 $\mathbb{A}$ 的所有自伴元构成的集合.

(2) 如果 $xx^* = x^*x$, 则称 x 为正规的.

(3) 如果 $x^* = x = x^2$, 则称 x 为投影.

(4) 如果存在 $y \in \mathbb{A}$ 使得 $xy = yx = 1$ ($\mathbb{A}$ 是单位代数), 则称 x 为可逆的. 这时 y 是唯一的, 称为 x 的逆元并记为 x^{-1}. 用 $\mathcal{G}(\mathbb{A})$ 表示 $\mathbb{A}$ 的所有可逆元的集合.

(5) 如果 $xx^* = x^*x = 1$ ($\mathbb{A}$ 是单位代数), 则称 x 为酉元. 用 $\mathcal{U}(\mathbb{A})$ 表示 $\mathbb{A}$ 的所有酉元构成的集合.

注 1.1.2　我们有下列事实:

(1) $\mathbb{A}_h$ 是 $\mathbb{A}$ 的一个实子空间 (即在实数域 $\mathbb{R}$ 上的一个线性子空间). 设 $x \in \mathbb{A}$. 令

$$\mathrm{Re}x = \frac{x + x^*}{2}, \quad \mathrm{Im}x = \frac{x - x^*}{2\mathrm{i}},$$

则 $\mathrm{Re}x$ 和 $\mathrm{Im}x$ 都是自伴元且 $x = \mathrm{Re}x + \mathrm{i}\mathrm{Im}x$. 易证 $(\mathrm{Re}x, \mathrm{Im}x)$ 是满足这个等式的唯一一组自伴元. $\mathrm{Re}x$ 和 $\mathrm{Im}x$ 分别称为 x 的实部和虚部.

(2) $\mathcal{G}(\mathbb{A})$ 是 $\mathbb{A}$ 的一个开集, 并且关于 $\mathbb{A}$ 的乘法运算 $\mathcal{G}(\mathbb{A})$ 是一个群. $\mathcal{G}(\mathbb{A})$ 对伴随运算封闭且 $(x^*)^{-1} = (x^{-1})^*$. $\mathcal{U}(\mathbb{A})$ 是 $\mathcal{G}(\mathbb{A})$ 的一个子群.

定义 1.1.3　设 $\mathbb{A}$ 是一个 C^* 代数, $x \in \mathbb{A}$.

(1) 若 $\mathbb{A}$ 是单位代数, 令

$$\sigma(x) = \{\lambda \in \mathbb{C} : \lambda - x \notin \mathcal{G}(\mathbb{A})\}, \quad \rho(x) = \mathbb{C} \setminus \sigma(x).$$

$\sigma(x)$ 和 $\rho(x)$ 分别称为 x 的谱集与预解集. x 的预解式定义为

$$R(x, \lambda) = (\lambda - x)^{-1}, \quad \lambda \in \rho(x).$$

(2) 若 $\mathbb{A}$ 不是单位代数, 那么把 x 看成 $\widetilde{\mathbb{A}}$ 中的元素, 类似地定义 $\sigma(x)$ 和 $\rho(x)$, 这里 $\widetilde{\mathbb{A}}$ 为 $\mathbb{A}$ 的单位化.

注 1.1.3　若 $\mathbb{A}$ 不是单位代数, 则 0 总属于 $\sigma(x)$.

定理 1.1.1　设 $\mathbb{A}$ 是一个单位 C^* 代数, $x \in \mathbb{A}$.

(1) $\rho(x)$ 是 $\mathbb{C}$ 的一个开集, 并且向量值函数 $R : \lambda \mapsto R(x, \lambda)$ 在 $\rho(x)$ 中是解析的, 即对任意 $\xi \in \mathbb{A}^*$, 标量值函数 $R : \lambda \mapsto \xi(R(x, \lambda))$ 在 $\rho(x)$ 中解析, 其中 $\mathbb{A}^*$ 是 $\mathbb{A}$ 的对偶空间.

(2) $\sigma(x)$ 是 $\mathbb{C}$ 的一个非空紧集, 并且 $\sigma(x) \subset \{\lambda \in \mathbb{C} : |\lambda| \leqslant \|x\|\}$.

证明　(1) 记 $R(\lambda) = R(x, \lambda)$. 设 $f : \lambda \mapsto \lambda - x$. 显然, f 是从 $\mathbb{C}$ 到 $\mathbb{A}$ 的连续映射. 由于 $\mathcal{G}(\mathbb{A})$ 是 $\mathbb{A}$ 的开集, 从而 $\rho(x) = f^{-1}(\mathcal{G}(\mathbb{A}))$ 是 $\mathbb{C}$ 的开集. 因为映射 $x \mapsto x^{-1}$ 在 $\mathcal{G}(\mathbb{A})$ 上连续, 因此 R 连续. 固定 $\lambda_0 \in \rho(x)$. 设 $\lambda \in \{\lambda \in \mathbb{C} : |\lambda - \lambda_0| < \|R(\lambda_0)\|^{-1}\}$, 则

$$\begin{aligned} R(\lambda) &= R(\lambda_0)[R(\lambda_0)(\lambda - \lambda_0) + 1]^{-1} \\ &= R(\lambda_0) \sum_{n \geqslant 0} (-1)^n R(\lambda_0)^n (\lambda - \lambda_0)^n. \end{aligned}$$

右边的级数在 $\{\lambda\in\mathbb{C}:\ |\lambda-\lambda_0|<\|R(\lambda_0)\|^{-1}\}$ 中的任何紧子集上按范数一致收敛. 对任意 $\xi\in\mathbb{A}^*$ 和所有 $\lambda\in\{\lambda\in\mathbb{C}:\ |\lambda-\lambda_0|<\|R(\lambda_0)\|^{-1}\}$ 有

$$\xi(R(\lambda))=\sum_{n\geqslant 0}(-1)^n\xi(R(\lambda_0)^{n+1})(\lambda-\lambda_0)^n.$$

从而 $R:\lambda\mapsto\xi R(x,\lambda)$ 在 $\rho(x)$ 中解析.

(2) 设 $\lambda\in\mathbb{C}$ 且 $\lambda>\|x\|$. 由 $\|\lambda^{-1}x\|<1$ 可以知道 $1-\lambda^{-1}x$ 可逆. 故 $\lambda\in\rho(x)$, 从而 $\sigma(x)\subset\{\lambda\in\mathbb{C}:\ |\lambda|\leqslant\|x\|\}$. 因此 $\sigma(x)$ 是有界的. 由于 $\sigma(x)$ 是 $\rho(x)$ 的补集, 可知 $\sigma(x)$ 是闭的. 所以 $\sigma(x)$ 是 $\mathbb{C}$ 的一个紧集.

假设 $\sigma(x)=\varnothing$, 即 $\rho(x)=\mathbb{C}$, 则对任意的 $\xi\in A^*$, $\xi(R(\lambda))$ 是一个整函数, 即它是 $\mathbb{C}$ 上的解析函数. 对 $\lambda>\|x\|$ 有

$$R(\lambda)=\frac{1}{\lambda}\left(1-\frac{x}{\lambda}\right)^{-1}=\sum_{n\geqslant 0}\frac{x^n}{\lambda^{n+1}}.$$

因此,

$$\|R(\lambda)\|\leqslant\sum_{n\geqslant 0}\frac{\|x\|^n}{|\lambda|^{n+1}}\to 0,\quad \text{当 } |\lambda|\to\infty \text{ 时}.$$

由此可得, 对任意的 $\xi\in\mathbb{A}^*$, 当 $|\lambda|\to\infty$ 时有 $\xi[R(\lambda)]\to 0$. 从而由 Liouville 定理 (有界整函数是常函数) 可得 $R(\lambda)=0$. 这与 $R(\lambda)$ 为可逆的矛盾! □

定义 1.1.4 设 $\mathbb{A}$ 是一个 C^* 代数, $x\in\mathbb{A}$. 定义 $r(x)=\sup\{|\lambda|:\lambda\in\sigma(x)\}$. 我们称 $r(x)$ 为 x 的谱半径.

由定理 1.1.1 知 $r(x)\leqslant\|x\|$. 下面的结论给出了谱半径的具体表达式.

定理 1.1.2 设 $\mathbb{A}$ 是一个 C^* 代数, $x\in\mathbb{A}$, 则

$$r(x)=\lim_{n\to\infty}\|x^n\|^{\frac{1}{n}}.$$

证明 不妨设 $\mathbb{A}$ 是一个单位 C^* 代数. 设 $\lambda\in\sigma(x)$, $n\in\mathbb{N}$. 由

$$\lambda^n-x^n=(\lambda-x)(\lambda^{n-1}+\lambda^{n-2}x+\cdots+\lambda x^{n-2}+x^{n-1})$$

可得, 如果 λ^n-x^n 可逆, 则 $\lambda-x$ 也可逆, 这与假设矛盾. 因此 $\lambda^n\in\sigma(x^n)$. 故

$$|\lambda|^n\leqslant r(x^n)\leqslant\|x^n\|,$$

所以, $r(x)\leqslant\liminf\limits_{n\to\infty}\|x^n\|^{\frac{1}{n}}$.

下面证明相反的不等式成立. $R(x,\lambda)$ 在 $\{\lambda\in\mathbb{C}:|\lambda|>\|x\|\}$ 上有如下的 Laurent 级数展开式:

$$R(x,\lambda)=\sum_{n\geqslant 0}\frac{x^n}{\lambda^{n+1}},$$

其中右边的级数按范数收敛. 从而对任意的 $\xi \in \mathbb{A}^*$ 和 $|\lambda| > \|x\|$, 级数

$$\xi(R(x,\lambda)) = \sum_{n\geqslant 0} \frac{\xi(x^n)}{\lambda^{n+1}}$$

绝对收敛. 因为 $R(x,\lambda)$ 在 $\{\lambda \in \mathbb{C} : |\lambda| > r(x)\}$ 上有定义并且解析, 故级数

$$\xi(R(x,\lambda)) = \sum_{n\geqslant 0} \frac{\xi(x^n)}{\lambda^{n+1}}$$

在 $\{\lambda \in \mathbb{C} : |\lambda| > r(x)\}$ 上绝对收敛 (经典级数的性质). 特别地,

$$\lim_{n\to\infty} \frac{\xi(x^n)}{|\lambda|^{n+1}} = 0, \quad \forall \xi \in \mathbb{A}^*, \ \forall |\lambda| > r(x).$$

因此, 由 Banach-Steinhauss 定理可得序列 $\left\{\dfrac{x^n}{\lambda^{n+1}}\right\}$ 有界. 所以, 对任意 $|\lambda| > r(x)$ 存在 $C > 0$ 使得

$$\|x^n\| \leqslant C|\lambda|^{n+1}, \quad \forall n \geqslant 0.$$

从而, 对任意 $|\lambda| > r(x)$ 有 $\limsup\limits_{n\to\infty} \|x^n\|^{\frac{1}{n}} \leqslant |\lambda|$. 故

$$\limsup_{n\to\infty} \|x^n\|^{\frac{1}{n}} \leqslant r(x).$$

结合前面已证结论, 我们得到 $\lim\limits_{n\to\infty} \|x^n\|^{\frac{1}{n}}$ 存在并且等于 $r(x)$. □

定理 1.1.3　设 $\mathbb{A}$ 是一个 C^* 代数, 则

$$\sigma(xy) \cup \{0\} = \sigma(yx) \cup \{0\}, \quad \forall x, y \in \mathbb{A}.$$

证明　不妨设 $\mathbb{A}$ 是一个单位 C^* 代数. 设 $\lambda \notin \sigma(xy) \cup \{0\}$, 则 $\lambda - xy$ 可逆. 设 $u = -(\lambda - xy)^{-1}$, 有 $xyu = uxy = 1 + \lambda u$. 从而

$$(\lambda - yx)(1 - yux) = \lambda, \quad (1 - yux)(\lambda - yx) = \lambda.$$

因此 $\lambda - yx \in \mathcal{G}(\mathbb{A})$, 即 $\lambda \notin \sigma(yx) \cup \{0\}$. 反之亦然. 结论得证. □

注 1.1.4　以上关于谱与预解式的结论对 Banach 代数也成立.

定理 1.1.4　设 $\mathbb{A}$ 是一个 C^* 代数, $x \in \mathbb{A}$.

(1) $\sigma(x^*) = \{\overline{\lambda} : \lambda \in \sigma(x)\} = \overline{\sigma(x)}$.

(2) 若 x 是正规的, 则 $r(x) = \|x\|$.

(3) 若 x 是一个酉元 ($\mathbb{A}$ 是单位代数), 则 $\sigma(x) \subset \{\lambda \in \mathbb{C} : |\lambda| = 1\} = \mathbb{T}$.

(4) 若 x 是自伴的, 则 $\sigma(x) \subset \mathbb{R}$.

证明 (1) 对 $\lambda\in\mathbb{C}$ 有 $\lambda-x\in\mathcal{G}(\mathbb{A})\Leftrightarrow\overline{\lambda}-x^*\in\mathcal{G}(\mathbb{A})$.

(2) 如果 x 是正规的, 则有

$$\|x\|^4=\|x^*x\|^2=\|(x^*x)^2\|=\|(x^*)^2x^2\|.$$

于是, 由归纳法可得对任意 $n\geqslant 1$,

$$\|x\|^{2^n}=\|(x^*)^{2^{n-1}}x^{2^{n-1}}\|\leqslant\|(x^*)^{2^{n-1}}\|\|x^{2^{n-1}}\|=\|x^{2^{n-1}}\|^2.$$

从而

$$\|x\|\leqslant\lim_{n\to\infty}\|x^{2^{n-1}}\|^{2^{-(n-1)}}=r(x).$$

因为 $r(x)\leqslant\|x\|$, 故 $\|x\|=r(x)$.

(3) 设 x 是一个酉元, 有 $1=\|1\|=\|x^*x\|=\|x\|^2$. 因此 $\|x\|=1$, 从而 $\sigma(x)\subset\{\lambda\in\mathbb{C}:|\lambda|\leqslant 1\}$. 由 $x^{-1}=x^*$ 和 $\lambda^{-1}-x^{-1}=\lambda^{-1}(x-\lambda)x^{-1}$ 可知

$$\{\lambda^{-1}:\ \lambda\in\sigma(x)\}=\{\overline{\lambda}:\ \lambda\in\sigma(x)\}.$$

故结论成立.

(4) 不妨设 $\mathbb{A}$ 是一个单位 C^* 代数. 设 $x\in\mathbb{A}_h$. 对任意 $n\in\mathbb{N}$ 有 $(-\mathrm{i}x)^n=((\mathrm{i}x)^n)^*$. 于是, 由 $x\mapsto x^*$ 的连续性可得 $\mathrm{e}^{-\mathrm{i}x}=(\mathrm{e}^{\mathrm{i}x})^*$. 但 $\mathrm{e}^{-\mathrm{i}x}$ 是 $\mathrm{e}^{\mathrm{i}x}$ 的逆元. 因此 $(\mathrm{e}^{\mathrm{i}x})^*$ 是酉元. 由 (3) 知 $\sigma(\mathrm{e}^{\mathrm{i}x})\subset\mathbb{T}$. 下面证明 $\{\mathrm{e}^{\mathrm{i}\lambda}:\ \lambda\in\sigma(x)\}\subset\sigma(\mathrm{e}^{\mathrm{i}x})$. 事实上, 设 $\lambda\in\sigma(x)$, 有

$$\mathrm{e}^{\mathrm{i}\lambda}-\mathrm{e}^{\mathrm{i}x}=(\lambda-x)\sum_{n\geqslant 1}\frac{\mathrm{i}^n}{n!}(\lambda^{n-1}+\lambda^{n-2}x+\cdots+x^{n-1}).$$

因此 $\mathrm{e}^{\mathrm{i}\lambda}-\mathrm{e}^{\mathrm{i}x}\notin\mathcal{G}(\mathbb{A})$, 即 $\mathrm{e}^{\mathrm{i}\lambda}\in\sigma(\mathrm{e}^{\mathrm{i}x})$. 从而对 $\lambda\in\sigma(x)$ 有 $|\mathrm{e}^{\mathrm{i}\lambda}|=1$, 故 $\lambda\in\mathbb{R}$. □

下面给出 C^* 代数的若干具体例子.

例 1.1.1 设 $\mathbb{K}$ 是一个紧拓扑空间, $C(\mathbb{K})$ 是在 $\mathbb{K}$ 上的连续函数全体构成的代数. 在 $C(\mathbb{K})$ 上赋予范数

$$\|x\|=\sup_{t\in\mathbb{K}}|x(t)|$$

和对合运算 $x\mapsto\overline{x}$, 其中 $\overline{x}(t)=\overline{x(t)}$, $\forall t\in\mathbb{K}$. 那么 $C(\mathbb{K})$ 是一个 C^* 代数.

例 1.1.2 设 $\mathbb{L}$ 是一个局部紧拓扑空间. 设 x 是在 $\mathbb{L}$ 上的函数. 如果对任意 $\varepsilon>0$ 存在紧子集 $K\subset\mathbb{L}$ 使得 $|x(t)|<\varepsilon$, $\forall t\in L\backslash K$, 则称 x 在无穷远处趋于 0. 记 $C_0(\mathbb{L})$ 为在 $\mathbb{L}$ 上连续且在无穷远处趋于 0 的函数全体构成的代数. 定义 $C_0(\mathbb{L})$ 上的范数和对合与例 1.1.1 相同, 则 $C_0(\mathbb{L})$ 是一个 C^* 代数. 若 $\mathbb{L}$ 不是紧的, 则 $C_0(\mathbb{L})$ 不是一个单位代数.

易证, 对任意 $x \in C_0(\mathbb{L})$ 有 $\sigma(x) = x(\mathbb{L}) = \{x(t):\ t \in \mathbb{L}\}$. $x \in C_0(L)$ 是自伴的当且仅当 x 是一个实值函数. x 是一个酉元当且仅当 $|x(t)| = 1$, $\forall t \in \mathbb{L}$. x 是一个投影当且仅当 x 是 $\mathbb{L}$ 的某个子集 E 的特征函数 χ_E. 由于 x 是连续的, 所以 E 既是开集又是闭集. 从而, 当 $\mathbb{L}$ 连通时 $C_0(\mathbb{L})$ 没有非平凡投影. 如果 $\mathbb{L}$ 是紧的, 则 $x \in C(\mathbb{L})$ 可逆当且仅当 x 在 $\mathbb{L}$ 上处处不为零.

例 1.1.3　设 $(\Omega,\ \mathcal{F},\ \mu)$ 是一个 σ 有限的完备测度空间. 设 $L_\infty(\Omega,\ \mathcal{F},\ \mu)$ 是 Ω 上的本性有界可测函数全体构成的空间, 赋予本性上确界范数 $\|\cdot\|_\infty$. 我们约定, 两个几乎处处相等的函数看成是相等的函数. 于是, $L_\infty(\Omega,\ \mathcal{F},\ \mu)$ 的元素是几乎处处相等的函数类. 在 $L_\infty(\Omega,\ \mathcal{F},\ \mu)$ 上赋予乘法为函数的乘法、对合为函数的伴随, 那么 $L_\infty(\Omega,\ \mathcal{F},\ \mu)$ 成为一个单位 C^* 代数, 其单位元为几乎处处等于 1 的函数类. 元 x 是一个投影当且仅当 $x = \chi_E$, $E \in \mathcal{F}$. 因为 $L_\infty(\Omega,\ \mathcal{F},\ \mu)$ 是一个交换的单位 C^* 代数, 由 Gelfand 定理 (定理 1.2.1) 可知, $L_\infty(\Omega,\ \mathcal{F},\ \mu)$ 等距同构于 $C(\mathbb{K})$, 其中 $\mathbb{K}$ 是一个紧拓扑空间 (即 $L_\infty(\Omega,\ \mathcal{F},\ \mu)$ 的谱集). 这就是经典的 Kakutani 定理.

当 $\Omega = \mathbb{N}$ 时, 赋予离散点值测度, $L_\infty(\Omega)$ 成为 ℓ_∞, 它是以 $\|x\|_\infty = \sup\limits_n |x_n|$ 为范数的所有有界复数序列全体构成的空间. 因此, ℓ_∞ 是一个单位 C^* 代数. c_0 是 ℓ_∞ 的一个子 C^* 代数. 易证 c_0 没有单位元.

例 1.1.4　设 $\mathbb{H}$ 是一个复 Hilbert 空间, 记内积为 $\langle\cdot\,,\,\cdot\rangle$ (设内积对第二个变量线性、第一个变量共轭线性). 设 $\mathcal{B}(\mathbb{H})$ 是 $\mathbb{H}$ 上的所有连续线性映射构成的、赋予一致范数 (算子范数) 的 Banach 空间. 我们将 $\mathcal{B}(\mathbb{H})$ 中的元称为 $\mathbb{H}$ 上的算子. 更一般地, 从复 Hilbert 空间 $\mathbb{H}_1$ 到复 Hilbert 空间 $\mathbb{H}_2$ 的连续线性映射称为从 $\mathbb{H}_1$ 到 $\mathbb{H}_2$ 的连续算子.

算子 $x \in \mathcal{B}(\mathbb{H})$ 的伴随算子是指 $x^* \in \mathcal{B}(\mathbb{H})$, 它满足

$$\langle x^*\xi, \eta\rangle = \langle \xi, x\eta\rangle, \quad \forall \xi, \eta \in \mathbb{H}.$$

赋予对合为算子的伴随、乘法为算子的复合, $\mathcal{B}(\mathbb{H})$ 成为一个单位 C^* 代数, 其单位元是 $\mathbb{H}$ 上的恒等算子. $x \in \mathcal{B}(\mathbb{H})$ 是一个酉元当且仅当 x 是一个等距满射. $x \in \mathcal{B}(\mathbb{H})$ 是一个投影当且仅当 x 是从 $\mathbb{H}$ 到 $\mathbb{H}$ 的某个闭子空间 $\mathbb{K}$ 上的正交投影算子, 此时 $\mathbb{K}$ 是 x 的值域.

当 $\mathbb{H}$ 为有限维空间时, 记 $\mathbb{H}$ 的维数为 n, 那么可以把 $\mathbb{H}$ 当作 ℓ_2^n. 此时在 ℓ_2^n 的自然基下, 将 $\mathcal{B}(\ell_2^n)$ 与 $n \times n$ 阶复矩阵全体构成的代数 $\mathbb{M}_n$ 看作相同的代数. 对 $x \in \mathcal{B}(\ell_2^n)$, $\sigma(x)$ 是 x 的特征值全体.

例 1.1.5　设 $\mathcal{K}(\mathbb{H})$ 是 $\mathbb{H}$ 上的所有紧算子构成的集合, 它是 $\mathcal{B}(\mathbb{H})$ 的一个子空间. 显然, $\mathcal{K}(\mathbb{H})$ 关于乘法运算和对合封闭. 故 $\mathcal{K}(\mathbb{H})$ 是 $\mathcal{B}(\mathbb{H})$ 的一个子 C^* 代数, 而且是它的理想. 当 $\mathbb{H}$ 为无限维空间时, $\mathcal{K}(\mathbb{H})$ 没有单位元.

例 1.1.6 (C^* 代数的直和) 设 $\{\mathbb{A}_i\}_{i\in I}$ 是一族 C^* 代数. 记

$$\ell_\infty(\{\mathbb{A}_i\}_{i\in I})=\left\{\{x_i\}_{i\in I}:\ \{\|x_i\|\}_{i\in I}\text{有界},\ x_i\in\mathbb{A}_i,\ \forall i\in I\right\}.$$

在$\ell_\infty(\{\mathbb{A}_i\}_{i\in I})$上赋予自然的代数运算 (按坐标运算) 和范数$\sup\limits_{i\in I}\|x_i\|$, 则$\ell_\infty(\{\mathbb{A}_i\}_{i\in I})$成为一个 C^* 代数. 若每个 $\mathbb{A}_i$ 都是单位代数, 则 $\ell_\infty(\{\mathbb{A}_i\}_{i\in I})$ 是一个单位代数. 这个代数称为 $\mathbb{A}_i$ 的直和, 通常记为

$$\bigoplus_{i\in I}\mathbb{A}_i.$$

$c_0(\{A_i\}_{i\in I})$ 是 $\ell_\infty(\{\mathbb{A}_i\}_{i\in I})$ 中所有趋于零的 $\{x_i\}_{i\in I}$ 构成的一个子代数, 其中 $\{x_i\}_{i\in I}$ 趋于零是指, 对任意 $\varepsilon>0$ 存在 I 的有限子集 J 使得

$$\|x_i\|<\varepsilon,\quad \forall i\in I\backslash J.$$

$c_0(\{\mathbb{A}_i\}_{i\in I})$ 也是一个 C^* 代数, 而且 $c_0(\{\mathbb{A}_i\}_{i\in I})$ 是 $\ell_\infty(\{\mathbb{A}_i\}_{i\in I})$ 的一个理想.

例 1.1.7 (算子值连续函数) 设 $\mathbb{A}$ 是一个 C^* 代数, $\mathbb{L}$ 是一个局部紧拓扑空间. $C_0(\mathbb{L};\mathbb{A})$ 是定义在 $\mathbb{L}$ 上、取值于 $\mathbb{A}$ 中的且无穷远处趋于 0 的连续函数全体构成的空间, 其范数定义为 $\|x\|=\sup\limits_{t\in\mathbb{L}}\|x(t)\|$. 对 $x,y\in C_0(\mathbb{L};\mathbb{A})$, 定义 $xy(t)=x(t)y(t)$ 和 $x^*(t)=x(t)^*$, $\forall t\in\mathbb{L}$, 则 $C_0(\mathbb{L};\mathbb{A})$ 是一个 C^* 代数 (若 $\mathbb{L}$ 是紧的且 $\mathbb{A}$ 有单位元, 则它有单位元). 如果 $\mathbb{A}=\mathbb{M}_n$, 则 $C_0(\mathbb{L};\mathbb{M}_n)$ 的元是取值为 $n\times n$ 阶矩阵的函数.

例 1.1.8 (矩阵元为算子的矩阵) 设 $\mathbb{H}$ 是一个复 Hilbert 空间. 对整数 $n\geqslant 1$, 记 $\ell_2^n(\mathbb{H})=\mathbb{H}^n$ 且赋予范数

$$\|(\xi_1,\xi_2,\cdots,\xi_n)\|=\left(\sum_{k=1}^n\|\xi_k\|^2\right)^{\frac{1}{2}},$$

则 $\ell_2^n(\mathbb{H})$ 是一个 Hilbert 空间. $\ell_2^n(\mathbb{H})$ 是 $\mathbb{H}$ 的 n 重直和. 设 $\iota_k:\mathbb{H}\to\ell_2^n(\mathbb{H})$ 和 $P_k:\ell_2^n(\mathbb{H})\to\mathbb{H}$ 分别是第 k 个包含映射和第 k 个投影映射:

$$\iota_k(\xi)=(\underbrace{0,\cdots,0}_{k-1},\xi,0,\cdots,0),\quad P_k(\xi_1,\cdots,\xi_n)=\xi_k.$$

对 $x\in\mathcal{B}(\ell_2^n(\mathbb{H}))$, 令 $x_{ij}=P_i\circ x\circ\iota_j$, 则 $x_{ij}\in\mathcal{B}(\mathbb{H})$ 且 $(x_{ij})_{1\leqslant i,j\leqslant n}$ 唯一确定 x: 对 $\xi=(\xi_1,\cdots,\xi_n)\in\ell_2^n(\mathbb{H})$,

$$x(\xi)=\left(\sum_{j=1}^n x_{1j}(\xi_j),\sum_{j=1}^n x_{2j}(\xi_j),\cdots,\sum_{j=1}^n x_{nj}(\xi_j)\right).$$

$x\in\mathcal{B}(\ell_2^n(\mathbb{H}))$ 的范数有如下的表示:

$$\|x\| = \sup\left\{\left(\sum_{i=1}^{n}\left\|\sum_{j=1}^{n}x_{ij}\xi_j\right\|^2\right)^{\frac{1}{2}} : \sum_{j=1}^{n}\|\xi_j\|^2 \leqslant 1,\ \xi_j \in \mathbb{H}\right\}.$$

故可以记作 $x = (x_{ij})$. 从而, 我们可以把 $\mathcal{B}(\ell_2^n(\mathbb{H}))$ 与矩阵元为 $\mathcal{B}(\mathbb{H})$ 中元的所有 $n \times n$ 阶矩阵构成的空间 $\mathbb{M}_n(\mathcal{B}(\mathbb{H}))$ 看作相同的代数.

在第 2 章中将证明, 所有的 C^* 代数都可以看成某个 $\mathcal{B}(\mathbb{H})$ 的 C^* 子代数. 设 $\mathbb{A}$ 是一个 C^* 代数, 记 $\mathbb{M}_n(\mathbb{A})$ 是矩阵元为 $\mathbb{A}$ 中元的所有 $n \times n$ 阶矩阵构成的空间. $\mathbb{M}_n(\mathbb{A})$ 上赋予由 $\mathbb{M}_n(\mathcal{B}(\mathbb{H}))$ 诱导的代数运算、对合 ($(x_{ij})^* = (x_{ji}^*)$) 和范数, 则 $\mathbb{M}_n(\mathbb{A})$ 是一个 C^* 代数. 当 $\mathbb{A}$ 是 1 维空间 (即 $\mathbb{A} = \mathbb{C}$) 时, $\mathbb{M}_n(\mathbb{A})$ 就是 $\mathbb{M}_n$.

1.2 交换 C^* 代数

本节要证明关于交换 C^* 代数的基本结果 Gelfand 定理.

定义 1.2.1 设 $\mathbb{A}$, $\mathbb{B}$ 是两个 C^* 代数. 若映射 $\pi : \mathbb{A} \to \mathbb{B}$ 是线性的、可乘的 ($\pi(xy) = \pi(x)\pi(y)$) 且保持对合 ($\pi(x^*) = \pi(x)^*$), 则 π 称为一个同态映射. 如果 $\mathbb{A}$ 和 $\mathbb{B}$ 都是单位代数并且 $\pi(1) = 1$, 则称 π 为单位的. 既是单射又是满射的同态映射称为同构映射. 称 $\mathbb{A}$ 与 $\mathbb{B}$ 同构是指存在一个在 $\mathbb{A}$ 和 $\mathbb{B}$ 之间的同构映射.

我们将证明 (参考定理 1.5.2), 若 $\mathbb{A}$, $\mathbb{B}$ 之间存在同构映射 $\pi : \mathbb{A} \to \mathbb{B}$, 则 π 是等距的. 此时可将 C^* 代数 $\mathbb{A}$ 和 $\mathbb{B}$ 看作相同的代数, 并记作 $A \simeq B$.

为了证明 Gelfand 定理, 我们需要关于交换 Banach 代数的初步知识, 下面介绍相关的结果. 本节考虑的 $\mathbb{A}$ 是一个交换 C^* 代数. 我们要用 Zorn 引理, 因此先叙述之.

Zorn 引理 设 X 是一个非空的偏序集, 若其中每个全序子集都有上界, 则 X 有一个极大元.

极大理想 $\mathbb{A}$ 的线性子空间 $\mathcal{I}$ 称为一个理想, 如果对任意 $x \in \mathcal{I}$ 和 $y \in \mathbb{A}$ 有 $xy \in \mathcal{I}$ (因此也有 $yx \in \mathbb{A}$, 因为 $\mathbb{A}$ 是交换的). $\mathcal{I}$ 称为正则的, 如果存在 $e \in \mathbb{A}$ 使得对任意 $x \in \mathbb{A}$ 有 $ex - x \in \mathcal{I}$. 这等价于商代数 $\mathbb{A}/\mathcal{I}$ 具有单位元. e 称为 $\mathbb{A}$ 模 $\mathcal{I}$ 的单位元. 显然, 单位代数的理想都是正则的. 理想 $\mathcal{I}$ 称为真的, 如果 $\mathcal{I} \neq \mathbb{A}$. 对真的正则理想 $\mathcal{I}$ 有

$$d(e, \mathcal{I}) \triangleq \inf\{\|e - x\| : x \in \mathcal{I}\} \geqslant 1,$$

其中 e 是 $\mathbb{A}$ 模 $\mathcal{I}$ 的单位元. 否则, 存在 $x \in \mathcal{I}$ 使得 $\|e - x\| < 1$, 那么级数 $\sum\limits_{n=1}^{\infty}(e - x)^n$ 在 $\mathbb{A}$ 中按范数收敛. 设 y 是其极限. 由 $(e - x)y = y - (e - x)$ 得

$e = x + xy + (y - ey) \in \mathcal{I}$. 从而, 对任意 $a \in \mathbb{A}$ 有 $a = ea - (ea - a) \in \mathcal{I}$, 矛盾! 因此可以得到, 真的正则理想 $\mathcal{I}$ 的闭包 $\overline{\mathcal{I}}$ 也是真的正则理想.

理想 $\mathcal{I}$ 称为极大理想, 如果 $\mathcal{I}$ 是真的并且包含它的理想是自身或者 $\mathbb{A}$. 由上面的讨论可知, 极大正则理想是闭的. 由 Zorn 引理易证, $\mathbb{A}$ 的任意真的正则理想 $\mathcal{I}$ 包含在一个极大正则理想中. 事实上, 设 e 是 $\mathbb{A}$ 模 $\mathcal{I}$ 的单位元, 那么 $e \notin \mathcal{I}$. 记 $\mathcal{A}$ 是包含 $\mathcal{I}$ 但不包含 e 的理想全体. 由于 $\mathcal{I} \in \mathcal{A}$, 故 $\mathcal{A} \neq \varnothing$. 集合的包含关系确定 $\mathcal{A}$ 上的一个偏序. $\mathcal{A}$ 的任意一个全序集都有上界 (全序集的并集就是一个上界). 由 Zorn 引理可得 $\mathcal{A}$ 有极大元 $\mathcal{J}$. 那么 $\mathcal{J}$ 是包含 $\mathcal{I}$ 的极大正则理想.

$\mathbb{A}$ 的谱 如果 $\omega : \mathbb{A} \to \mathbb{C}$ 为线性可乘的 $(\omega(xy) = \omega(x)\omega(y))$ 非零映射, 则它称为 $\mathbb{A}$ 的特征. 下面证明 $\mathbb{A}$ 的所有特征都是连续的. 为此, 只要证明 ω 的核 $\omega^{-1}(0)$ 是闭的. 首先注意 $\omega^{-1}(0)$ 是 $\mathbb{A}$ 的一个理想. 由于 ω 是非零的, 因此存在 $e \in \mathbb{A}$ 使得 $\omega(e) = 1$. 故 $ex - x \in \omega^{-1}(0)$, 从而 $\omega^{-1}(0)$ 是正则的. 下证 $\omega^{-1}(0)$ 是极大的. 事实上, 设 $\mathcal{I}$ 是包含 $\omega^{-1}(0)$ 的理想且 $\mathcal{I} \neq \omega^{-1}(0)$, 则存在 $x_0 \in \mathcal{I}$ 使得 $\omega(x_0) \neq 0$. 不妨设 $\omega(x_0) = 1$. 由于 $x - \omega(x)x_0 \in \omega^{-1}(0)$, 故对任意 $x \in \mathbb{A}$ 有 $x = \omega(x)x_0 + x - \omega(x)x_0 \in \mathcal{I}$, 从而 $\mathcal{I} = \mathbb{A}$. 因此 $\omega^{-1}(0)$ 是一个极大正则理想. 所以 $\omega^{-1}(0)$ 是闭的, 从而 ω 是连续的.

下面证明 $\|\omega\| \leqslant 1$. 设 $x \in \mathbb{A}$, $\|x\| \leqslant 1$, 则对任意 $n \in \mathbb{N}$ 有

$$|\omega(x)|^n = |\omega(x^n)| \leqslant \|\omega\|\|x^n\| \leqslant \|\omega\|\|x\|^n.$$

因此, $|\omega(x)| \leqslant \|\omega\|^{\frac{1}{n}}$, 从而 $|\omega(x)| \leqslant 1$. 所以 $\|\omega\| \leqslant 1$.

用 $\Omega(\mathbb{A})$ 表示 $\mathbb{A}$ 的特征全体, 它称为 $\mathbb{A}$ 的谱. $\Omega(\mathbb{A})$ 是 $\mathbb{A}$ 的对偶空间 $\mathbb{A}^*$ 的闭单位球的一个子集. 易证, $\{0\} \cup \Omega(\mathbb{A})$ 是 $\mathbb{A}^*$ 的弱 * 闭子集. 由于 $\mathbb{A}^*$ 的闭单位球是弱 * 紧的, 因此赋予弱 * 拓扑后 $\{0\} \cup \Omega(\mathbb{A})$ 是一个紧拓扑空间, 从而 $\Omega(\mathbb{A})$ 是一个局部紧的拓扑空间. 另外, 如果 $\mathbb{A}$ 是一个单位代数, 则 $\Omega(\mathbb{A})$ 中的每个元 ω 必须是单位的 (即 $\omega(1) = 1$). 这是因为 $\omega(1) = \omega(1)^2$ 且 $\omega(1) \neq 0$. 因此 $\|\omega\| = 1$. 在这种情形下, 易证 $\Omega(\mathbb{A})$ 是 $\mathbb{A}^*$ 的一个弱 * 闭子集, 从而 $\Omega(\mathbb{A})$ 是 $\mathbb{A}^*$ 的单位球面的一个弱 * 紧集.

$\Omega(\mathbb{A})$ 与 $\mathbb{A}$ 的理想之间的关系 $\Omega(\mathbb{A})$ 与 $\mathbb{A}$ 的极大正则理想全体之间存在一一对应关系. 进一步说, $\mathcal{I}$ 是 $\mathbb{A}$ 的极大正则理想当且仅当 $\mathcal{I}$ 是某个 $\omega \in \Omega(\mathbb{A})$ 的核.

前面已证, 对每个 $\omega \in \Omega(\mathbb{A})$, 其核是极大正则理想. 反之, 设 $\mathcal{I}$ 是 $\mathbb{A}$ 的极大正则理想, 考虑 Banach 代数 $\mathbb{A}/\mathcal{I}$. 设 e 是 $\mathbb{A}$ 模 $\mathcal{I}$ 的单位元, 则 $\widetilde{e}$ 是 $\mathbb{A}/\mathcal{I}$ 的单位元. 设 $\widetilde{x}$ 是 $\mathbb{A}/\mathcal{I}$ 的一个非零元, 则 $\widetilde{x}$ 包含一个 $x \in \mathbb{A}$ 并且 $x \notin \mathcal{I}$. 设 $\mathcal{J}$ 是 x 与 $\mathcal{I}$ 生成的理想. 由于 $\mathcal{I}$ 是极大的, 于是 $\mathcal{J} = \mathbb{A}$. 从而 $e \in \mathcal{J}$, 即存在 $y \in \mathbb{A}$ 和 $a \in \mathcal{I}$ 使得 $e = xy + a$. 故 $\widetilde{x}\widetilde{y} = \widetilde{e}$. 因此 $\widetilde{x}$ 可逆. 从而 $\mathbb{A}/\mathcal{I}$ 中的非零元都可逆.

现在设 $\widetilde{x} \in \mathbb{A}/\mathcal{I}$, $\lambda \in \sigma(\widetilde{x})$ (1.1 节关于谱的讨论对 Banach 代数也成立). 由于 $\lambda - \widetilde{x}$ 不可逆, 故 $\lambda - \widetilde{x} = 0$, 即 $\widetilde{x} = \lambda\widetilde{e}$. 这说明 $\sigma(\widetilde{x})$ 是一个单点集, 记其唯一的点为 $\varphi(\widetilde{x})$. 易证 $\widetilde{x} \mapsto \varphi(\widetilde{x})$ 是从 $\mathbb{A}/\mathcal{I}$ 到 $\mathbb{C}$ 的线性可乘的且单位的一对一映射. 它是 $\mathbb{A}/\mathcal{I}$ 的一个特征. 设 $q : \mathbb{A} \to \mathbb{A}/\mathcal{I}$ 是相应的商映射, 则 q 也是线性和可乘的. 令 $\omega = \varphi \circ q$, 则 $\omega \in \Omega(A)$ 且 $\omega^{-1}(0) = q^{-1}(0) = \mathcal{I}$.

从上面的证明中可以得到经典的 Gelfand-Mazur 定理: 若 Banach 代数 $\mathbb{B}$ 的非零元都可逆, 则 $\mathbb{B}$ 同构于 $\mathbb{C}$.

Gelfand 变换　对 $x \in \mathbb{A}$ 定义函数 $\widehat{x} : \Omega(\mathbb{A}) \to \mathbb{C}$ 为 $\widehat{x}(\omega) = \omega(x)$. 注意 $\widehat{x}$ 是在 $\mathbb{A}^*$ 的弱 * 拓扑下连续的函数 $\xi \mapsto \xi(x)$ 在 $\Omega(\mathbb{A})$ 上的限制. 后者在 $\{0\} \cup \Omega(\mathbb{A})$ 上连续并在零点取零值. 所以 $\widehat{x} \in C_0(\Omega(\mathbb{A}))$. 由 $\mathcal{F}(x) = \widehat{x}$ 确定的映射 $\mathcal{F} : \mathbb{A} \to C_0(\Omega(\mathbb{A}))$ 称为 Gelfand 变换.

下面的结果是 Gelfand 定理.

定理 1.2.1　设 $\mathbb{A}$ 是一个交换的 C^* 代数, 则 Gelfand 变换 $\mathcal{F}$ 是从 $\mathbb{A}$ 到 $C_0(\Omega(\mathbb{A}))$ 上的一个等距同构映射.

证明　首先假设 $\mathbb{A}$ 是一个单位代数 (于是 $\Omega(\mathbb{A})$ 是紧的). 设 $x \in \mathbb{A}$. 我们要证明 $\sigma(x) = \widehat{x}(\Omega(\mathbb{A}))$. 设 $\omega \in \Omega(\mathbb{A})$, 则 $\omega^{-1}(0)$ 是极大正则理想并包含 $\omega(x) - x$. 从而 $\omega(x) - x$ 不可逆, 故 $\omega(x) \in \sigma(x)$. 反之, 设 $\lambda \in \sigma(x)$, 则 $\lambda - x$ 不可逆. 故 $\lambda - x$ 生成一个真的理想 (由于 $\mathbb{A}$ 有单位元, 这个理想必是正则的). 从而 $\lambda - x$ 包含于某个极大正则理想中, 即存在 $\omega \in \Omega(\mathbb{A})$ 使得 $\lambda - x \in \omega^{-1}(0)$, 即 $\lambda = \omega(x) = \widehat{x}(\omega)$. 所以, $\sigma(x) = \widehat{x}(\Omega(\mathbb{A}))$.

由于 $\mathbb{A}$ 是交换的, 这蕴涵 $\mathbb{A}$ 的每个元都是正则的. 因此有

$$\|x\| = r(x) = \sup\{|\widehat{x}(\omega)| : \omega \in \Omega(A)\} = \|\widehat{x}\|_{C(\Omega(A))}.$$

故 $\mathcal{F}$ 是等距的. 由 $\mathbb{A}$ 的完备性可得 $\mathcal{F}(\mathbb{A})$ 是 $C(\Omega(\mathbb{A}))$ 的一个闭子空间.

显然, $\mathcal{F}$ 是线性可乘的. 下面证明 $\mathcal{F}$ 保持对合, 即对任意 $x \in \mathbb{A}$ 有 $\widehat{x^*} = \overline{\widehat{x}}$. 首先考虑自伴元 $x \in \mathbb{A}$. 则有 $\{\widehat{x}(\omega) : \omega \in \Omega(\mathbb{A})\} = \sigma(x) \subset \mathbb{R}$. 因此对任意 $\omega \in \Omega(\mathbb{A})$ 有 $\widehat{x}(\omega) \in \mathbb{R}$, 从而得到所需的等式. 现在设 $x \in \mathbb{A}$, $x = x_1 + \mathrm{i}x_2$, 其中 x_1, x_2 是两个自伴元. 对 $\omega \in \Omega(\mathbb{A})$ 有 $\widehat{x}(\omega) = \widehat{x}_1(\omega) + \mathrm{i}\widehat{x}_2(\omega)$, 从而

$$\overline{\widehat{x}}(\omega) = \widehat{x}_1(\omega) - \mathrm{i}\widehat{x}_2(\omega) = \omega(x_1 - \mathrm{i}x_2) = \omega(x^*) = \widehat{x^*}(\omega).$$

下证 $\mathcal{F}$ 是一个满射. $\mathcal{F}(\mathbb{A})$ 是 $C(\Omega(\mathbb{A}))$ 的子代数且包含 $\widehat{1}$ (在 $\Omega(\mathbb{A})$ 上恒等于 1 的函数). 故 $\mathcal{F}(\mathbb{A})$ 包含所有常值函数. 由于 $\mathcal{F}$ 保持对合, 因此 $\mathcal{F}(\mathbb{A})$ 对共轭运算封闭 (即 $f \in \mathcal{F}(\mathbb{A}) \Rightarrow \overline{f} \in \mathcal{F}(\mathbb{A})$). 设 $\omega, \omega' \in \Omega(\mathbb{A})$ 是两个不同的元, 则存在 $x \in \mathbb{A}$ 使得 $\widehat{x}(\omega) = \omega(x) \neq \omega'(x) = \widehat{x}(\omega')$; 因此 $\mathcal{F}(\mathbb{A})$ 分离 $\Omega(\mathbb{A})$ 中的点. 由

Stone-Weierstrass 定理 (见文献 (Rudin, 1991)) 可知 $\mathcal{F}(\mathbb{A})$ 在 $C(\Omega(\mathbb{A}))$ 中稠密. 但 $\mathcal{F}(\mathbb{A})$ 在 $C(\Omega(\mathbb{A}))$ 中闭, 所以 $\mathcal{F}(\mathbb{A}) = C(\Omega(\mathbb{A}))$.

若 $\mathbb{A}$ 没有单位元, 则考虑 $\mathbb{A}$ 的单位化 $\widetilde{\mathbb{A}}$. 对每个线性可乘的映射 $\omega : \mathbb{A} \to \mathbb{C}$ (若 $\omega \neq 0$, 则 $\omega \in \Omega(\mathbb{A})$). 定义 $\widetilde{\omega} : \widetilde{\mathbb{A}} \to \mathbb{C}$ 为 $\widetilde{\omega}(x, \lambda) = \omega(x) + \lambda$. 显然 $\widetilde{\omega} \in \Omega(\widetilde{\mathbb{A}})$. 反之, 若 $\eta \in \Omega(\widetilde{\mathbb{A}})$, 则其在 $\mathbb{A}$ 的限制是线性可乘的. 若此限制不等于零, 则它属于 $\Omega(\mathbb{A})$. 故

$$\Omega(\widetilde{\mathbb{A}}) = \{\widetilde{\omega} : \omega \in \{0\} \cup \Omega(\mathbb{A})\}.$$

另外, 易证映射 $\omega \mapsto \widetilde{\omega}$ 是从 $\{0\} \cup \Omega(\mathbb{A})$ 到 $\Omega(\widetilde{\mathbb{A}})$ 的在 w^* 拓扑下的同胚映射. 因此可以等同拓扑空间 $\{0\} \cup \Omega(\mathbb{A})$ 和 $\Omega(\widetilde{\mathbb{A}})$. 故

$$C(\{0\} \cup \Omega(\mathbb{A})) = C(\Omega(\widetilde{\mathbb{A}})).$$

在上述同胚映射下, $\mathbb{A}$ 上的 Gelfand 变换与 $\widetilde{\mathbb{A}}$ 上的 Gelfand 变换相吻合, 从而得到结论. □

注 1.2.1 由上述证明可知 C^* 代数 $\mathbb{A}$ 的特征都是同态映射.

1.3 连续函数演算及其应用

本节讨论连续函数演算, 这是 Banach 代数上的解析函数演算的推广. 有了 1.2 节证明的 Gelfand 定理, 在 C^* 代数上就可以进行连续函数演算.

定义 1.3.1 设 $\mathbb{A}$ 是一个 C^* 代数. $\mathbb{A}$ 的子代数 $\mathbb{B}$ 称为对合的, 如果对任何 $x \in \mathbb{B}$ 都有 $x^* \in \mathbb{B}$. 如果 $\mathbb{B}$ 是 $\mathbb{A}$ 的一个对合闭子代数, 则称 $\mathbb{B}$ 为 $\mathbb{A}$ 的 C^* 子代数, 即在 $\mathbb{B}$ 上赋予由 $\mathbb{A}$ 诱导的运算、范数及对合时, $\mathbb{B}$ 是一个 C^* 代数.

设 E 是 $\mathbb{A}$ 的一个子集. E 生成的 C^* 子代数是指 $\mathbb{A}$ 中包含 E 的最小的 C^* 子代数, 即包含 E 的所有 C^* 子代数的交.

定理 1.3.1 设 $\mathbb{A}$ 是一个单位 C^* 代数, $\mathbb{B}$ 是 $\mathbb{A}$ 中包含 1 的一个 C^* 子代数, 则 $x \in \mathbb{B}$ 在 $\mathbb{B}$ 中可逆当且仅当 x 在 $\mathbb{A}$ 中可逆. 从而 x 作为 $\mathbb{B}$ 中元的谱集 $\sigma_{\mathbb{B}}(x)$ 等于 x 作为 $\mathbb{A}$ 中元的谱集 $\sigma_{\mathbb{A}}(x)$.

证明 只要证明若 $x \in \mathbb{B}$ 在 $\mathbb{A}$ 中可逆, 那么 $x^{-1} \in \mathbb{B}$ 即可.

首先假设 x 是一个自伴元 (注意这不依赖于包含它的子 C^* 代数), 则 $\sigma_{\mathbb{B}}(x) \subset \mathbb{R}$ 和 $\sigma_{\mathbb{A}}(x) \subset \mathbb{R}$. 故对每个 $\varepsilon > 0$ 有 $\mathrm{i}\varepsilon \in \rho_{\mathbb{B}}(x)$. 因此 $x + \mathrm{i}\varepsilon$ 在 $\mathbb{B}$ 中可逆. 由于逆运算连续并且 x 在 $\mathbb{A}$ 中可逆, 我们有, 当 $\varepsilon \to 0$ 时在 $\mathbb{A}$ 中 $(x + \mathrm{i}\varepsilon)^{-1} \to x^{-1}$. 因为 $\mathbb{B}$ 是闭的, 所以 $x^{-1} \in \mathbb{B}$.

考虑一般情形. 若 x 在 $\mathbb{A}$ 中可逆, 则 x^*, xx^*, x^*x 都在 $\mathbb{A}$ 中可逆. 由于 x^*x 是 $\mathbb{B}$ 中的自伴元, 因此其逆元 $y \in \mathbb{B}$. 故我们有 $y(x^*x) = (yx^*)x = 1$, 即 x 在 $\mathbb{B}$ 中存

在左逆元. 又, 设 xx^* 在 $\mathbb{B}$ 中的逆元为 z, 那么 x^*z 是 x 在 $\mathbb{B}$ 中的右逆元. 故 x 在 $\mathbb{B}$ 中可逆. □

定理 1.3.2 设 $\mathbb{A}$ 是一个单位 C^* 代数, x 是 $\mathbb{A}$ 中的一个正规元, $\mathbb{B}$ 是 x 和单位元 1 生成的 C^* 子代数. 则存在从 $C(\sigma(x))$ 到 $\mathbb{B}$ 的唯一的单位同构映射 $\varPhi$ 使得 $\varPhi(id) = x$, 这里 $id(z) = z$, $\forall z \in \sigma(x)$.

证明 由于 x 是一个正规元, 故由 x^* 和 x 生成的多项式代数是交换的, 从而其闭包 $\mathbb{B}$ 也是交换的. 因此由定理 1.2.1 可知, Gelfand 变换 $\mathcal{F}$ 是从 $\mathbb{B}$ 到 $C(\varOmega(\mathbb{B}))$ 的等距同构.

另一方面, 由定理 1.3.1 知, $\sigma(x) = \sigma_{\mathbb{A}}(x) = \sigma_{\mathbb{B}}(x)$. 由定理 1.2.1 的证明可知, $\sigma_{\mathbb{B}}(x) = \widehat{x}(\varOmega(\mathbb{B}))$. 故 $\widehat{x} : \varOmega(\mathbb{B}) \to \sigma_{\mathbb{B}}(x)$ 是一个连续满射. 下面证明它还是单射. 设 $\omega_1, \omega_2 \in \varOmega(\mathbb{B})$ 使得 $\widehat{x}(\omega_1) = \widehat{x}(\omega_2)$, 即 $\omega_1(x) = \omega_2(x)$. 由注 1.2.1 知, ω_1, ω_2 都是同态. 因为 $\mathbb{B}$ 是 x 和 1 生成的, 所以一个单位同态在 $\mathbb{B}$ 上的值被在 x 处的值确定. 故 $\omega_1 = \omega_2$.

因为 $\widehat{x} : \varOmega(\mathbb{B}) \to \sigma_{\mathbb{B}}(x)$ 既是连续的满射又是单射且 $\varOmega(\mathbb{B})$ 是紧的, 所以 $\widehat{x}$ 的逆也是连续的. 从而 $\widehat{x} : \varOmega(\mathbb{B}) \to \sigma_{\mathbb{B}}(x)$ 是一个同胚映射. 定义从 $C(\sigma(x))$ 到 $\mathbb{B}$ 的如下映射 $\varPhi$: $\varPhi(f) = \mathcal{F}^{-1}(f \circ \widehat{x})$, $\forall f \in C(\sigma(x))$. 显然 $\varPhi$ 是从 $C(\sigma(x))$ 到 $\mathbb{B}$ 的一个同构映射并且满足 $\varPhi(1) = 1$, $\varPhi(id) = x$. 由于 $\mathbb{B}$ 是由 x 和 1 生成的, 所以 $\varPhi$ 是唯一的. □

定义 1.3.2 设 $\mathbb{A}$ 是一个单位 C^* 代数, x 是 $\mathbb{A}$ 中的一个正规元. $\varPhi$ 是上述定理中的同构映射. 对 $f \in C(\sigma(x))$, 令 $f(x) = \varPhi(f)$. 称 $f(x)$ 是连续函数 f 在 x 处的值.

注 1.3.1 我们有 $\widehat{f(x)} = f \circ \widehat{x}$, 从而 $\omega(f(x)) = f(\omega(x))$, $\forall \omega \in \varOmega(\mathbb{B})$.

下面说明连续函数演算是解析函数演算的推广, 也就是说若函数 f 在 $\sigma(x)$ 的某邻域解析, 则作为连续函数 f 在 x 的值与作为解析函数 f 在 x 的值相等. 设 f 在包含 $\sigma(x)$ 的一个开邻域 U 中解析, γ 是 U 内包围 $\sigma(x)$ 的一条简单曲线. 我们要证明下面的等式:

$$f(x) = \frac{1}{2\mathrm{i}\pi} \int_{\gamma} f(z)(z - x)^{-1} \mathrm{d}z,$$

这里的积分是 Riemann 意义下的积分, 其值是属于 $\mathbb{A}$ 的 (即 f 作为解析函数在 x 处的值). 事实上, 设 $\omega \in \varOmega(\mathbb{B})$. 由于 ω 是可乘的, 则 $\omega((z-x)^{-1}) = (z-\omega(x))^{-1}$, $\forall z \in \rho(x)$. 从而由 Cauchy 公式得

$$\begin{aligned}\omega\left(\frac{1}{2\mathrm{i}\pi} \int_{\gamma} f(z)(z - x)^{-1} \mathrm{d}z\right) &= \frac{1}{2\mathrm{i}\pi} \int_{\gamma} \frac{f(z)}{z - \omega(x)} \mathrm{d}z \\ &= f(\omega(x)) = \omega(f(x)).\end{aligned}$$

故得到所需等式.

连续函数演算也有类似于解析函数演算的性质.

定理 1.3.3 设 x 是单位 C^* 代数 $\mathbb{A}$ 的一个正规元, 则有

(1) $(\lambda f+\mu g)(x)=\lambda f(x)+\mu g(x),\quad \lambda,\mu\in\mathbb{C},\ f,g\in C(\sigma(x))$;

(2) $(fg)(x)=f(x)g(x),\quad f,g\in C(\sigma(x))$;

(3) $f(x)^*=\overline{f}(x),\quad f\in C(\sigma(x))$;

(4) $\sigma(f(x))=f(\sigma(x)),\quad f\in C(\sigma(x))$;

(5) $(g\circ f)(x)=g(f(x)),\quad f\in C(\sigma(x)),\ g\in C(f(\sigma(x)))$.

证明 由定义可知, 映射 $f\mapsto f(x)$ 是从 $C(\sigma(x))$ 到 $\mathbb{A}$ 的一个同态. 故 (1)~(3) 成立.

(4) 设 $\mathbb{B}$ 是由 x 和 1 生成的 C^* 子代数, 则

$$\sigma(f(x))=\widehat{f(x)}(\Omega(\mathbb{B}))=f\circ\widehat{x}(\Omega(\mathbb{B}))=f(\sigma(x)).$$

(5)

$$\widehat{(g\circ f)(x)}=(g\circ f)\circ\widehat{x}=g\circ(f\circ\widehat{x})=g\circ\widehat{f(x)}=\widehat{g(f(x))}.$$

结论得证. □

注 1.3.2 设 $\mathbb{A}$ 是一个没有单位元的 C^* 代数, $\widetilde{\mathbb{A}}$ 是其单位化. 设 x 是 $\mathbb{A}$ 中的一个正规元, 则 $0\in\sigma(x)$. 对 $f\in C(\sigma(x))$, 有 $f(x)\in\widetilde{\mathbb{A}}$. 若 f 还满足 $f(0)=0$, 则 $f(x)\in\mathbb{A}$. 若不然, 则存在 $\omega\in\widetilde{\mathbb{A}}^*$ 使得 $\omega|_{\mathbb{A}}=0$, $\omega(f(x))\neq 0$. 不妨设 $\omega(0,1)=1$. 故对 $(x,\lambda)\in\widetilde{\mathbb{A}}$ 有

$$\omega(x,\lambda)=\omega(x,0)+\lambda\omega(0,1)=\lambda.$$

这说明 ω 是 $\mathbb{A}$ 上的零映射在 $\widetilde{\mathbb{A}}$ 上的延拓且 ω 是 $\widetilde{\mathbb{A}}$ 上的同态. 故 $\omega(f(x))=f(\omega(x))=f(0)=0$. 矛盾!

因此, 对没有单位元的 C^* 代数 $\mathbb{A}$ 的正规元 x, 当函数 $f\in C(\sigma(x))$ 满足条件 $f(0)=0$ 时, 可以对 f 和 x 进行运算且有 $f(x)\in\mathbb{A}$.

下面我们给出连续函数演算的应用.

定义 1.3.3 设 $\mathbb{A}$ 是一个 C^* 代数, $x\in\mathbb{A}$. 如果 x 是一个自伴元并且 $\sigma(x)\subset\mathbb{R}_+=[0,\infty)$, 则称 x 是一个正元. 记 $\mathbb{A}_+$ 是 $\mathbb{A}$ 的所有正元构成的集合.

例如, 当 $\mathbb{A}=C(\Omega)$ 时, 其中 Ω 是一个紧拓扑空间, 则 $f\in\mathbb{A}$ 是一个正元当且仅当 $f(\omega)\geqslant 0$, $\forall\omega\in\Omega$.

幂 设 $x\in\mathbb{A}_+$. 对任意实数 $\alpha\geqslant 0$ 定义 $x^\alpha=f_\alpha(x)\in\mathbb{A}_+$, 这里 $f_\alpha(t)=t^\alpha$, $t\geqslant 0$. 进一步, 若 $\mathbb{A}$ 有单位元且 x 是一个可逆元, 则 α 可以取任意实数甚至复数. x 的幂有幂函数的如下基本性质：对任意 $\alpha,\beta\geqslant 0$ 有 $x^\alpha\geqslant 0$ 且 $x^\alpha x^\beta=x^{\alpha+\beta}$.

绝对值 设 $\mathbb{A}$ 是一个 C^* 代数 ($\mathbb{A}$ 不必是单位的). 设 $x\in\mathbb{A}$ 是一个自伴元 (从而也是正规的). 我们有 $\sigma(x)\subset\mathbb{R}$ 且函数 $f:\lambda\mapsto|\lambda|$ 是在 $\sigma(x)$ 上连续的函数 (在原

点取零值). 于是可以定义 $|x| = f(x)$. 显然, $\sigma(|x|) \subset \mathbb{R}_+$, $|x|^2 = x^2$ 且 $|x| = (x^2)^{\frac{1}{2}}$. 自然 $|x| \in \mathbb{A}_+$. 称 $|x|$ 为 x 的绝对值 (有时也称为 x 的模).

设 $x \in \mathbb{A}$. 1.4 节将证明 x^*x 是一个正元. 因此可以定义 $(x^*x)^{\frac{1}{2}}$. 此元称为 x 的绝对值, 记作 $|x|$. 易证, $|x|$ 是一个正元且 $|x|^2 = x^*x$.

请注意, 当 x 不是一个正规元时, 还可以定义 x 的另一个模 $(xx^*)^{\frac{1}{2}}$, 有时它称为 x 的右模.

正部和负部 设 $x \in \mathbb{A}_h$. 定义

$$x_+ = \frac{1}{2}(|x| + x) \quad 和 \quad x_- = \frac{1}{2}(|x| - x).$$

易证, $x_+ = f_+(x)$ 和 $x_- = f_-(x)$, 这里

$$f_+(\lambda) = \frac{1}{2}(|\lambda| + \lambda), \quad f_-(\lambda) = \frac{1}{2}(|\lambda| - \lambda).$$

故 x_+, $x_- \in \mathbb{A}_+$. 它们分别称为 x 的正部和负部.

定理 1.3.4 设 $\mathbb{A}$ 是一个 C^* 代数, $x \in \mathbb{A}$ 是自伴的.

(1) $|x|$, x_+, x_- 都是 $\mathbb{A}$ 的正元.

(2) $|x| = x_+ + x_-$, $x = x_+ - x_-$, $x_+x_- = 0$, $x_-x_+ = 0$.

(3) 设 $y \in \mathbb{A}_+$ 使得 $y^2 = x^2$, 则 $y = |x|$.

(4) 设 $x_1, x_2 \in \mathbb{A}_+$ 使得 $x = x_1 - x_2$ 和 $x_1x_2 = x_2x_1 = 0$, 则 $x_1 = x_+$, $x_2 = x_-$.

证明 (1) 和 (2) 已证. 对 (3), 设 $h(\lambda) = \sqrt{\lambda}$, $\lambda \in \mathbb{R}_+$, 则 $h(y^2) = h(x^2)$. 由于 $h(y^2) = y$ 和 $h(x^2) = |x|$, 从而 $y = |x|$.

(4) 设 $x_1, x_2 \in \mathbb{A}_+$ 使得 $x = x_1 - x_2$ 和 $x_1x_2 = x_2x_1 = 0$, 则 $x_1 + x_2$ 是一个正元 (我们考虑由 x_1, x_2 生成的交换 C^* 子代数, 则 x_1, x_2 对应于连续函数). 另外, $(x_1 + x_2)^2 = (x_1 - x_2)^2 = x^2$. 由 (3) 得, $|x| = x_1 + x_2$. 由于 $x = x_1 - x_2$, 故 $x_1 = x_+$, $x_2 = x_-$. □

定理 1.3.5 单位 C^* 代数中的每个元都可以写成四个酉元的线性组合.

证明 设 $x \in \mathbb{A}$. 分别考虑其实部与虚部, 不妨设 x 是一个自伴元且 $\|x\| \leqslant 1$. 令 $u = x + \mathrm{i}(1 - x^2)^{\frac{1}{2}}$. 考虑由 x 和 1 生成的交换 C^* 子代数, 则可知 x 对应于一个实值连续函数, u 对应的实函数的模等于 1. 故 u 是一个酉元. 我们有 $x = \dfrac{1}{2}(u + u^*)$, 即 x 可以表示为两个酉元的线性组合. □

定理 1.3.6 单位 C^* 代数的单位球是其所有的酉元构成的凸组合的闭包.

证明 设 $\mathbb{A}$ 是一个单位 C^* 代数, $x \in \mathbb{A}$ 且 $\|x\| < 1$. 要证 x 是酉元凸组合构成的序列的极限. 由于 $\|xx^*\| = \|x^*x\| = \|x\|^2 < 1$, 故 $1 - xx^*$, $1 - x^*x$ 是可逆的. 由等式 $x^*(1 - xx^*) = (1 - x^*x)x^*$ 可得

$$x^*(1 - xx^*)^{-1} = (1 - x^*x)^{-1}x^*.$$

现在考虑

$$f(x,z)=(1-xx^*)^{-\frac{1}{2}}(1+zx),\quad z\in\mathbb{C}.$$

对 $|z|=1$, $f(x,z)$ 是可逆的. 由上述公式有

$$\begin{aligned}f(x,z)^*f(x,z)+1=&(1-xx^*)^{-1}+(1-x^*x)^{-1}\\&+(1-xx^*)^{-1}zx+(1-x^*x)^{-1}\overline{z}x^*.\end{aligned}$$

由于上述等式右边对 (x,z) 和 $(x^*,\overline{z})$ 对称, 故有

$$f(x,z)^*f(x,z)=f(x^*,\overline{z})^*f(x^*,\overline{z}).$$

令 $v(z)=f(x,z)f(x^*,\overline{z})^{-1}$, 则当 $|z|=1$ 时, $v(z)$ 是酉元.

设 $D(0,\|x\|^{-1})$ 是复平面上中心在原点、半径为 $\|x\|^{-1}$ 的开圆盘. 定义函数 $u:D(0,\|x\|^{-1})\to\mathbb{A}$ 为

$$u(z)=(1-xx^*)^{-\frac{1}{2}}(z+x)(1+zx^*)^{-1}(1-x^*x)^{\frac{1}{2}}.$$

注意 u 在 $D(0,\|x\|^{-1})$ 上连续, 从而 Riemann 积分

$$\frac{1}{2\pi}\int_0^{2\pi}u(\mathrm{e}^{\mathrm{i}t})\mathrm{d}t$$

在 $\mathbb{A}$ 中按范数收敛意义下可积. 所以, 对任意 $\xi\in\mathbb{A}^*$ 有

$$\xi\left(\frac{1}{2\pi}\int_0^{2\pi}u(\mathrm{e}^{\mathrm{i}t})\mathrm{d}t\right)=\frac{1}{2\pi}\int_0^{2\pi}\xi\left(u(\mathrm{e}^{\mathrm{i}t})\right)\mathrm{d}t.$$

由于函数 $z\mapsto\xi\big(u(z)\big)$ 在 $D(0,\|x\|^{-1})$ 中解析, 故由 Cauchy 公式有

$$\frac{1}{2\pi}\int_0^{2\pi}\xi\big(u(\mathrm{e}^{\mathrm{i}t})\big)\mathrm{d}t=\xi\big(u(0)\big).$$

从而

$$u(0)=\frac{1}{2\pi}\int_0^{2\pi}u(\mathrm{e}^{\mathrm{i}t})\mathrm{d}t=\lim_{n\to\infty}\frac{1}{n}\sum_{k=1}^{n}u(\mathrm{e}^{\mathrm{i}\frac{2\pi k}{n}}).$$

然而

$$u(0)=(1-xx^*)^{-\frac{1}{2}}x(1-x^*x)^{\frac{1}{2}}=(1-xx^*)^{-\frac{1}{2}}(1-xx^*)^{\frac{1}{2}}x=x.$$

另一方面, 当 $|z|=1$ 时, $u(z)=zv(\overline{z})$ 是酉元. 故得所需结论. □

1.4 正元和逼近单位元

令 $\mathbb{A}_+$ 为 C^* 代数 $\mathbb{A}$ 的所有正元构成的集合. 下面将证明 $\mathbb{A}_+$ 是一个锥. 为此, 需要下面关于正元的刻画.

定理 1.4.1 设 $\mathbb{A}$ 是一个 C^* 代数, $x \in \mathbb{A}$. 下列命题等价:

(1) x 是正规的且 $\sigma(x) \subset \mathbb{R}_+$;

(2) 存在 $y \in \mathbb{A}_h$ 使得 $x = y^2$;

(3) $x \in \mathbb{A}_h$ 且对所有 $t \geqslant \|x\|$ 有 $\|t - x\| \leqslant t$;

(4) $x \in \mathbb{A}_h$ 且对某一个 $t \geqslant \|x\|$ 有 $\|t - x\| \leqslant t$.

证明 (1) $\Rightarrow$ (2). 设 $y = f(x)$, 其中 $f(\lambda) = \sqrt{\lambda}$, $\forall \lambda \in \mathbb{R}_+$. 则 $y^* = f(x)^* = \overline{f}(x) = f(x) = y$ 且 $y^2 = f(x)^2 = x$.

(2) $\Rightarrow$ (3). 设 $t \geqslant \|x\|$. 由于 $t - x \in \mathbb{A}_h$ (从而是正规的), 由定理 1.1.4 得

$$\|t - x\| = \sup_{\lambda \in \sigma(x)} |t - \lambda|.$$

另外, 在条件 (2) 下有 $\sigma(x) \subset [0, \|x\|]$, 因此对 $\lambda \in \sigma(x)$ 有 $|t - \lambda| = t - \lambda \leqslant t$, 故得到要证明的不等式.

(3) $\Rightarrow$ (4). 显然.

(4) $\Rightarrow$ (1). 由定理 1.1.4 得 $\sigma(x) \subset \mathbb{R}$. 另外, 由于对 $\lambda \in \sigma(x)$ 有 $t \geqslant \|x\| \geqslant \lambda$, 因此

$$t \geqslant \|t - x\| \geqslant |t - \lambda| = t - \lambda,$$

从而 $\lambda \geqslant 0$; 故 $\sigma(x) \subset \mathbb{R}_+$. □

定理 1.4.2 设 $\mathbb{A}$ 是一个 C^* 代数. 则 $\mathbb{A}_+$ 是一个闭锥且 $\mathbb{A}_+ \cap (-\mathbb{A}_+) = \{0\}$. 另外, $x \in \mathbb{A}_+$ 当且仅当存在 $y \in \mathbb{A}$ 使得 $x = y^* y$.

证明 先证 $\mathbb{A}_+$ 是闭的. 设 $\{x_n\} \subset \mathbb{A}_+$ 收敛于 $x \in \mathbb{A}$. 则必有 $x \in \mathbb{A}_h$. 令 $t \geqslant \sup_n \|x_n\| \geqslant \|x\|$, 则由定理 1.4.1 知, 对所有 $n \in \mathbb{N}$ 有 $t \geqslant \|t - x_n\|$. 从而 $t \geqslant \|t - x\|$. 故得 $x \in \mathbb{A}_+$.

下证 $\mathbb{A}_+$ 是一个锥. 显然, 对任意 $\lambda \geqslant 0$, $x \in \mathbb{A}_+$ 有 $\lambda x \in \mathbb{A}_+$. 又设 $x, y \in \mathbb{A}_+$. 由定理 1.4.1 知

$$\|x\| \geqslant \|\|x\| - x\| \text{ 且 } \|y\| \geqslant \|\|y\| - y\|.$$

从而

$$\|x\| + \|y\| \geqslant \|(\|x\| + \|y\|) - (x + y)\|.$$

再由定理 1.4.1 得 $\sigma(x + y) \subset \mathbb{R}_+$, 即 $x + y \in \mathbb{A}_+$.

设 $x \in \mathbb{A}_+ \cap (-\mathbb{A}_+)$, 则 $x \in \mathbb{A}_h$ 且 $\sigma(x) \subset \mathbb{R}_+ \cap \mathbb{R}_-$, 从而 $\sigma(x) = \{0\}$. 因此 $\|x\| = r(x) = 0$.

我们知道, 当 $x \in \mathbb{A}_+$ 时存在 $y \in \mathbb{A}_h$ 使得 $x = y^2$. 反之, 假设存在 $y \in \mathbb{A}$ 使得 $x = y^*y$, 则 $x \in \mathbb{A}_h$, 从而 $x = x_+ - x_-$. 令 $u = yx_-$, 则

$$u^*u = x_-y^*yx_- = x_-(x_+ - x_-)x_- = -x_-^3.$$

另外, 若 $u = a + \mathrm{i}b$, $a, b \in \mathbb{A}_h$, 则

$$uu^* = 2(a^2 + b^2) - u^*u = 2(a^2 + b^2) + x_-^3 \in \mathbb{A}_+.$$

因此, $\sigma(u^*u) \subset \mathbb{R}_-$ 且 $\sigma(uu^*) \subset \mathbb{R}_+$. 由定理 1.1.3 知, $\sigma(u^*u) \cup \{0\} = \sigma(uu^*) \cup \{0\}$. 故 $\sigma(u^*u) = \{0\}$, 即 $u^*u = 0$. 这表明 $x_- = 0$. 所以 $x = x_+ \in \mathbb{A}_+$. □

推论 1.4.1 设 $\mathbb{H}$ 是一个复 Hilbert 空间, $\mathbb{A}$ 是 $\mathcal{B}(\mathbb{H})$ 的一个 C^* 子代数, 则 $x \in \mathbb{A}_+$ 当且仅当 $\langle \xi, x\xi \rangle \geqslant 0$, $\forall \xi \in \mathbb{H}$.

证明 设 $x \in \mathbb{A}_+$, 则对任意 $\xi \in \mathbb{H}$ 有 $\langle \xi, x\xi \rangle = \langle x^{\frac{1}{2}}\xi, x^{\frac{1}{2}}\xi \rangle = \|x^{\frac{1}{2}}\xi\|^2 \geqslant 0$.

反之, 设 $\xi, \eta \in \mathbb{H}$, $\lambda \in \mathbb{C}$, 则

$$\begin{aligned} 0 &\leqslant \langle \xi + \lambda\eta, x(\xi + \lambda\eta) \rangle \\ &= \langle \xi, x\xi \rangle + |\lambda|^2 \langle \eta, x\eta \rangle + \bar{\lambda} \langle \eta, x\xi \rangle + \lambda \langle \xi, x\eta \rangle. \end{aligned}$$

在上式中先后令 $\lambda = 1$ 和 $\lambda = \mathrm{i}$, 可以得到 $\langle x\xi, \eta \rangle = \langle \xi, x\eta \rangle$, 从而 $x = x^*$, 即 $x \in \mathbb{A}_h$, 因此 $\sigma(x) \subset \mathbb{R}$. 下证 $\sigma(x) \subset \mathbb{R}_+$. 这等价于对任意 $\lambda > 0$, $\lambda + x$ 可逆. 固定 $\lambda > 0$, 则有

$$\langle \xi, (\lambda + x)\xi \rangle = \lambda\|\xi\|^2 + \langle \xi, x\xi \rangle \geqslant \lambda\|\xi\|^2.$$

由 Cauchy-Schwarz 不等式得

$$\langle \xi, (\lambda + x)\xi \rangle \leqslant \|\xi\| \|(\lambda + x)\xi\|.$$

从而

$$\lambda\|\xi\| \leqslant \|(\lambda + x)\xi\|, \quad \forall \xi \in \mathbb{H}.$$

这说明 $\lambda + x$ 是一个单射且其值域是闭的.

设 ξ 垂直于 $\lambda + x$ 的值域, 则 $\langle \xi, (\lambda + x)\xi \rangle = 0$. 从而 $\xi = 0$. 因此 $\lambda + x$ 的值域等于 $\mathbb{H}$, 即 $\lambda + x$ 是一个满射. 故 $\lambda + x$ 可逆. □

定义 1.4.1 在 $\mathbb{A}_h$ 上定义如下的偏序: $x \leqslant y$ 当且仅当 $y - x \geqslant 0$, 或者说 $y - x \in \mathbb{A}_+$.

注 1.4.1 当 $\mathbb{A}$ 是一个单位代数时, 对 $x \in \mathbb{A}_+$ 有 $x \leqslant 1 \Leftrightarrow \|x\| \leqslant 1$.

定理 1.4.3 设 $\mathbb{A}$ 是一个 C^* 代数.

(1) 如果 $x, y \in \mathbb{A}_h$ 且 $x \leqslant y$, 则 $a^*xa \leqslant a^*ya, \forall a \in \mathbb{A}$.

(2) 若 $0 \leqslant x \leqslant y$ 且 x, y 是可逆的 (这里设 $\mathbb{A}$ 是单位的), 则 $x^{-1} \geqslant y^{-1}$.

证明 (1) 存在 $h \in \mathbb{A}_h$ 使得 $y - x = h^2$. 从而 $a^*(y-x)a = (ha)^*(ha) \geqslant 0$. 结论成立.

(2) 由 (1) 得 $y^{-\frac{1}{2}}xy^{-\frac{1}{2}} \leqslant 1$. 故

$$\|x^{\frac{1}{2}}y^{-\frac{1}{2}}\|^2 = \|y^{-\frac{1}{2}}xy^{-\frac{1}{2}}\| \leqslant 1.$$

从而 $\|x^{\frac{1}{2}}y^{-1}x^{\frac{1}{2}}\| \leqslant 1$. 因此, $x^{\frac{1}{2}}y^{-1}x^{\frac{1}{2}} \leqslant 1$. 故结论成立. □

网 集合 I 称为一个定向集, 是指在 I 中定义了一个满足下列条件的偏序: 对任意 $i, j \in I$ 存在 $k \in I$ 使得 $i \leqslant k$, $j \leqslant k$.

在 Hausdorff 拓扑空间 $\mathbb{X}$ 中的网是指 $\mathbb{X}$ 中的以一个定向集 I 为指标的一个子集 $\{x_i\}_{i \in I}$. 称网 $\{x_i\}_{i \in I}$ 收敛于 x, 是指对 x 的任意邻域 V 都存在 $i_0 \in I$ 使得当 $i \geqslant i_0$ 时有 $x_i \in V$. 称 x 为网 $\{x_i\}_{i \in I}$ 的一个聚点, 若对 x 的任意邻域 V 和任意 $i \in I$ 存在 $j \in I$ 使得 $j \geqslant i$ 且 $x_j \in V$.

例如, 设 I 是 x 的所有邻域构成的集合, 则按包含关系 I 是一个定向集. 对每个 $V \in I$ 取 $x_V \in V$. 那么 $\{x_V\}_{V \in I}$ 是收敛于 x 的一个网.

定义 1.4.2 设 $\mathbb{A}$ 是一个 C^* 代数. 称 $\mathbb{A}$ 中的一个网 $\{e_i\}_{i \in I}$ 为 $\mathbb{A}$ 的逼近单位元, 如果

(1) $e_i \in \mathbb{A}_+$, $\|e_i\| \leqslant 1$;

(2) $\{e_i\}_{i \in I}$ 是递增的, 即若 $i \leqslant j$ 则有 $e_i \leqslant e_j$;

(3) $\lim\limits_i \|x - xe_i\| = 0$, $\forall x \in \mathbb{A}$.

注 1.4.2 由上述定义可得

(1) 若 $\{e_i\}_{i \in I}$ 是 $\mathbb{A}$ 的一个逼近单位元, 则 $\lim\limits_i \|x - e_ix\| = 0 \ \forall x \in \mathbb{A}$ (在上述 (3) 中取伴随可得).

(2) 若 $\mathbb{A}$ 是单位的, 令 $e_i = 1$, $\forall i \in I$, 则 $\{e_i\}_{i \in I}$ 是一个逼近单位元.

定理 1.4.4 每个 C^* 代数都有一个逼近单位元.

为证明此定理, 需要如下引理.

引理 1.4.1 设 $\varepsilon > 0$. 定义 $f_\varepsilon(t) = \dfrac{t}{\varepsilon + t}$, $t \in \mathbb{R}_+$. 那么对任意 $x \in \mathbb{A}_+$ 有 $f_\varepsilon(x) \in \mathbb{A}_+$ 且 $\|f_\varepsilon(x)\| \leqslant 1$. 若 $0 \leqslant x \leqslant y$, 则有 $f_\varepsilon(x) \leqslant f_\varepsilon(y)$.

证明 由于 $f_\varepsilon(0) = 0$, 故由注 1.3.2 知 $f_\varepsilon(x) \in \mathbb{A}_+$. 故不妨设 $\mathbb{A}$ 是单位的. 有

$$f_\varepsilon(x) = 1 - \varepsilon(\varepsilon + x)^{-1},$$

因此, 由定理 1.4.3 得 $f_\varepsilon(x)$ 关于 x 是递增的. □

定理 1.4.4 的证明 只考虑 $\mathbb{A}$ 没有单位元的情形. 设 $\widetilde{\mathbb{A}}$ 是 $\mathbb{A}$ 的单位化. 下面用 1 表示 $\widetilde{\mathbb{A}}$ 的单位元, 而且可逆性在 $\widetilde{\mathbb{A}}$ 中考虑. 设 Λ 是 $\mathbb{A}_+$ 中范数小于 1 的所有元素构成的集合, 其上赋予由 $\mathbb{A}_h$ 诱导的偏序. 下面证明 Λ 是一个定向集. 设 $u, v \in \Lambda$, 令

$$a = (1-u)^{-1}u, \quad b = (1-v)^{-1}v.$$

由于 $\mathbb{A}$ 是 $\widetilde{\mathbb{A}}$ 的理想, 故 $a, b \in \mathbb{A}_+$. 设 $w = (1+a+b)^{-1}(a+b)$, 则有 $w = f_1(a+b)$. 因此, 由引理 1.4.1 得 $w \in A_+$ 且 $\|w\| < 1$. 再由引理 1.4.1 得

$$w \geqslant f_1(a) = [1+(1-u)^{-1}u]^{-1}(1-u)^{-1}u = u.$$

同理可证 $w \geqslant v$. 故 Λ 是定向集. 从而 $\{e\}_{e\in\Lambda}$ 是 $\mathbb{A}_+$ 中的一个网.

下面要证, 对任意 $x \in \mathbb{A}$, $\lim\limits_{e}\|x - xe\| = 0$. 我们用引理 1.4.1 中的函数 f_ε. 设 $y = x^*x$, 则有

$$\begin{aligned}\|x[1-f_\varepsilon(y)]^{\frac{1}{2}}\|^2 &= \|[1-f_\varepsilon(y)]^{\frac{1}{2}}x^*x[1-f_\varepsilon(y)]^{\frac{1}{2}}\| \\ &= \|[1-f_\varepsilon(y)]y\| \\ &= \|\varepsilon(\varepsilon+y)^{-1}y\| \leqslant \varepsilon.\end{aligned}$$

因此

$$\begin{aligned}\|x[1-f_\varepsilon(y)]\| &\leqslant \|x[1-f_\varepsilon(y)]^{\frac{1}{2}}\|\|[1-f_\varepsilon(y)]^{\frac{1}{2}}\| \\ &\leqslant \|x[1-f_\varepsilon(y)]^{\frac{1}{2}}\| \leqslant \sqrt{\varepsilon}.\end{aligned}$$

从而

$$\lim_{\varepsilon\to 0}\|x[1-f_\varepsilon(y)]\| = 0 \text{ 且 } \lim_{\varepsilon\to 0}\|x[1-f_\varepsilon(y)]x^*\| = 0.$$

由于 $\{x(1-e)x^*\}_{e\in\Lambda}$ 是递减的, 因此 $\lim\limits_{e}\|x(1-e)x^*\| = 0$. 注意

$$\|x - ex\|^2 = \|x^*(1-e)^2x\| \leqslant \|x^*(1-e)x\|.$$

故 $\lim\limits_{e}\|x - ex\| = 0$. 因此, $\{e\}_{e\in\Lambda}$ 是 $\mathbb{A}$ 中的一个逼近单位元. □

设 $\mathcal{I}$ 是 $\mathbb{A}$ 的一个闭理想. 与上面讨论类似, 我们有 $\Lambda\cap\mathcal{I}$ 是一个定向集且当 $x \in \Lambda\cap\mathcal{I}$ 时, $f_\varepsilon(x) \in \Lambda\cap\mathcal{I}$. 因此, $\{e\}_{e\in\Lambda\cap\mathcal{I}}$ 是 $\mathcal{I}$ 的一个逼近单位元, 即对任意 $x \in \mathcal{I}$ 有

$$\lim_{e\in\Lambda\cap\mathcal{I}}\|x - xe\| = 0 \quad \text{且} \quad \lim_{e\in\Lambda\cap\mathcal{I}}\|x - ex\| = 0.$$

推论 1.4.2 C^* 代数的每个闭理想都存在一个逼近单位元.

1.5 同态映射与商映射

本节研究 C^* 代数的同态映射和商映射. 首先证明如下结论.

定理 1.5.1 设 $\mathcal{I}$ 是 C^* 代数 $\mathbb{A}$ 的一个闭理想, 则 $\mathcal{I}$ 是对合的, 即 $x \in \mathcal{I}$ 蕴涵 $x^* \in \mathcal{I}$. 从而 $\mathcal{I}$ 是 $\mathbb{A}$ 的一个 C^* 子代数, 而且 Banach 商空间 $\mathbb{A}/\mathcal{I}$ 赋予自然的代数运算后成为一个 C^* 代数.

证明 设 $\{e_i\}_{i\in\Lambda}$ 是 $\mathcal{I}$ 的一个逼近单位元. 对 $x \in \mathcal{I}$ 有

$$\lim_i \|x^* - x^*e_i\| = \lim_i \|x - e_i x\| = 0.$$

由于 $x^*e_i \in \mathcal{I}$ 且 $\mathcal{I}$ 是闭的, 故 $x^* \in \mathcal{I}$.

显然, $\mathbb{A}/\mathcal{I}$ 是一个 Banach 空间. $\mathbb{A}/\mathcal{I}$ 上的乘法和对合运算分别定义如下:

$$\widetilde{x}\widetilde{y} = \widetilde{xy}, \quad \widetilde{x}^* = \widetilde{x^*}, \quad \forall x, y \in \mathbb{A}.$$

为证 $\mathbb{A}/\mathcal{I}$ 是一个 C^* 代数, 只需证明

$$\|\widetilde{x}\|^2 \leqslant \|\widetilde{x}^*\widetilde{x}\|, \quad \forall x \in \mathbb{A}.$$

对于 $y \in \mathcal{I}$, 由 $\lim_i \|y - ye_i\| = 0$ 可得

$$\begin{aligned}\limsup_i \|x - xe_i\| &= \limsup_i \|x - xe_i + y - ye_i\| \\ &= \limsup_i \|(x+y)(1-e_i)\| \\ &\leqslant \|x+y\|.\end{aligned}$$

因此

$$\begin{aligned}\|\widetilde{x}\| &= \inf\{\|x+y\| : y \in \mathcal{I}\} \\ &\geqslant \limsup_i \|x - xe_i\| \\ &\geqslant \liminf_i \|x - xe_i\| \\ &\geqslant \inf\{\|x+y\| : y \in \mathcal{I}\} = \|\widetilde{x}\|.\end{aligned}$$

从而 $\|\widetilde{x}\| = \lim_i \|x - xe_i\|$. 故对任意 $y \in \mathcal{I}$ 有

$$\begin{aligned}\|\widetilde{x}\|^2 &= \lim_i \|(x - xe_i)^*(x - xe_i)\| \\ &= \lim_i \|(1-e_i)x^*x(1-e_i)\| \\ &= \lim_i \|(1-e_i)x^*x(1-e_i) - (1-e_i)y(1-e_i)\| \\ &= \lim_i \|(1-e_i)(x^*x+y)(1-e_i)\| \\ &\leqslant \|x^*x + y\|.\end{aligned}$$

对 $y \in \mathcal{I}$ 取下确界得 $\|\widetilde{x}\|^2 \leqslant \|\widetilde{x}^*\widetilde{x}\|$. □

证明下一个定理要用 Urysohn 引理. 为此先叙述 Urysohn 引理 (Rudin, 1987).

Urysohn 引理 设 $\mathbb{K}$ 是一个紧 Hausdorff 拓扑空间, E, $F \subset \mathbb{K}$ 是两个互不相交的闭集, 则存在一个连续函数 $f: \mathbb{K} \to \mathbb{R}_+$ 使得 $f|_E = 1$ 和 $f|_F = 0$.

定理 1.5.2 同态映射有下列性质:

(1) 任何从 C^* 代数 $\mathbb{A}$ 到 C^* 代数 $\mathbb{B}$ 的同态映射 π 是收缩的.

(2) 若同态映射 π 是单射, 则 π 是一个等距映射.

证明 不妨设 $\mathbb{B}$ 是一个单位代数.

(1) 首先考虑 $\mathbb{A}$ 和 π 都是单位的情形. 由 π 的线性和可乘性得, 对每个 $x \in \mathbb{A}$ 有

$$\rho(x) \subset \rho(\pi(x)) \quad \text{且} \quad \sigma(\pi(x)) \subset \sigma(x).$$

从而

$$\begin{aligned}\|\pi(x)\|^2 &= \|\pi(x)^*\pi(x)\| = \|\pi(x^*x)\| \\ &= r(\pi(x^*x)) \leqslant r(x^*x) = \|x^*x\| = \|x\|^2,\end{aligned}$$

即 $\|\pi(x)\| \leqslant \|x\|$. 故 π 是收缩的.

设 $\mathbb{A}$ 是单位的, 但 π 不是单位的. $\pi(\mathbb{A})$ 是 $\mathbb{B}$ 的一个子空间并且对乘法与对合封闭, 另外 $\pi(1)$ 是 $\pi(\mathbb{A})$ 的单位元. 令 $\mathbb{B}'$ 是 $\pi(\mathbb{A})$ 的闭包, 则 $\mathbb{B}'$ 是 $\mathbb{B}$ 的一个 C^* 子代数且具有单位元 $\pi(1)$. 考虑 π 为从 $\mathbb{A}$ 到 $\mathbb{B}'$ 的映射, 则 π 是从 $\mathbb{A}$ 到 $\mathbb{B}'$ 的单位同态. 由上可知 π 是从 $\mathbb{A}$ 到 $\mathbb{B}'$ 的一个收缩映射, 因而 π 也是从 $\mathbb{A}$ 到 $\mathbb{B}$ 的收缩映射.

现在设 $\mathbb{A}$ 不是单位的. 考虑 $\mathbb{A}$ 的单位化 $\widetilde{\mathbb{A}}$. 定义 $\widetilde{\pi}: \widetilde{\mathbb{A}} \to \mathbb{B}$ 为

$$\widetilde{\pi}(x, \lambda) = \pi(x) + \lambda, \quad \forall (x, \lambda) \in \widetilde{\mathbb{A}},$$

则 $\widetilde{\pi}$ 是从 $\widetilde{\mathbb{A}}$ 到 $\mathbb{B}$ 的一个单位同态. 由上述结果得 $\widetilde{\pi}$ 是从 $\widetilde{\mathbb{A}}$ 到 $\mathbb{B}$ 的收缩映射. 故 π 是从 $\mathbb{A}$ 到 $\mathbb{B}$ 的收缩映射.

(2) 设 π 是一个单射, 要证对任意 $x \in \mathbb{A}$ 有 $\|\pi(x)\| = \|x\|$. 与前面讨论一样, 假设 π 是单位的. 由于

$$\|\pi(x)\|^2 = \|\pi(x)^*\pi(x)\| = \|\pi(x^*x)\| \quad \text{且} \quad \|x\|^2 = \|x^*x\|,$$

可以假设 $x \in \mathbb{A}_h$. 设 $y = \pi(x)$, 则 $y \in \mathbb{B}_h$. 分别用由 $x, 1$ 生成的 C^* 子代数和由 $y, 1$ 生成的 C^* 子代数代替 $\mathbb{A}$ 和 $\mathbb{B}$, 可以设 $\mathbb{A}$ 和 $\mathbb{B}$ 都是单位的交换 C^* 代数.

由 (1) 知 π 是连续的, 故其伴随 $\pi^*: \mathbb{B}^* \to \mathbb{A}^*$ 也是连续的. 将 π^* 限制在 $\Omega(\mathbb{B})$ 上得到连续映射:

$${}^t\pi: \Omega(\mathbb{B}) \to \Omega(\mathbb{A}),\ {}^t\pi(\omega) = \omega \circ \pi,\ \forall \omega \in \Omega(\mathbb{B}).$$

因此 ${}^t\pi(\Omega(\mathbb{B}))$ 是 $\Omega(\mathbb{A})$ 中的一个紧子集, 从而是闭的. 我们有 ${}^t\pi(\Omega(\mathbb{B})) = \Omega(\mathbb{A})$. 否则, 由 Urysohn 引理知存在连续函数 $f \in C(\Omega(\mathbb{A}))$, $f \neq 0$ 使得 $f|_{{}^t\pi(\Omega(\mathbb{B}))} = 0$. 由 Gelfand 定理知道, 存在非零元 $a \in \mathbb{A}$ 使得 $f = \widehat{a}$, 则

$$0 = \widehat{a}({}^t\pi(\omega)) = \omega(\pi(a)) = \widehat{\pi(a)}(\omega), \quad \forall \omega \in \Omega(B).$$

从而 $\pi(a) = 0$. 这与 π 为单射矛盾! 故 ${}^t\pi(\Omega(\mathbb{B})) = \Omega(\mathbb{A})$. 因此,

$$\begin{aligned}\|x\| = \|\widehat{x}\| &= \sup\{|\eta(x)|:\ \forall \eta \in \Omega(\mathbb{A})\} \\ &= \sup\{|{}^t\pi(\omega)(x)|:\ \forall \omega \in \Omega(\mathbb{B})\} \\ &= \sup\{|\omega(\pi(x))|:\ \forall \omega \in \Omega(\mathbb{B})\} \\ &= \|\widehat{\pi(x)}\| = \|\pi(x)\|.\end{aligned}$$

结论得证. □

推论 1.5.1 设 π 是从 C^* 代数 $\mathbb{A}$ 到 C^* 代数 $\mathbb{B}$ 的一个同态映射, 则 π 的核 $\pi^{-1}(0)$ 是 $\mathbb{A}$ 的一个闭理想, $\pi(\mathbb{A})$ 是 $\mathbb{B}$ 的一个 C^* 子代数并且商映射

$$\widetilde{\pi} : \mathbb{A}/\pi^{-1}(0) \to \pi(\mathbb{A})$$

是一个同构映射.

证明 由定理 1.5.2 知 π 是连续的. 故 $\pi^{-1}(0)$ 是 $\mathbb{A}$ 的闭理想. 另外 $\widetilde{\pi}$: $\mathbb{A}/\pi^{-1}(0) \to \mathbb{B}$, $\widetilde{\pi}(\widetilde{x}) = \pi(x)$ 是一个单射同态, 则由定理 1.5.2 知 $\widetilde{\pi}$ 是一个等距映射. 从而 $\pi(\mathbb{A})$ 是闭的, 故 $\pi(\mathbb{A})$ 是 $\mathbb{B}$ 的一个 C^* 子代数. □

习 题

1. 设 $\mathbb{H}$ 是一个 Hilbert 空间. 记 $\mathcal{F}$ 是 $\mathbb{H}$ 上的全体有限秩算子构成的集合.

(1) 对 $\xi, \eta \in \mathbb{H}$, $\xi \otimes \eta$ 是 $\mathbb{H}$ 上如下定义的算子: $\xi \otimes \eta(\zeta) = \langle \eta, \zeta \rangle \xi$ (若 ξ, η 都不为零, 则 $\xi \otimes \eta$ 的秩为 1, 否则 $\xi \otimes \eta = 0$). 证明: $\mathbb{H}$ 上的秩为 1 的算子都可以写成 $\xi \otimes \eta$ 这种形式.

(2) 证明: 设 $x \in \mathcal{F}$, 则存在 $\xi_1, \cdots, \xi_n, \eta_1, \cdots, \eta_n \in \mathbb{H}$ 使得

$$x = \sum_{k=1}^{n} \xi_k \otimes \eta_k.$$

(3) 证明上述的 $\{\xi_k:\ 1 \leqslant k \leqslant n\}$ 或者 $\{\eta_k:\ 1 \leqslant k \leqslant n\}$ 可以取为一个直交系.

(4) 证明 $\sum\limits_{k=1}^{n} \langle \xi_k, \eta_k \rangle$ 与 (2) 中的 $\{\xi_k:\ 1 \leqslant k \leqslant n\}$ 和 $\{\eta_k:\ 1 \leqslant k \leqslant n\}$ 的选取无关.

2. 设 $\mathbb{A}$ 是一个单位 C^* 代数, $x \in \mathbb{A}$ 是正规的.

(1) 证明: 若 $\sigma(x) \subset \mathbb{T} = \{\lambda \in \mathbb{C}:\ |\lambda| = 1\}$, 则 x 是一个酉元.

(2) 证明：若 $\sigma(x)\subset\mathbb{R}$, 则 x 是一个自伴元.

(3) 举例说明：若不假设 x 是正规的, 上述两个结论不成立.

3. 设 $\mathbb{A}$ 是一个单位 C^* 代数, $u\in\mathbb{A}$ 是一个酉元, $\mathbb{B}$ 是由 1 和 u 生成的一个 C^* 子代数.

(1) 假设 $\sigma(u)\neq\mathbb{T}$. 证明：存在函数 $g\in C(\sigma(u))$ 使得

$$\mathrm{e}^{\mathrm{i}g(\lambda)}=\lambda,\quad \forall\lambda\in\sigma(u).$$

进一步证明：存在自伴元 $h\in\mathbb{B}$ 使得 $u=\mathrm{e}^{\mathrm{i}h}$.

(2) 假设 $\sigma(u)=\mathbb{T}$. 证明：存在从 $\mathbb{B}$ 到 $C(\sigma(u))$ 的同构映射 φ 使得 $\varphi(u)=id_{\mathbb{T}}$. 进一步证明：不存在 $b\in\mathbb{B}$ 使得 $u=\mathrm{e}^{\mathrm{i}b}$.

4. 设 a,b 是 C^* 代数 $\mathbb{A}$ 的两个正规元. 证明：a 和 b 分别生成的两个 C^* 子代数相互同构的充分必要条件是 $\sigma(a)$ 和 $\sigma(b)$ 同胚.

5. 设 $\mathbb{A}$ 是一个 C^* 代数, $x\in\mathbb{A}_+$. 证明：x 属于 $\{axa:\ a\in\mathbb{A}\}$ 的闭包.

6. 证明可分 C^* 代数具有由序列 (即指标为 $\mathbb{N}$) 构成的逼近单位元.

7. 设 $\mathbb{A}$ 是一个单位 C^* 代数. 对 $\lambda\in\mathbb{R}_+$ 定义函数 $f_\lambda:\mathbb{R}_+\to\mathbb{R}_+$ 为 $f_\lambda(t)=t(1+\lambda t)^{-1}$.

(1) 证明：对任意 $x\in\mathbb{A}_+$, $f_\lambda(x)\in\mathbb{A}_+$ 并且当 $0\leqslant x\leqslant y$ 时, $f_\lambda(x)\leqslant f_\lambda(y)$.

(2) 设 $0<\alpha<1$. 证明：

$$t^\alpha=c_\alpha\int_0^\infty f_\lambda(t)\lambda^{-\alpha}\mathrm{d}\lambda,\quad \forall t\in\mathbb{R}_+,\tag{$*$}$$

c_α 是只与 α 有关的常数. 进一步证明：($*$) 中的积分在 $\mathbb{R}_+$ 的任意紧子集上关于 t 一致收敛.

(3) 证明：当 $0\leqslant x\leqslant y$ 时, $x^\alpha\leqslant y^\alpha$.

(4) 举例说明：$0\leqslant x\leqslant y\Rightarrow x^2\leqslant y^2$ 在 2×2 复矩阵代数上不成立.

8. 设 $\mathcal{I}$ 是 C^* 代数 $\mathbb{A}$ 的一个闭理想, $\mathbb{B}$ 是 $\mathbb{A}$ 的一个 C^* 子代数. 证明：$\mathcal{I}+\mathbb{B}=\{x+b:\ x\in\mathcal{I},\ b\in\mathbb{B}\}$ 是 $\mathbb{A}$ 中的闭集 (提示：用商映射 $q:\mathbb{A}\to\mathbb{A}/\mathcal{I}$ 在 $\mathbb{B}$ 上的限制).

9. 设 $\pi:\mathbb{A}\to\mathbb{B}$ 是两个 C^* 代数之间的满射同态. 设 $a\in\mathbb{A}_+$ 和 $y\in\mathbb{B}$ 使得 $y^*y\leqslant\pi(a)$. 证明：存在 $x\in\mathbb{A}$ 使得 $x^*x\leqslant a$ 且 $\pi(x)=y$. 证明按如下步骤进行：

(1) 设 $z\in\mathbb{A}$ 使得 $\pi(z)=y$. 令 $b=(z^*z-a)_+$, 则 $z^*z\leqslant a+b$ 且 $\pi(b)=0$.

(2) 令 $x_n=zg_n(a+b)a^{1/2}$, 其中 g_n 定义为 $g_n(t)=(n^{-1}+t)^{-1/2}$, $\forall t\geqslant0$. 证明 $x_n^*x_n\leqslant a$ 且 $\{x_n\}$ 在 $\mathbb{A}$ 中收敛. 记其极限为 x.

(3) 证明：$\pi(x_n)=yg_n(\pi(a))\pi(a)^{1/2}$.

(4) 证明 $\pi(x_n)$ 收敛于 y, 从而得到所需结论.

第2章　正泛函与 C^* 代数的表示

本章由两部分组成, 第一部分为 2.1, 2.2 节, 第二部分为 2.3, 2.4 节. 第一部分介绍 C^* 代数上正线性泛函的基本性质. 第二部分讨论 C^* 代数的表示问题. 我们将证明任何一个 C^* 代数都同构于 $\mathcal{B}(\mathbb{H})$ 的某个 C^* 子代数. 最后将给出有限维 C^* 代数的结构.

2.1　正　泛　函

利用 C^* 代数 $\mathbb{A}$ 的实部 $\mathbb{A}_h$, 可以定义 $\mathbb{A}$ 的对偶空间 $\mathbb{A}^*$ 的实部.

定义 2.1.1　设 $\mathbb{A}$ 是一个 C^* 代数, $\varphi \in \mathbb{A}^*$. 定义 $\varphi^* : \mathbb{A} \to \mathbb{C}$ 为

$$\varphi^*(x) = \overline{\varphi(x^*)}, \quad \forall x \in \mathbb{A}.$$

称 φ^* 为 φ 的伴随. 若 $\varphi^* = \varphi$, 则称 φ 为自伴的 (埃尔米特的). 用 $\mathbb{A}_h^*$ 表示 $\mathbb{A}$ 上的所有自伴泛函构成的集合.

注 2.1.1　易证:

(1) $\mathbb{A}_h^*$ 是 $\mathbb{A}^*$ 的一个实线性子空间. 显然 φ 是自伴的当且仅当 $\varphi(\mathbb{A}_h) \subset \mathbb{R}$.

(2) 任何 $\varphi \in \mathbb{A}^*$ 都可以写成两个自伴泛函之和,

$$\varphi = \frac{\varphi + \varphi^*}{2} + \mathrm{i}\frac{\varphi - \varphi^*}{2\mathrm{i}} = \mathrm{Re}(\varphi) + \mathrm{i}\mathrm{Im}(\varphi).$$

注 2.1.2　为了不与实 Banach 空间 $\mathbb{A}_h$ 的对偶 $(\mathbb{A}_h)^*$ 相混淆, 用 $(\mathbb{A}^*)_h$ 表示 $\mathbb{A}_h^*$. 下证 $(\mathbb{A}^*)_h$ 与 $(\mathbb{A}_h)^*$ 是等距同构的.

事实上, 设 $\varphi \in \mathbb{A}^*$ 是一个自伴泛函. 令 $f = \varphi|_{\mathbb{A}_h} : \mathbb{A}_h \to \mathbb{R}$, 则 f 是连续的且 $\|f\| \leqslant \|\varphi\|$. 反之, 设 $f : \mathbb{A}_h \to \mathbb{R}$ 是一个连续线性泛函. 定义 $\varphi : \mathbb{A} \to \mathbb{C}$ 为 $\varphi(x) = f(\mathrm{Re}x) + \mathrm{i}f(\mathrm{Im}x)$. 易证 φ 是一个连续线性泛函并且 $\varphi(\mathbb{A}_h) \subset \mathbb{R}$. 从而 φ 是一个自伴泛函. 设 $x \in \mathbb{A}$ 且 $\|x\| = 1$. 选取 $\lambda \in \mathbb{C}$ 使得 $|\lambda| = 1$ 且 $\lambda\varphi(x) \geqslant 0$. 令 $\lambda x = a + \mathrm{i}b$, $a, b \in \mathbb{A}_h$, 则 $\lambda\varphi(x) = \varphi(a) + \mathrm{i}\varphi(b) = f(a) + \mathrm{i}f(b)$; 从而 $f(b) = 0$. 因此 $|\varphi(x)| = \lambda\varphi(x) = f(a) \leqslant \|f\|$, 即 $\|\varphi\| \leqslant \|f\|$. 故 $\|\varphi\| = \|f\|$.

定义 $(\mathbb{A}^*)_h$ 与 $(\mathbb{A}_h)^*$ 之间的等距同构线性映射如下: $(\mathbb{A}^*)_h \ni \varphi \leftrightarrow \varphi|_{\mathbb{A}_h} \in (\mathbb{A}_h)^*$. 此时, 这两个空间可以看成同一空间, 因此用记号 $\mathbb{A}_h^*$ 来表示它们.

下面讨论 $\mathbb{A}_h^*$ 的正部 $\mathbb{A}_+^*$.

定义 2.1.2 设 $\mathbb{A}$ 是一个 C^* 代数. 如果 $\varphi:\mathbb{A}\to\mathbb{C}$ 是一个线性泛函使得 $\varphi(\mathbb{A}_+)\subset\mathbb{R}_+$, 则称 φ 为 $\mathbb{A}$ 上的一个正泛函. 我们用 $\mathbb{A}_+^*$ 表示 $\mathbb{A}$ 上的所有正泛函构成的集合.

下面的结论说明 $\mathbb{A}_+^*\subset\mathbb{A}_h^*$.

定理 2.1.1 C^* 代数 $\mathbb{A}$ 上的正泛函都是自伴泛函.

证明 设 φ 是 $\mathbb{A}$ 上的一个正泛函. 我们要证: 存在 $C>0$ 使得

$$\varphi(x)\leqslant C\|x\|,\quad \forall x\in\mathbb{A}_+. \tag{2.1.1}$$

若此结论不成立, 则对每个 $n\in\mathbb{N}$ 存在一个元素 $x_n\in\mathbb{A}_+$ 使得 $\|x_n\|=1$ 且 $\varphi(x_n)>4^n$. 令 $x=\sum\limits_{n\geqslant1}2^{-n}x_n$, 则 $x\in\mathbb{A}_+$ 且对每个 $n\in\mathbb{N}$ 有 $x\geqslant 2^{-n}x_n$. 由于 φ 是正泛函, 则

$$\varphi(x)\geqslant\varphi(2^{-n}x_n)>2^n,\quad \forall\, n\in\mathbb{N}.$$

这是不可能的. 故 (2.1.1) 成立.

设 $x\in\mathbb{A}$. 由于

$$x=a+\mathrm{i}b=a_+-a_-+\mathrm{i}(b_+-b_-),\quad a=\mathrm{Re}(x),b=\mathrm{Im}(x),$$

则

$$\begin{aligned}|\varphi(x)|&\leqslant\varphi(a_++a_-)+\varphi(b_++b_-)\\&\leqslant C(\|a_++a_-\|+\|b_++b_-\|)\\&\leqslant 2C\|x\|.\end{aligned}$$

故 φ 是连续的. 又由 $\varphi(\mathbb{A}_+)\subset\mathbb{R}_+$ 和 $\varphi(\mathbb{A}_h)=\varphi(\mathbb{A}_+)-\varphi(\mathbb{A}_+)\subset\mathbb{R}$ 可知 $\varphi\in\mathbb{A}_h^*$. 从而 $\mathbb{A}_+^*\subset\mathbb{A}_h^*$. □

若 φ 是 $\mathbb{A}$ 上的一个正泛函, 则记作 $\varphi\geqslant0$. 在 $\mathbb{A}_h^*$ 上定义如下偏序: $\varphi\geqslant\psi$, 如果 $\varphi-\psi\geqslant0$.

例 2.1.1 (1) 设 $\mathbb{L}$ 是一个局部紧拓扑空间. 由 Riesz 表示定理 (Rudin, 1987) 知道, $C_0(\mathbb{L})$ 的对偶空间是 $\mathbb{L}$ 上的全体 Borel 复测度组成的空间 $\mathcal{M}(\mathbb{L})$: $\varphi\in C_0(\mathbb{L})^*$ 当且仅当存在 $\mathbb{L}$ 上的一个 Borel 复测度 μ_φ 使得

$$\varphi(x)=\int_{\mathbb{L}}x(t)\mathrm{d}\mu_\varphi(t),\quad \forall x\in C_0(\mathbb{L}).$$

自伴泛函 (相应地, 正泛函) 对应于实测度 (相应地, 正测度). 范数为 1 的正泛函对应于概率测度. 4.4 节将进一步讨论复测度和 Riesz 表示定理.

(2) 设 $\mathbb{H}$ 是一个复 Hilbert 空间. 第 3 章将证明 $\mathcal{K}(\mathbb{H})$ 的对偶空间正好是 $\mathbb{H}$ 上的所有核算子组成的空间. 特别地, 当 $\mathbb{H}=\ell_2^n$ 时, $\mathcal{B}(\ell_2^n)$ 上的正泛函对应的是正算子.

下面的第一个不等式称为 Cauchy-Schwarz 不等式.

定理 2.1.2 设 $\varphi \in \mathbb{A}_+^*$, 则对于任何 $x, y \in \mathbb{A}$ 有

$$|\varphi(x^*y)|^2 \leqslant \varphi(x^*x)\varphi(y^*y), \quad |\varphi(x)|^2 \leqslant \|\varphi\|\varphi(x^*x).$$

证明 对任意 $\lambda \in \mathbb{C}$ 有

$$\begin{aligned} 0 \leqslant & \varphi((x+\lambda y)^*(x+\lambda y)) \\ = & \varphi(x^*x) + 2\mathrm{Re}(\lambda\varphi(x^*y)) + |\lambda|^2\varphi(y^*y). \end{aligned}$$

由 φ 的自伴性, 有 $\varphi(y^*x) = \overline{\varphi(x^*y)}$. 取 $\lambda = -\varphi(y^*x)/\varphi(y^*y)$ 可以得到第一个不等式.

设 $\{e_\alpha\}_{\alpha\in\Lambda}$ 是 $\mathbb{A}$ 的一个逼近单位元. 由 Cauchy-Schwarz 不等式有

$$|\varphi(e_\alpha x)|^2 = |\varphi(x^*e_\alpha)|^2 \leqslant \varphi(x^*x)\varphi(e_\alpha^2) \leqslant \|\varphi\|\varphi(x^*x), \quad \alpha \in \Lambda.$$

由于 $\lim\limits_\alpha e_\alpha x = x$, 从而得到第二个不等式. □

定理 2.1.3 设 $\{e_\alpha\}_{\alpha\in\Lambda}$ 是 C^* 代数 $\mathbb{A}$ 的一个逼近单位元, 则 $\varphi \in \mathbb{A}^*$ 是一个正泛函当且仅当 $\lim\limits_\alpha \varphi(e_\alpha) = \|\varphi\|$. 特别地, 当 $\mathbb{A}$ 是一个单位代数时, $\varphi \geqslant 0$ 当且仅当 $\varphi(1) = \|\varphi\|$.

证明 假设 $\varphi \geqslant 0$. 若 $x \in \mathbb{A}$ 并且 $\|x\| \leqslant 1$. 由 Cauchy-Schwarz 不等式可得

$$|\varphi(e_\alpha x)|^2 \leqslant \varphi(x^*x)\varphi(e_\alpha^2) \leqslant \|\varphi\|\varphi(e_\alpha).$$

最后一个不等式是因为 $e_\alpha^2 \leqslant e_\alpha$. 从而

$$\varphi(x)^2 = \lim_\alpha |\varphi(e_\alpha x)|^2 \leqslant \|\varphi\| \liminf_\alpha \varphi(e_\alpha).$$

对所有 $\|x\| \leqslant 1$ 取上确界有

$$\|\varphi\|^2 \leqslant \|\varphi\| \liminf_\alpha \varphi(e_\alpha),$$

即 $\|\varphi\| \leqslant \liminf\limits_\alpha \varphi(e_\alpha)$. 显然, $\limsup\limits_\alpha \varphi(e_\alpha) \leqslant \|\varphi\|$. 从而得到所需结论.

反之, 设 $x \in \mathbb{A}_h$. 要证 $\varphi(x) \in \mathbb{R}$. 令 $\varphi(x) = a + \mathrm{i}b$, a, $b \in \mathbb{R}$. 不妨设 $b \geqslant 0$. 否则, 用 $-x$ 代替 x 即可. 另外, 由 $\lim\limits_\alpha \varphi(e_\alpha) = \|\varphi\|$ 可知, 对任意 $\lambda > 0$, 有

$$|\varphi(\lambda e_\alpha - \mathrm{i}x)|^2 = |\lambda\varphi(e_\alpha) + b - \mathrm{i}a|^2.$$

从而

$$\lim_\alpha |\varphi(\lambda e_\alpha - \mathrm{i}x)|^2 = (\lambda\|\varphi\| + b)^2 + a^2.$$

另外,

$$
\begin{aligned}
|\varphi(\lambda e_\alpha - \mathrm{i}x)|^2 &\leqslant \|\varphi\|^2\|\lambda e_\alpha - \mathrm{i}x\|^2 \\
&= \|\varphi\|^2\|\lambda^2 e_\alpha^2 + x^2 + \mathrm{i}\lambda(xe_\alpha - e_\alpha x)\| \\
&\leqslant \|\varphi\|^2(\lambda^2 + \|x\|^2 + \lambda\|(xe_\alpha - e_\alpha x)\|).
\end{aligned}
$$

由于

$$
\lim_\alpha(xe_\alpha - e_\alpha x) = \lim_\alpha(xe_\alpha - x) + \lim_\alpha(x - e_\alpha x) = 0,
$$

所以

$$
\lim_\alpha |\varphi(\lambda e_\alpha - \mathrm{i}x)|^2 \leqslant \|\varphi\|^2(\lambda^2 + \|x\|^2).
$$

故

$$
(\lambda\|\varphi\| + b)^2 + a^2 \leqslant \|\varphi\|^2(\lambda^2 + \|x\|^2).
$$

从而, 令 $\lambda \to \infty$ 可知 $b = 0$. 因此, 对 $x \in \mathbb{A}_h$ 有 $\varphi(x) \in \mathbb{R}$.

若 $x \in \mathbb{A}_+$ 且 $\|x\| \leqslant 1$, 则 $\varphi(e_\alpha - x) \in \mathbb{R}$ 且

$$
\varphi(e_\alpha - x) \leqslant \|\varphi\|\|e_\alpha - x\|.
$$

因为 (若 $\mathbb{A}$ 不是单位的, 应用单位化方法)

$$
\|e_\alpha - x\| \leqslant \|e_\alpha(1 - x)\| + \|e_\alpha x - x\| \leqslant 1 + \|e_\alpha x - x\|,
$$

故

$$
\varphi(e_\alpha - x) \leqslant \|\varphi\|(1 + \|e_\alpha x - x\|),
$$

取极限可得

$$
\|\varphi\| - \varphi(x) = \lim_\alpha \varphi(e_\alpha - x) \leqslant \|\varphi\|,
$$

即 $\varphi(x) \geqslant 0$. 故结论得证. □

推论 2.1.1 设 $\{a_\alpha\}_{\alpha\in\Lambda}$ 是 C^* 代数 $\mathbb{A}$ 中的一个网且满足 $a_\alpha \geqslant 0$ 和 $\|a_\alpha\| \leqslant 1$. 若 $\varphi \in \mathbb{A}^*$ 使得 $\lim\limits_\alpha \varphi(a_\alpha) = \|\varphi\|$, 则 φ 是一个正泛函. 特别地, 若存在 $a \in \mathbb{A}_+$ 使得 $\|a\| \leqslant 1$ 并且 $\varphi(a) = \|\varphi\|$, 则 $\varphi \geqslant 0$.

证明 首先假设 $\mathbb{A}$ 是单位的. 由连续函数演算可得, 对任意 $\lambda \in \mathbb{T}$, $\|a_\alpha + \lambda(1 - a_\alpha)\| \leqslant 1$, 这里 $\mathbb{T}$ 是 $\mathbb{C}$ 中的单位圆周. 选取 $\lambda_\alpha \in \mathbb{T}$ 使得 $\lambda_\alpha\varphi(1 - a_\alpha) \geqslant 0$, 则

$$
\begin{aligned}
|\varphi(a_\alpha) + \lambda_\alpha\varphi(1 - a_\alpha)| &= |\varphi[a_\alpha + \lambda_\alpha(1 - a_\alpha)]| \\
&\leqslant \|\varphi\|\|a_\alpha + \lambda(1 - a_\alpha)\| \leqslant \|\varphi\|.
\end{aligned}
$$

由于 $\mathbb{T}$ 是紧的, 网 $\{\lambda_\alpha\}_{\alpha\in\Lambda}$ 至少有一个聚点 λ. 从而

$$
|\|\varphi\| + \lambda(\varphi(1) - \|\varphi\|)| \leqslant \|\varphi\|.
$$

但 $\lambda(\varphi(1)-\|\varphi\|)$ 是非负数构成的网 $\{\lambda_\alpha\varphi(1-a_\alpha)\}_{\alpha\in\Lambda}$ 的聚点, 因此, $\lambda(\varphi(1)-\|\varphi\|)=0$. 这表明 $\varphi(1)=\|\varphi\|$. 由定理 2.1.3 得所需结论.

若 $\mathbb{A}$ 不是单位的, 考虑 $\mathbb{A}$ 的单位化 $\widetilde{\mathbb{A}}$. 由 Hahn-Banach 定理, 可以把 φ 保范延拓为 $\widetilde{\mathbb{A}}$ 上的连续线性泛函 $\widetilde{\varphi}$. 由于 $\lim\limits_\alpha\widetilde{\varphi}(a_\alpha)=\lim\limits_\alpha\varphi(a_\alpha)=\|\widetilde{\varphi}\|$. 由上述结果知 $\widetilde{\varphi}\geqslant 0$, 从而 $\varphi\geqslant 0$. □

推论 2.1.2 设 $\mathbb{B}$ 是 C^* 代数 $\mathbb{A}$ 的一个 C^* 子代数. 设 φ 是 $\mathbb{B}$ 上的一个正泛函, 则 φ 在 $\mathbb{A}$ 上的任何保范延拓 $\widetilde{\varphi}$ 都是正泛函.

证明 设 $\{e_\alpha\}_{\alpha\in\Lambda}$ 是 $\mathbb{B}$ 的一个逼近单位元, 则由定理 2.1.3 可得 $\lim\limits_\alpha\varphi(e_\alpha)=\|\varphi\|$. 若 $\widetilde{\varphi}$ 是 φ 在 $\mathbb{A}$ 上的一个保范延拓, 则 $\lim\limits_\alpha\widetilde{\varphi}(e_\alpha)=\|\widetilde{\varphi}\|$. 故由推论 2.1.1 知 $\widetilde{\varphi}\geqslant 0$. □

推论 2.1.3 设 $\mathbb{A}$ 是一个 C^* 代数. 则对任意正规元 $x\in\mathbb{A}$ 有

$$\|x\|=\sup\{|\varphi(x)|:\ \varphi\in\mathbb{A}_+^*,\ \|\varphi\|=1\}.$$

特别地, 对任意 $x\in\mathbb{A}_+$ 有

$$\|x\|=\sup\{\varphi(x):\ \varphi\in\mathbb{A}_+^*,\ \|\varphi\|=1\}.$$

证明 不妨设 $\mathbb{A}$ 是单位的. 设 $\mathbb{B}$ 是由 x 和 1 生成的 C^* 子代数, 有

$$\|x\|=r(x)=\sup_{\omega\in\Omega(\mathbb{B})}|\omega(x)|.$$

由定理 2.1.3 知, 每个 $\omega\in\Omega(\mathbb{B})$ 是 $\mathbb{B}$ 上的范数为 1 的正泛函. 而由推论 2.1.2, 可以把 ω 延拓为 $\mathbb{A}$ 上的范数为 1 的正泛函 $\widetilde{\omega}$. 故结论成立. □

注 2.1.3 设 $\mathbb{A}$ 是一个非单位的 C^* 代数且 $\varphi\in\mathbb{A}_+^*$. 若 $\widetilde{\mathbb{A}}$ 是 $\mathbb{A}$ 的单位化. 由推论 2.1.2 知, φ 在 $\widetilde{\mathbb{A}}$ 上的任意保范延拓 $\widetilde{\varphi}$ 为正泛函. 此时, 有 $\widetilde{\varphi}(x,\lambda)=\varphi(x)+\lambda\|\varphi\|$, $(x,\lambda)\in\widetilde{\mathbb{A}}$, 即 $\widetilde{\varphi}$ 是唯一的. 事实上, 若 $\widetilde{\varphi}$ 是 φ 的任一保范延拓, 则 $\widetilde{\varphi}$ 是正的, 且由定理 2.1.3 知 $\widetilde{\varphi}(1)=\|\varphi\|$. 因此,

$$\widetilde{\varphi}(x,\lambda)=\widetilde{\varphi}(x,0)+\widetilde{\varphi}(0,\lambda)=\varphi(x)+\lambda\widetilde{\varphi}(1)=\varphi(x)+\lambda\|\varphi\|.$$

定义 2.1.3 设 $\mathbb{A}$ 是一个 C^* 代数, $\varphi\in\mathbb{A}_+^*$.

(1) φ 称为一个态, 若 $\|\varphi\|=1$. 用 $\mathcal{S}_{\mathbb{A}}$ 表示 $\mathbb{A}$ 上的所有态构成的集合. $\mathcal{S}_{\mathbb{A}}$ 赋予弱 * 拓扑并称为 $\mathbb{A}$ 的态空间.

(2) φ 称为忠实的, 若 $x\in\mathbb{A}_+$, $\varphi(x)=0$ 必有 $x=0$.

设 $\varphi\in\mathbb{A}^*$. 由定理 2.1.3 知, φ 是一个态当且仅当 $\lim\limits_\alpha\varphi(e_\alpha)=1$, 其中 $\{e_\alpha\}_{\alpha\in\Lambda}$ 是 $\mathbb{A}$ 的一个逼近单位元. 从而 $\mathcal{S}_{\mathbb{A}}$ 是一个凸集. 若 $\mathbb{A}$ 是单位的, 则

$$\mathcal{S}_{\mathbb{A}}=\{\varphi\in\mathbb{A}^*:\ \varphi(1)=1\}.$$

这说明 $\mathcal{S}_{\mathbb{A}}$ 是 $\mathbb{A}^*$ 中的一个弱 * 闭集, 从而是弱 * 紧的.

2.2 Jordan 分 解

设 $\mathbb{K}$ 是一个紧拓扑空间, $\mathbb{K}$ 上的有界实 Borel 测度 μ 都可以分解成两个相互正交的正测度的差: $\mu = \mu_+ - \mu_-$. 显然这种分解对应于相应泛函的正部与负部. 下面的定理将此结论推广到 C^* 代数上.

定理 2.2.1 设 $\mathbb{A}$ 是一个 C^* 代数, $\varphi \in \mathbb{A}_h^*$, 则存在唯一的一对正泛函 (φ_+, φ_-) 使得

$$\varphi = \varphi_+ - \varphi_-$$

且 $\|\varphi\| = \|\varphi_+\| + \|\varphi_-\|$. φ_+, φ_- 分别称为 φ 的正部和负部.

一般地, 任一 $\varphi \in \mathbb{A}^*$ 可以分解为其实部和复部之和. 故 φ 可以写成四个正泛函的线性组合:

$$\varphi = (\varphi_1 - \varphi_2) + \mathrm{i}(\varphi_3 - \varphi_4), \quad \varphi_k \in \mathbb{A}_+^*.$$

为了证明上述定理, 需要以下两个引理. 在本节中, 我们将简单地用 $\mathcal{S}$ 表示 $\mathcal{S}_{\mathbb{A}}$.

引理 2.2.1 设 $\mathbb{A}$ 是一个单位 C^* 代数, 则 $\mathbb{A}_h^*$ 的闭单位球是 $\mathcal{S}$ 和 $-\mathcal{S}$ 的凸组合, 即对每个 $\varphi \in \mathbb{A}_h^*$, $\|\varphi\| \leqslant 1$ 存在 $\varphi_1, \varphi_2 \in \mathcal{S}$ 和 $\lambda \in [0,1]$ 使得 $\varphi = (1-\lambda)\varphi_1 - \lambda\varphi_2$.

证明 设 K 是 $\mathcal{S}$ 和 $-\mathcal{S}$ 的凸组合. 由于 $\mathcal{S}$ 是凸的, 故

$$K = \{(1-\lambda)\varphi_1 - \lambda\varphi_2 : \varphi_1, \varphi_2 \in \mathcal{S}, \lambda \in [0,1]\}.$$

显然, K 包含在 $\mathbb{A}_h^*$ 的闭单位球中.

另一方面, 由于 $\mathcal{S}$ 是紧的, 故 K 也是紧的. 若存在 $\varphi \in \mathbb{A}_h^*$, $\|\varphi\| \leqslant 1$ 不包含在 K 中, 则由 Hahn-Banach 分离定理可知, 存在 $x \in \mathbb{A}_h$ 使得

$$\sup_{\psi \in K} \psi(x) < \varphi(x)$$

(这里把 $\mathbb{A}_h^*$ 看成实 Banach 空间 $\mathbb{A}_h$ 的对偶空间, 见注 2.1.2. 赋予弱 * 拓扑 $\sigma((\mathbb{A}_h)^*, \mathbb{A}_h)$, $(\mathbb{A}_h)^*$ 的对偶为 $\mathbb{A}_h$). 由于 $K = -K$, 有

$$\varphi(x) > \sup_{\psi \in K} \psi(x) = \sup_{\psi \in K} |\psi(x)| \geqslant \sup_{\psi \in \mathcal{S}} |\psi(x)|.$$

从而由推论 2.1.3 可得 $\varphi(x) > \|x\|$. 矛盾! 结论得证. □

引理 2.2.2 设 φ, ψ 是单位 C^* 代数 $\mathbb{A}$ 上的两个正泛函. 下列两个命题等价:

(1) $\|\varphi - \psi\| = \|\varphi\| + \|\psi\|$.

(2) 对任意 $\varepsilon > 0$ 都存在 $x \in \mathbb{A}_+$ 且 $\|x\| \leqslant 1$ 使得 $\varphi(1-x) + \psi(x) < \varepsilon$.

证明 (1)⇒(2). 由注 2.1.2 知, 存在 $h \in \mathbb{A}_h$ 使得 $\|h\| \leqslant 1$ 和

$$\|\varphi - \psi\| < \varphi(h) - \psi(h) + 2\varepsilon.$$

另外, 由 (1) 和定理 2.1.3 有

$$\|\varphi - \psi\| = \|\varphi\| + \|\psi\| = \varphi(1) + \psi(1).$$

从而

$$\varphi(1-h) + \psi(1+h) < 2\varepsilon.$$

由于 $h \in \mathbb{A}_h$ 和 $\|h\| \leqslant 1$, 则 $0 \leqslant 1+h \leqslant 2$ 和 $0 \leqslant 1-h \leqslant 2$. 从而 $x = (1+h)/2$ 满足 (2) 的要求.

(2)⇒(1). 对任意 $\varepsilon > 0$, 设 x 满足 (2) 的要求. 因为 $\|2x-1\| \leqslant 1$, 故

$$\begin{aligned}\|\varphi\| + \|\psi\| &= \varphi(1) + \psi(1)\\ &\leqslant \varphi(2x-1) + \psi(1-2x) + 2\varepsilon\\ &= (\varphi - \psi)(2x-1) + 2\varepsilon\\ &\leqslant \|\varphi - \psi\| + 2\varepsilon.\end{aligned}$$

从而 $\|\varphi\| + \|\psi\| \leqslant \|\varphi - \psi\|$. 反向不等式总是成立的. 故 (1) 成立. □

若 $\mathbb{A}$ 是一个交换的 C^* 代数 (则存在某个紧拓扑空间 $\mathbb{K}$ 使得 $\mathbb{A} = C(\mathbb{K})$). 引理 2.2.2 中的条件 (2) 是指 $\mathbb{K}$ 上的两个正测度 φ, ψ 是正交的. 对一般情况, 可以给出如下定义.

定义 2.2.1 设 $\mathbb{A}$ 是一个 C^* 代数 (不必是单位的). 称 $\mathbb{A}$ 上的两个正泛函 φ 和 ψ 为正交的, 若 $\|\varphi - \psi\| = \|\varphi\| + \|\psi\|$. 此时记作 $\varphi \perp \psi$.

定理 2.2.1 的证明 设 $\varphi \in \mathbb{A}^*$. 首先设 $\mathbb{A}$ 是单位的. 由引理 2.2.1 知, 存在 $\varphi_1, \varphi_2 \in A_+^*$ 和 $\lambda \in [0,1]$ 使得

$$\varphi = (1-\lambda)\varphi_1 - \lambda\varphi_2, \quad \|\varphi_1\| \leqslant \|\varphi\|, \quad \|\varphi_2\| \leqslant \|\varphi\|.$$

令 $\varphi_+ = (1-\lambda)\varphi_1$, $\varphi_- = \lambda\varphi_2$, 则

$$\varphi = \varphi_+ - \varphi_-, \quad \|\varphi_+\| + \|\varphi_-\| = (1-\lambda)\|\varphi_1\| + \lambda\|\varphi_2\| \leqslant \|\varphi\|.$$

结论得证.

若 $\mathbb{A}$ 不是单位的. 将 φ 保范延拓为 $\mathbb{A}$ 的单位化 $\widetilde{\mathbb{A}}$ 上的泛函 $\widetilde{\varphi}$. 因为 $\mathrm{Re}\widetilde{\varphi}$ 为自伴泛函, 由上述结论知, 存在 $\widetilde{\varphi}_1, \widetilde{\varphi}_2 \in \widetilde{\mathbb{A}}_+^*$ 使得 $\mathrm{Re}\widetilde{\varphi} = \widetilde{\varphi}_1 - \widetilde{\varphi}_2$ 且 $\widetilde{\varphi}_1 \perp \widetilde{\varphi}_2$. 令 $\varphi_1 = \widetilde{\varphi}_1|_{\mathbb{A}}$, $\varphi_2 = \widetilde{\varphi}_2|_{\mathbb{A}}$, 则 $\varphi_1, \varphi_2 \in \mathbb{A}_+^*$ 并且 $\varphi = \widetilde{\varphi}|_{\mathbb{A}} = \mathrm{Re}\widetilde{\varphi}|_{\mathbb{A}} = \varphi_1 - \varphi_2$. 又,

$$\|\varphi_1\| + \|\varphi_2\| \leqslant \|\widetilde{\varphi}_1\| + \|\widetilde{\varphi}_2\| = \|\widetilde{\varphi}\| = \|\varphi\|.$$

从而 $\|\varphi_1\|+\|\varphi_2\|=\|\varphi\|$.

为证唯一性, 设 (φ_1,ψ_1) 和 (φ_2,ψ_2) 是两组正交正泛函对, 使得 $\varphi_1-\psi_1=\varphi_2-\psi_2$. 若 $\{e_\alpha\}_{\alpha\in\Lambda}$ 是 $\mathbb{A}$ 的一个逼近单位元, 则

$$\begin{aligned}\|\varphi_1\|-\|\psi_1\|&=\lim_\alpha(\varphi_1(e_\alpha)-\psi_1(e_\alpha))\\&=\lim_\alpha(\varphi_2(e_\alpha)-\psi_2(e_\alpha))=\|\varphi_2\|-\|\psi_2\|.\end{aligned}$$

故由 $\|\varphi\|=\|\varphi_1\|+\|\psi_1\|=\|\varphi_2\|+\|\psi_2\|$ 可得

$$\|\varphi_1\|=\|\varphi_2\|,\quad \|\psi_1\|=\|\psi_2\|.$$

若 $\mathbb{A}$ 不是单位的, 由推论 2.1.2 (或注 2.1.3) 把 φ_j,ψ_j $(j=1,2)$ 延拓为 $\mathbb{A}$ 的单位化代数上的四个正泛函 $\widetilde{\varphi}_j,\widetilde{\psi}_j$ $(j=1,2)$; 由上述等式可知 $\widetilde{\varphi}_1-\widetilde{\psi}_1=\widetilde{\varphi}_2-\widetilde{\psi}_2$ 且 $(\widetilde{\varphi}_j,\widetilde{\psi}_j)$ 正交. 故不妨假设 $\mathbb{A}$ 是单位的.

设 $\varepsilon>0$. 由引理 2.2.2, 存在 $x\in\mathbb{A}_+$ 使得 $0\leqslant x\leqslant 1$ 且 $\varphi_1(1-x)+\psi_1(x)<\varepsilon$, 则

$$\varphi_2(x)\geqslant\varphi_2(x)-\psi_2(x)=\varphi_1(x)-\psi_1(x)>\varphi_1(1)-\varepsilon.$$

同理, $\psi_2(1-x)>\psi_1(1)-\varepsilon$. 故

$$\begin{aligned}\varphi_2(x)+\psi_2(1-x)&>\varphi_1(1)+\psi_1(1)-2\varepsilon\\&=\varphi_2(1)+\psi_2(1)-2\varepsilon.\end{aligned}$$

从而 $\varphi_2(1-x)+\psi_2(x)<2\varepsilon$.

现在, 设 $y\in\mathbb{A}$. 由等式 $\varphi_1-\psi_1=\varphi_2-\psi_2$ 可得

$$\begin{aligned}\varphi_1(y)-\varphi_2(y)&=\varphi_1(yx)-\varphi_2(yx)+\varphi_1(y(1-x))-\varphi_2(y(1-x))\\&=\psi_1(yx)-\psi_2(yx)+\varphi_1(y(1-x))-\varphi_2(y(1-x)).\end{aligned}$$

由 Cauchy-Schwarz 不等式可得

$$|\psi_1(yx)|^2\leqslant\psi_1(yy^*)\psi_1(x^2)\leqslant\|\psi_1\|\|y\|^2\psi_1(x)\leqslant\|\psi_1\|\|y\|^2\varepsilon.$$

其他三项同样用 Cauchy-Schwarz 不等式处理, 最后得到

$$\begin{aligned}|\varphi_1(y)-\varphi_2(y)|\leqslant\|y\|\big[&(\varepsilon\|\psi_1\|)^{\frac12}+(2\varepsilon\|\psi_2\|)^{\frac12}\\&+(\varepsilon\|\varphi_1\|)^{\frac12}+(2\varepsilon\|\varphi_2\|)^{\frac12}\big].\end{aligned}$$

令 $\varepsilon\to0$ 可得 $\varphi_1(y)=\varphi_2(y)$ 即 $\varphi_1=\varphi_2$, 从而 $\psi_2=\psi_1$. □

2.3 GNS 表示

首先给出如下定义.

定义 2.3.1 设 $\mathbb{A}$ 是一个 C^* 代数. $\mathbb{A}$ 的一个表示是指由一个 Hilbert 空间 $\mathbb{H}$ 和一个同态映射 $\pi:\mathbb{A}\to\mathcal{B}(\mathbb{H})$ 组成的一个对 $(\mathbb{H},\pi)$. 表示 $(\mathbb{H},\pi)$ 称为忠实的, 若 π 是单射.

为了方便起见, 我们不考虑 $\mathbb{H}=\{0\}$ 的情形, 因为这种平凡情况没有意义. 当 $(\mathbb{H},\pi)$ 为 $\mathbb{A}$ 的一个表示时, 有时也称 π 是 $\mathbb{A}$ 在 $\mathbb{H}$ 上的表示. 由定理 1.5.2 知, $\mathbb{A}$ 的每个表示 π 是收缩的. 若 π 是忠实的, 则 $\mathbb{A}$ 同构于 $\mathcal{B}(\mathbb{H})$ 的一个 C^* 子代数 $\pi(\mathbb{A})$. 本节的主要结论是, 每个 C^* 代数都有一个忠实的表示. 因此每个 C^* 代数都可以表示为 $\mathcal{B}(\mathbb{H})$ 的某个 C^* 子代数.

设 $\mathbb{H}$ 是一个 Hilbert 空间, $K\subset\mathbb{H}$. 我们用 $[K]$ 表示 K 在 $\mathbb{H}$ 中的闭包. 设 π 是 $\mathbb{A}$ 在 $\mathbb{H}$ 上的一个表示. 记 $\pi(\mathbb{A})K=\{\pi(x)\xi:\ x\in\mathbb{A},\ \xi\in K\}$.

定义 2.3.2 设 $(\mathbb{H},\pi)$ 是 C^* 代数 $\mathbb{A}$ 的一个表示. 称 $(\mathbb{H},\pi)$ 为非退化的, 若 $[\pi(\mathbb{A})\mathbb{H}]=\mathbb{H}$. π 称为循环的, 若存在一个向量 $\xi\in\mathbb{H}$ 使得 $[\pi(\mathbb{A})\xi]=\mathbb{H}$. 这时, ξ 称为循环向量.

每个循环表示是非退化的. 称 $(\mathbb{H},\pi,\xi)$ 是 $\mathbb{A}$ 的一个循环表示, 若 $(\mathbb{H},\pi)$ 是循环的, ξ 是循环向量.

定义 2.3.3 设 $(\mathbb{H}_1,\pi_1)$ 和 $(\mathbb{H}_2,\pi_2)$ 是 C^* 代数 $\mathbb{A}$ 的两个表示. 称 $(\mathbb{H}_1,\pi_1)$ 与 $(\mathbb{H}_2,\pi_2)$ 为等价的, 若存在一个酉算子 $U:\mathbb{H}_1\to\mathbb{H}_2$ 使得 $\pi_2(x)=U\pi_1(x)U^*$, $\forall x\in\mathbb{A}$. 此时, 记作 $\pi_1\simeq\pi_2$.

定理 2.3.1 设 $\mathbb{A}$ 是一个 C^* 代数, $\varphi\in\mathbb{A}_+^*$, 则存在 $\mathbb{A}$ 的一个循环表示 $(\mathbb{H},\pi,\xi)$ 使得

$$\varphi(x)=\langle\xi,\pi(x)\xi\rangle,\quad \forall x\in\mathbb{A}.$$

若 $(\mathbb{H}',\pi',\xi')$ 是 $\mathbb{A}$ 的另一个循环表示使得对任意 $x\in\mathbb{A}$ 有 $\varphi(x)=\langle\xi',\pi'(x)\xi'\rangle$, 则 $(\mathbb{H}',\pi',\xi')$ 与 $(\mathbb{H},\pi,\xi)$ 等价.

证明 在 $\mathbb{A}$ 上定义半双线性泛函如下:

$$\langle x,y\rangle=\varphi(x^*y),\quad \forall x,y\in\mathbb{A}.$$

显然, $\langle\cdot\,,\cdot\rangle$ 对第二个变量线性, 对第一个变量共轭线性. 由于 $\varphi\geqslant 0$, 故 $\overline{\langle x,y\rangle}=\langle y,x\rangle$ 且 $\langle x,x\rangle\geqslant 0$. 因此, $\langle\cdot\,,\cdot\rangle$ 是 $\mathbb{A}$ 上的一个半内积, 即 $\langle\cdot\,,\cdot\rangle$ 满足内积定义中除 $\langle x,x\rangle=0\Rightarrow x=0$ 外的所有条件. $\langle\cdot\,,\cdot\rangle$ 的核是

$$\mathcal{N}=\{x\in\mathbb{A}:\ \langle x,x\rangle=0\}=\{x\in\mathbb{A}:\ \varphi(x^*x)=0\}.$$

它是 $\mathbb{A}$ 的一个闭子空间. 对 $x \in \mathbb{A}$, 用 $\Lambda(x)$ 表示 x 在 $\mathbb{A}/\mathcal{N}$ 中的等价类. 定义

$$\langle \Lambda(x), \Lambda(y) \rangle = \langle x, y \rangle,$$

则 $(\mathbb{A}/\mathcal{N}, \langle \cdot\ ,\ \cdot \rangle)$ 成为一个内积空间, 记其范数为 $\|\ .\ \|$. 设 $\mathbb{H}$ 是 $\mathbb{A}/\mathcal{N}$ 的完备化空间.

为了定义表示 π, 我们需要证明 $\mathcal{N}$ 是 $\mathbb{A}$ 的左理想, 即对任意 $z \in \mathbb{A}$ 和 $x \in \mathcal{N}$ 有 $zx \in \mathcal{N}$. 这从下面的不等式可得:

$$\varphi((zx)^* zx) \leqslant \|z\|^2 \varphi(x^* x).$$

对任意 $a \in \mathbb{A}$, 定义 $\pi(a) : \mathbb{A}/\mathcal{N} \to \mathbb{A}/\mathcal{N}$ 为 $\pi(a)\Lambda(x) = \Lambda(ax)$. 因为 $\mathcal{N}$ 是 $\mathbb{A}$ 的左理想, $\pi(a)$ 的定义是合理的. 此外, 有

$$\begin{aligned}\|\pi(a)\Lambda(x)\|^2 &= \|\Lambda(ax)\|^2 = \varphi((ax)^* ax) \\ &\leqslant \|a\|^2 \varphi(x^* x) = \|a\|^2 \|\Lambda(x)\|^2.\end{aligned}$$

从而 $\|\pi(a)\| \leqslant \|a\|$. 因此可将 $\pi(a)$ 延拓为 $\mathbb{H}$ 上的算子且其范数小于或等于 $\|a\|$. 将此算子仍记为 $\pi(a)$.

下面证明 π 是 $\mathbb{A}$ 在 $\mathbb{H}$ 上的一个表示. 显然, π 是线性的. 对任意 $a, b \in \mathbb{A}$ 有

$$\pi(a)\pi(b)\Lambda(x) = \pi(a)\Lambda(bx) = \Lambda(abx) = \pi(ab)\Lambda(x).$$

故 $\pi(ab) = \pi(a)\pi(b)$, 即 π 是可乘的. 同理, 可以证明 π 保持对合. 故 π 是一个同态.

下面证明 π 是循环的. 设 $\{e_i\}_{i \in I}$ 是 $\mathbb{A}$ 的一个逼近单位元, 则对 $i \leqslant j$ 有

$$\|\Lambda(e_j) - \Lambda(e_i)\|^2 = \varphi((e_j - e_i)^2) \leqslant \varphi(e_j - e_i).$$

利用定理 2.1.3, 由上述不等式可得 $\{\Lambda(e_i\}_{i \in I}$ 是 $\mathbb{H}$ 中的一个 Cauchy 网, 故它收敛于某个 $\xi \in \mathbb{H}$. 另外, 对每个 $x \in \mathbb{A}$ 有

$$\|\Lambda(xe_i) - \Lambda(x)\| = \|\Lambda(xe_i - x)\| \leqslant \|\varphi\| \|xe_i - x\| \to 0.$$

因此

$$\pi(x)\xi = \lim_i \pi(x)\Lambda(e_i) = \lim_i \Lambda(xe_i) = \Lambda(x).$$

从而 ξ 是 π 的循环向量. 而且, 泛函 φ 被 ξ 表示, 因为对任意 $x \in \mathbb{A}$ 有

$$\langle \xi, \pi(x)\xi \rangle = \lim_i \langle \Lambda(e_i), \pi(x)\Lambda(e_i) \rangle = \lim_i \varphi(e_i x e_i) = \varphi(x).$$

设 $(\mathbb{H}',\pi',\xi')$ 是 $\mathbb{A}$ 的另一个循环表示. 定义

$$U\pi(a)\xi=\pi'(a)\xi',\quad \forall a\in\mathbb{A},$$

则对任意 $a,b\in\mathbb{A}$ 有

$$\begin{aligned}\langle U\pi(b)\xi,U\pi(a)\xi\rangle&=\langle\pi'(b)\xi',\pi'(a)\xi'\rangle\\&=\varphi(b^*a)=\langle\pi(b)\xi,\pi(a)\xi\rangle.\end{aligned}$$

特别地, $\|U\pi(a)\xi\|=\|\pi'(a)\xi'\|$. 由于 $[\pi(\mathbb{A})\xi]=\mathbb{H}$, 故 U 可以延拓成 $\mathbb{H}$ 到 $\mathbb{H}'$ 的等距映射. 因为 $[\pi'(\mathbb{A})\xi']=\mathbb{H}'$, 所以 U 是满射. 从而 U 是一个酉算子. 此时有 $\pi'(a)=U\pi(a)U^*$, $\forall a\in\mathbb{A}$. 这是因为, 对任意 $x\in\mathbb{A}$ 有

$$\begin{aligned}U\pi(a)\pi(x)\xi&=U\pi(ax)\xi=\pi'(ax)\xi'\\&=\pi'(a)\pi'(x)\xi'=\pi'(a)U\pi(x)\xi,\end{aligned}$$

从而等式成立. □

注 2.3.1　若 $\mathbb{A}$ 是单位的, 则 $\xi=\Lambda(1)$ 是循环向量. 这时, 定理 2.3.1 的证明相对简单一些.

在上述定理的证明中构造的循环表示 $(\mathbb{H},\pi,\xi)$ 与 φ 相关. 为了强调 φ, 记为 $(\mathbb{H}_\varphi,\pi_\varphi,\xi_\varphi)$. 这个构造是 Gelfand、Naimark 和 Segal 给出的, 因此又称为 φ 的 GNS 表示.

表示的直和　首先回顾一下可和族. 设 $\mathbb{X}$ 是一个 Hausdorff 拓扑向量空间, I 是一个指标集. 设 $\mathcal{F}(I)$ 为 I 中所有有限子集构成的集合. 集合的包含关系定义了 $\mathcal{F}(I)$ 上的一个偏序 (即 $J\leqslant K$ 当且仅当 $J\subset K$). $\mathcal{F}(I)$ 是一个定向集. $\mathbb{X}$ 中的一个族 $\{x_i\}_{i\in I}$ 称为可和的, 若 $\mathbb{X}$ 中的网 $\{s_J\}_{J\in\mathcal{F}(I)}$ 收敛到 $\mathbb{X}$ 中的某个元素, 其中

$$s_J=\sum_{i\in J}x_i,\quad J\in\mathcal{F}(I).$$

我们将 $\{s_J\}_{J\in\mathcal{F}(I)}$ 的极限定义为 $\{x_i\}_{i\in I}$ 的和, 记作 $\sum\limits_{i\in I}x_i$.

显然, 由非负数组成的一个族 $\{x_i\}_{i\in I}$ 是可和的当且仅当存在常数 $C>0$ 使得对所有的 $J\in\mathcal{F}(I)$ 有 $\sum\limits_{i\in J}x_i\leqslant C$. 所有这样的常数 C 的下确界是 $\{x_i\}_{i\in I}$ 的和. 另外, 由复数构成的族 $\{x_i\}_{i\in I}$ 是可和的当且仅当 $\{|x_i|\}_{i\in I}$ 是可和的.

设 $\{\mathbb{H}_i\}_{i\in I}$ 是由 Hilbert 空间构成的一个族. 定义

$$\bigoplus_{i\in I}\mathbb{H}_i=\Big\{\{\xi_i\}_{i\in I}\ :\ \xi_i\in\mathbb{H}_i,\ \{\|\xi_i\|^2\}_{i\in I}\text{ 是可和的}\Big\}.$$

在 $\bigoplus\limits_{i\in I}\mathbb{H}_i$ 上赋予如下范数:

$$\|\{\xi_i\}_{i\in I}\|=\Big(\sum_{i\in I}\|\xi_i\|^2\Big)^{\frac{1}{2}},$$

则 $\bigoplus\limits_{i\in I}\mathbb{H}_i$ 是一个 Hilbert 空间, 其内积为

$$\langle\{\xi_i\}_{i\in I},\{\eta_i\}_{i\in I}\rangle=\sum_{i\in I}\langle\xi_i,\eta_i\rangle.$$

$\mathbb{H}=\bigoplus\limits_{i\in I}\mathbb{H}_i$ 称为 $\{\mathbb{H}_i\}_{i\in I}$ 的直和. 我们将每个 $\xi_j\in\mathbb{H}_j$ 对应于 $\bigoplus\limits_{i\in I}\mathbb{H}_i$ 中的一个元, 该元在第 j 个指标处是 ξ_j, 在其他指标处均为 0. 在这个对应下, $\mathbb{H}_j$ 就成了 $\bigoplus\limits_{i\in I}\mathbb{H}_i$ 的一个子空间. 有了这个对应之后, 每个元 $\{\xi_i\}_{i\in I}\in\mathbb{H}=\bigoplus\limits_{i\in I}\mathbb{H}_i$ 就可以写成如下形式:

$$\{\xi_i\}_{i\in I}=\sum_{i\in I}\xi_i.$$

上述等式右边按 $\mathbb{H}$ 中的范数拓扑是可和的. 显然, $\{\mathbb{H}_i\}_{i\in I}$ 是 $\mathbb{H}$ 中两两相互正交的一族闭子空间.

下面说明, 直和 $\bigoplus\limits_{i\in I}\mathcal{B}(\mathbb{H}_i)$ 对应于 $\mathcal{B}(\mathbb{H})$ 的某个 C^* 子代数 (见例 1.1.6 关于 C^* 代数的直和). 事实上, 设 $x=\{x_i\}_{i\in I}\in\bigoplus\limits_{i\in I}\mathcal{B}(\mathbb{H}_i)$. 由于 $\|x\|=\sup\limits_{i\in I}\|x_i\|$, 可以定义算子 $\widetilde{x}:\mathbb{H}\to\mathbb{H}$ 如下:

$$\widetilde{x}(\{\xi_i\}_{i\in I})=\{x_i(\xi_i)\}_{i\in I}.$$

这是因为

$$\|\widetilde{x}(\{\xi_i\}_{i\in I})\|^2=\sum_{i\in I}\|x_i(\xi_i)\|^2\leqslant\sup_{i\in I}\|x_i\|^2\sum_{i\in I}\|\xi_i\|^2=\|x\|^2\|\{\xi_i\}_{i\in I}\|^2,$$

从而 $\widetilde{x}\in\mathcal{B}(\mathbb{H})$ 并且 $\|\widetilde{x}\|\leqslant\|x\|$. 反向不等式是显然的. 故映射 $x\mapsto\widetilde{x}$ 是从 $\bigoplus\limits_{i\in I}\mathcal{B}(\mathbb{H}_i)$ 到 $\mathcal{B}(\mathbb{H})$ 的一个等距映射并且是一个同态 (容易验证). 在这个映射下我们将 $\bigoplus\limits_{i\in I}\mathcal{B}(\mathbb{H}_i)$ 看成 $\mathcal{B}(\mathbb{H})$ 的一个 C^* 子代数, 不区分 x 和 $\widetilde{x}$. 此时, $\bigoplus\limits_{i\in I}\mathcal{B}(\mathbb{H}_i)$ 中的元作为 $\mathbb{H}$ 上的算子是对角块状的, 每个块的位置对应于 $\mathbb{H}_i$ 在 $\mathbb{H}$ 中的位置.

作为例子, 考虑 I 为有限指标集的情形, 比如 $I=\{1,2,\cdots,n\}$. 此时有

$$\mathbb{H}=\bigoplus_{i\in I}\mathbb{H}_i=\mathbb{H}_1\oplus\mathbb{H}_2\oplus\cdots\oplus\mathbb{H}_n.$$

下证, 每个 $x \in \mathcal{B}(\mathbb{H})$ 都可以表示为矩阵形式. 事实上, 设 P_i 是 $\mathbb{H}$ 到 $\mathbb{H}_i$ 的正交投影, 即 $P_i(\xi_1, \xi_2, \cdots, \xi_n) = \xi_i$. 令 $x_{ij} = P_i x|_{\mathbb{H}_j}$, 则 x_{ij} 是 $\mathbb{H}_j$ 到 $\mathbb{H}_i$ 的有界线性算子, 并且 x 由 (x_{ij}) 确定:

$$x(\xi) = \Big(\sum_{j=1}^{n} x_{ij}(\xi_j)\Big)_{1 \leqslant i \leqslant n}, \quad \forall \xi = (\xi_1, \xi_2, \cdots, \xi_n) \in \mathbb{H}.$$

因此, x 具有矩阵形式, 即 $x = (x_{ij})_{1 \leqslant i,j \leqslant n}$ 是矩阵元为算子的一个 $n \times n$ 阶矩阵. 易证, $x \in \bigoplus_{i \in I} \mathcal{B}(\mathbb{H}_i)$ 当且仅当 $x = (x_{ij})_{1 \leqslant i,j \leqslant n}$ 是对角矩阵, 即 $x_{ij} = 0$, $i \neq j$. 显然, 这些讨论可以推广到任意指标集 I 的情形.

设 $\mathbb{A}$ 是一个 C^* 代数, π_i 是 $\mathbb{A}$ 在 $\mathbb{H}_i$ 上的一个表示. 定义 $\pi : \mathbb{A} \to \mathcal{B}(\mathbb{H})$ 如下:

$$\pi(a) = \{\pi_i(a)\}_{i \in I} \in \bigoplus_{i \in I} \mathcal{B}(\mathbb{H}_i) \subset \mathcal{B}(\mathbb{H}),$$

则 π 是 $\mathbb{A}$ 在 $\mathbb{H}$ 上的一个表示, 它称为 $\{\pi_i\}_{i \in I}$ 的直和, 记作 $\pi = \bigoplus_{i \in I} \pi_i$.

定理 2.3.2 每个 C^* 代数 $\mathbb{A}$ 都有一个忠实的表示, 即存在一个 Hilbert 空间 $\mathbb{H}$ 使得 $\mathbb{A}$ 同构于 $\mathcal{B}(\mathbb{H})$ 的一个 C^* 子代数.

证明 设 $\mathcal{S} = \mathcal{S}_{\mathbb{A}}$ 是 $\mathbb{A}$ 的态空间. 对每个 $\varphi \in \mathcal{S}$, 设 $(\mathbb{H}_\varphi, \pi_\varphi, \xi_\varphi)$ 为定理 2.3.1 给出的 φ 的 GNS 表示. 令

$$\pi = \bigoplus_{\varphi \in \mathcal{S}} \pi_\varphi \quad \text{且} \quad \mathbb{H} = \bigoplus_{\varphi \in \mathcal{S}} \mathbb{H}_\varphi,$$

则 $(\mathbb{H}, \pi)$ 是 $\mathbb{A}$ 的一个表示. 下面证明它是忠实的.

设 $a \in \mathbb{A}$ 是非零元素. 由推论 2.1.3 知, 存在 $\psi \in \mathcal{S}$ 使得 $\psi(a^*a) > 0$. 因此, 由定理 2.3.1 可得

$$\psi(a^*a) = \langle \xi_\psi, \pi_\psi(a^*a)\xi_\psi \rangle = \langle \pi_\psi(a)\xi_\psi, \pi_\psi(a)\xi_\psi \rangle = \|\pi_\psi(a)\xi_\psi\|^2.$$

从而 $\pi_\psi(a) \neq 0$. 由于 $\pi(a) = (\pi_\varphi(a))_{\varphi \in \mathcal{S}}$, 于是 $\pi(a) \neq 0$. 这证明了 $(\mathbb{H}, \pi)$ 是忠实的. □

定义 2.3.4 上述表示称为 $\mathbb{A}$ 的普适表示.

注 2.3.2 $\mathbb{A}$ 的普适表示之所以是忠实的, 是因为态空间 $\mathcal{S} = \mathcal{S}_{\mathbb{A}}$ 是分离 $\mathbb{A}_+$ 的: 对每个非零的 $a \in \mathbb{A}_+$, 存在 $\psi \in \mathcal{S}$ 使得 $\psi(a) \neq 0$. 故若 $F \subset \mathcal{S}$ 分离 $\mathbb{A}_+$, 则直和 $\bigoplus_{\varphi \in F} \pi_\varphi$ 是 $\mathbb{A}$ 的一个忠实表示. 特别地, 如果 $\mathbb{A}$ 有一个忠实的态 φ (比如当 $\mathbb{A}$ 是可分时), φ 的 GNS 表示 $(\mathbb{H}_\varphi, \pi_\varphi, \xi_\varphi)$ 是忠实的.

推论 2.3.1 设 $(\mathbb{H}, \pi)$ 是 $\mathbb{A}$ 的普适表示. 则对每个泛函 $\varphi \in \mathbb{A}^*$, 都存在 $\xi, \eta \in \mathbb{H}$ 使得

$$\varphi(a) = \langle \eta, \pi(a)\xi \rangle, \quad \forall a \in \mathbb{A}.$$

若 $\varphi \geqslant 0$, 则可以选取 $\xi = \eta$.

证明 首先,

$$\varphi = \sum_{k=1}^{4} \lambda_k \varphi_k, \quad \lambda_k \in \mathbb{C},\ \varphi_k \in \mathcal{S},\ 1 \leqslant k \leqslant 4$$

(显然可以假设 φ_k 是互不相同的). 令

$$\xi = \sum_{k=1}^{4} \lambda_k \xi_{\varphi_k} \quad \text{且} \quad \eta = \sum_{k=1}^{4} \xi_{\varphi_k}.$$

由于 $\mathbb{H}_{\varphi_k}$, $1 \leqslant k \leqslant 4$ 是相互正交的, 故对每个 $a \in \mathbb{A}$ 有

$$\varphi(a) = \sum_{k=1}^{4} \lambda_k \varphi_k(a) = \sum_{k=1}^{4} \lambda_k \langle \xi_{\varphi_k}, \pi_{\varphi_k}(a)\xi_{\varphi_k} \rangle = \langle \eta, \pi(a)\xi \rangle.$$

若 $\varphi \geqslant 0$, 则 $\varphi = \|\varphi\|\psi$, $\psi \in \mathcal{S}$. 此时选取 $\xi = \eta = \sqrt{\|\varphi\|}\,\xi_\psi$ 即可. □

2.4 不可约表示

本节要研究一类特殊的表示 —— 不可约表示. 我们将证明任何 C^* 代数在一个有限维 Hilbert 空间上的表示都是若干个不可约表示的直和. 作为这个结果的推论, 我们将证明每个有限维 C^* 代数都是若干个矩阵代数的直和.

定义 2.4.1 设 $(\mathbb{H}, \pi)$ 是 C^* 代数 $\mathbb{A}$ 的一个表示. 闭子空间 $\mathbb{K} \subset \mathbb{H}$ 称为 π 的不变 (或稳定) 子空间, 若 $\pi(x)\mathbb{K} \subset \mathbb{K}$, $\forall x \in \mathbb{A}$. 此时, $\pi(x)$ 在 $\mathbb{K}$ 上的限制是 $\mathbb{A}$ 在 $\mathbb{K}$ 上的一个表示, 记作 $\pi_{\mathbb{K}}$. 我们称 $\pi_{\mathbb{K}}$ 为 π 的一个子表示.

注 2.4.1 设 $\mathbb{K}$ 是 $\mathbb{H}$ 的一个闭子空间, $P_{\mathbb{K}}$ 是 $\mathbb{H}$ 到 $\mathbb{K}$ 的正交投影, $x \in \mathcal{B}(\mathbb{H})$, 则下列条件等价:

(1) $\mathbb{K}$ 是 x 的不变子空间 (即 $x(\mathbb{K}) \subset \mathbb{K}$).

(2) $P_{\mathbb{K}} x P_{\mathbb{K}} = x P_{\mathbb{K}}$.

(3) $\mathbb{K}$ 的正交补空间 $\mathbb{K}^{\perp}$ 是 x^* 的不变子空间.

由此可知, $\mathbb{K}$ 同时是 x 和 x^* 的不变子空间当且仅当 $P_{\mathbb{K}}$ 与 x 可交换, 即 $P_{\mathbb{K}} x = x P_{\mathbb{K}}$.

设 $\mathbb{K}$ 是 π 的一个不变子空间, 则对任意 $x \in \mathbb{A}$, $\mathbb{K}$ 是 $\pi(x)$ 和 $\pi(x^*)$ 的不变子空间. 因此 $P_{\mathbb{K}}\pi(x) = \pi(x)P_{\mathbb{K}}$, 即 $P_{\mathbb{K}}$ 与 $\pi(\mathbb{A})$ 可交换且 $\pi_{\mathbb{K}}(x) = \pi(x)|_{\mathbb{K}}$. 由于 $\mathbb{K}$ 是 π 的不变子空间, 故 $\pi_{\mathbb{K}}(x) \in \mathcal{B}(\mathbb{K})$. 这证明了 $\pi_{\mathbb{K}}$ 是 $\mathbb{A}$ 的一个表示. 设 $\mathbb{K}^{\perp}$ 是 $\mathbb{K}$ 在 $\mathbb{H}$ 中的正交补空间. 则 $\mathbb{K}^{\perp}$ 也是 π 的不变子空间. 故 $\pi_{\mathbb{K}^{\perp}}$ 是 $\mathbb{A}$ 的一个表示. 由于 $\mathbb{H} = \mathbb{K} \oplus \mathbb{K}^{\perp}$, 因此

$$\pi(x) = \pi(x)|_{\mathbb{K}} + \pi(x)|_{\mathbb{K}^{\perp}} = \pi_{\mathbb{K}}(x) + \pi_{\mathbb{K}^{\perp}}(x).$$

从而 $\pi = \pi_{\mathbb{K}} \oplus \pi_{\mathbb{K}^\perp}$. 所以, 可以得到如下结果.

定理 2.4.1 设 $(\mathbb{H}, \pi)$ 是 C^* 代数 $\mathbb{A}$ 的一个表示, $\mathbb{K}$ 是 π 的一个不变子空间. 又设 $\pi_{\mathbb{K}}$ 和 $\pi_{\mathbb{K}^\perp}$ 为分别对应于 $\mathbb{K}$ 和 $\mathbb{K}^\perp$ 的子表示, 则投影算子 $P_{\mathbb{K}}$ 与 $\pi(\mathbb{A})$ 可交换且 $\pi = \pi_{\mathbb{K}} \oplus \pi_{\mathbb{K}^\perp}$.

显然, 对任何一个表示 $(\mathbb{H}, \pi)$ 来说, $\{0\}$ 和 $\mathbb{H}$ 是 π 的两个不变子空间. 不可约表示是除了这两个不变子空间外没有别的不变子空间的表示.

定义 2.4.2 C^* 代数 $\mathbb{A}$ 的表示 $(\mathbb{H}, \pi)$ 称为不可约的, 若 π 没有真不变子空间, 即 π 的不变子空间只有 $\{0\}$ 和 $\mathbb{H}$.

定理 2.4.2 设 $(\mathbb{H}, \pi)$ 是 C^* 代数 $\mathbb{A}$ 的一个表示, 则下列条件等价:

(1) π 是不可约的.

(2) $\mathbb{H}$ 的每个非零向量是 π 的循环向量, 或者 π 是零表示且 $\dim(\mathbb{H}) = 1$.

(3) 若 $a \in \mathcal{B}(\mathbb{H})$ 与 $\pi(\mathbb{A})$ 可交换, 即对每个 $x \in \mathbb{A}$ 有 $a\pi(x) = \pi(x)a$, 则存在 $\lambda \in \mathbb{C}$ 使得 $a = \lambda 1$.

证明 (1) $\Rightarrow$ (2). 设 $\xi \in \mathbb{H}$, $\xi \neq 0$. 若 $\mathbb{K} = [\pi(\mathbb{A})\xi]$, 则 $\mathbb{K}$ 是 π 的一个不变子空间. 若 $\mathbb{K} = \mathbb{H}$, 则 ξ 是 π 的循环向量. 否则 $\mathbb{K} = \{0\}$, 即 $\pi(\mathbb{A})\xi = \{0\}$. 故 $\mathbb{C}\xi \subset \mathbb{H}$ 是 π 的不变子空间, 从而 $\mathbb{C}\xi = \mathbb{H}$. 所以, $\pi = 0$ 且 $\dim(\mathbb{H}) = 1$.

(2) $\Rightarrow$ (1). 设 $\mathbb{K}$ 是 π 的不变子空间且 $\mathbb{K} \neq \{0\}$. 若 $\dim(\mathbb{H}) = 1$, 则 $\mathbb{K} = \mathbb{H}$. 假设 $\dim(\mathbb{H}) > 1$. 设 $\xi \in \mathbb{K}$, $\xi \neq 0$. 则 ξ 是 π 的循环向量, 即 $[\pi(\mathbb{A})\xi] = \mathbb{H}$. 由于 $[\pi(\mathbb{A})\xi] \subset \mathbb{K}$, 因此 $\mathbb{K} = \mathbb{H}$.

(3) $\Rightarrow$ (1). 设 $\mathbb{K}$ 是 π 的一个不变子空间, $P_{\mathbb{K}}$ 是 $\mathbb{H}$ 到 $\mathbb{K}$ 的正交投影. 则 $P_{\mathbb{K}}$ 与 $\pi(\mathbb{A})$ 可交换. 由条件则存在 $\lambda \in \mathbb{C}$ 使得 $P_{\mathbb{K}} = \lambda 1$. 由于 $P_{\mathbb{K}}$ 是一个投影算子, 因此 $P_{\mathbb{K}} = 0$ 或者 $P_{\mathbb{K}} = 1$. 故 $\mathbb{K} = \{0\}$ 或者 $\mathbb{K} = \mathbb{H}$.

(1) $\Rightarrow$ (3). 设 $\pi(\mathbb{A})'$ 是 $\mathcal{B}(\mathbb{H})$ 中与 $\pi(\mathbb{A})$ 可交换的算子全体. ($\pi(\mathbb{A})'$ 称为 $\pi(\mathbb{A})$ 的交换子, 详见第 3 章). 显然, $\pi(\mathbb{A})'$ 是 $\mathcal{B}(\mathbb{H})$ 的一个单位 C^* 子代数. 只要证明 $\pi(\mathbb{A})' = \mathbb{C}1$. 由于 $\pi(\mathbb{A})'$ 中的每个元都可以表示为其中的若干正元的线性组合, 故只需证明每个正元 $x \in \pi(\mathbb{A})'$ 是单位元 1 的倍数. 这等价于证明 $\sigma(x)$ 是一个单点集.

用反证法, 假设 $\sigma(x)$ 不是一个单点集. 设 λ, μ 是 $\sigma(x)$ 中两个不同的点. 又设 $\delta > 0$ 充分小使得 $[\lambda - \delta, \lambda + \delta] \cap [\mu - \delta, \mu + \delta] = \varnothing$. 定义 $f : \mathbb{R} \to [0, 1]$ 为如下的函数: 在 $(-\infty, \lambda - \delta] \cup [\lambda + \delta, +\infty)$ 上取值为 0, 在 $[\lambda - \delta, \lambda]$ 和 $[\lambda, \lambda + \delta]$ 上是线性函数并且在 λ 处的值为 1. 同理定义 g 为与 μ 相关的函数, 则 f 和 g 是 $\mathbb{R}$ 上的两个连续函数并且 $fg = 0$. 从而 $f(x), g(x) \in \pi(\mathbb{A})'$ 且 $f(x)g(x) = g(x)f(x) = 0$. 注意 $f(x) \neq 0, g(x) \neq 0$, 这是因为 $f|_{\sigma(x)} \neq 0$, $g(x)|_{\sigma(x)} \neq 0$.

令 $\mathbb{K}=f(x)\mathbb{H}$. 由于 $f(x)\neq 0$, 故 $\mathbb{K}\neq\{0\}$. 另外, 对任意 $\xi,\eta\in\mathbb{H}$ 有

$$\langle g(x)\eta, f(x)\xi\rangle=\langle\eta, g(x)f(x)\xi\rangle=0,$$

故 $g(x)\mathbb{H}\perp\mathbb{K}$. 因为 $g(x)\mathbb{H}\neq 0$, 因此 $\mathbb{K}\neq\mathbb{H}$, 即 $\mathbb{K}$ 是 $\mathbb{H}$ 的真子空间. 因为对任意 $\xi\in\mathbb{H}$, $a\in\mathbb{A}$ 有

$$\pi(a)f(x)\xi=f(x)\pi(a)\xi\in f(x)\mathbb{H}=\mathbb{K},$$

因此, $\mathbb{K}$ 是 π 的一个不变子空间. 从而 $\mathbb{K}$ 是 π 的一个真不变子空间. 矛盾! □

在本节以下部分中, 我们要讨论有限维 C^* 代数的表示问题.

引理 2.4.1 设 $(\mathbb{H}_1,\pi_1)$ 和 $(\mathbb{H}_2,\pi_2)$ 是 C^* 代数 $\mathbb{A}$ 的两个不可约表示. 若存在从 $\mathbb{H}_1$ 到 $\mathbb{H}_2$ 的非零算子 v 使得

$$v\pi_1(x)=\pi_2(x)v,\quad \forall x\in\mathbb{A},$$

则 $\pi_1\simeq\pi_2$.

证明 满足引理中条件的 v 称为 π_1 与 π_2 的交错算子. 取伴随得到 v^* 是 π_2 与 π_1 的交错算子. 从而, 对每个 $x\in\mathbb{A}$ 有

$$v^*v\pi_1(x)=v^*\pi_2(x)v=\pi_1(x)v^*v.$$

因此 v^*v 与 $\pi_1(\mathbb{A})$ 交换. 由于 π_1 是不可约表示, 由定理 2.4.2 可得 $v^*v=\lambda 1$. 因为 $v\neq 0$, 故 $\lambda\neq 0$. 另外, 因为 $v^*v\geqslant 0$, 从而 $\lambda>0$. 同理, 由 π_2 的不可约性可知存在 $\lambda'>0$ 使得 $vv^*=\lambda' 1$. 因而 $\lambda=\lambda'$. 于是 $u=\dfrac{v}{\sqrt{\lambda}}$ 是从 $\mathbb{H}_1$ 到 $\mathbb{H}_2$ 的酉算子并且 u 是 π_1 和 π_2 的交错算子. 所以 $\pi_1\simeq\pi_2$. □

设 $(\mathbb{H}_i,\pi_i)$, $i=1,2,\cdots,p$ 是 C^* 代数 $\mathbb{A}$ 的 p 个等价表示. 对每个 $i\in\{2,\cdots,p\}$, 设 $u_i:\mathbb{H}_i\to\mathbb{H}_1$ 是一个酉算子使得 $u_i\pi_i(x)u_i^*=\pi_1(x)$, $\forall x\in\mathbb{A}$. 令

$$\mathbb{H}=\mathbb{H}_1\oplus\mathbb{H}_2\oplus\cdots\oplus\mathbb{H}_p,\quad \mathbb{H}'=\ell_2^p(\mathbb{H}_1).$$

定义 $U:\mathbb{H}\to\mathbb{H}'$ 为 $U(\xi_1,\xi_2,\cdots,\xi_p)=(\xi_1,u_2\xi_2,\cdots,u_p\xi_p)$, 则 U 是一个酉算子. 在矩阵形式下, U 是一个对角矩阵, 其对角线上的元依次为 id_{H_1}, u_2, $\cdots$, u_p. 令

$$\pi=\pi_1\oplus\pi_2\oplus\cdots\oplus\pi_p,\quad \pi'=\underbrace{\pi_1\oplus\cdots\oplus\pi_1}_{p},$$

则 $U\pi(x)U^*=\pi'(x)$, $\forall x\in\mathbb{A}$. 从而 $\pi\simeq\pi'$. $\pi'(x)$ 的矩阵形式是对角线上的矩阵元均为 $\pi_1(x)$ 的对角矩阵, 即 $\pi'(x)=\pi_1(x)\oplus\pi_1(x)\oplus\cdots\oplus\pi_1(x)$. 所以, 我们记作 $\pi'=p\pi_1$. 从而 $\pi\simeq p\pi_1$. 在这种情形下, 为了叙述方便, 我们有时直接记作

$$\pi_1\oplus\pi_2\oplus\cdots\oplus\pi_p=p\pi_1.$$

定理 2.4.3 设 π 是 C^* 代数 $\mathbb{A}$ 在有限维 Hilbert 空间 $\mathbb{H}$ 上的一个表示, 则

(1) π 是有限多个不可约表示的直和:

$$\pi = \rho_1 \oplus \rho_2 \oplus \cdots \oplus \rho_n, \tag{2.4.1}$$

其中每个 ρ_i 是 π 的不可约子表示.

(2) 其次,

$$\pi = p_1\pi_1 \oplus p_2\pi_2 \oplus \cdots \oplus p_m\pi_m, \tag{2.4.2}$$

其中, $\pi_1, \pi_2, \cdots, \pi_m$ 是 π 的两两互不等价的不可约子表示, p_i 是正整数. 在等价意义下,

$$\{\pi_1, \pi_2, \cdots, \pi_m\} \text{ 和 } \{p_1, p_2, \cdots, p_m\}$$

是由 π 唯一确定的.

证明 (1) 对 $\mathbb{H}$ 的维数用归纳法证明 (2.4.1). 若 $\dim \mathbb{H} = 1$, 则 π 自然是不可约表示, 故结论成立. 假设当 $\dim \mathbb{H} < m$ 时结论成立. 设 $\dim \mathbb{H} = m$. 若 π 是一个不可约表示, 则结论显然成立. 否则, 则存在 $\mathbb{H}$ 的一个真子空间 $\mathbb{K}$ 使得 $\mathbb{K}$ 是 π 的一个不变子空间, 从而 $\mathbb{K}^\perp$ 也是 π 的不变子空间. 设 $\pi_{\mathbb{K}}$ 和 $\pi_{\mathbb{K}^\perp}$ 为分别对应于 $\mathbb{K}$ 和 $\mathbb{K}^\perp$ 的子表示, 则

$$\pi = \pi_{\mathbb{K}} \oplus \pi_{\mathbb{K}^\perp}.$$

由于 $\mathbb{K}$ 是 $\mathbb{H}$ 的真子空间, 则 $\dim \mathbb{K} < m$ 且 $\dim \mathbb{K}^\perp < m$. 由归纳法假设可知 $\pi_{\mathbb{K}}$ 和 $\pi_{\mathbb{K}^\perp}$ 都是有限多个不可约表示的直和, 从而 π 也是有限多个不可约表示的直和.

(2) 设 $(\pi_{\mathbb{K}_1}, \mathbb{K}_1)$ 和 $(\pi_{\mathbb{K}_2}, \mathbb{K}_2)$ 是 π 的两个不可约子表示且 $\mathbb{K}_1$ 与 $\mathbb{K}_2$ 不正交, 则两个正交投影 $P_{\mathbb{K}_1}$ 和 $P_{\mathbb{K}_2}$ 都与 $\pi(\mathbb{A})$ 可交换. 特别地, 对每个 $x \in \mathbb{A}$ 有

$$P_{\mathbb{K}_2}\pi(x) = \pi(x)P_{\mathbb{K}_2};$$

从而限制在 $\mathbb{K}_1$ 上可得

$$P_{\mathbb{K}_2}|_{\mathbb{K}_1}\pi_{\mathbb{K}_1}(x) = \pi_{\mathbb{K}_2}(x)P_{\mathbb{K}_2}|_{\mathbb{K}_1}.$$

因此, $v = P_{\mathbb{K}_2}|_{\mathbb{K}_1}$ 是 $\pi_{\mathbb{K}_1}$ 和 $\pi_{\mathbb{K}_2}$ 的交错算子. 由于 $\mathbb{K}_1$ 与 $\mathbb{K}_2$ 不正交, 因此 $v \neq 0$. 由引理 2.4.1 可得 $\pi_{\mathbb{K}_1}$ 与 $\pi_{\mathbb{K}_2}$ 等价.

故 π 的每个不可约子表示必等价于 (2.4.1) 中的某个 ρ_i. 直接将 (ρ_i) 按等价分类得到

$$\pi = p_1\pi_1 \oplus p_2\pi_2 \oplus \cdots \oplus p_m\pi_m,$$

其中, $\pi_1, \pi_2, \cdots, \pi_m$ 是 π 的两两互不等价的不可约子表示, p_i 是正整数. 因此 (2.4.2) 成立.

剩下来要证明唯一性. 设 $\{\pi'_1,\pi'_2,\cdots,\pi'_{m'}\}$ 与 $\{p'_1,p'_2,\cdots,p'_{m'}\}$ 是满足 (2.4.2) 的另外一个两两相互不等价的不可约子表示组和相应的正整数组. 从前面的讨论可知 π'_1 等价于某个 π_i, 设其为 π_1. 因此 π'_1 不等价于其他的 π_i. 由于 π'_1 在 π 中重复 p'_1 次, 故 $p'_1 \leqslant p_1$. 交换 π_1 和 π'_1 的位置, 我们得到 $p_1 \leqslant p'_1$. 故 $\pi_1 \simeq \pi'_1$ 且 $p_1 = p'_1$. 反复用这个处理过程, 我们有 $m' = m$ 且

$$\{\pi_1,\pi_2,\cdots,\pi_m\} \simeq \{\pi'_1,\pi'_2,\cdots,\pi'_m\},$$
$$\{p_1,p_2,\cdots,p_m\} = \{p'_1,p'_2,\cdots,p'_m\}.$$

所以, (2.4.2) 是唯一确定的. □

定义 2.4.3 设 $\mathbb{A}$ 是一个 C^* 代数. 称 $\mathbb{A}$ 中的一个非零投影算子 e 为 $\mathbb{A}$ 的极小投影算子, 若 $e\mathbb{A}e = \mathbb{C}e$.

引理 2.4.2 设 $\mathbb{H}$ 是一个有限维的 Hilbert 空间, $\mathbb{B}$ 是 $\mathcal{B}(\mathbb{H})$ 的一个非零 C^* 子代数. 则 $\mathbb{B}$ 包含一个极小投影算子.

证明 设 $b \in \mathbb{B}_+$ 是一个非零元素, 则 b 是 $\mathbb{H}$ 上的一个非零正算子. 由于 $\dim\mathbb{H} < \infty$, 故 b 的谱集 $\sigma(b)$ 由 b 的特征值组成. $\sigma(b)$ 至少包含一个严格大于零的数. 令 $\lambda_0 > 0$ 为 b 的一个特征值. 由于 $\sigma(b)$ 是一个有限集, 因此单点集 $\{\lambda_0\}$ 的特征函数 $\chi_{\{\lambda_0\}}$ 在 $\sigma(b)$ 上连续. 令 $p = \chi_{\{\lambda_0\}}(b)$, 则 $p \geqslant 0$ 且

$$p^2 = (\chi_{\{\lambda_0\}}(b))^2 = \chi^2_{\{\lambda_0\}}(b) = \chi_{\{\lambda_0\}}(b) = p.$$

因此 p 是 $\mathbb{H}$ 上的一个投影算子. 实际上, p 是对应于 λ_0 的 b 的谱投影算子 (即从 $\mathbb{H}$ 到 λ_0 的特征空间的正交投影算子). 另一方面, 因为 $\chi_{\{\lambda_0\}}(0) = 0$, 由注 1.3.2 知 p 属于 b 生成的 C^* 子代数, 从而属于 $\mathbb{B}$.

现在考虑 $\mathbb{B}$ 中所有小于或等于 p 的非零投影算子所构成的集合. 设 e 为此集中使得 $\dim e(\mathbb{H})$ 为最小的一个投影算子 (这样的 e 不是唯一的). 我们要证明 e 为 $\mathbb{B}$ 的一个极小投影算子. 显然, $e\mathbb{B}e \supset \mathbb{C}e$. 若等式不成立, 由于 $e\mathbb{B}e$ 是一个 C^* 代数, 则 $e\mathbb{B}e$ 包含一个正算子 c 使得它不是 e 的倍数. 若把 c 看作 $e(\mathbb{H})$ 上的算子, 则 c 至少有两个不同的特征值. 与前面讨论一样, c 有一个属于 $e\mathbb{B}e$ 的谱投影 e' 使得 e' 的值域是 e 的值域的真子空间. 从而 $e' \in \mathbb{B}$, $e' \leqslant e \leqslant p$ 且 $\dim e'(\mathbb{H}) < \dim e(\mathbb{H})$. 这与 $\dim e(\mathbb{H})$ 的极小性矛盾! 故 $e\mathbb{B}e = \mathbb{C}e$. □

引理 2.4.3 设 $\mathbb{H}$ 是一个有限维的 Hilbert 空间, $\mathbb{B}$ 是 $\mathcal{B}(\mathbb{H})$ 的一个非零 C^* 子代数. 若自然表示 $\mathbb{B} \hookrightarrow \mathcal{B}(\mathbb{H})$ (自然包含) 是不可约的, 则 $\mathbb{B} = \mathcal{B}(\mathbb{H})$.

证明 引理 2.4.2 保证 $\mathbb{B}$ 含有一个极小投影算子. 下面证明 e 的值域是一维的. 若不然, 在 e 的值域中存在两个非零的相互垂直的向量 ξ 和 η. 因为 e 是 $\mathbb{B}$ 的极小投影算子, 对任意 $x \in \mathbb{B}$ 都存在 $\lambda \in \mathbb{C}$ 使得 $exe = \lambda e$. 故

$$\langle \eta, x\xi\rangle = \langle e\eta, xe\xi\rangle = \langle \eta, exe\xi\rangle = \lambda\langle \eta, \xi\rangle = 0.$$

因此, $\mathbb{B}\xi$ 是 $\mathbb{H}$ 的真子空间且相对于表示 $\mathbb{B} \hookrightarrow \mathbb{B}(\mathbb{H})$ 是不变的. 这与引理的条件矛盾! 因此 e 的值域是一维的.

设 ξ_0 是在 e 的值域中范数为 1 的向量, 则 $\mathbb{B}\xi_0 \neq 0$ 是 $\mathbb{H}$ 的真子空间且相对于表示 $\mathbb{B} \hookrightarrow \mathbb{B}(\mathbb{H})$ 是不变的. 由于 $\mathbb{B} \hookrightarrow \mathcal{B}(\mathbb{H})$ 是不可约的, 故 $\mathbb{B}\xi_0 = \mathbb{H}$. 从而, 对任意 $\xi, \eta \in \mathbb{H}$, 存在 $x, y \in \mathbb{B}$ 使得 $x\xi_0 = \xi$, $y\xi_0 = \eta$. 我们用 $\xi \otimes \eta$ 表示在 $\mathbb{H}$ 上定义的如下算子:

$$\xi \otimes \eta(\zeta) = \langle \eta, \zeta \rangle \xi, \quad \zeta \in \mathbb{H}.$$

我们有 $xey^* = \xi \otimes \eta$ (注意 $e = \xi_0 \otimes \xi_0$). 从而 $\xi \otimes \eta \in \mathbb{B}$. 由于 $\mathbb{H}$ 是有限维的, 则 $\mathcal{B}(\mathbb{H})$ 的每个元都可以写成上述一维算子的线性组合 (见第 1 章习题中的第 1 题), 从而 $\mathcal{B}(\mathbb{H}) \subset \mathbb{B}$. 故 $\mathcal{B}(\mathbb{H}) = \mathbb{B}$. □

定理 2.4.4　每个非零的有限维 C^* 代数 $\mathbb{A}$ 都是有限多个矩阵代数的直和, 即存在 m 个正整数 $n_1, n_2, \cdots, n_m$ 使得 $\mathbb{A}$ 同构于 $\mathcal{B}(\ell_2^{n_1}) \oplus \mathcal{B}(\ell_2^{n_2}) \oplus \cdots \oplus \mathcal{B}(\ell_2^{n_m})$:

$$\mathbb{A} \simeq \mathbb{M}_{n_1} \oplus \mathbb{M}_{n_2} \oplus \cdots \oplus \mathbb{M}_{n_m},$$

其中, $\mathbb{M}_n$ 表示 $n \times n$ 阶复矩阵全体构成的代数.

证明　由于 $\mathbb{A}$ 是有限维的, 故 $\mathbb{A}$ 有一个忠实的态 φ (见本习题中的第 8 题). 因此, 与 φ 相关的 $\mathbb{A}$ 的循环表示 $(\mathbb{H}, \pi, \xi)$ 是忠实的 (注 2.3.2). 由 $\mathbb{H}$ 的构造可知, $\mathbb{H}$ 的维数与 $\mathbb{A}$ 的维数相等 (实际上, $\mathbb{H}$ 是 $\mathbb{A}$ 赋予内积 $\langle y, x \rangle = \varphi(y^*x)$ 而得到的 Hilbert 空间). 由定理 2.4.3 知, π 可以写成像 (2.4.2) 一样的直和. 令

$$\pi' = \pi_1 \oplus \pi_2 \oplus \cdots \oplus \pi_m,$$

则 π' 也是忠实的表示 (π' 是 π 的一个子表示). 故

$$\mathbb{A} \simeq \pi'(\mathbb{A}) = \pi_1(\mathbb{A}) \oplus \pi_2(\mathbb{A}) \oplus \cdots \oplus \pi_m(\mathbb{A}).$$

设 $\mathbb{H}_i$ 是对应于 π_i 的 Hilbert 空间, 则 $\mathbb{H}_i$ 是有限维的. 由引理 2.4.3 知, $\pi_i(\mathbb{A}) = \mathcal{B}(\mathbb{H}_i)$. 因此

$$\mathbb{A} \simeq \pi'(\mathbb{A}) = \mathcal{B}(\mathbb{H}_1) \oplus \mathcal{B}(\mathbb{H}_2) \oplus \cdots \oplus \mathcal{B}(\mathbb{H}_m).$$

令 $n_i = \dim \mathbb{H}_i$, 则 $\mathbb{H}_i \cong \ell_2^{n_i}$ 且 $\mathcal{B}(\ell_2^{n_i}) \cong \mathbb{M}_{n_i}$. 结论得证. □

推论 2.4.1　每个有限维的 C^* 代数都有单位元.

习　题

1. C^* 代数 $\mathbb{A}$ 的一个正元 a 称为严格正的, 若对每个 $\varphi \in \mathbb{A}_+^*$ 且 $\varphi \neq 0$ 有 $\varphi(a) > 0$.

(1) 证明: 设 $\mathbb{A}$ 是单位的, 则 $\mathbb{A}$ 的一个正元为严格正的当且仅当它是可逆的.

(2) 证明：任何可分 C^* 代数都有一个严格正的正元.

(3) 若 a 是 $\mathbb{A}$ 的一个严格正元. 用下列步骤证明

$$\lim_{\varepsilon\to 0}\|f_\varepsilon(a)x-x\|=0,\qquad \forall\, x\in\mathbb{A},\tag{$*$}$$

其中 $f_\varepsilon(t)=\dfrac{t}{t+\varepsilon}(\varepsilon>0)$.

(i) 证明 $(*)$ 对 $x=a$ 成立.

(ii) 假设 $(*)$ 对某个 $x\in\mathbb{A}$ 不成立. 证明存在一个 $\delta>0$, 一个收敛于 0 的序列 $\varepsilon_n>0$ 和一个态序列 $\varphi_n\in\mathbb{A}^*$ 使得, 对每个 n 有

$$\varphi_n\big[x^*(1-f_{\varepsilon_n}(a))^2x\big]>\delta.$$

(iii) 若 φ 是 $\{\varphi_n\}_n$ 的一个弱 * 聚点, 则 $\varphi\neq 0$ 且 $\varphi(a)=0$.

(iv) 证明 $(*)$ 成立.

(4) 由此推出：若 C^* 代数 $\mathbb{A}$ 有一个严格正的正元, 则 $\mathbb{A}$ 有一个可交换的逼近单位元 (即逼近单位元中的元两两相互可交换).

2. 设 $(\Omega,\ \mathcal{F},\ \mu)$ 是一个 σ 有限的完备测度空间且测度 μ 是遗传的 (即对任何 $E\in\mathcal{F}$, $\mu(E)>0$ 和 $0<t<\mu(E)$ 都存在 $F\in\mathcal{F}$ 使得 $\mu(F)=t$). 考虑 C^* 代数 $L_\infty(\Omega,\ \mathcal{F},\ \mu)$. 已知 $f\in L_\infty(\Omega,\ \mathcal{F},\ \mu)$ 是一个投影当且仅当 f 是某个 $F\in\mathcal{F}$ 的特征函数. 若 $\mu(E)<\infty$, 则称投影 $e=\chi_E$ 为有限的. 设 $\mathbb{A}$ 是所有有限投影生成的 C^* 子代数. 按下列步骤证明：$\mathbb{A}$ 没有严格正的正元.

(1) 设 $\mathcal{E}$ 是全体有限投影的线性组合构成的集合. 证明 $\mathcal{E}$ 是 $L_\infty(\Omega,\ \mathcal{F},\ \mu)$ 的一个子代数, 它关于伴随运算封闭且 $\mathbb{A}$ 是 $\mathcal{E}$ 的闭包.

(2) 证明：对任意 $f\in\mathbb{A}$ 和 $\varepsilon>0$, 子集 $\{\omega\in\Omega:\ |f(\omega)|>\varepsilon\}$ 的测度是有限的.

(3) 设 $h\in\mathbb{A}_+$. 用归纳法证明, 存在 $\mathbb{A}$ 的非零有限投影序列 $\{p_n\}_{n\geqslant 1}$ 使得 p_n 是两两相互正交的 (即当 $n\neq m$ 时有 $p_np_m=0$) 且 $hp_n\leqslant\dfrac{1}{n}$.

(4) 证明存在 $\mathbb{A}$ 的投影序列 $\{e_n\}_{n\geqslant 1}$ 使得 $e_n\leqslant p_n$ 且 $0<\mu(e_n)<2^{-n}$. 令 $e=\sum\limits_{n\geqslant 1}e_n$. 证明 $e\in\mathbb{A}$.

(5) 设 φ_n 是 $\mathbb{A}$ 的一个态使得 $\varphi_n(e_n)=1$. φ 是 $\{\varphi_n\}_{n\geqslant 1}$ 的一个弱 * 聚点. 证明：φ 是 $\mathbb{A}$ 的一个正泛函并使得 $\varphi(e)=1$ 和 $\varphi(h)=1$.

(6) 从而得到所需结论.

3. C^* 代数 $\mathbb{A}$ 的一个正泛函 φ 称为纯的, 若 $\mathbb{A}$ 上的每个小于或等于 φ 的正泛函都是 $\lambda\varphi$ 的形式 $(0\leqslant\lambda\leqslant 1)$.

(1) 证明：$\mathbb{A}$ 的一个态 φ 是纯的当且仅当 φ 是 $\mathcal{S}_{\mathbb{A}}$ 的一个端点 (即, 若 $\varphi=\lambda\varphi_1+(1-\lambda)\varphi_2$, $\lambda\in(0,1)$, $\varphi_1,\ \varphi_2\in\mathcal{S}_{\mathbb{A}}$, 则 $\varphi_1=\varphi_2$).

(2) 设 $\mathbb{K}$ 是一个紧拓扑空间. 证明：$C(\mathbb{K})$ 的纯态集是 $\{\delta_t;\ t\in\mathbb{K}\}$, 其中 $\delta_t: C(\mathbb{K})\to\mathbb{C}$ 使得 $\delta_t(x)=x(t)$, $\forall x\in C(\mathbb{K})$.

(3) 设 Ω 是 $\mathbb{A}$ 上的范数小于或等于 1 的正泛函全体. 证明：

(i) Ω 是 0 和 $\mathcal{S}_{\mathbb{A}}$ 的凸包;

(ii) Ω 是 $\mathbb{A}^*$ 中的一个弱 * 闭子集;

(iii) Ω 的端点是 0 或纯态.

因此用 Krein-Milman 定理可得, Ω 是 0 和纯态集凸包的弱 * 闭包. (Krein-Milman 定理: 设 $\mathbb{K}$ 是一个局部凸拓扑向量空间的紧凸集, 则 $\mathbb{K}$ 是其端点集的凸闭包.)

(4) 设 $\mathbb{A}$ 是一个单位 C^* 代数, $\mathbb{B}$ 是 $\mathbb{A}$ 的一个单位 C^* 子代数. φ 是 $\mathbb{B}$ 的一个纯态. 设 Ω 是 φ 在 $\mathbb{A}$ 上的所有保范延拓构成的集合. 证明:

(i) Ω 是凸的且在 $\mathbb{A}^*$ 中是弱 * 闭的;

(ii) Ω 的每个端点都是 $\mathbb{A}$ 的纯态.

由此推出 φ 在 $\mathbb{A}$ 上有一个保范延拓是纯态.

4. 设 $\mathbb{A}$ 是一个非单位的 C^* 代数. 按下列步骤证明 0 是 $\mathcal{S}_{\mathbb{A}}$ 的弱 * 聚点.

(1) 设 $x \in \mathbb{A}_+$, $\varepsilon > 0$. 证明: 存在 $\psi \in \mathcal{S}_{\mathbb{A}}$, 使得 $\psi(x) < \varepsilon$ ($\mathbb{A}$ 可以看作某个 $\mathcal{B}(\mathbb{H})$ 的 C^* 子代数, 注意 x 在 $\mathcal{B}(\mathbb{H})$ 中不可逆).

(2) 用第 3 题推出: 存在纯态 φ 使得 $\varphi(x) < \varepsilon$.

(3) 证明: 对 $x_1, x_2, \cdots, x_n \in \mathbb{A}_+$ 和 $\varepsilon > 0$, 存在纯态 φ 使得

$$\max\{\varphi(x_1), \varphi(x_2), \cdots, \varphi(x_n)\} < \varepsilon.$$

(4) 由此推出所需结论.

5. 设 φ, ψ 是 C^* 代数 $\mathbb{A}$ 上的两个正泛函. 证明: $\|\varphi - \psi\| = \|\varphi\| + \|\psi\|$ 的充分必要条件是, 对每个 $\varepsilon > 0$ 都存在 $x, y \in \mathbb{A}_+$ 使得

$$\|x + y\| \leqslant 1, \quad \varphi(x) > \|\varphi\| - \varepsilon, \quad \psi(y) > \|\psi\| - \varepsilon$$

(这是引理 2.2.2 的一般情形, 即代数是非单位的情形).

6. $\mathcal{B}(\mathbb{H})$ 的态 φ 称为一个向量态, 若存在一 $\xi \in \mathbb{H}$ 使得 $\|\xi\| = 1$, $\varphi(x) = \langle \xi, x\xi \rangle$ $x \in \mathcal{B}(\mathbb{H})$. 证明对应于向量态的 GNS 表示是 $\mathcal{B}(\mathbb{H})$ 的单位表示 (即 $x \mapsto x$). 这说明不忠实态的 GNS 表示可以是忠实的.

7. 设 $\mathbb{K}$ 是一个紧拓扑空间.

(1) 若 μ 是 $\mathbb{K}$ 上的一个正 Borel 测度. 对 $f \in C(\mathbb{K})$ 定义 $M_f : C(\mathbb{K}) \to L_2(\mathbb{K}, \mu)$ 如下: $M_f g = fg$ (M_f 称为由 f 诱导的乘法算子). 证明: $f \mapsto M_f$ 是 $C(\mathbb{K})$ 在 $L_2(\mathbb{K}, \mu)$ 上的一个循环表示.

(2) 证明: $C(\mathbb{K})$ 的每个循环表示都等价于某个如上的表示.

8. C^* 代数 $\mathbb{A}$ 的表示 $(\mathbb{H}, \pi)$ 称为可分的 (或有限维的), 若 $\mathbb{H}$ 是可分的 (或有限维的).

(1) 证明: 每个可分 C^* 代数 $\mathbb{A}$ 都有一个忠实的态. 从而推出 $\mathbb{A}$ 有一个可分的忠实表示.

(2) 证明: 每个有限维的 C^* 代数 $\mathbb{A}$ 都有一个有限维的忠实表示.

9. 设 φ 是 C^* 代数 $\mathbb{A}$ 上的一个正泛函, $(\mathbb{H}_\varphi, \pi_\varphi)$ 是 φ 的 GNS 表示. 设 $\psi \in \mathbb{A}_+^*$. 证明下列命题等价:

(1) 存在 $\eta \in \mathbb{H}_\varphi$ 使得 $\psi(x) = \langle \eta, \pi_\varphi(x)\eta \rangle$, $\forall x \in \mathbb{A}$.

(2) 存在一个序列 $\{x_n\} \subset \mathbb{A}$ 使得 $\lim\limits_n \|\varphi_n - \psi\| = 0$, 其中, $\varphi_n \in \mathbb{A}_+^*$ 定义为: $\varphi_n(x) = \varphi(x_n^* x x_n)$.

(3) π_ψ 等价于 π_φ 的一个子表示.

10. 设 φ 是 C^* 代数 $\mathbb{A}$ 上的一个正泛函, $(\mathbb{H}, \pi, \xi)$ 是 φ 的 GNS 循环表示.

(1) 设 $a \in \mathcal{B}(\mathbb{H})$, $0 \leqslant a \leqslant 1$ 并且 a 与 $\pi(\mathbb{A})$ 可交换. 证明: $x \mapsto \langle a\xi, \pi(x)a\xi \rangle$ 是 $\mathbb{A}$ 上的一个正泛函 φ_a 且 $\varphi_a \leqslant \varphi$.

(2) 证明: 映射 $a \mapsto \varphi_a$ 是一个单射.

(3) 设 $\psi \in \mathbb{A}_+^*$ 使得 $\psi \leqslant \varphi$. 证明: 存在某个 $a \in \mathcal{B}(\mathbb{H})$ 使得 $\psi = \varphi_a$, 这里 a 和 φ_a 由 a) 中定义.

第3章　局部凸拓扑与 von Neumann 代数

本章要讨论 $\mathcal{B}(\mathbb{H})$ 上的几种局部凸拓扑. 前面两章研究 C^* 代数时曾经用到 $\mathcal{B}(\mathbb{H})$ 的一致拓扑 (算子范数确定的拓扑), 本章将介绍另外六种局部凸拓扑. 虽然它们都比前者弱, 但在研究 von Neumann 代数时要经常用到. 我们还将研究 von Neumann 代数的一些很基本的性质. 3.4 节我们讨论一种新的函数演算, 即 Borel 函数演算, 它是连续函数演算的推广.

3.1　核算子与 $\mathcal{B}(\mathbb{H})$ 的预对偶空间

我们总是用 $\mathbb{H}$ 表示一个复 Hilbert 空间. 本节的主要结论是, 作为一个 Banach 空间 $\mathcal{B}(\mathbb{H})$ 是一个对偶空间, 其预对偶空间是由 $\mathbb{H}$ 上的所有核算子构成的空间. 而后者又是 $\mathbb{H}$ 上的所有紧算子构成的空间 $\mathcal{K}(\mathbb{H})$ 的对偶空间. 记 $\mathcal{F}(\mathbb{H})$ 为 $\mathbb{H}$ 上的全体有限秩算子构成的集合, 它是 $\mathcal{K}(\mathbb{H})$ 的一个稠密子空间. 每个 $x \in \mathcal{F}(\mathbb{H})$ 都可以写成如下的形式:

$$x = \sum_{k=1}^{n} \xi_k \otimes \eta_k, \quad \xi_k, \eta_k \subset \mathbb{H},$$

其中 $\xi \otimes \eta$ 定义为 $\xi \otimes \eta(\zeta) = \langle \eta, \zeta \rangle \xi$, $\forall \zeta \in \mathbb{H}$, 它是秩为 1 或者 0 的算子.

首先研究 $\mathbb{H}$ 上半双线性连续泛函的表示问题.

定义 3.1.1　设 $\mathbb{H}$ 是一个复 Hilbert 空间.

(1) 映射 $B : \mathbb{H} \times \mathbb{H} \to \mathbb{C}$ 称为 $\mathbb{H}$ 上的一个半双线性泛函, 若 B 对第一个变量是共轭线性的, 对第二个变量是线性的, 即满足如下条件: 对任意 $\xi, \eta, \zeta \in \mathbb{H}$ 和 $\lambda, \gamma \in \mathbb{C}$ 有

(i) $B(\lambda\xi + \gamma\eta, \zeta) = \bar{\lambda}B(\xi, \zeta) + \bar{\gamma}B(\eta, \zeta)$;

(ii) $B(\zeta, \lambda\xi + \gamma\eta) = \lambda B(\zeta, \xi) + \gamma B(\zeta, \eta)$.

(2) B 称为自伴的 (相应地, 正的), 若对任意 $\xi, \eta \in \mathbb{H}$ 有

$$B(\xi, \eta) = \overline{B(\eta, \xi)} \quad (\text{相应地},\ B(\xi, \xi) \geqslant 0).$$

(3) 半双线性泛函 B 称为有界的, 若

$$\sup\left\{|B(\xi, \eta)| : \|\xi\| \leqslant 1, \|\eta\| \leqslant 1,\ \xi, \eta \in \mathbb{H}\right\} < \infty.$$

此时, 上述上确界称为 B 的范数且记为 $\|B\|$.

注 3.1.1 下列结论成立.

(1) 对半双线性泛函 B, 下列性质等价：

(i) B 是有界的;

(ii) B 在 $\mathbb{H}\times\mathbb{H}$ 上连续;

(iii) B 在 0 点处连续.

(2) 每个半双线性泛函 B 都可以写成如下形式：

$$B(\xi,\eta)=\frac{1}{4}\sum_{k=0}^{3}\mathrm{i}^k B(\mathrm{i}^k\xi+\eta,\mathrm{i}^k\xi+\eta).$$

从而 B 是自伴的当且仅当 $B(\xi,\xi)\in\mathbb{R}$, $\forall\xi\in\mathbb{H}$. 因此, 任何正的半双线性泛函都是自伴的.

定理 3.1.1 设 $x\in\mathcal{B}(\mathbb{H})$, 则 $(\xi,\eta)\mapsto\langle\xi,x\eta\rangle$ 是 $\mathbb{H}$ 上一个有界的半双线性泛函且范数为 $\|x\|$. 反之, $\mathbb{H}$ 上任何有界的半双线性泛函 B 都具有这种形式且与相应的 $x\in\mathcal{B}(\mathbb{H})$ 是一一对应的. 此时, B 是自伴的 (或者, 正的) 当且仅当相应的 x 是自伴的 (或者, 正的).

证明 我们将第一部分的简单证明留给读者. 现证第二部分. 对固定的 $\eta\in\mathbb{H}$, 映射 $\xi\mapsto B(\xi,\eta)$ 是 $\mathbb{H}$ 上的一个共轭线性映射. 因此, 由 Riesz 表示定理知存在唯一的 $x(\eta)\in\mathbb{H}$ 使得

$$\langle\xi,x(\eta)\rangle=B(\xi,\eta),\quad \forall\xi\in\mathbb{H}.$$

由 $B(\cdot,\eta)$ 对 η 的线性性和 $x(\eta)$ 的唯一性可知映射 $\eta\mapsto x(\eta)$ 是线性的. 另外,

$$\|x(\eta)\|=\sup_{\|\xi\|\leqslant 1}|\langle\xi,x(\eta)\rangle|\leqslant\|B\|\|\eta\|;$$

从而 x 是有界线性算子且 $\|x\|\leqslant\|B\|$. 这证明了第二部分. 最后一部分是显然的.□

定义 3.1.2 对 $\xi,\eta\in\mathbb{H}$ 定义线性泛函 $\omega_{\xi,\eta}:\mathcal{B}(\mathbb{H})\to\mathbb{C}$ 如下：$\omega_{\xi,\eta}(x)=\langle\xi,x\eta\rangle$. 我们将 $\omega_{\xi,\xi}$ 简单地记作 ω_ξ. 用 $\mathcal{F}(\mathbb{H})_*$ 表示 $\{\omega_{\xi,\eta}:\ \xi,\eta\in\mathbb{H}\}$ 的线性组合全体.

注 3.1.2 很容易验证, $\omega_{\xi,\eta}$ 在 $\mathcal{B}(\mathbb{H})$ 上连续且 $\|\omega_{\xi,\eta}\|\leqslant\|\xi\|\|\eta\|$, 而且 ω_ξ 是正的. 故 $\mathcal{F}(\mathbb{H})_*$ 是 $\mathcal{B}(\mathbb{H})^*$ 的一个线性子空间. 当 $\dim\mathbb{H}=\infty$ 时, 它不是闭子空间.

定义 3.1.3 用 $\mathcal{B}(\mathbb{H})_*$ 表示 $\mathcal{B}(\mathbb{H})^*$ 中可以写成如下形式的线性泛函 ω 的全体构成的空间：存在 $\{\xi_n\}_{n\geqslant1}$, $\{\eta_n\}_{n\geqslant1}\subset\mathbb{H}$ 使得

$$\omega=\sum_{n\geqslant1}\omega_{\xi_n,\eta_n},\quad \sum_{n\geqslant1}\|\xi_n\|\|\eta_n\|<\infty.$$

由注 3.1.2 可知, 级数 $\sum_{n\geqslant1}\omega_{\xi_n,\eta_n}$ 在 $\mathcal{B}(\mathbb{H})^*$ 中按范数拓扑收敛. 显然, $\mathcal{B}(\mathbb{H})_*$ 是

$\mathcal{B}(\mathbb{H})^*$ 的一个线性子空间, 而且对每个 $\omega \in \mathcal{B}(\mathbb{H})_*$ 有

$$\|\omega\|_{\mathcal{B}(\mathbb{H})^*} \leqslant \inf\Big\{\sum_{n\geqslant 1}\|\xi_n\|\|\eta_n\| : \sum_{n\geqslant 1}\|\xi_n\|\|\eta_n\| < \infty\Big\},$$

这里下确界取遍所有 $\xi_n, \eta_n \in \mathbb{H}$ 使得 $\omega = \sum\limits_{n\geqslant 1}\omega_{\xi_n,\eta_n}$.

下述定理表明, 上述不等式其实是等式而且右边的下确界是可以达到的. 在下面的讨论中我们约定, 当作为赋范空间时, $\mathcal{F}(\mathbb{H})_*$ 和 $\mathcal{B}(\mathbb{H})_*$ 上的范数就是 $\mathcal{B}(\mathbb{H})^*$ 的范数. 显然, $\mathcal{F}(\mathbb{H})_*$ 在 $\mathcal{B}(\mathbb{H})_*$ 中稠密.

定理 3.1.2 下列命题成立:

(1) 在等距同构意义下,

$$\mathcal{K}(\mathbb{H})^* = \mathcal{B}(\mathbb{H})_*.$$

确切地说, 每个 $\varphi \in \mathcal{K}(\mathbb{H})^*$ 都对应唯一的 $\omega \in \mathcal{B}(\mathbb{H})_*$ 使得 $\omega|_{\mathcal{K}(\mathbb{H})} = \varphi$ 且 $\|\omega\| = \|\varphi\|$.

(2) $\mathcal{B}(\mathbb{H})_*$ 在 $\mathcal{B}(\mathbb{H})^*$ 中是闭的, 且对每个 $\omega \in \mathcal{B}(\mathbb{H})_*$ 都存在 $\mathbb{H}$ 中两个序列 $\{\xi_n\}_{n\geqslant 1}$ 和 $\{\eta_n\}_{n\geqslant 1}$ 使得

$$\omega = \sum_{n\geqslant 0}\omega_{\xi_n,\eta_n} \text{ 且 } \|\omega\|_{\mathcal{B}(\mathbb{H})^*} = \sum_{n\geqslant 0}\|\xi_n\|\|\eta_n\|.$$

(3) 在等距同构意义下,

$$(\mathcal{B}(\mathbb{H})_*)^* = \mathcal{B}(\mathbb{H}),$$

其中, 对偶关系是由 $(\mathcal{B}(\mathbb{H}))^*$ 和 $\mathcal{B}(\mathbb{H})$ 之间的对偶关系诱导的. 确切地说, 每个 $x \in \mathcal{B}(\mathbb{H})$ 都唯一地对应于 $\mathcal{B}(\mathbb{H})_*$ 上如下定义的连续线性泛函 $\widehat{x} : \widehat{x}(\omega) = \omega(x)$, $\forall \omega \in \mathcal{B}(\mathbb{H})_*$. 反之, 每个 $l \in (\mathcal{B}(\mathbb{H})_*)^*$ 都可以表示为由某个 $x \in \mathcal{B}(\mathbb{H})$ 确定的 $\widehat{x}$, 而且 $\|\widehat{x}\| = \|x\|$.

证明 (1) 设 $\omega \in \mathcal{B}(\mathbb{H})_*$. 显然 $\omega|_{\mathcal{K}(\mathbb{H})}$ 是 $\mathcal{K}(\mathbb{H})$ 上的一个连续线性泛函且范数小于或等于 $\|\omega\|$. 反向证明比较长, 为了清楚起见将其分为三步. 为此, 固定一个 $\varphi \in \mathcal{K}(\mathbb{H})^*$.

第一步 定义 $\Phi : \mathbb{H} \times \mathbb{H} \to \mathbb{C}$, $\Phi(\xi, \eta) = \varphi(\eta \otimes \xi)$. 显然, Φ 是 $\mathbb{H}$ 上的一个有界半双线性泛函且 $\|\Phi\| \leqslant \|\varphi\|$. 故由定理 3.1.1 知, 存在唯一的 $x \in \mathcal{B}(\mathbb{H})$ 使得 $\Phi(\xi, \eta) = \langle \xi, x\eta \rangle$ 且 $\|x\| = \|\Phi\|$. 从而, $\varphi(\eta \otimes \xi) = \langle \xi, x\eta \rangle$. 显然, x 是 $\mathcal{B}(\mathbb{H})$ 中满足此条件的唯一元.

下面证明, 对 $\mathbb{H}$ 的每个正交基 $\{\xi_i\}_{i\in I}$ 有

$$\sum_{i\in I}|\langle \xi_i, x\xi_i \rangle| < \infty. \tag{3.1.1}$$

为此, 首先对每个有界复数族 $(\alpha_i)_{i\in I}$, 算子

$$\xi \mapsto \sum_{i\in I} \alpha_i \langle \xi_i, \xi\rangle \xi_i$$

是 $\mathbb{H}$ 上的有界算子且其范数等于 $\sup_{i\in I}|\alpha_i|$. 这是因为

$$\Big\|\sum_{i\in I}\alpha_i\langle\xi_i,\xi\rangle\xi_i\Big\|^2 = \sum_{i\in I}|\alpha_i|^2|\langle\xi_i,\xi\rangle|^2 \leqslant \sup_{i\in I}|\alpha_i|^2\|\xi\|^2.$$

此算子事实上等于 $\sum_{i\in I}\alpha_i\xi_i\otimes\xi_i$, 其中的级数求和关于 $\mathcal{B}(\mathbb{H})$ 的强拓扑收敛 (强拓扑在 3.2 节定义).

现在设 $\alpha_i = \mathrm{e}^{-\mathrm{i}\arg(\langle\xi_i, x\xi_i\rangle)}$, $J\subset I$ 是任意一个有限子集, 则算子 $\sum_{i\in J}\alpha_i\xi_i\otimes\xi_i$ 是有限秩的, 从而属于 $\mathcal{K}(\mathbb{H})$. 因此有

$$\begin{aligned}\sum_{i\in J}|\langle\xi_i,x\xi_i\rangle| &= \sum_{i\in J}\alpha_i\langle\xi_i,x\xi_i\rangle = \sum_{i\in J}\alpha_i\varphi(\xi_i\otimes\xi_i)\\ &= \varphi\Big(\sum_{i\in J}\alpha_i\xi_i\otimes\xi_i\Big)\\ &\leqslant \|\varphi\|\Big\|\sum_{i\in J}\alpha_i\xi_i\otimes\xi_i\Big\|_{\mathcal{K}(\mathbb{H})} \leqslant \|\varphi\|.\end{aligned}$$

由 J 的任意性, (3.1.1) 得证.

第二步 设 $x=u|x|$ 是 x 的极分解. 考虑如下线性泛函:

$$\psi:\mathcal{K}(\mathbb{H})\to\mathbb{C},\ \psi(y)=\varphi(yu^*),\quad \forall y\in\mathcal{K}(\mathbb{H}).$$

显然, ψ 在 $\mathcal{K}(\mathbb{H})$ 上连续并且 $\|\psi\|\leqslant\|\varphi\|$. 对任意 $\xi,\eta\in\mathbb{H}$, 有

$$\begin{aligned}\psi(\eta\otimes\xi) &= \varphi((\eta\otimes\xi)u^*) = \varphi(\eta\otimes u(\xi))\\ &= \langle u(\xi), x\eta\rangle = \langle\xi, u^*x(\eta)\rangle = \langle\xi,|x|\eta\rangle.\end{aligned}$$

故与前面 x 对应于 φ 一样, $|x|$ 对应于 ψ. 因此式 (3.1.1) 对 $|x|$ 也成立.

因为 $\{\xi_i\}_{i\in I}$ 是 $\mathbb{H}$ 的正交基, 对任意 $\xi\in\mathbb{H}$ 有

$$\xi=\sum_{i\in I}\langle\xi_i,\xi\rangle\xi_i \ \text{ 且 }\ |x|^{\frac12}\xi=\sum_{i\in I}\langle\xi_i,\xi\rangle|x|^{\frac12}\xi_i,$$

这里, 两个级数都是在 $\mathbb{H}$ 中收敛的. 设 $J\subset I$ 为任意一个有限子集, 令

$$y_J=\sum_{i\in J}|x|^{\frac12}(\xi_i)\otimes\xi_i,$$

则 y_J 是一个有限秩算子 (因此属于 $\mathcal{K}(\mathbb{H})$). 由 Cauchy-Schwarz 不等式可得

$$\begin{aligned}\|(|x|^{\frac{1}{2}}-y_J)(\xi)\|^2 &= \Big\|\sum_{i\in I}\langle\xi_i,\xi\rangle|x|^{\frac{1}{2}}(\xi_i)-\sum_{i\in J}\langle\xi_i,\xi\rangle|x|^{\frac{1}{2}}(\xi_i)\Big\|^2\\ &= \Big\|\sum_{i\notin J}\langle\xi_i,\xi\rangle|x|^{\frac{1}{2}}(\xi_i)\Big\|^2\\ &\leqslant \sum_{i\notin J}|\langle\xi_i,\xi\rangle|^2\sum_{i\notin J}\Big\||x|^{\frac{1}{2}}(\xi_i)\Big\|^2\\ &\leqslant \|\xi\|^2\sum_{i\notin J}\langle\xi_i,|x|\xi_i\rangle.\end{aligned}$$

从而, 对所有 $\|\xi\|\leqslant 1$ 取上确界得到

$$\||x|^{\frac{1}{2}}-y_J\|^2\leqslant\sum_{i\notin J}\langle\xi_i,|x|\xi_i\rangle.$$

由于 $|x|$ 满足式 (3.1.1), 上述不等式右边的和式当 J 趋于 I 时趋于 0. 从而 $\mathcal{B}(\mathbb{H})$ 中由有限秩算子构成的网 $\{y_J\}_{J\subset I}$ 按范数收敛于 $|x|^{\frac{1}{2}}$. 因此 $|x|^{\frac{1}{2}}\in\mathcal{K}(\mathbb{H})$, 所以 $x\in\mathcal{K}(\mathbb{H})$.

第三步 由 $|x|$ 的谱分解可得, 存在 $\mathbb{H}$ 中的一个正交序列 $\{\eta_n\}_{n\geqslant1}$ 和趋于 0 的非负数列 $\{\lambda_n\}_{n\geqslant1}$ 使得

$$x=\sum_{n\geqslant1}\lambda_n\xi_n\otimes\eta_n,$$

其中 $\xi_n=u\eta_n$, $n\geqslant1$, 则对任意 $\xi,\eta\in\mathbb{H}$ 有

$$\varphi(\eta\otimes\xi)=\langle\xi,x\eta\rangle=\sum_{n\geqslant1}\lambda_n\langle\xi,\xi_n\rangle\langle\eta_n,\eta\rangle.\tag{3.1.2}$$

下面证明 $\sum\limits_{n\geqslant1}\lambda_n\leqslant\|\varphi\|$. 对任意 $N\in\mathbb{N}$ 令

$$y_N=\sum_{n=1}^{N}\eta_n\otimes\xi_n,$$

则 y_N 是范数为 1 的有限秩算子. 由 (3.1.2) 和 $\{\xi_n\}_{n\geqslant1}$, $\{\eta_n\}_{n\geqslant1}$ 的正交性可得

$$\varphi(y_N)=\sum_{n=1}^{N}\varphi(\eta_n\otimes\xi_n)=\sum_{n=1}^{N}\langle\xi_n,x\eta_n\rangle=\sum_{n=1}^{N}\lambda_n,$$

从而 $\sum\limits_{n=1}^{N}\lambda_n\leqslant\|\varphi\|$. 令 $N\to\infty$ 得 $\sum\limits_{n\geqslant1}\lambda_n\leqslant\|\varphi\|$. 令 $\xi_n'=\sqrt{\lambda_n}\xi_n$ 和 $\eta_n'=\sqrt{\lambda_n}\eta_n$, 则

$$\omega=\sum_{n\geqslant1}\omega_{\eta_n',\xi_n'}\in\mathcal{B}(\mathbb{H})_*$$

且

$$\omega(\eta\otimes\xi)=\sum_{n\geqslant 1}\omega_{\eta'_n,\xi'_n}(\eta\otimes\xi)=\sum_{n\geqslant 1}\lambda_n\langle\xi,\xi_n\rangle\langle\eta_n,\eta\rangle.$$

因此, 由 (3.1.2) 可知 $\omega(\eta\otimes\xi)=\varphi(\eta\otimes\xi)$. 再由线性性可得 $\omega(y)=\varphi(y)$, $\forall y\in\mathcal{F}(\mathbb{H})$. 由于 $\mathcal{F}(\mathbb{H})$ 在 $\mathcal{K}(\mathbb{H})$ 中稠密, 从而 $\omega|_{\mathcal{K}(\mathbb{H})}=\varphi$.

由 $\{\xi'_n\}_{n\geqslant 1}$, $\{\eta'_n\}_{n\geqslant 1}$ 的选取可知

$$\|\omega\|\leqslant\sum_{n\geqslant 1}\|\xi'_n\|\|\eta'_n\|=\sum_{n\geqslant 1}\lambda_n\leqslant\|\varphi\|.$$

因此, (1) 得证. 另一方面, 由于 $\|\varphi\|\leqslant\|\omega\|$, 故对上述的 $\{\xi'_n\}_{n\geqslant 1}$ 和 $\{\eta'_n\}_{n\geqslant 1}$ 有

$$\|\varphi\|=\|\omega\|=\sum_{n\geqslant 1}\|\xi'_n\|\|\eta'_n\|.$$

(2) 由于每个对偶空间都是完备的 (即 Banach 空间), 故由 (1) 得 $\mathcal{B}(\mathbb{H})_*$ 是一个 Banach 空间, 从而它是 $\mathcal{B}(\mathbb{H})^*$ 的一个闭子空间. (2) 的第二部分已在 (1) 的证明过程中得证.

(3) 设 $x\in\mathcal{B}(\mathbb{H})$, 则由 $\widehat{x}(\omega)=\omega(x)$ 定义的 $\widehat{x}:\mathcal{B}(\mathbb{H})_*\to\mathbb{C}$ 是一个连续线性泛函且

$$\|\widehat{x}\|\leqslant\|x\|\,\|\omega\|,$$

从而 $\|\widehat{x}\|\leqslant\|x\|$.

反之, 设 $l\in(\mathcal{B}(\mathbb{H})_*)^*$, 则 $(\xi,\eta)\mapsto l(\omega_{\xi,\eta})$ 是 $\mathbb{H}$ 上的一个有界半双线性泛函且范数不大于 $\|l\|$. 因此, 由定理 3.1.1 可知存在 $x\in\mathcal{B}(\mathbb{H})$ 使得

$$\langle\xi,x\eta\rangle=l(\omega_{\xi,\eta}),\quad\forall\xi,\eta\in\mathbb{H}\text{ 且 }\|x\|\leqslant\|l\|.$$

从而 $\widehat{x}(\omega_{\xi,\eta})=\langle\xi,x\eta\rangle=l(\omega_{\xi,\eta})$. 由线性性和连续性得到 $\widehat{x}=l$. 另外, 结合前面的证明可知 $\|x\|=\|\widehat{x}\|$. □

注 3.1.3 设 $\omega\in\mathcal{B}(\mathbb{H})_*$. 它是 $\mathcal{B}(\mathbb{H})$ 上的一个连续线性泛函. 若 $\omega|_{\mathcal{K}(\mathbb{H})}=0$, 则由定理 3.1.2 (1) 知 $\|\omega\|=\|\omega|_{\mathcal{K}(\mathbb{H})}\|=0$, 故在 $\mathcal{B}(\mathbb{H})$ 上也有 $\omega=0$. 这说明 ω 完全由其在 $\mathcal{K}(\mathbb{H})$ 上的取值所确定. 从而由线性性和连续性可知 ω 由在 $\xi\otimes\eta$ $(\xi,\eta\in\mathbb{H})$ 上的值所决定. 若 $\dim\mathbb{H}=\infty$, 则 $\mathcal{B}(\mathbb{H})$ 上存在非零连续线性泛函使得其在 $\mathcal{K}(\mathbb{H})$ 上的限制恒等于零.

定义 3.1.4 $\mathcal{B}(\mathbb{H})_*$ 中的元称为 $\mathcal{B}(\mathbb{H})$ 上的正规泛函.

由前面的注可知, $\mathcal{B}(\mathbb{H})$ 上的正规泛函 ω 由其在 $\mathcal{K}(\mathbb{H})$ 上的取值所确定. 因此, 对正规泛函 ω 我们将 ω 和 $\omega|_{\mathcal{K}(\mathbb{H})}$ 当作同一个泛函. 另外, 当 $\mathcal{B}(\mathbb{H})$ 作为 $\mathcal{B}(\mathbb{H})_*$ 的

对偶空间时 (定理 3.1.2 (3)), 我们将不区别算子 $x \in \mathcal{B}(\mathbb{H})$ 和 $\mathcal{B}(\mathbb{H})_*$ 上与其对应的泛函 $\widehat{x}$.

从定理 3.1.2 的证明过程可以看出, $\mathcal{B}(\mathbb{H})$ 上的正规泛函与 $\mathbb{H}$ 上的紧算子以下述方式对应：若 $\omega \in \mathcal{B}(\mathbb{H})_*$ 使得

$$\omega = \sum_{n\geqslant 0} \omega_{\xi_n,\eta_n}, \quad \sum_{n\geqslant 1} \|\xi_n\|\|\eta_n\| < \infty,$$

那么 $x_\omega = \sum\limits_{n\geqslant 1} \xi_n \otimes \eta_n$ 是 $\mathbb{H}$ 上的一个紧算子. 反过来, 如果 $x \in \mathcal{B}(\mathbb{H})$ 具有如下的分解：

$$x = \sum_{n\geqslant 1} \xi_n \otimes \eta_n, \quad \sum_{n\geqslant 1} \|\xi_n\|\|\eta_n\| < \infty,$$

则 x 是一个紧算子且定义了一个正规泛函 $\omega_x = \sum\limits_{n\geqslant 1} \omega_{\xi_n,\eta_n}$.

定义 3.1.5　$\mathbb{H}$ 上的一个算子 x 称为核算子, 若 x 可以写成如下形式：存在 $\{\xi_n\}_{n\geqslant 1}, \{\eta_n\}_{n\geqslant 1} \subset \mathbb{H}$ 使得

$$x = \sum_{n\geqslant 1} \xi_n \otimes \eta_n, \quad \sum_{n\geqslant 1} \|\xi_n\|\|\eta_n\| < \infty.$$

我们用 $\mathcal{N}(\mathbb{H})$ 表示 $\mathbb{H}$ 上的所有核算子构成的空间, 其上赋予范数

$$\|x\|_{\mathcal{N}} = \inf\Big\{\sum_{n\geqslant 1} \|\xi_n\|\|\eta_n\| : \sum_{n\geqslant 1} \|\xi_n\|\|\eta_n\| < \infty\Big\},$$

这里下确界取遍所有$\xi_n, \eta_n \in \mathbb{H}$ 使得 $x = \sum\limits_{n\geqslant 1} \xi_n \otimes \eta_n$. 定理 3.1.2 说明 $\mathcal{N}(\mathbb{H})$ 等距同构于 $\mathcal{B}(\mathbb{H})_*$. 因此, $(\mathcal{N}(\mathbb{H}), \|\cdot\|_{\mathcal{N}})$ 是一个 Banach 空间. $\mathcal{N}(\mathbb{H})$ 的一些性质见本章的习题部分.

3.2　$\mathcal{B}(\mathbb{H})$ 上的局部凸拓扑

本节要在 $\mathcal{B}(\mathbb{H})$ 上引入几种局部凸拓扑, 它们在研究 von Neumann 代数中很重要. 我们先回顾一下关于局部凸拓扑向量空间的一些基本性质, 详细的内容见文献 (Rudin, 1991).

局部凸拓扑向量空间　设 $\mathbb{E}$ 是一个 Hausdorff 拓扑向量空间. $\mathbb{E}$ 称为局部凸的, 若 $\mathbb{E}$ 的原点具有凸邻域组成的邻域基. 若 $\mathbb{E}$ 是局部凸的, 则 $\mathbb{E}$ 的原点存在开凸

集 (闭凸集) 组成的邻域基. $\mathbb{E}$ 是局部凸的当且仅当 $\mathbb{E}$ 的拓扑由分离 $\mathbb{E}$ 的一族半范数 $\{p_i\}_{i\in I}$ 所诱导. 所谓 $\mathbb{E}$ 的半范数 p 是指 $p:\mathbb{E}\to\mathbb{R}_+$ 使得

$$p(\lambda x)=|\lambda|p(x),\ p(x+y)\leqslant p(x)+p(y),\quad \forall x,y\in\mathbb{E},\lambda\in\mathbb{C}.$$

称半范数族 $\{p_i\}_{i\in I}$ 是分离 $\mathbb{E}$ 的, 若 $x\in\mathbb{E}$ 使得对任意 $i\in I$ 有 $p_i(x)=0$, 则 $x=0$. 由半范数族 $\{p_i\}_{i\in I}$ 诱导的拓扑定义如下：U 是一个开集, 若 U 是形如 $\{y\in\mathbb{E}:\ p_i(y-x)<r_i, i\in J\}$ 的集合的并集, 其中 $x\in\mathbb{E}$, $r_i>0$, $J\subset I$ 为一个有限集. 故形如 $\{y\in\mathbb{E}:\ p_i(y)<r_i,\ i\in J\}$ 的集构成原点的邻域基 (由开凸集组成的邻域基), 这里 $r_i>0$, $J\subset I$ 为有限集.

设 $\mathbb{E}$ 是一个局部凸拓扑向量空间, 其拓扑是由分离 $\mathbb{E}$ 的一族半范数 $\{p_i\}_{i\in I}$ 诱导的, 则网 $\{x_\alpha\}\subset\mathbb{E}$ 收敛于 0 当且仅当 $p_i(x_\alpha)\to 0$, $\forall i\in I$. 另外, 线性泛函 $f:\mathbb{E}\to\mathbb{C}$ 是连续的当且仅当存在一个常数 $C>0$ 和一个有限集 $J\subset I$ 使得

$$|f(x)|\leqslant C\max_{i\in J}p_i(x),\quad \forall x\in\mathbb{E}.$$

假设 $\mathbb{E}$ 是一个没有赋予拓扑的向量空间, $\mathbb{F}$ 是 $\mathbb{E}$ 上的一族线性泛函组成的向量空间, 且 $\mathbb{F}$ 分离 $\mathbb{E}$ 的点, 即对任何非零的 $x\in\mathbb{E}$ 都存在一个 $f\in\mathbb{F}$ 使得 $f(x)\neq 0$. 则 $\{|f|:\ f\in\mathbb{F}\}$ 是分离 $\mathbb{E}$ 的一个半范数族, 它诱导的拓扑记为 $\sigma(\mathbb{E},\mathbb{F})$. 该拓扑是使得 $\mathbb{F}$ 中的每个泛函连续的最弱拓扑并且 $(\mathbb{E},\sigma(\mathbb{E},\mathbb{F}))$ 的对偶空间就是 $\mathbb{F}$.

若 $\mathbb{E}$ 是一个局部凸拓扑向量空间, 则其对偶空间 $\mathbb{E}^*$ 分离 $\mathbb{E}$ (Hahn-Banach 定理的推论). 拓扑 $\sigma(\mathbb{E},\mathbb{E}^*)$ 称为 $\mathbb{E}$ 的弱拓扑. 另外, 每个 $x\in\mathbb{E}$ 在 $\mathbb{E}^*$ 上确定了一个连续线性泛函 $f\mapsto f(x)$. 因此, $\mathbb{E}$ 是 $\mathbb{E}^*$ 上的一族连续线性泛函组成的向量空间并且分离 $\mathbb{E}^*$. 拓扑 $\sigma(\mathbb{E}^*,\mathbb{E})$ 称为 $\mathbb{E}^*$ 的弱 * 拓扑.

有了这些预备知识之后, 我们进入本节的主题.

定义 3.2.1 设 $\mathbb{H}$ 是一个复 Hilbert 空间.

(1) $\mathcal{B}(\mathbb{H})$ 上由其范数诱导的拓扑称为一致拓扑 (或范数拓扑).

(2) 拓扑 $\sigma(\mathcal{B}(\mathbb{H}),\mathcal{F}(\mathbb{H})_*)$ 称为弱算子拓扑, 简记为 wo.

(3) 拓扑 $\sigma(\mathcal{B}(\mathbb{H}),\mathcal{B}(\mathbb{H})_*)$ 称为 σ 弱算子拓扑, 简记为 σ-wo.

(4) 对 $\xi_1,\cdots,\xi_n\in\mathbb{H}$, 定义 $\mathcal{B}(\mathbb{H})$ 上的一个半范数 $p_{\xi_1,\cdots,\xi_n}$ 如下：

$$p_{\xi_1,\cdots,\xi_n}(x)=\Big(\sum_{k=1}^{n}\|x\xi_k\|^2\Big)^{\frac{1}{2}},\quad \forall x\in\mathcal{B}(\mathbb{H}).$$

$\mathcal{B}(\mathbb{H})$ 上由所有形如上述半范数诱导的拓扑称为强算子拓扑, 简记为 so.

(5) 对 $\xi_1,\xi_2,\cdots\in\mathbb{H}$ 且 $\sum\limits_{k\geqslant 1}\|\xi_k\|^2<\infty$, 定义 $\mathcal{B}(\mathbb{H})$ 上的一个半范数 $p_{\{\xi_k\}_{k\geqslant 1}}$ 如下：

$$p_{\{\xi_k\}_{k\geqslant 1}}(x)=\Big(\sum_{k\geqslant 1}\|x\xi_k\|^2\Big)^{\frac{1}{2}},\quad \forall x\in\mathcal{B}(\mathbb{H}).$$

$\mathcal{B}(\mathbb{H})$ 上由所有形如上述半范数诱导的拓扑称为 σ 强算子拓扑, 简记为 σ-so.

(6) 对 $\xi_1, \cdots, \xi_n \in \mathbb{H}$, 定义 $\mathcal{B}(\mathbb{H})$ 上的一个半范数 $q_{\xi_1,\cdots,\xi_n}$ 如下:

$$q_{\xi_1,\cdots,\xi_n}(x) = \left(\sum_{k=1}^{n} \left[\|x\xi_k\|^2 + \|x^*\xi_k\|^2\right]\right)^{\frac{1}{2}}, \quad \forall x \in \mathcal{B}(\mathbb{H}).$$

$\mathcal{B}(\mathbb{H})$ 上由所有形如 $q_{\xi_1,\cdots,\xi_n}$ 诱导的拓扑称为 $*$ 强算子拓扑, 简记为 $*$-so.

(7) 对 $\xi_1, \xi_2, \cdots \in \mathbb{H}$ 且 $\sum\limits_{k\geqslant 1} \|\xi_k\|^2 < \infty$, 定义 $\mathcal{B}(\mathbb{H})$ 上的一个半范数 $q_{\{\xi_k\}_{k\geqslant 1}}$ 如下:

$$q_{\{\xi_k\}_{k\geqslant 1}}(x) = \left(\sum_{k\geqslant 1} \left[\|x\xi_k\|^2 + \|x^*\xi_k\|^2\right]\right)^{\frac{1}{2}}, \quad \forall x \in \mathcal{B}(\mathbb{H}).$$

$\mathcal{B}(\mathbb{H})$ 上由所有形如 $q_{\{\xi_k\}_{k\geqslant 1}}$ 诱导的拓扑称为 σ-$*$ 强算子拓扑, 简记为 σ-$*$-so.

约定 下面采用如下的约定. 设 τ 为上述的一个拓扑 (除范数拓扑外). 关于 τ 的连续和收敛, 我们简单地记为 τ 连续和 τ 收敛. 比如, 一个网 $\{x_\alpha\}$ 关于 wo 拓扑收敛于 0, 简单地记为 $\{x_\alpha\}$ wo 收敛于 0. 同样, $\mathcal{B}(\mathbb{H})$ 上 so 连续的线性泛函 f 是指它关于 so 拓扑是连续的.

注 3.2.1 下列结论成立:

(1) 易证, 定义 3.2.1 中的 7 个拓扑都是 $\mathcal{B}(\mathbb{H})$ 上的局部凸拓扑. 一致拓扑在 von Neumann 代数的研究中不是很有价值, 它更适用于 C^* 代数理论.

(2) wo 拓扑也可以用半范数族 $x \mapsto |\langle \xi, x\eta\rangle|$, $\xi, \eta \in \mathbb{H}$ 来定义. 一个 wo 连续线性泛函恰好属于 $\mathcal{F}(\mathbb{H})_*$. 一个网 $\{x_\alpha\} \subset \mathcal{B}(\mathbb{H})$ wo 收敛于 0 当且仅当 $\langle \xi, x_\alpha\eta\rangle \to 0$, $\forall \xi, \eta \in \mathbb{H}$.

(3) σ-wo 拓扑就是 $\mathcal{B}(\mathbb{H})$ 上的弱 * 拓扑. 由定理 3.1.2 可知, 这个拓扑可以用形如

$$x \mapsto \sum_{k\geqslant 1} |\langle \xi_k, x\eta_k\rangle|,\ \xi_k, \eta_k \in \mathbb{H}, \quad \sum_{k\geqslant 1} \|\xi_k\|\|\eta_k\| < \infty$$

的半范数族来定义. 易证, $\mathcal{B}(\mathbb{H})$ 上的对合运算 $(x \mapsto x^*)$ 关于上述两个弱拓扑是连续的.

(4) so 拓扑也可以用半范数族 $x \mapsto \|x\xi\|$, $\xi \in \mathbb{H}$ 来定义. $\mathcal{B}(\mathbb{H})$ 上的伴随运算关于这个拓扑是不连续的, 除非 $\dim \mathbb{H} < \infty$. 这说明了为什么要定义 $*$-so 拓扑, 因为对合运算在这个拓扑下是连续的. 这一点对于 σ-so 拓扑也是一样的, 即需要定义 σ-$*$-so 拓扑.

(5) 当 $\dim \mathbb{H} = \infty$ 时, 上述 7 个拓扑互不相同. 下面给出了它们之间的比较关系:

$$\begin{array}{ccccccc} \text{一致拓扑} & < & \sigma\text{-}*\text{-so} & < & \sigma\text{-so} & < & \sigma\text{-wo} \\ & & \wedge & & \wedge & & \wedge \\ & & *\text{-so} & < & \text{so} & < & \text{wo} \end{array}$$

其中 "$<$" 表示左边的拓扑精 (或强) 于右边的拓扑. 我们称拓扑 τ 精于拓扑 σ, 若关于 σ 的开集也是关于 τ 的开集.

Hilbert 空间的共轭 当研究线性泛函关于上述那些拓扑的连续性时, 我们需要 Hilbert 空间 $\mathbb{H}$ 的复对偶空间 $\overline{\mathbb{H}}$. 在代数意义下, 除了数乘法改变外, $\overline{\mathbb{H}}$ 与 $\mathbb{H}$ 是同一个空间. $\overline{\mathbb{H}}$ 上的数乘法定义如下：$\lambda \cdot \xi = \overline{\lambda}\xi$. 为了方便起见, 当把 $\xi \in \mathbb{H}$ 作为 $\overline{\mathbb{H}}$ 中的元考虑时, 记其为 $\overline{\xi}$. 此时, $\overline{\xi}$ 和 ξ 是同一个元, 只是在不同的空间考虑而已. 故对 $\xi \in \mathbb{H}$ 和 $\lambda \in \mathbb{C}$, 在 $\overline{\mathbb{H}}$ 中,

$$\lambda \cdot \overline{\xi} = \overline{\overline{\lambda}\xi}.$$

$\overline{\mathbb{H}}$ 也是一个复 Hilbert 空间, 其内积定义如下：

$$\langle \overline{\eta}, \overline{\xi} \rangle = \overline{\langle \eta, \xi \rangle} = \langle \xi, \eta \rangle.$$

从而 $\|\overline{\xi}\|_{\overline{\mathbb{H}}} = \|\xi\|_{\mathbb{H}}, \forall \xi \in \mathbb{H}$.

由 Riesz 表示定理, 存在一个从 $\mathbb{H}$ 到其 (作为 Banach 空间) 对偶空间 $\mathbb{H}^*$ 之间的 1-1 映射：每个向量 $\eta \in \mathbb{H}$ 都唯一地对应于 $\mathbb{H}$ 上的一个连续线性泛函 l_η 使得

$$l_\eta(\xi) = \langle \eta, \xi \rangle, \quad \forall \xi \in \mathbb{H},$$

并且 $\|l_\eta\| = \|\eta\|$. 故映射 $\eta \mapsto l_\eta$ 是从 $\mathbb{H}$ 到 $\mathbb{H}^*$ 上的等距同构. 然而, 此映射不是线性的而是共轭线性的：

$$l_{\lambda\xi+\eta} = \overline{\lambda} l_\xi + l_\eta, \quad \forall \xi, \eta \in \mathbb{H}, \forall \lambda \in \mathbb{C}.$$

因此, $\mathbb{H}$ 与 $\mathbb{H}^*$ 之间的这个对应不是 Banach 空间范畴下的对应 (当两个 Banach 空间之间存在双射线性等距映射时, 才把两个空间等同起来).

这情况采用 $\overline{\mathbb{H}}$ 就可以解决. 映射 $\eta \mapsto l_\eta$ 是从 $\overline{\mathbb{H}}$ 到 $\mathbb{H}^*$ 上的一个线性等距同构. 因此, 在 Banach 空间意义下, $\mathbb{H}^*$ 与 $\overline{\mathbb{H}}$ 可以等同起来.

下面我们来研究线性泛函关于上述那些拓扑的连续性.

定理 3.2.1 设 φ 是 $\mathcal{B}(\mathbb{H})$ 上的一个线性泛函, 则

(1) φ 是 wo 连续的 $\Leftrightarrow$ φ 是 so 连续的 $\Leftrightarrow$ φ 是 $*$-so 连续的.

(2) φ 是 σ-wo 连续的 $\Leftrightarrow$ φ 是 σ-so 连续的 $\Leftrightarrow$ φ 是 σ-$*$-so 连续的.

证明 先证明 (2). 由于 σ-$*$-so 拓扑是这三个拓扑中最精的, 因此只需证明当 φ 是 σ-$*$-so 连续时, φ 也是 σ-wo 连续的. 设 φ 是 σ-$*$-so 连续的, 则存在 $\xi_1, \xi_2, \cdots \in \mathbb{H}$ 使得 $\sum\limits_{k \geqslant 1} \|\xi_k\|^2 < \infty$ 并且对任意 $x \in \mathcal{B}(\mathbb{H})$ 有

$$|\varphi(x)| \leqslant q_{\{\xi_k\}_{k\geqslant 1}}(x) = \Big(\sum_{k \geqslant 1} \left[\|x\xi_k\|^2 + \|x^*\xi_k\|^2 \right] \Big)^{\frac{1}{2}}. \tag{3.2.1}$$

设 $\widetilde{\mathbb{H}} = \ell_2(\overline{\mathbb{H}}) \oplus \ell_2(\mathbb{H})$. 这是可数多个 $\overline{\mathbb{H}}$ 的直和与可数多个 $\mathbb{H}$ 的直和 (见 2.3 节). $\widetilde{\mathbb{H}}$ 是一个复 Hilbert 空间. 对 $x \in \mathcal{B}(\mathbb{H})$ 记

$$\widetilde{x} = \left(\{\overline{x^*\xi_k}\}_{k\geqslant 1}, \{x\xi_k\}_{k\geqslant 1}\right) \in \widetilde{\mathbb{H}}.$$

令 $\mathbb{K} = \{\widetilde{x} : x \in \mathcal{B}(\mathbb{H})\}$, 则 $\mathbb{K}$ 是 $\widetilde{\mathbb{H}}$ 的一个线性子空间 (在定义 $\widetilde{\mathbb{H}}$ 中用 $\overline{\mathbb{H}}$ 就是为了得到 $\mathbb{K}$ 是一个线性子空间). 由不等式 (3.2.1), 可以定义从 $\mathbb{K}$ 到 $\mathbb{C}$ 的映射 $\widetilde{x} \mapsto \varphi(x)$, 将它记为 $\widetilde{\varphi}$. 则 $\widetilde{\varphi}$ 是 $\mathbb{K}$ 上的一个有界线性泛函且 $\|\widetilde{\varphi}\| \leqslant 1$. 由 Hahn-Banach 延拓定理将 $\widetilde{\varphi}$ 保范延拓为 $\widetilde{\mathbb{H}}$ 上的一个连续线性泛函 ψ. 由 Riesz 表示定理知, 存在 $(\{\overline{\eta}_k\}_{k\geqslant 1}, \{\zeta_k\}_{k\geqslant 1}) \in \widetilde{\mathbb{H}}$ 使得对任意 $x \in \mathcal{B}(\mathbb{H})$ 有

$$\begin{aligned}\varphi(x) = \psi(\widetilde{x}) &= \sum_{k\geqslant 1}\left(\langle \overline{\eta}_k, \overline{x^*\xi_k}\rangle + \langle \zeta_k, x\xi_k\rangle\right)\\ &= \sum_{k\geqslant 1}\left(\langle \xi_k, x\eta_k\rangle + \langle \zeta_k, x\xi_k\rangle\right)\\ &= \sum_{k\geqslant 1}\left[\omega_{\xi_k,\eta_k}(x) + \omega_{\zeta_k,\xi_k}(x)\right],\end{aligned}$$

从而 $\varphi = \sum\limits_{k\geqslant 1}(\omega_{\xi_k,\eta_k} + \omega_{\zeta_k,\xi_k})$. 因为

$$\sum_{k\geqslant 1}\Big(\|\xi_k\|\|\eta_k\| + \|\xi_k\|\|\zeta_k\|\Big) \leqslant \sqrt{2}\Big[\sum_{k\geqslant 1}\left(\|\eta_k\|^2 + \|\zeta_k\|^2\right)\Big]^{\frac{1}{2}}\Big(\sum_{k\geqslant 1}\|\xi_k\|^2\Big)^{\frac{1}{2}} < \infty,$$

故 $\varphi \in \mathcal{B}(\mathbb{H})_*$, 即 φ 是 σ-wo 连续的.

(1) 的证明与 (2) 类似, 只需将上述证明过程中的序列 $\{\xi_k\}_{k\geqslant 1}$ 改为有限序列 $\xi_1, \xi_2, \cdots, \xi_n$ 即可, 其他部分不变. 详细证明留给读者. □

定理 3.2.2 设 $\mathcal{B}(\mathbb{H})_1 = \{x \in \mathcal{B}(\mathbb{H}) : \|x\| \leqslant 1\}$ 是 $\mathcal{B}(\mathbb{H})$ 的闭单位球, 则在 $\mathcal{B}(\mathbb{H})_1$ 上,

(1) wo 拓扑 $=$ σ-wo 拓扑.

(2) so 拓扑 $=$ σ-so 拓扑.

(3) $*$-so 拓扑 $=$ σ-$*$-so 拓扑.

证明 (1) 设 $U \subset \mathcal{B}(\mathbb{H})_1$ 是一个 σ-wo 开集. 我们要证明 U 也是 $\mathcal{B}(\mathbb{H})_1$ 中的一个 wo 开集. 设 $x_0 \in U$. 则存在 $\varphi_1, \cdots, \varphi_n \in \mathcal{B}(\mathbb{H})_*$ 和 $\varepsilon > 0$ 使得 $V(x_0, \varphi_1, \cdots, \varphi_n, \varepsilon) \cap \mathcal{B}(\mathbb{H})_1 \subset U$, 其中,

$$V(x_0, \varphi_1, \cdots, \varphi_n, \varepsilon) = \{x \in \mathcal{B}(\mathbb{H}) : \max_{1\leqslant k\leqslant n}|\varphi_k(x - x_0)| < \varepsilon\}.$$

由于 $\mathcal{F}(\mathbb{H})_*$ 在 $\mathcal{B}(\mathbb{H})_*$ 中稠密, 从而存在 $\psi_1, \cdots, \psi_n \in \mathcal{F}(\mathbb{H})_*$ 使得

$$\|\varphi_k - \psi_k\| < \frac{\varepsilon}{3}, \quad 1 \leqslant k \leqslant n.$$

因为对每个 $x \in \mathcal{B}(\mathbb{H})_1$ 有

$$|\varphi_k(x-x_0)| \leqslant |\psi_k(x-x_0)| + \|\varphi_k - \psi_k\|\|x-x_0\| < |\psi_k(x-x_0)| + \frac{2\varepsilon}{3},$$

则

$$V\left(x_0, \psi_1, \cdots, \psi_n, \frac{\varepsilon}{3}\right) \cap \mathcal{B}(\mathbb{H})_1 \subset V(x_0, \varphi_1, \cdots, \varphi_n, \varepsilon) \cap \mathcal{B}(\mathbb{H})_1 \subset U,$$

而且 $V\left(x_0, \psi_1, \cdots, \psi_n, \frac{\varepsilon}{3}\right) \cap \mathcal{B}(\mathbb{H})_1$ 是 $\mathcal{B}(\mathbb{H})_1$ 中包含 x_0 的一个 wo 开集. 故 U 是 $\mathcal{B}(\mathbb{H})_1$ 中的一个 wo 开集. 结论得证.

(2) 由 (1) 可得结论. 事实上, 设 $\{x_i\}$ 是 $\mathcal{B}(\mathbb{H})$ 中的一个网, 则

$$x_i \stackrel{\text{so}}{\to} 0 \Leftrightarrow \langle \xi, x_i^* x_i \xi \rangle \to 0, \forall \xi \in \mathbb{H} \Leftrightarrow x_i^* x_i \stackrel{\text{wo}}{\to} 0.$$

同理有

$$x_i \stackrel{\sigma\text{-so}}{\to} 0 \Leftrightarrow x_i^* x_i \stackrel{\sigma\text{-wo}}{\to} 0.$$

因为这些拓扑是向量空间上的拓扑, 上述式子中的极限 0 可以用 $\mathbb{H}$ 中的任意一个向量代替. 故由 (1) 可得 (2).

(3) 用 (2) 中同样的方法可以证明, 这是因为

$$x_i \stackrel{*\text{-so}}{\to} 0 \Leftrightarrow x_i^* x_i \stackrel{\text{wo}}{\to} 0 \text{ 且 } x_i x_i^* \stackrel{\text{wo}}{\to} 0,$$
$$x_i \stackrel{*\text{-}\sigma\text{-so}}{\to} 0 \Leftrightarrow x_i^* x_i \stackrel{\sigma\text{-wo}}{\to} 0 \text{ 且 } x_i x_i^* \stackrel{\sigma\text{-wo}}{\to} 0.$$

结论得证. □

注 3.2.2 定理 3.2.2 中的 $\mathcal{B}(\mathbb{H})_1$ 可以用 $\mathcal{B}(\mathbb{H})$ 中的任何一个有界子集代替.

定理 3.2.3 设 φ 是 $\mathcal{B}(\mathbb{H})$ 上的一个线性泛函, 则下列命题等价:

(1) φ 是 σ-wo 连续的.

(2) φ 在 $\mathcal{B}(\mathbb{H})_1$ 上是 wo 连续的.

(3) φ 在 $\mathcal{B}(\mathbb{H})_1$ 上是 so 连续的.

(4) φ 在 $\mathcal{B}(\mathbb{H})_1$ 上是 $*$-so 连续的.

证明 设 $\varphi \in \mathcal{B}(\mathbb{H})_*$, 则 φ 在 $\mathcal{B}(\mathbb{H})$ 上 σ-wo 连续, 从而在 $\mathcal{B}(\mathbb{H})_1$ 上 σ-wo 连续. 由定理 3.2.2 知 φ 在 $\mathcal{B}(\mathbb{H})_1$ 上 wo 连续. 因此, φ 在 $\mathcal{B}(\mathbb{H})_1$ 上同时是 so 连续的和 $*$-so 连续的. 反之, 由定理 3.2.1 (1) 知, 只需证明当 φ 在 $\mathcal{B}(\mathbb{H})_1$ 上 $*$-so 连续时, φ 属于 $\mathcal{B}(\mathbb{H})_*$. 此证明类似于定理 3.2.1 的证明.

设 φ 在 $\mathcal{B}(\mathbb{H})_1$ 上是 $*$-so 连续的, 则对任意 $\varepsilon > 0$ 存在一个在 $\mathcal{B}(\mathbb{H})_1$ 中的原点的 $*$-so 邻域 U 使得

$$|\varphi(x)| < \varepsilon, \quad \forall x \in U.$$

由 $*$-so 拓扑的定义可知, 存在 $\xi_1, \cdots, \xi_n \in \mathbb{H}$ 使得

$$\mathcal{B}(\mathbb{H})_1 \cap \{x \in \mathcal{B}(\mathbb{H}) : q_{\xi_1,\cdots,\xi_n}(x) \leqslant 1\} \subset U.$$

因而 $|\varphi(x)| < \varepsilon$, 只要 $x \in \mathcal{B}(\mathbb{H})_1$ 使得

$$\Big(\sum_{k=1}^{n}\big[\|x\xi_k\|^2 + \|x^*\xi_k\|^2\big]\Big)^{\frac{1}{2}} \leqslant 1.$$

故由范数的齐性可知, 对任意 $x \in \mathcal{B}(\mathbb{H})$ 有

$$|\varphi(x)| \leqslant \varepsilon\Big\{\|x\| + \big(\sum_{k=1}^{n}[\|x\xi_k\|^2 + \|x^*\xi_k\|^2]\big)^{\frac{1}{2}}\Big\}. \tag{3.2.2}$$

定义 Banach 空间 $\mathbb{X}$ 如下:

$$\mathbb{X} = \mathcal{B}(\mathbb{H}) \oplus_1 \big(\ell_2^n(\overline{\mathbb{H}}) \oplus_2 \ell_2^n(\mathbb{H})\big).$$

回顾一下, 若 $\mathbb{E}$ 和 $\mathbb{F}$ 是两个 Banach 空间, $1 \leqslant p \leqslant \infty$, 用 $\mathbb{E} \oplus_p \mathbb{F}$ 表示在 $\mathbb{E} \times \mathbb{F}$ 上赋予如下范数:

$$\|(e, f)\| = (\|e\|^p + \|f\|^p)^{\frac{1}{p}} \quad (\text{若 } p < \infty),$$
$$\|(e, f)\| = \max\{\|e\|, \|f\|\} \quad (\text{若 } p = \infty)$$

的 Banach 空间. $\mathbb{E} \oplus_p \mathbb{F}$ 称为 $\mathbb{E}$ 与 $\mathbb{F}$ 的 ℓ_p 直和. 前面讨论的 Hilbert 空间的直和是 ℓ_2 直和. 对 $x \in \mathcal{B}(\mathbb{H})$, 记

$$\widetilde{x} = (x, \{\overline{x^*\xi_k}\}_{1\leqslant k\leqslant n}, \{x\xi_k\}_{1\leqslant k\leqslant n}) \in \mathbb{X}.$$

令 $\mathbb{Y} = \{\widetilde{x} : x \in \mathcal{B}(\mathbb{H})\}$, 则 $\mathbb{Y}$ 是 $\mathbb{X}$ 的一个子空间. 与定理 3.2.1 的证明一样, 由不等式 (3.2.2) 可知, $\widetilde{x} \mapsto \varphi(x)$ 定义了 $\mathbb{Y}$ 上的一个连续线性泛函 $\widetilde{\varphi}$ 且 $\|\widetilde{\varphi}\| \leqslant \varepsilon$. 我们用 Hahn-Banach 延拓定理将 $\widetilde{\varphi}$ 保范延拓为 $\mathbb{X}$ 上的一个连续线性泛函 ψ. 另一方面, 易证 $\mathbb{X}$ 的对偶空间为

$$\mathbb{X}^* = \mathcal{B}(\mathbb{H})^* \oplus_\infty \big(\ell_2^n(\overline{\mathbb{H}}) \oplus_2 \ell_2^n(\mathbb{H})\big)^*.$$

故存在 $\rho \in \mathcal{B}(\mathbb{H})^*$, $(\{\overline{\eta}_k\}_{1\leqslant k\leqslant n}, \{\zeta_k\}_{1\leqslant k\leqslant n}) \in \widetilde{\mathbb{H}}$ 使得, 对任意 $x \in \mathcal{B}(\mathbb{H})$ 有

$$\varphi(x) = \psi(\widetilde{x}) = \rho(x) + \sum_{k=1}^{n}[\omega_{\xi_k,\eta_k}(x) + \omega_{\zeta_k,\xi_k}(x)]$$

并且

$$\max\Big\{\|\rho\|, \Big(\sum_{k\geqslant 1}[\|\eta_k\|^2 + \|\zeta_k\|^2]\Big)^{\frac{1}{2}}\Big\} \leqslant \varepsilon.$$

令

$$\varphi_\varepsilon = \sum_{k=1}^{n} \left(\omega_{\xi_k,\eta_k} + \omega_{\zeta_k,\xi_k}\right),$$

则 $\varphi_\varepsilon \in \mathcal{F}(\mathbb{H})_*$ 且 $\|\varphi - \varphi_\varepsilon\| \leqslant \|\rho\| \leqslant \varepsilon$. 从而 φ 是 $\mathcal{F}(\mathbb{H})_*$ 的一个聚点. 故 $\varphi \in \mathcal{B}(\mathbb{H})_*$. □

当用 $\mathcal{B}(\mathbb{H})$ 的一个 σ-wo 闭子空间取代 $\mathcal{B}(\mathbb{H})$ 时, 前面的定理仍然成立. 实际上, 设 $\mathcal{M} \subset \mathcal{B}(\mathbb{H})$ 是一个 σ-wo 闭子空间, 则由 Hahn-Banach 定理 (或双极定理) 可知, $\mathcal{M}$ 也是一个对偶空间. 确切地说, 设 $\mathcal{M}_\perp$ 是 $\mathcal{M}$ 的预正交补:

$$\mathcal{M}_\perp = \{\varphi \in \mathcal{B}(\mathbb{H})_* :\ \varphi|_{\mathcal{M}} = 0\},$$

则 $\mathcal{M}$ 是商空间 $\mathcal{B}(\mathbb{H})_*/\mathcal{M}_\perp$ 的对偶空间. 由于 $\mathcal{B}(\mathbb{H})_*/\mathcal{M}_\perp$ 与 $\{\varphi|_{\mathcal{M}} :\ \varphi \in \mathcal{B}(\mathbb{H})_*\}$ 一一对应, 故 $\mathcal{M}$ 的预对偶空间 $\mathcal{M}_*$ 等于

$$\mathcal{M}_* = \{\varphi \in \mathcal{M}^* :\ 存在\ \widetilde{\varphi} \in \mathcal{B}(\mathbb{H})_*\ 使得\ \widetilde{\varphi}|_{\mathcal{M}} = \varphi\},$$

其范数为

$$\|\varphi\| = \inf\left\{\|\widetilde{\varphi}\| :\ \widetilde{\varphi} \in \mathcal{B}(\mathbb{H})_*\ 使得\ \widetilde{\varphi}|_{\mathcal{M}} = \varphi\right\}.$$

仍然由 Hahn-Banach 定理可得, 线性泛函 $\varphi : \mathcal{M} \to \mathbb{C}$ 属于 $\mathcal{M}_*$ 当且仅当 φ 是 σ-wo 连续的.

定义 3.2.2 设 $\mathcal{M}$ 为 $\mathcal{B}(\mathbb{H})$ 的一个 σ-wo 闭子空间. 如果线性泛函 $\varphi : \mathcal{M} \to \mathbb{C}$ 是 σ-wo 连续的, 则称 φ 为一个正规线性泛函.

由上述讨论可知, $\mathcal{M}$ 上的所有正规线性泛函构成 $\mathcal{M}$ 的预对偶空间 $\mathcal{M}_*$. 线性泛函 $\varphi : \mathcal{M} \to \mathbb{C}$ 是一个正规线性泛函当且仅当存在 $\{\xi_k\}_{k\geqslant 1}, \{\eta_k\}_{k\geqslant 1} \subset \mathbb{H}$ 使得

$$\varphi = \sum_{k\geqslant 1} \omega_{\xi_k,\eta_k}, \quad \sum_{k\geqslant 1} \|\xi_k\|\|\eta_k\| < \infty.$$

若在定理 3.2.1 和定理 3.2.3 中用 $\mathcal{M}$ 代替 $\mathcal{B}(\mathbb{H})$, 则结论仍然成立并且证明也是类似的. 详细的证明略去.

下面, 我们将上述关于 $\mathcal{M}$ 的结论重新组织在一个定理中以便加以比较. 为此, 记 $\mathcal{M}_1$ 是 $\mathcal{M}$ 的闭单位球, 即 $\mathcal{M}_1 = \{x \in \mathcal{M} :\ \|x\| \leqslant 1\}$. 对任意 $r > 0$, 我们记 $r\mathcal{M}_1 = \{x \in \mathcal{M} :\ \|x\| \leqslant r\}$.

定理 3.2.4 设 $\mathcal{M}$ 是 $\mathcal{B}(\mathbb{H})$ 的一个 σ-wo 闭子空间, φ 是 $\mathcal{M}$ 上的一个线性泛函, K 是 $\mathcal{M}$ 的一个凸子集, 则

(1) 在 $\mathcal{M}_1$ 上有

(i) wo 拓扑 = σ-wo 拓扑;

(ii) so 拓扑 $=$ σ-so 拓扑;

(iii) $*$-so 拓扑 $=$ σ-$*$-so 拓扑.

(2) 下列命题等价:

(i) φ 是 wo 连续的;

(ii) φ 是 so 连续的;

(iii) φ 是 $*$-so 连续的;

(iv) 存在 $\xi_k, \eta_k \in \mathbb{H}$ $(1 \leqslant k \leqslant n)$ 使得 $\varphi = \sum\limits_{k \geqslant 1} \omega_{\xi_k, \eta_k}$.

(3) 下列命题等价:

(i) φ 是 σ-wo 连续的;

(ii) φ 是 σ-so 连续的;

(iii) φ 是 σ-$*$-so 连续的;

(iv) φ 在 $\mathcal{M}_1$ 上是 wo 连续的;

(v) φ 在 $\mathcal{M}_1$ 上是 so 连续的;

(vi) φ 在 $\mathcal{M}_1$ 上是 $*$-so 连续的;

(vii) 存在 $\{\xi_k\}_{k\geqslant 1}$, $\{\eta_k\}_{k\geqslant 1} \in \mathbb{H}$ 满足 $\sum\limits_{k\geqslant 1} \|\xi_k\|\|\eta_k\| < \infty$ 使得 $\varphi = \sum\limits_{k \geqslant 1} \omega_{\xi_k, \eta_k}$.

(4) 下列命题等价:

(i) K 是 wo 闭的;

(ii) K 是 so 闭的;

(iii) K 是 $*$-so 闭的.

(5) 下列命题等价:

(i) K 是 σ-wo 闭的;

(ii) K 是 σ-so 闭的;

(iii) K 是 σ-$*$-so 闭的;

(iv) $\forall r > 0$, $K \cap r\mathcal{M}_1$ 是 wo 闭的;

(v) $\forall r > 0$, $K \cap r\mathcal{M}_1$ 是 so 闭的;

(vi) $\forall r > 0$, $K \cap r\mathcal{M}_1$ 是 $*$-so 闭的.

证明　(1) 由定理 3.2.2 可得 (又见注 3.2.2). (2) 和 (3) 的证明类似于定理 3.2.1 和定理 3.2.3. (4) 由 (2) 和 Hahn-Banach 定理可得.

(5) 中 (i), (ii), (iii) 的等价性由 (3) 和 Hahn-Banach 定理可得, 而由 (4) 可得 (iv), (v), (vi) 的等价性. 下证 (i) 与 (iv) 的等价性. 若 K 是 σ-wo 闭的, 则 $K \cap r\mathcal{M}_1$ 也是 σ-wo 闭的, 这是因为 $r\mathcal{M}_1$ 是 σ-wo 闭的. 由于 $K \cap r\mathcal{M}_1$ 是有界的, 从而 $K \cap r\mathcal{M}_1$ 是 wo 闭的. 故 (i) $\Rightarrow$ (iv). (vi) $\Rightarrow$(i) 可由经典 Banach 空间理论中的 Krein-Smulian 定理得到 (Krein-Smulian 定理: 设 $\mathbb{X}$ 是一个 Banach 空间, K 是其

对偶空间 $\mathbb{X}^*$ 中的一个凸集, 则 K 是弱 * 闭的当且仅当每个 $\mathbb{X}^*$ 中以原点为中心的闭球与 K 的交是弱 * 闭的, 见文献 (Megginson, 1998)). □

3.3 交换子和二次交换子

本节介绍 von Neumann 代数及其一些非常基本的性质.

定义 3.3.1 设 $\mathbb{A} \subset \mathcal{B}(\mathbb{H})$. 令

$$\mathbb{A}' = \{x \in \mathcal{B}(\mathbb{H}) : \, ax = xa, \, \forall a \in \mathbb{A}\}.$$

我们称 $\mathbb{A}'$ 是 $\mathbb{A}$ 的交换子. $\mathbb{A}$ 的二次交换子 $\mathbb{A}''$ 是 $\mathbb{A}'$ 的交换子, 即 $\mathbb{A}'' = (\mathbb{A}')'$.

注 3.3.1 交换子有下列一些简单的性质:

(1) $\mathbb{A}'$ 是一个单位子代数 (即包含 $\mathcal{B}(\mathbb{H})$ 的单位算子) 且 $\mathbb{A}'$ 是 wo 闭的.

(2) $\mathbb{A}'$ 与 $\mathbb{A}$ 的 wo 闭包的交换子相同, 从而也与 $\mathbb{A}$ 关于 3.2 节定义的其他局部凸拓扑的闭包的交换子相同.

(3) 若 $\mathbb{A}$ 是对合的 (关于 $\mathcal{B}(\mathbb{H})$ 中的对合运算封闭), 则 $\mathbb{A}'$ 也是对合的. 此时, $\mathbb{A}'$ 是 $\mathcal{B}(\mathbb{H})$ 的一个 wo 闭单位 C^* 子代数.

(4) 归纳地可以定义 $\mathbb{A}^{(k)} = (\mathbb{A}^{(k-1)})'$. 容易验证

$$\mathbb{A}' = \mathbb{A}^{(3)} = \mathbb{A}^{(5)} = \cdots, \quad \mathbb{A}'' = \mathbb{A}^{(4)} = \mathbb{A}^{(6)} = \cdots.$$

定义 3.3.2 $\mathcal{B}(\mathbb{H})$ 的对合子代数 $\mathcal{M}$ 称为 $\mathbb{H}$ 上的一个 von Neumann 代数, 若 $\mathcal{M} = \mathcal{M}''$. 记 $\mathcal{Z}(\mathcal{M}) = \mathcal{M} \cap \mathcal{M}'$, 并称它为 $\mathcal{M}$ 的中心.

约定 以后用简写 “VNA” 代表 “von Neumann 代数”.

显然, $\mathbb{H}$ 上的 VNA $\mathcal{M}$ 是单位的、wo 闭的并且 $\mathcal{M}$ 是 $\mathcal{B}(\mathbb{H})$ 的一个 C^* 子代数. 因此, VNA 的范畴是单位 C^* 代数的子范畴. 另外, $\mathcal{M}$ 的中心必包含 $\mathbb{C}1$. 由上面的讨论可知, 若 $\mathbb{A} \subset \mathcal{B}(\mathbb{H})$ 关于对合运算封闭, 则 $\mathbb{A}'$ 和 $\mathbb{A}''$ 都是 VNA.

定理 3.3.1 设 $\mathcal{M}$ 是 $\mathbb{H}$ 上的一个 VNA, $x \in \mathcal{M}$, $x = u|x|$ 是 x 在 $\mathcal{B}(\mathbb{H})$ 中的极分解, 则 $u, |x| \in \mathcal{M}$.

证明 因为 $\mathcal{M}'$ 也是 $\mathbb{H}$ 上的一个 VNA, 因而也是一个 C^* 代数, 因此 $\mathcal{M}'$ 由它的所有酉算子生成 (见定理 1.3.5). 故一个算子 x 属于 $\mathcal{M}''$ 的充分必要条件是 x 与 $\mathcal{M}'$ 中的每个酉算子 v 可交换. 固定一个酉算子 $v \in \mathcal{M}'$, 则

$$x = vxv^* = (vuv^*)(v|x|v^*).$$

由极分解的唯一性可得 $u = vuv^*$ 和 $|x| = v|x|v^*$. 所以 $u, |x| \in \mathcal{M}'' = \mathcal{M}$. □

定义 3.3.3 设 $\mathcal{M}$ 是 $\mathbb{H}$ 上的一个 VNA, $K \subset \mathbb{H}$. 称 K 是 $\mathcal{M}$ 的一个循环子集 (相应地, 分离子集), 若 $[\mathcal{M}(K)] = \mathbb{H}$ (相应地, 若 $x \in \mathcal{M}$ 使得 $x\xi = 0$, $\forall \xi \in K$, 则 $x = 0$).

定理 3.3.2 设 $\mathcal{M}$ 是 $\mathbb{H}$ 上的一个 VNA, $K \subset \mathbb{H}$. 则 K 是 $\mathcal{M}$ 的一个循环子集当且仅当 K 是 $\mathcal{M}'$ 的一个分离子集.

证明 设 K 是 $\mathcal{M}$ 的一个循环子集, $x' \in \mathcal{M}'$ 使得 $x'(K) = \{0\}$. 若 $x \in \mathcal{M}$, $\forall \xi \in K$, 则 $x'(x\xi) = x(x'\xi) = 0$. 从而 $x'|_{\mathcal{M}(K)} = 0$, 故 $x' = 0$. 反之, 设 K 是 $\mathcal{M}'$ 的一个分离子集, e 是从 $\mathbb{H}$ 到 $[\mathcal{M}(K)]$ 的正交投影算子. 由于 $[\mathcal{M}(K)]$ 是 $\mathcal{M}$ 的一个不变子集, 故 $xe = ex$, $\forall x \in \mathcal{M}$. 从而 $e \in \mathcal{M}'$. 由于 $1 - e$ 在 $\mathcal{M}(K)$ 上等于零, 则 $(1-e)|_K = 0$. 因为 K 是 $\mathcal{M}'$ 的一个分离集, 故 $e = 1$, 即 $[\mathcal{M}(K)] = \mathbb{H}$. □

设 $\mathcal{M}$ 是 $\mathbb{H}$ 上的一个 VNA (也是 $\mathcal{B}(\mathbb{H})$ 的一个 C^* 子代数). 用 $\mathcal{M}_h$ 表示 $\mathcal{M}$ 中的所有自伴元构成的集合并且赋予通常的偏序. 称 $\mathcal{M}_h$ 中的网 $\{x_i\}_{i \in I}$ 是单调递增的, 若 $i \leqslant j \Rightarrow x_i \leqslant x_j$; 称为有上界的, 若存在 $y \in \mathcal{M}_h$ 使得 $x_i \leqslant y$, $\forall i \in I$. $\{x_i\}_{i \in I}$ 的上确界是指它的最小上界 (若存在), 记为 $\sup\limits_{i \in I} x_i$.

定理 3.3.3 设 $\mathcal{M}$ 是 $\mathbb{H}$ 上的一个 VNA, $\{x_i\}_{i \in I}$ 是 $\mathcal{M}_h$ 中的一个单调递增有上界的网, 则 $\{x_i\}_{i \in I}$ 在 $\mathcal{M}_h$ 中的上确界 $\sup\limits_{i \in I} x_i$ 存在并且 $\{x_i\}_{i \in I}$ 强收敛于 $\sup\limits_{i \in I} x_i$.

证明 任意取定一个 $i_0 \in I$, 考虑 $x_i - x_{i_0}$, 不妨假设 $x_i \geqslant 0$. 设 $y \in \mathcal{M}_h$ 是 $\{x_i\}_{i \in I}$ 的一个上界, 则 $0 \leqslant x_i \leqslant y \leqslant \|y\|1$. 将 x_i 除以 $\|y\|$, 从而可以假设 $0 \leqslant x_i \leqslant 1$.

对每个 $\xi \in \mathbb{H}$, $\{\langle \xi, x_i \xi \rangle\}_{i \in I}$ 是一个由非负数构成的、以 $\|\xi\|$ 为上界的单调递增的网, 从而收敛到 $\sup\limits_{i \in I} \langle \xi, x_i \xi \rangle$. 对任意 $\eta \in \mathbb{H}$, 由极化恒等式

$$\langle \xi, x_i \eta \rangle = \frac{1}{4} \sum_{k=0}^{3} \mathrm{i}^k \langle \mathrm{i}^k \xi + \eta, x_i(\mathrm{i}^k \xi + \eta) \rangle$$

可知, 网 $\{\langle \xi, x_i \eta \rangle\}_{i \in I}$ 存在极限, 记其极限为 $B(\xi, \eta)$. 易证 B 是 $\mathbb{H}$ 上的一个非负半双线性泛函且其范数不大于 1. 因此由定理 3.1.1 可得, 存在唯一的 $x \in \mathcal{B}(\mathbb{H})$ 使得

$$B(\xi, \eta) = \langle \xi, x\eta \rangle, \quad \forall \xi, \eta \in \mathbb{H}.$$

从而

$$x = \mathrm{wo} - \lim x_i \quad \text{且} \quad x_i \leqslant x, \quad \forall i \in I.$$

由 $\mathcal{M}$ 的 wo 闭性可得 $x \in \mathcal{M}$. 故 x 是 $\{x_i\}_{i \in I}$ 的一个上界. 设 $y \in \mathcal{M}_h$ 是 $\{x_i\}_{i \in I}$ 的另一个上界. 对每个 $\xi \in \mathbb{H}$ 有

$$\langle \xi, x_i \xi \rangle \leqslant \langle \xi, y\xi \rangle,$$

从而

$$\langle \xi, x\xi \rangle = \lim_i \langle \xi, x_i\xi \rangle \leqslant \langle \xi, y\xi \rangle,$$

即 $x \leqslant y$. 故 $x = \sup\limits_{i\in I} x_i$.

最后, 因为对任意 $\xi \in \mathbb{H}$ 有

$$\|(x-x_i)\xi\| \leqslant \|(x-x_i)^{\frac{1}{2}}\|\|(x-x_i)^{\frac{1}{2}}\xi\| \leqslant \langle \xi, (x-x_i)\xi \rangle^{\frac{1}{2}} \to 0.$$

所以, x_i 强收敛于 x. □

与 C^* 代数不同的是, VNA 有足够多的投影算子. 3.4 节将证明, 每个 VNA 由其投影算子生成. 下面证明, $\mathcal{M}$ 中的每个由投影算子构成的网 $\{e_i\}_{i\in I}$ 的上确界和下确界都属于 $\mathcal{P}(\mathcal{M})$, 其中 $\mathcal{P}(\mathcal{M})$ 表示由 $\mathcal{M}$ 中的投影算子全体构成的集合.

定义 3.3.4 设 $\{e_i\}_{i\in I}$ 是 $\mathcal{B}(\mathbb{H})$ 中的一个投影算子族. 令 $\bigvee\limits_{i\in I} e_i$ 是从 $\mathbb{H}$ 到 $\bigcup\limits_{i\in I} e_i(\mathbb{H})$ 生成的闭子空间上的正交投影算子, $\bigwedge\limits_{i\in I} e_i$ 是从 $\mathbb{H}$ 到闭子空间 $\bigcap\limits_{i\in I} e_i(\mathbb{H})$ 上的正交投影算子.

下面证明 $\bigvee\limits_{i\in I} e_i$ 是 $\mathcal{B}(\mathbb{H})$ 中大于每个 e_i 的最小投影算子. 为此, 回顾一下如下的结论: 设 e, f 是 $\mathbb{H}$ 上的两个投影算子, 则

$$e \leqslant f \Leftrightarrow e(\mathbb{H}) \subset f(\mathbb{H}).$$

显然, $\bigvee\limits_{i\in I} e_i$ 大于每个 e_i. 设 f 是大于每个 e_i 的一个投影算子, 则 $e_i(\mathbb{H}) \subset f(\mathbb{H})$. 因此, 由所有 $e_i(\mathbb{H})$ 生成的闭子空间也属于 $f(\mathbb{H})$. 故 $\bigvee\limits_{i\in I} e_i \leqslant f$. 同理可证, $\bigwedge\limits_{i\in I} e_i$ 是 $\mathcal{B}(\mathbb{H})$ 中小于每个 e_i 的最大投影算子. 容易证明

$$\left(\bigvee_{i\in I} e_i\right)^{\perp} = \bigwedge_{i\in I} e_i^{\perp},$$

其中 $e^{\perp} = 1 - e$.

定理 3.3.4 设 $\mathcal{M}$ 是 $\mathbb{H}$ 上的一个 VNA. 又设 $\{e_i\}_{i\in I} \subset \mathcal{P}(\mathcal{M})$, 则下列命题成立:

(1) $\bigvee\limits_{i\in I} e_i, \bigwedge\limits_{i\in I} e_i \in \mathcal{P}(\mathcal{M})$.

(2) 若 $\{e_i\}_{i\in I}$ 是单调递增的, 则 $\bigvee\limits_{i\in I} e_i = \sup\limits_{i\in I} e_i$. 若 $\{e_i\}_{i\in I}$ 两两相互正交, 则

$$\bigvee_{i\in I} e_i = \sum_{i\in I} e_i,$$

其中级数是 so 收敛的.

证明　(1) 首先有如下结论：一个投影算子 $e \in \mathcal{B}(\mathbb{H})$ 属于 $\mathcal{M}$ 当且仅当 $e(\mathbb{H})$ 是 $\mathcal{M}'$ 的不变子空间. 其证明是简单的, 故略去. 由于 $e_i \in \mathcal{M}$, 从而 $e_i(\mathbb{H})$ 是 $\mathcal{M}'$ 的不变子空间. 因此由所有 $e_i(\mathbb{H})$ 生成的闭子空间也是 $\mathcal{M}'$ 的不变子空间, 故 $\bigvee\limits_{i\in I} e_i \in \mathcal{P}(\mathcal{M})$. 又 $\bigwedge\limits_{i\in I} e_i = (\bigvee\limits_{i\in I} e_i^{\perp})^{\perp} \in \mathcal{P}(\mathcal{M})$.

(2) 第一个等式是显然的 (见定理 3.3.3). 下面证明第二个等式. 对任意一个有限集 $J \subset I$, 令 $e_J = \sum\limits_{i\in J} e_i$, 则 $\{e_J\}_{J\in\mathcal{F}(I)}$ 是单调递增的网. 由定理 3.3.3 可得

$$\sum_{i\in I} e_i = \lim_J e_J = \sup_J e_J.$$

由于 $\sup\limits_J e_J = \bigvee\limits_{i\in I} e_i$, 故结论成立. □

下面介绍从一个给定的 VNA 出发构造另一个 VNA 的过程. 设 $e \in \mathcal{B}(\mathbb{H})$ 是一个投影算子, $\mathbb{K} = e(\mathbb{H})$. 对 $x \in \mathcal{B}(\mathbb{H})$, 定义 $x_e = ex|_{\mathbb{K}}$, 则 $x_e \in \mathcal{B}(\mathbb{K})$ 并且有

$$x_e = (ex)_e = (xe)_e = (exe)_e.$$

有时, x_e 称为 x 在 $\mathbb{K}$ 上的缩编. 对 $\mathbb{A} \subset \mathcal{B}(\mathbb{H})$, 记 $\mathbb{A}_e = \{x_e : x \in \mathbb{A}\}$.

定理 3.3.5　设 $\mathcal{M}$ 是 $\mathbb{H}$ 上的一个 VNA, $e \in \mathcal{M}$ 是一个投影算子. 令 $\mathbb{K} = e(\mathbb{H})$, 则 $\mathcal{M}_e$ 和 $(\mathcal{M}')_e$ 都是 $\mathbb{K}$ 上的 VNA 并且 $(\mathcal{M}')_e = (\mathcal{M}_e)'$.

证明　显然, $(\mathcal{M}')_e$ 中的算子与 $\mathcal{M}_e$ 中的算子交换. 因此

$$(\mathcal{M}')_e \subset (\mathcal{M}_e)', \quad \mathcal{M}_e \subset ((\mathcal{M}')_e)'.$$

设 $x \in ((\mathcal{M}')_e)'$. 令 $\widetilde{x} = xe$, 则 $\widetilde{x} \in \mathcal{B}(\mathbb{H})$. 对每个 $x' \in \mathcal{M}'$ 有 $x'e = ex' = ex'e$, $xx'_e = x'_e x$. 从而 $\widetilde{x}x' = x'\widetilde{x}$. 故 $\widetilde{x} \in \mathcal{M}'' = \mathcal{M}$. 因此 $x = \widetilde{x}_e \in \mathcal{M}_e$. 从而 $\mathcal{M}_e = ((\mathcal{M}')_e)'$. 因为 $(\mathcal{M}_e)'' = ((\mathcal{M}_e)')' \subset ((\mathcal{M}')_e)' = \mathcal{M}_e$, 故 $\mathcal{M}_e$ 是一个 VNA.

下面证明 $(\mathcal{M}_e)' \subset (\mathcal{M}')_e$. 由于 $(\mathcal{M}_e)'$ 是由其酉算子的线性组合构成的, 故只需证明酉算子 $u' \in (\mathcal{M}_e)' \Rightarrow u' \in (\mathcal{M}')_e$ 即可. 为此, 固定 $u' \in (\mathcal{M}_e)'$. 设 $x_1, x_2, \cdots, x_n \in \mathcal{M}$, $\xi_1, \xi_2, \cdots, \xi_n \in \mathbb{K}$, 则

$$\begin{aligned}\left\|\sum_{k=1}^n x_k u'\xi_k\right\|^2 &= \sum_{k,j=1}^n \langle x_k e u'\xi_k, x_j e u'\xi_j\rangle \\ &= \sum_{k,j=1}^n \langle \xi_k, u'^* e x_k^* x_j e u'\xi_j\rangle \\ &= \sum_{k,j=1}^n \langle \xi_k, e x_k^* x_j e u'^* u'\xi_j\rangle\end{aligned}$$

$$
\begin{aligned}
&= \sum_{k,j=1}^{n} \langle \xi_k, e x_k^* x_j e \xi_j \rangle \\
&= \Big\| \sum_{k=1}^{n} x_k \xi_k \Big\|^2.
\end{aligned}
$$

故可以将映射 $\sum\limits_{k=1}^{n} x_k \xi_k \mapsto \sum\limits_{k=1}^{n} x_k u' \xi_k$ 延拓为 $[\mathcal{M}(\mathbb{K})]$ 上的一个酉算子, 记它为 $\widetilde{v}'$. 定义 $v' \in \mathcal{B}(\mathbb{H})$ 如下：$v'|_{[\mathcal{M}(\mathbb{K})]} = \widetilde{v}'$, $v'|_{[\mathcal{M}(\mathbb{K})]^\perp} = 0$. 则 v' 是一个部分等距算子. 显然, $v'_e = u'$. 剩下来只需证明 $v' \in \mathcal{M}'$. 因为 $[\mathcal{M}(\mathbb{K})]$ 是 $\mathcal{M}$ 的一个不变子空间, 则对任何 $\xi_1 \in [\mathcal{M}(\mathbb{K})], \xi_2 \in [\mathcal{M}(\mathbb{K})]^\perp, x \in \mathcal{M}$ 有

$$
\begin{aligned}
v'x(\xi_1 + \xi_2) &= v'x(\xi_1) + v'x(\xi_2) = \widetilde{v}'x(\xi_1) = xu'(\xi_1), \\
xv'(\xi_1 + \xi_2) &= xv'(\xi_1) + xv'(\xi_2) = x\widetilde{v}'(\xi_1) = xu'(\xi_1).
\end{aligned}
$$

从而 $v'x = xv'$, $\forall x \in \mathcal{M}$, 即 $v' \in \mathcal{M}'$. 故 $(\mathcal{M}_e)' = (\mathcal{M}')_e$ 并且 $(\mathcal{M}')_e$ 是一个 VNA. □

定义 3.3.5 设 $\mathcal{M}$ 是 $\mathbb{H}$ 上的一个 VNA, $e \in \mathcal{P}(\mathcal{M})$, 则 $\mathcal{M}_e$ 和 $(\mathcal{M}')_e$ 分别称为 $\mathcal{M}$ 的被 e 缩减的 VNA 和由 e 诱导的 VNA.

由定理 3.3.5 可知, $(\mathcal{M}_e)'$ 和 $(\mathcal{M}')_e$ 是同一个 VNA. 我们将这个 VNA 记为 $\mathcal{M}'_e$.

在本节的最后, 给出如下几个 VNA 的例子.

例 3.3.1 若 $\mathcal{M} = \mathbb{C}1 \subset \mathcal{B}(\mathbb{H})$, 则 $\mathcal{M}' = \mathcal{B}(\mathbb{H})$ 并且 $\mathcal{M} = \mathcal{M}''$. 故 $\mathbb{C}1$ 和 $\mathcal{B}(\mathbb{H})$ 都是 $\mathbb{H}$ 上的 VNA 并且分别是 $\mathbb{H}$ 上的所有 VNA 中最小的和最大的 VNA. 但是, 当 $\dim \mathbb{H} = \infty$ 时由 $\mathbb{H}$ 上所有紧算子构成的 C^* 代数 $\mathcal{K}(\mathbb{H})$ 不是 $\mathbb{H}$ 上的一个 VNA, 因为它不是 wo 闭的. 容易验证, $\mathcal{K}(\mathbb{H})$ 的交换子是 $\mathbb{C}1$, 故 $\mathcal{K}(\mathbb{H})'' = \mathcal{B}(\mathbb{H})$.

例 3.3.2 固定 $\mathbb{H}$ 中的一个正交基 $\{\xi_i\}$. 用 $\mathcal{M}$ 表示 $\mathcal{B}(\mathbb{H})$ 中所有关于正交基 $\{\xi_i\}$ 的矩阵形式是对角矩阵的算子构成的子代数, 即 $x \in \mathcal{M}$ 当且仅当对任意 $i \neq j$ 有 $\langle \xi_j, x\xi_i \rangle = 0$. 设 $P_i = \xi_i \otimes \xi_i$. 容易证明 $\mathcal{M}$ 是所有 P_i 生成的子空间在 $\mathcal{B}(\mathbb{H})$ 中的弱 * 闭包. 我们知道, 如果一个矩阵与所有对角矩阵可交换, 则它必是一个对角矩阵. 这个结论很容易推广到现在讨论的情形. 因此 $\mathcal{M}' = \mathcal{M}$. 故 $\mathcal{M}$ 是 $\mathbb{H}$ 上的一个交换的 VNA. 甚至 $\mathcal{M}$ 是在如下意义下最大的 VNA：设 $\mathcal{A}$ 是 $\mathbb{H}$ 上包含 $\mathcal{M}$ 的一个交换 VNA. 则 $\mathcal{A} = \mathcal{M}$. 事实上, 由于 $\mathcal{A}$ 是交换的, 则 $\mathcal{A} \subset \mathcal{A}'$. 由 $\mathcal{M} \subset \mathcal{A}$ 得 $\mathcal{A}' \subset \mathcal{M}'$. 从而 $\mathcal{A} \subset \mathcal{M}' = \mathcal{M}$.

当 $\mathbb{H}$ 为可分的无穷维 Hilbert 空间时, 这些对角矩阵构成的 VNA 与下一个例子中的 ℓ_∞ 是等距同构的.

例 3.3.3 (交换 VNA) 设 $(\Omega, \mathcal{F}, \mu)$ 是一个 σ 有限的完备测度空间. 设 $L_\infty(\Omega, \mathcal{F}, \mu)$ 是 Ω 上的本性有界可测函数全体构成的代数 (见例 1.1.3), 则 $L_\infty(\Omega, \mathcal{F}, \mu)$ 可以表示为 $\mathbb{H} = L_2(\Omega, \mathcal{F}, \mu)$ 上的一个 VNA.

事实上, 对每个 $f \in L_\infty(\Omega, \mathcal{F}, \mu)$, 定义 $M_f : \mathbb{H} \to \mathbb{H}$ 如下: $M_f(h) = fh, \forall h \in \mathbb{H}$ (M_f 称为由 f 定义的乘法算子). 易证 $M_f \in \mathcal{B}(\mathbb{H}), \|M_f\| = \|f\|_\infty$ 且映射 $f \mapsto M_f$ 是从 $L_\infty(\Omega, \mathcal{F}, \mu)$ 到 $\mathcal{B}(\mathbb{H})$ 的同态. 故 $L_\infty(\Omega, \mathcal{F}, \mu)$ 可以作为 $\mathcal{B}(\mathbb{H})$ 的一个子代数. 记为 $\mathcal{M}$. 下面证明, $\mathcal{M}' = \mathcal{M}$.

设 $x \in \mathcal{M}'$. 要证 $x = M_g$ 对某个 $g \in L_\infty(\Omega, \mathcal{F}, \mu)$ 成立. 为此, 首先假设 μ 是有限的. 故 $L_\infty(\Omega, \mathcal{F}, \mu)$ 是 $L_2(\Omega, \mathcal{F}, \mu)$ 的稠密子空间. 特别地, 常值函数 1 属于 $L_2(\Omega, \mathcal{F}, \mu)$. 令 $g = x(1)$, 则 $g \in \mathbb{H}$. 对每个 $f \in L_\infty(\Omega, \mathcal{F}, \mu)$ 有 $xM_f = M_f x$. 故 $x(f) = gf$. 因此 $\|gf\|_2 = \|x(f)\|_2 \leqslant \|x\|\|f\|_2$ ($\|\cdot\|_2$ 表示 $L_2(\Omega, \mathcal{F}, \mu)$ 的范数). 从而 $g \in L_\infty(\Omega, \mathcal{F}, \mu)$ 并且 $\|g\|_\infty = \|x\|$. 故 $x(f) = M_g(f), \forall f \in L_\infty(\Omega, \mathcal{F}, \mu)$. 由 $L_\infty(\Omega, \mathcal{F}, \mu)$ 在 $L_2(\Omega, \mathcal{F}, \mu)$ 中的稠密性可得 $x = M_g$.

若 μ 是 σ 有限的, 则 Ω 可以分解为互不相交的可列个测度有限的子集的并: $\Omega = \bigcup\limits_{n\geqslant 1} \Omega_n, \mu(\Omega_n) < \infty$. 对每个 Ω_n 用上述结论找到函数 g_n 使得 g_n 的支集是 Ω_n 并且 $|g_n(\omega)| \leqslant \|x\|, \forall \omega \in \Omega_n$. 用这些 g_n 可以定义函数 $g \in L_\infty(\Omega, \mathcal{F}, \mu)$ 使得 $x = M_g$.

因此, $\mathcal{M}$ 是 $\mathbb{H}$ 上的一个交换的 VNA. 由于 $\mathcal{M}' = \mathcal{M}$, 故 $\mathcal{M}$ 在例 3.3.2 中所说的意义下是最大的. 我们考虑两个特殊情况. 其一, 设 $\Omega = [0,1]$, 赋予 Lebesgue 测度. $C([0,1])$ 是 $L_\infty([0,1])$ 的一个 C^* 子代数. 由上面的讨论可知 $C([0,1])$ 的交换子也是 $L_\infty([0,1])$. 其二, $\Omega = \mathbb{N}$ 并且 μ 是离散测度, $L_\infty(\Omega)$ 成为 ℓ_∞. 因此 ℓ_∞ 是 ℓ_2 上最大的交换 VNA. c_0 是 ℓ_∞ 的一个 C^* 子代数, 它不是 ℓ_2 上的一个 VNA, 因为 c_0 的二次交换子是 ℓ_∞.

应当指出的是, 关于交换 C^* 代数的 Gelfand 定理 (定理 1.2.1) 对于 VNA 也有相应的结果. 可分 Hilbert 空间 $\mathbb{H}$ 上的每个交换 VNA 都同构于某个 $L_\infty(\Omega, \mathcal{F}, \mu)$. 若 $\mathbb{H}$ 不可分, 结论仍然成立, 此时相应的测度不是 σ 有限的.

例 3.3.4 (VNA 的直和) 这是例 1.1.6 在 VNA 情形下的相应结果. 设 $\mathcal{M}_i$ 是 $\mathbb{H}_i$ 上的 VNA, $i \in I$. 若 $\mathbb{H}$ 是所有 $\mathbb{H}_i$ $(i \in I)$ 的直和, 则 $\mathcal{M} = \ell_\infty(\{\mathcal{M}_i\}_{i\in I})$ 是 $\mathbb{H}$ 上的一个 VNA ($\ell_\infty(\{\mathcal{M}_i\}_{i\in I})$ 的元如何在 $\mathbb{H}$ 上作用, 见 2.3 节). 为此要证明

$$\mathcal{M}' = \ell_\infty(\{\mathcal{M}_i'\}_{i\in I}).$$

设 P_i 是从 $\mathbb{H}$ 到 $\mathbb{H}_i$ 的正交投影算子, 则 $P_i \in \mathcal{M}$ (事实上, P_i 为当 $\mathcal{M}_i$ 作为 $\mathcal{M}$ 的子代数时的单位元素). 因此, 若 $x \in \mathcal{M}'$, 则 x 与每个 P_i 交换; 从而 x 是形如 $\{x_i\}_{i\in I}$ 的算子, 其中 $x_i \in \mathcal{B}(\mathbb{H}_i), \forall i \in I$. 显然, $x_i \in \mathcal{M}_i', \forall i \in I$, 从而

$$\mathcal{M}' \subset \ell_\infty(\{\mathcal{M}_i'\}_{i\in I}).$$

反之显然. 对 $\{\mathcal{M}_i'\}_{i\in I}$ 用上述结论可得 $\mathcal{M}'' = \mathcal{M}$. 故 $\mathcal{M}$ 是 $\mathbb{H}$ 上的一个 VNA.

例 3.3.5 (矩阵元为 VNA 中元的矩阵) 沿用例 1.1.8 的记号. 设 $\mathcal{M}$ 是 $\mathbb{H}$ 上的一个 VNA. 用 $\mathbb{M}_n(\mathcal{M})$ 表示矩阵元为 $\mathcal{M}$ 中元的 $n\times n$ 矩阵全体构成的代数, 每个这样的矩阵都是 $\ell_2^n(\mathbb{H})$ 上的一个算子, 则

$$\mathbb{M}_n(\mathcal{M})' = \left\{x \in \mathbb{M}_n(\mathcal{M}') : x \text{ 为对角线上矩阵元相等的对角矩阵}\right\}.$$

因此, $\mathbb{M}_n(\mathcal{M})'' = \mathbb{M}_n(\mathcal{M})$.

3.4 Borel 函数演算

首先回顾一下有关 Borel 测度的一些知识. 读者在文献 (Rudin, 1987) 中可以找到更详细的内容. 由 $\mathbb{C}$ 上的所有开集 (闭集) 生成的 σ 代数 $\mathcal{B}$ 称为 Borel σ 代数. 对 $\mathbb{C}$ 的任何一个子集若它属于 $\mathcal{B}$, 则称为一个 Borel 集. 若 $\mathbb{C}$ 上定义的函数关于 $\mathcal{B}$ 是可测的, 则它称为一个 Borel 函数. $(\mathbb{C},\mathcal{B})$ 上的测度称为 Borel 测度 (或 Radon 测度). 设 $\Omega \subset \mathbb{C}$ 是一个紧集. 由 $\mathbb{C}$ 上的可测结构可以诱导 Ω 上的一个可测结构. 为了避免重复记号, 仍然用 $\mathcal{B}$ 表示 Ω 上的 Borel σ 代数.

考虑 Ω 上的复测度. Ω 上的一个 (复) Borel 测度是一个函数 $\mu : \mathcal{B} \to \mathbb{C}$ 使得对 $\mathcal{B}$ 中的每个两两互不相交的序列 $\{B_n\}$ 有

$$\mu\Big(\bigcup_{n\geqslant 1} B_n\Big) = \sum_{n\geqslant 1} \mu(B_n),$$

其中右边级数是绝对收敛的. 对 Ω 上的一个 Borel 测度 μ 和 $B \in \mathcal{B}$, 定义

$$|\mu|(B) = \sup\Big\{\sum_{n\geqslant 1} |\mu(B_n)|\Big\},$$

其中上确界是对其并集为 B 的所有两两互不相交的 Borel 集序列 $\{B_n\}$ 而取的. 易证 $|\mu|(B) < \infty$ 且 $|\mu|$ 是 Ω 上的一个有限正 Borel 测度. 记 $\|\mu\| = |\mu|(\Omega)$, 称它为 μ 的全变差. 记 $\mathbb{M}(\Omega)$ 是所有 Ω 上的 Borel 测度构成的线性空间. 可以证明, $\|\mu\|$ 是 $\mathbb{M}(\Omega)$ 上的一个范数且 $\mathbb{M}(\Omega)$ 赋予这个范数时成为一个 Banach 空间.

下面讨论的测度都是复 Borel 测度. 为此, 简单地用 "测度" 代表 "复 Borel 测度".

设 μ 是 Ω 上的一个测度. 定义 $\overline{\mu}(B) = \overline{\mu(B)}$, $\forall B \in \mathcal{B}$. 则 $\overline{\mu}$ 也是 Ω 上的一个测度. 令

$$\mathrm{Re}\mu = \frac{1}{2}(\mu + \overline{\mu}), \quad \mathrm{Im}\mu = \frac{1}{2\mathrm{i}}(\mu - \overline{\mu}),$$

则 $\mathrm{Re}\mu$ 和 $\mathrm{Im}\mu$ 都是实 Borel 测度 (即符号 Borel 测度), 并且

$$\mu = \mathrm{Re}\mu + \mathrm{i}\mathrm{Im}\mu.$$

现在设 μ 是一个实 Borel 测度. 令

$$\mu_+ = \frac{1}{2}(|\mu| + \mu), \quad \mu_- = \frac{1}{2}(|\mu| - \mu),$$

则 μ_+ 和 μ_- 是相互奇异的正测度并且 $\mu = \mu_+ - \mu_-$. 因此, Ω 上的每个测度 μ 是四个正测度的线性组合:

$$\mu = v_+ - v_- + \mathrm{i}(\rho_+ - \rho_-). \tag{3.4.1}$$

用 $\mathbb{B}(\Omega)$ 表示所有有界 Borel 函数构成的代数. 若赋予范数 $\|f\| = \sup\limits_{\Omega}|f|$ 和对合运算 $f \mapsto \overline{f}$, 则 $\mathbb{B}(\Omega)$ 是一个单位 C^* 代数. 设 $f \in \mathbb{B}(\Omega)$ 并且 $\mu \in \mathbb{M}(\Omega)$. 将 μ 按 (3.4.1) 分解为四个正测度, 定义

$$\int_\Omega f\mathrm{d}\mu = \int_\Omega f\mathrm{d}v_+ - \int_\Omega f\mathrm{d}v_- + \mathrm{i}\int_\Omega f\mathrm{d}\rho_+ - \mathrm{i}\int_\Omega f\mathrm{d}\rho_-.$$

可以证明这个积分值不依赖于 (3.4.1) 中的分解. 显然, 映射 $(f,\mu) \mapsto \int_\Omega f\mathrm{d}\mu$ 是双线性的并且

$$\left|\int_\Omega f\mathrm{d}\mu\right| \leqslant \int_\Omega |f|\mathrm{d}|\mu| \leqslant \|f\|\|\mu\|.$$

定义 $\mathbb{B}(\Omega)$ 在 $\mathbb{M}(\Omega)$ 上的如下自然乘法: 设 $f \in \mathbb{B}(\Omega)$, $\mu \in \mathbb{M}(\Omega)$. 对每个 $B \in \mathcal{B}$ 定义

$$f\mu(B) = \int_\Omega f\chi_B\mathrm{d}\mu = \int_B f\mathrm{d}\mu.$$

易证, $f\mu \in \mathbb{M}(\Omega)$ 并且 $\|f\mu\| \leqslant \|f\|\|\mu\|$.

此时, Riesz 表示定理说明 $\mathbb{M}(\Omega)$ 是 C^* 代数 $C(\Omega)$ 的对偶空间: $\varphi \in C(\Omega)^*$ 当且仅当存在 $\mu \in \mathbb{M}(\Omega)$ 使得

$$\varphi(f) = \int_\Omega f\mathrm{d}\mu, \quad \forall f \in C(\Omega) \text{ 且 } \|\varphi\| = \|\mu\|.$$

而且 φ 是自伴的 (相应地, 正的) 当且仅当 μ 是实的 (相应地, 正的).

下面固定 Hilbert 空间 $\mathbb{H}$ 上的一个有界正规算子 a. 用 $C^*(a)$ 表示由 a 和 1 生成的 $\mathcal{B}(\mathbb{H})$ 的单位 C^* 子代数, 用 $\mathcal{M}(a)$ 表示 $C^*(a)$ 的二次交换子, 则 $\mathcal{M}(a)$ 是由 a 和 1 生成的 $\mathcal{B}(\mathbb{H})$ 的 von Neumann 子代数 ($\mathbb{H}$ 上包含 a 的最小 VNA). $\mathcal{M}(a)$ 是一个交换的 VNA.

第 2 章研究了 C^* 代数的连续函数演算, 它给出了 $C(\sigma(a))$ 与 $C^*(a)$ 之间的同构映射: $C(\sigma(a)) \ni f \mapsto f(a) \in C^*(a)$. 下面, 我们将它推广到 $\sigma(a)$ 上的有界 Borel 函数.

对任意 $\xi, \eta \in \mathbb{H}$, 映射 $f \mapsto \langle \xi, f(a)\eta \rangle$ 是 $C(\sigma(a))$ 上的连续线性泛函且范数不大于 $\|\xi\|\|\eta\|$. 由 Riesz 表示定理, 它对应于唯一的测度 $e_{\xi,\eta} \in \mathbb{M}(\sigma(a))$ 使得

$$\langle \xi, f(a)\eta \rangle = \int_{\sigma(a)} f \mathrm{d}e_{\xi,\eta}, \quad \forall f \in C(\sigma(a)). \tag{3.4.2}$$

引理 3.4.1 设 $e_{\xi,\eta}$ 是按 (3.4.2) 定义的测度, 则

(1) 映射 $(\xi, \eta) \mapsto e_{\xi,\eta}$ 关于 η 是线性的, 关于 ξ 是共轭线性的;

(2) $\|e_{\xi,\eta}\| \leqslant \|\xi\|\|\eta\|$;

(3) $e_{\xi,\eta} = \overline{e}_{\eta,\xi}$ 并且 $e_{\xi,\xi} \geqslant 0$;

(4) $e_{f(a)\xi, g(a)\eta} = \overline{f} g e_{\xi,\eta}, \quad \forall f, g \in C(\sigma(a))$.

证明 (1)~(3) 由 $e_{\xi,\eta}$ 的定义直接得到. (4) 由下面的等式得到: 对任意 $h \in C(\sigma(a))$ 有

$$\begin{aligned}\int_{\sigma(a)} h \mathrm{d}e_{f(a)\xi, g(a)\eta} &= \langle f(a)\xi, h(a)g(a)\eta \rangle = \langle \xi, f(a)^* h(a) g(a)\eta \rangle \\ &= \langle \xi, (\overline{f} g h)(a)\eta \rangle = \int_{\sigma(a)} (\overline{f} g h) \mathrm{d}e_{\xi,\eta} \\ &= \int_{\sigma(a)} h \mathrm{d}(\overline{f} g e_{\xi,\eta}).\end{aligned}$$

结论得证. □

现在, 我们按如下方式推广连续函数演算. 对任意 $f \in \mathbb{B}(\sigma(a))$, 由引理 3.4.1 可知 $(\xi, \eta) \mapsto \displaystyle\int_{\sigma(a)} f \mathrm{d}e_{\xi,\eta}$ 是 $\mathbb{H}$ 上的一个半双线性泛函且范数不大于 $\|f\|$. 故由定理 3.1.1 知, 存在唯一的 $\Phi(f) \in \mathcal{B}(\mathbb{H})$ 使得 $\|\Phi(f)\| \leqslant \|f\|$ 并且

$$\langle \xi, \Phi(f)\eta \rangle = \int_{\sigma(a)} f \mathrm{d}e_{\xi,\eta}, \quad \forall \xi, \eta \in \mathbb{H}.$$

定理 3.4.1 下列命题成立:

(1) 若 $f \in C(\sigma(a))$, 则 $\Phi(f) = f(a)$.

(2) $e_{\xi, \Phi(g)\eta} = g e_{\xi,\eta}, \quad \forall g \in \mathbb{B}(\sigma(a)), \forall \xi, \eta \in \mathbb{H}$.

(3) 映射 $f \mapsto \Phi(f)$ 是从 $\mathbb{B}(\sigma(a))$ 到 $\mathcal{M}(a)$ 的一个同态.

(4) 对任意 $f \in \mathbb{B}(\sigma(a))$, $\xi \in \mathbb{H}$,

$$\|\Phi(f)\xi\|^2 = \int_{\sigma(a)} |f|^2 \mathrm{d}e_{\xi,\xi}.$$

(5) 若 $\{f_n\}$ 是 $\mathbb{B}(\sigma(a))$ 中的一个有界序列且 $\{f_n\}$ 点态收敛于 f, 则 $\{\varPhi(f_n)\}$ 强收敛于 $\varPhi(f)$.

证明 (1) 由 $e_{\xi,\eta}$ 的定义可得 (见 (3.4.2)).

(2) 设 $f \in C(\sigma(a))$, 则

$$\begin{aligned}\int_{\sigma(a)} f\mathrm{d}e_{\xi,\varPhi(g)\eta} &= \langle \xi, f(a)\varPhi(g)\eta\rangle = \langle f(a)^*\xi, \varPhi(g)\eta\rangle \\ &= \int_{\sigma(a)} g\mathrm{d}e_{f(a)^*\xi,\eta} = \int_{\sigma(a)} g\mathrm{d}(fe_{\xi,\eta}) \\ &= \int_{\sigma(a)} fg\mathrm{d}(e_{\xi,\eta}) = \int_{\sigma(a)} f\mathrm{d}(ge_{\xi,\eta}).\end{aligned}$$

因此 $e_{\xi,\varPhi(g)\eta} = ge_{\xi,\eta}$.

(3) 由 $\varPhi$ 的定义得知它是线性的. 设 $f \in \mathbb{B}(\sigma(a))$, 则

$$\begin{aligned}\langle \xi, \varPhi(f)^*\eta\rangle = \langle \varPhi(f)\xi, \eta\rangle = \overline{\langle \eta, \varPhi(f)\xi\rangle} &= \int_{\sigma(a)} \overline{f}\mathrm{d}\overline{e_{\eta,\xi}} \\ &= \int_{\sigma(a)} \overline{f}\mathrm{d}(e_{\xi,\eta}) = \langle \xi, \varPhi(\overline{f})\eta\rangle,\end{aligned}$$

从而 $\varPhi(f)^* = \varPhi(\overline{f})$, 即 $\varPhi$ 保持对合运算.

为证明 $\varPhi$ 保持乘法运算, 设 $f, g \in \mathbb{B}(\sigma(a))$, 则

$$\begin{aligned}\langle \xi, \varPhi(fg)\eta\rangle &= \int_{\sigma(a)} fg\mathrm{d}e_{\xi,\eta} = \int_{\sigma(a)} f\mathrm{d}(ge_{\xi,\eta}) \\ &= \int_{\sigma(a)} f\mathrm{d}e_{\xi,\varPhi(g)\eta} = \langle \xi, \varPhi(f)\varPhi(g)\eta\rangle,\end{aligned}$$

从而 $\varPhi(fg) = \varPhi(f)\varPhi(g)$. 因此 $\varPhi$ 是从 $\mathbb{B}(\sigma(a))$ 到 $\mathcal{B}(\mathbb{H})$ 的同态.

下面证明 $\varPhi$ 的值域属于 $\mathcal{M}(a)$. 首先, 对任意 $x \in (C^*(a))'$, $\xi, \eta \in \mathbb{H}$ 和 $g \in C(\sigma(a))$ 有

$$\begin{aligned}\int_{\sigma(a)} g\mathrm{d}e_{\xi,x\eta} &= \langle \xi, g(a)x\eta\rangle = \langle \xi, xg(a)\eta\rangle \\ &= \langle x^*\xi, g(a)\eta\rangle = \int_{\sigma(a)} g\mathrm{d}(e_{x^*\xi,\eta}).\end{aligned}$$

这说明 $e_{\xi,x\eta} = e_{x^*\xi,\eta}$. 现在设 $f \in \mathbb{B}(\sigma(a))$, 则

$$\begin{aligned}\langle \xi, \varPhi(f)x\eta\rangle &= \int_{\sigma(a)} f\mathrm{d}e_{\xi,x\eta} = \int_{\sigma(a)} f\mathrm{d}e_{x^*\xi,\eta} \\ &= \langle x^*\xi, \varPhi(f)\eta\rangle = \langle \xi, x\varPhi(f)\eta\rangle,\end{aligned}$$

从而 $\Phi(f)x = x\Phi(f)$. 因此 $\Phi(f) \in (C^*(a))'' = \mathcal{M}(a)$.

(4) 我们有

$$\|\Phi(f)\xi\|^2 = \langle \xi, \Phi(f)^*\Phi(f)\xi\rangle = \langle \xi, \Phi(|f|^2)\xi\rangle = \int_{\sigma(a)} |f|^2 \mathrm{d}e_{\xi,\xi}.$$

(5) 由 (4) 可得

$$\|\Phi(f-f_n)\xi\|^2 = \int_{\sigma(a)} |f-f_n|^2 \mathrm{d}e_{\xi,\xi}.$$

由 Lebesgue 控制收敛定理得到结论. □

由定理 3.4.1 可知 Φ 是连续函数演算的推广. 因此, 我们给出如下定义.

定义 3.4.1 对 $f \in \mathbb{B}(\sigma(a))$, 记 $f(a) = \Phi(f)$ 并称 $f(a)$ 为对应于 f 和 a 的 Borel 函数演算.

公式 (3.4.2) 可以推广为: 对任意 $f \in \mathbb{B}(\sigma(a))$ 有

$$\langle \xi, f(a)\eta\rangle = \int_{\sigma(a)} f \mathrm{d}e_{\xi,\eta}, \quad \forall \xi, \eta \in \mathbb{H}. \tag{3.4.3}$$

设 $B \subset \sigma(a)$ 是一个 Borel 子集, χ_B 是 B 的特征函数. 由于 χ_B 是 $\mathbb{B}(\sigma(a))$ 中的投影元, 故 $\chi_B(a)$ 是 $\mathcal{M}(a)$ 中的投影算子, 记它为 $e(B)$. 容易证明下列性质:

(1) $e(\sigma(a)) = 1$, $e(\varnothing) = 0$.

(2) 设 $\{B_n\}$ 是 $\sigma(a)$ 中的 Borel 子集序列, 则

$$e\Big(\bigcup_{n\geqslant 1} B_n\Big) = \bigvee_{n\geqslant 1} e(B_n), \quad e\Big(\bigcap_{n\geqslant 1} B_n\Big) = \bigwedge_{n\geqslant 1} e(B_n).$$

特别地, 若 $\{B_n\}$ 是两两互不相交的, 则

$$e\Big(\bigcup_{n\geqslant 1} B_n\Big) = \sum_{n\geqslant 1} e(B_n),$$

其中右边的级数是 so 收敛的.

映射 $B \mapsto e(B)$ 称为 a 的谱测度. 若形式地记其为 $e(\lambda)$, $\lambda \in \sigma(a)$, 则公式 (3.4.3) 可以形式地写为

$$f(a) = \int_{\sigma(a)} f(\lambda)\mathrm{d}e(\lambda).$$

如果引入关于谱测度的积分, 可以用另一种 (等价的) 方式定义 Borel 函数演算, 同样也可以得到上述公式.

若 a 是自伴的 (相应地, 正的), 则 $\sigma(a) \subset [-\|a\|, \|a\|]$ (相应地, $\sigma(a) \subset [0, \|a\|]$).

推论 3.4.1　若 $x \in \mathcal{B}(\mathbb{H})$, 则 x 与 a 可交换当且仅当对任意 Borel 集 $B \subset \sigma(a)$, x 与 $e(B)$ 可交换.

证明　若 $xa = ax$, 则 $x \in (C^*(a))'$. 因为 $e(B) \in \mathcal{M}(a)$, $\forall B \subset \sigma(a)$ 故 $xe(B) = e(B)x$. 反之, $a = id(a)$, 其中 $id(\lambda) = \lambda$. 由于 $\mathcal{B}(\sigma(a))$ 中的每个函数是简单函数序列的按范数极限. 特别地, 存在简单函数序列 $\{f_n\}$ 使得 $\|f_n - id\|_\infty \to 0$. 由定理 3.4.1 可得按范数 $f_n(a) \to a$. 由于 $f_n(a)$ 是 $e(B)$ $(B \in \sigma(a))$ 的线性组合, 从而 $xa = ax$. □

推论 3.4.2　设 $\mathcal{M}$ 是一个 VNA, 则所有 $\mathcal{M}$ 中的投影算子的线性组合在 $\mathcal{M}$ 中稠密.

证明　若 $x \in \mathcal{M}$. 将 x 分解为实部和虚部之和, 可以假设 x 是自伴的. 由推论 3.4.1 的证明知道, 存在 $\mathcal{M}(x)$ 中的投影算子的线性组合 $x_n \in \mathcal{M}(x)$ 使得按范数 $x_n \to x$. 因为 $\mathcal{M}(x) \subset \mathcal{M}$, 故得到所需的结论. □

习　　题

1. 设 $\mathbb{H}$ 是一个 Hilbert 空间. 证明:

(1) $\mathcal{N}(\mathbb{H})$ 是 $\mathcal{B}(\mathbb{H})$ 的一个理想并且对任意 $x \in \mathcal{N}(\mathbb{H})$ 和任意 $a, b \in \mathcal{B}(\mathbb{H})$ 有 $\|axb\|_{\mathcal{N}} \leqslant \|a\|\|x\|_{\mathcal{N}}\|b\|$.

(2) 若 $x \in \mathcal{N}(\mathbb{H})$, 则 $x^*, \mathrm{Re}x, \mathrm{Im}x, |x| \in \mathcal{N}(\mathbb{H})$.

(3) 对于 $x \in \mathcal{N}(\mathbb{H})$ 有 $\|x\|_{\mathcal{N}} = \||x|\|_{\mathcal{N}}$.

(4) 设 $1 \leqslant p, p' \leqslant \infty$, $\frac{1}{p} + \frac{1}{p'} = 1$, 则对 $x \in \mathcal{N}(\mathbb{H})$ 有

$$\|x\|_{\mathcal{N}} = \inf\left\{\Big(\sum_{n\geqslant 1}\|\xi_n\|^p\Big)^{\frac{1}{p}}\Big(\sum_{n\geqslant 1}\|\eta_n\|^{p'}\Big)^{\frac{1}{p'}}\right\}.$$

其中下确界取所有 $\xi_n, \eta_n \in \mathbb{H}$ 使得 $x = \sum_{n\geqslant 1}\xi_n \otimes \eta_n$ 且

$$\Big(\sum_{n\geqslant 1}\|\xi_n\|^p\Big)^{\frac{1}{p}}\Big(\sum_{n\geqslant 1}\|\eta_n\|^{p'}\Big)^{\frac{1}{p'}} < \infty.$$

2. 设 $\mathcal{F}(\mathbb{H})$ 是 $\mathbb{H}$ 上的有限秩算子全体. 由第 1 章习题 1(4) 知, 对 $x = \sum_{k=1}^{n}\xi_k \otimes \eta_k \in \mathcal{F}(H)$, $\sum_{k=1}^{n}\langle \eta_k, \xi_k\rangle$ 是被 x 唯一确定的. 记为 $\mathrm{tr}(x)$, 则 $\mathrm{tr}: \mathcal{F}(\mathbb{H}) \to \mathbb{C}$ 是一个线性泛函.

(1) 证明: $|\mathrm{tr}(x)| \leqslant \|x\|_{\mathcal{N}}$, $\forall x \in \mathcal{F}(\mathbb{H})$. 故可将 tr 推广为 $\mathcal{N}(\mathbb{H})$ 上的一个连续线性泛函.

(2) 验证: $\forall x \in \mathcal{N}(\mathbb{H})$,

$$\mathrm{tr}(x) = \sum_{n\geqslant 1}\langle \eta_n, \xi_n\rangle,$$

其中 $x=\sum_{n\geqslant 1}\xi_n\otimes\eta_n$ 满足 $\sum_{n\geqslant 1}\|\xi_n\|\|\eta_n\|<\infty$.

(3) 证明：$\|x\|_{\mathcal{N}}=\mathrm{tr}(|x|)$, $\forall x\in\mathcal{N}(\mathbb{H})$.

(4) 证明：$\mathrm{tr}(xy)=\mathrm{tr}(yx)$, $\forall x\in\mathcal{N}(\mathbb{H})$, $y\in\mathcal{B}(\mathbb{H})$.

3. 证明：算子 $x\in\mathcal{B}(\mathbb{H})$ 属于 $\mathcal{N}(\mathbb{H})$ 当且仅当对 $\mathbb{H}$ 的每个正交基 $\{\xi_i\}_{i\in I}$ 有

$$\sum_{i\in I}|\langle\xi_i,x\xi_i\rangle|<\infty. \tag{$*$}$$

(1) 设 $x\in\mathcal{B}(\mathbb{H})_+$. 证明下列三个条件等价：

(i) $x\in\mathcal{N}(\mathbb{H})$;

(ii) $(*)$ 式成立;

(iii) 存在 $\mathbb{H}$ 的一个正交基 $\{\xi_i\}_{i\in I}$ 使得

$$\sum_{i\in I}\langle\xi_i,x\xi_i\rangle<\infty.$$

(2) 证明：若 $x\in\mathcal{N}(\mathbb{H})$, 则 $(*)$ 式成立.

(3) 设 $x\in\mathcal{B}(\mathbb{H})$ 满足 $(*)$. 又设 $x=a+\mathrm{i}b$, a,b 都是自伴算子.

(i) 证明：a, b 满足 $(*)$;

(ii) 证明：a_+, a_-, b_+, b_- 满足 $(*)$ (提示：考虑 $a_+^{-1}(0)$ 的正交基和 $(a_+^{-1}(0))^{\perp}=\overline{a_+(\mathbb{H})}$ 的正交基组成的 $\mathbb{H}$ 的正交基 $\{\xi_i\}_{i\in I}$. 注意 a_- 在 $a_+(H)$ 上取零);

(iii) 推出 $x\in\mathcal{N}(\mathbb{H})$.

(4) 设 $x\in\mathcal{N}(\mathbb{H})$, $\{\xi_i\}_{i\in I}$ 是 $\mathbb{H}$ 的一个正交基. 证明 $\sum_{i\in I}\langle\xi_i,x\xi_i\rangle$ 与 $\{\xi_i\}_{i\in I}$ 的选择无关并且等于 $\mathrm{tr}(x)$ (提示：首先考虑 $x\geqslant 0$ 的情形).

4. 设 $\mathbb{H}$ 是一个无穷维 Hilbert 空间. 此题要指出 3.2 节定义的 $\mathcal{B}(\mathbb{H})$ 上的 7 个局部凸拓扑是不同的.

设 $\{\xi_n\}$ 是 $\mathbb{H}$ 中的一个正交系. 若 $e_{n,m}=\xi_n\otimes\xi_m$, 则 $e_{n,m}^*=e_{m,n}$ 并且 $e_{n,n}$ 是一个投影算子. 记 $e_n=e_{n,n}$.

(1) 证明：

(i) $e_{1,n}\xrightarrow{\sigma\text{-so}}0$;

(ii) $e_{1,n}^*\overset{\sigma\text{-so}}{\nrightarrow}0$;

(iii) $e_n\xrightarrow{*\text{-}\sigma\text{-so}}0$;

(iv) $\|e_{1,n}\|=\|e_n\|=1$.

(2) 推出：

(i) 伴随运算 $x\mapsto x^*$ 在 $\mathcal{B}(\mathbb{H})$ 上不是 σ-so 连续的, 也不是 so 连续的; 从而 $*$-so 拓扑 (相应地, $*$-σ-so 拓扑) 严格精于 so 拓扑 (相应地, σ-so 拓扑).

(ii) so 拓扑 (相应地, σ-so 拓扑) 严格精于 wo 拓扑 (相应地, σ-wo 拓扑).

(iii) 一致拓扑严格精于 $*$-σ-so 拓扑.

(3) 证明：σ-wo 拓扑 (相应地, $*$-σ-so 拓扑, σ-so 拓扑) 严格精于 wo 拓扑 (相应地, $*$-so 拓扑, so 拓扑) (提示：考虑不同的连续线性泛函).

(4) 证明：$\mathcal{B}(\mathbb{H})$ 的闭单位球 $\mathcal{B}(\mathbb{H})_1$ 不是 $*$-so 紧的, 也不是 so 紧的.

5. 此题要指出 6 个局部凸拓扑 (除一致拓扑外) 都是不可度量化的. 设 $\{e_n\}$ 是第 4 题中的投影算子.

(1) 若 $\{\eta_n\} \subset \mathbb{H}$ 使得 $\sum\limits_{n\geqslant 1} \|\eta_n\|^2 < \infty$. 令

$$p(x) = \Big(\sum_{n\geqslant 0} \|x(\eta_n)\|^2\Big)^{\frac{1}{2}}, \quad x \in \mathcal{B}(\mathbb{H}).$$

证明：

$$\sum_{n\geqslant 1} p(e_n)^2 < \infty.$$

由此推出：对每个 $\varepsilon > 0$ 和 $n_0 \in \mathbb{N}$, 存在 n 使得 $n > n_0$ 和 $\sqrt{n}p(e_n) < \varepsilon$. 故 0 是 $\{\sqrt{n}e_n : n \in \mathbb{N}\}$ 的关于 σ-$*$ 拓扑的聚点.

(2) 证明：$\{\sqrt{n}e_n\}_{n\geqslant 1}$ 没有关于 wo 拓扑收敛于 0 的子列 (提示：用 Banach-Steinhouss 定理的否定命题).

(3) 由此推出所需结论.

6. 设 $\mathbb{H}$ 是一个无穷维可分的 Hilbert 空间. 设 $\{\xi_n\}$ 是 $\mathbb{H}$ 中的稠密序列 ($\xi_n \neq 0$).

(1) 对任意 $x, y \in \mathcal{B}(\mathbb{H})$ 定义

$$d(x,y) = \sum_{m,n\geqslant 1} \|\xi_m\|^{-1}\|\xi_n\|^{-1}2^{-m-n}|\langle \xi_m, (x-y)\xi_n\rangle|.$$

证明 d 是 $\mathcal{B}(\mathbb{H})$ 上的一个距离, 它诱导的拓扑在 $\mathcal{B}(\mathbb{H})_1$ 上与 wo 拓扑重合, 其中 $\mathcal{B}(\mathbb{H})_1$ 是 $\mathcal{B}(\mathbb{H})$ 的闭单位球. 因而在 $\mathcal{B}(\mathbb{H})$ 的任何闭集上 wo 拓扑和 σ-wo 拓扑是可度量化的.

(2) 证明：对 $\mathcal{B}(\mathbb{H})$ 上的其他拓扑, (1) 中的结论也成立.

(3) 设 $\mathcal{M}$ 是 $\mathcal{B}(\mathbb{H})$ 上的一个 VNA, $\{\xi_1, \cdots, \xi_n, \cdots\}$ 是 $\mathcal{M}$ 的一个分离子集. 证明：若用 $\mathcal{M}$ 代替 $\mathcal{B}(\mathbb{H})$, 则 (1) 和 (2) 中的结论仍然成立.

7. 设 $\mathbb{H}$ 是一个无穷维可分的 Hilbert 空间.

(1) 设 $\{\xi_n\}$ 是 $\mathbb{H}$ 的一个正交基. 若 S_n 是 $\mathbb{H}$ 上如下定义的线性等距算子：$S_n\xi_k = \xi_{k+n}$, $k \geqslant 1$ (即 S_n 是位差为 n 的位移算子). 证明：$S_n^* \xrightarrow{\text{so}} 0$, $S_n \xrightarrow{\text{wo}} 0$. 由此推出乘法运算 $\mathcal{B}(\mathbb{H})_1 \times \mathcal{B}(\mathbb{H})_1 \to \mathcal{B}(\mathbb{H}) : (x,y) \mapsto xy$ 是不连续的, 其中拓扑是

(i) 在 $\mathcal{B}(\mathbb{H})_1 \times \mathcal{B}(\mathbb{H})_1$ 中的第一个 $\mathcal{B}(\mathbb{H})_1$ 赋予 so 拓扑, 第二个 $\mathcal{B}(\mathbb{H})_1$ 赋予 wo 拓扑, 值空间 $\mathcal{B}(\mathbb{H})$ 赋予 wo 拓扑;

(ii) 三个都赋予 wo 拓扑.

(2) 对 $\mathbb{H}$ 的有限维子空间 $\mathbb{K}$, 记 $P_{\mathbb{K}}$ 是从 $\mathbb{H}$ 到 $\mathbb{K}$ 的投影算子. 令 $a_{\mathbb{K}} = n(1 - P_{\mathbb{K}})$, 其中 $n = \dim \mathbb{K}$. 另外, 选择一个正交系 $\{\xi_1, \cdots, \xi_n, \eta_1, \cdots, \eta_n\}$ 使得 $\{\xi_1, \cdots, \xi_n\}$ 是 $\mathbb{K}$ 的一个正交基. 定义 $b_{\mathbb{K}} \in \mathcal{B}(\mathbb{H})$ 如下：

$$b_{\mathbb{K}}(\xi) = \frac{1}{n}\sum_{i=1}^{n} \langle \xi_i, \xi\rangle \eta_i, \quad \forall \xi \in \mathbb{H},$$

则得到三个网 $(a_{\mathbb{K}})$, $(b_{\mathbb{K}})$ 和 $(a_{\mathbb{K}}b_{\mathbb{K}})$, 其中指标是以包含关系为序的 $\mathbb{H}$ 的有限维子空间全体. 证明:

$$a_{\mathbb{K}} \xrightarrow{\text{so}} 0, \quad b_{\mathbb{K}} \xrightarrow{\|\cdot\|} 0, \quad a_{\mathbb{K}}b_{\mathbb{K}} \overset{\text{so}}{\nrightarrow} 0.$$

由此推出乘法运算 $\mathcal{B}(\mathbb{H})_1 \times \mathcal{B}(\mathbb{H})_1 \to \mathcal{B}(\mathbb{H})$: $(x, y) \mapsto xy$ 是不连续的, 其中拓扑是

(i) 在 $\mathcal{B}(\mathbb{H})_1 \times \mathcal{B}(\mathbb{H})_1$ 中的第一个 $\mathcal{B}(\mathbb{H})_1$ 赋予 so 拓扑, 第二个 $\mathcal{B}(\mathbb{H})_1$ 赋予一致拓扑, 值空间 $\mathcal{B}(\mathbb{H})$ 赋予 so 拓扑;

(ii) 三个都赋予 so 拓扑.

8. 设 $\mathbb{A}$ 是 $\mathcal{B}(\mathbb{H})$ 的一个对合子代数. 若 $x \in \mathcal{B}(\mathbb{H})$ 是一个可逆算子使得从 $\mathbb{A}$ 到 $\mathbb{A}$ 的映射 $a \mapsto xax^{-1}$ 保持对合, 即 $(xax^{-1})^* = xa^*x^{-1}$, $\forall a \in \mathbb{A}$.

(1) 证明: $x^*x \in \mathbb{A}$.

(2) 设 $x = u|x|$ 是 x 的极分解. 证明: $u, |x| \in \mathbb{A}$.

(3) 验证 $xax^{-1} = uau^*$, $a \in \mathbb{A}$.

9. 设 $(\Omega, \mathcal{F}, \mu)$ 是一个 σ 有限的完备测度空间. 可以考虑 $\mathcal{M} = L_\infty(\Omega, \mathcal{F}, \mu)$ 为 $\mathbb{H} = L_2(\Omega, \mathcal{F}, \mu)$ 上的一个 VNA (见例 3.3.3).

(1) 证明: $\xi \in \mathbb{H}$ 是 $\mathcal{M}$ 的循环向量当且仅当 ξ 是 $\mathcal{M}'$ 的分离向量.

(2) 描述 $\mathcal{M}$ 的循环向量, 而且证明 $\mathcal{M}$ 的所有循环向量在 $\mathbb{H}$ 中稠密.

10. 设 $\mathcal{M}$ 是 $\mathbb{H}$ 上的一个 VNA, $e \in \mathcal{M}$ 是一个投影算子, $\mathbb{K} = e(\mathbb{H})$.

(1) 证明: $[\mathcal{M}(\mathbb{K})]$ 是 $\mathcal{M}$ 和 $\mathcal{M}'$ 的不变子空间. 由此推出从 $\mathbb{H}$ 到 $[\mathcal{M}(\mathbb{K})]$ 的正交投影算子 $c(e)$ 属于 $\mathcal{M}$ 的中心 $\mathcal{Z}$.

(2) 证明: $e \leqslant c(e)$, 并且 $c(e)$ 是 $\mathcal{Z}$ 中满足 $e \leqslant f$ 的最小的投影算子 f.

11. 设 $\mathbb{H}$ 是一个 Hilbert 空间, $a \in \mathcal{B}(\mathbb{H})$ 是一个自伴算子. 令

$$e_\lambda = \chi_{(-\infty,\lambda)}(a), \quad \forall \lambda \in \mathbb{R}.$$

(1) 证明:

(i) $(e_\lambda)_{\lambda\in\mathbb{R}}$ 是由 $\mathcal{M}(a)$ 中的投影算子组成的单调递增族, 其中 $\mathcal{M}(a)$ 是 a 生成的 VNA.

(ii) 若 $\lambda < r$, 则 $e_\lambda = 0$; 若 $\lambda > R$, 则 $e_\lambda = 1$, 其中 $r = \inf \sigma(a)$, $R = \sup \sigma(a)$.

(iii) 函数 $\lambda \mapsto e_\lambda$ 是在 $\mathbb{R}$ 上 so 左连续的.

(iv) $ae_\lambda \leqslant \lambda e_\lambda$, $a(1-e_\lambda) \geqslant \lambda(1-e_\lambda)$.

(2) 证明 a 可以表示成关于 e_λ 的如下 Riemann 积分:

$$a = \int_{-\infty}^{+\infty} \lambda \mathrm{d}e_\lambda = \int_r^R \lambda \mathrm{d}e_\lambda.$$

详细地说, 设 $\delta > 0$, Δ : $r = \lambda_0 < \lambda_1 < \cdots < \lambda_n = R + \delta$ 是 $[r, R+\delta]$ 的一个分割. 任取 $t_i \in [\lambda_{i-1}, \lambda_i]$, 有相应的 Riemann 和:

$$S(\Delta) = \sum_{i=1}^n t_i(e_{\lambda_i} - e_{\lambda_{i-1}}).$$

证明：

$$-|\varDelta| \leqslant S(\varDelta) - a = \sum_{i=1}^{n}(t_i - a)(e_{\lambda_i} - e_{\lambda_{i-1}}) \leqslant |\varDelta|,$$

其中 $|\varDelta| = \sup\limits_i(\lambda_i - \lambda_{i-1})$. 由此推出 $\|S(\varDelta) - \varDelta\| \leqslant |\varDelta|$, 从而当 $|\varDelta| \to 0$ 时 $S(\varDelta)$ 按范数收敛于 a.

第 4 章　von Neumann 代数的基本性质

本章进一步介绍 von Neumann 代数的基本性质. 首先要证明 von Neumann 代数的两个基本定理, 即 von Neumann 二次交换子定理和 Kaplansky 稠密性定理; 其次, 讨论正规线性泛函和正规同态的性质; 最后, 介绍 C^* 代数的 VNA 包络, 它建立了 C^* 代数与 von Neumann 代数之间联系的纽带.

4.1　稠密性定理

本节包含了 von Neumann 代数的两个基本稠密定理, 即 von Neumann 二次交换子定理和 Kaplansky 稠密性定理. 为此给出定义: $\mathcal{B}(\mathbb{H})$ 的对合子代数 $\mathbb{A}$ 称为非退化的, 若 $[\mathbb{A}(\mathbb{H})]=\mathbb{H}$. 显然, $\mathcal{B}(\mathbb{H})$ 的每个单位对合子代数都是非退化的.

引理 4.1.1　设 $\mathbb{A}$ 是 $\mathcal{B}(\mathbb{H})$ 的一个对合子代数. 则 $[\mathbb{A}(\mathbb{H})]$ 在 $\mathbb{H}$ 中的正交补是 $\bigcap\limits_{a\in\mathbb{A}} a^{-1}(0)$, 其中 $a^{-1}(0)$ 是 $a\in\mathbb{A}$ 的核. 若令 e 是从 $\mathbb{H}$ 到 $[\mathbb{A}(\mathbb{H})]$ 的正交投影算子, 则 $e\in\mathbb{A}'$ 且 $ea=ae=a$, $\forall a\in\mathbb{A}$.

证明　当 $x\in\mathcal{B}(\mathbb{H})$ 时, $x^*(\mathbb{H})$ 的闭包是 $(x^{-1}(0))^{\perp}$. 由于 $\mathbb{A}$ 是对合的, 因此

$$[\mathbb{A}(\mathbb{H})]^{\perp}=\bigcap_{a\in\mathbb{A}} a^{-1}(0).$$

显然, $[\mathbb{A}(\mathbb{H})]$ 是 $\mathbb{A}$ 的一个不变子空间. 从而对 $a\in\mathbb{A}$, $[\mathbb{A}(\mathbb{H})]$ 是 a 和 a^* 的不变子空间. 因此 $ae=ea$, 即 $e\in\mathbb{A}'$. 另外, 由第一结论知 a 在 $[\mathbb{A}(\mathbb{H})]^{\perp}$ 上为零. 故 $ae=a$. □

推论 4.1.1　$\mathcal{B}(\mathbb{H})$ 的对合子代数 $\mathbb{A}$ 是非退化的当且仅当对每个非零 $\xi\in\mathbb{H}$ 存在 $a\in\mathbb{A}$ 使得 $a\xi\neq 0$.

引理 4.1.2　设 $\mathbb{A}$ 是 $\mathcal{B}(\mathbb{H})$ 的一个非退化对合子代数, 则对每个 $\xi\in\mathbb{H}$ 有 $\xi\in[\mathbb{A}\xi]$.

证明　令 P 是从 $\mathbb{H}$ 到 $[\mathbb{A}\xi]$ 的正交投影算子. 由于 $[\mathbb{A}\xi]$ 是 $\mathbb{A}$ 的不变子空间, 从而 P 与每个 $a\in\mathbb{A}$ 可交换, 因此 $P\in\mathbb{A}'$. 设 $\xi=\xi'+\xi''$, 其中 $\xi'=P\xi$. 则对于每个 $a\in\mathbb{A}$ 有 $a\xi'\in[\mathbb{A}\xi]$. 因为 $[\mathbb{A}\xi]$ 是 a 的不变子空间. 故 $a\xi''\in[\mathbb{A}\xi]$, 从而 $a^*a\xi''\in[\mathbb{A}\xi]$. 这说明 $\langle\xi'',a^*a\xi''\rangle=0$, 即 $a\xi''=0$. 由推论 4.1.1 知 $\xi''=0$. 故 $\xi\in[\mathbb{A}\xi]$. □

下一个结论是 von Neumann 二次交换子定理的非退化形式.

定理 4.1.1　设 $\mathbb{A}$ 是 $\mathcal{B}(\mathbb{H})$ 的一个非退化对合子代数, 则 $\mathbb{A}''$ 是 $\mathbb{A}$ 在 $\mathcal{B}(\mathbb{H})$ 中关于六种拓扑 wo, so, $*$-so, σ-wo, σ-so, σ-$*$-so 的其中任一个的闭包.

证明　设 $\overline{\mathbb{A}}^{\tau}$ 是 $\mathbb{A}$ 在 $\mathcal{B}(\mathbb{H})$ 中关于拓扑 τ 的闭包. 由定理 3.2.4 可知,

$$\overline{\mathbb{A}}^{\sigma-*-\mathrm{so}}=\overline{\mathbb{A}}^{\sigma-\mathrm{so}}=\overline{\mathbb{A}}^{\sigma-\mathrm{wo}}\subset\overline{\mathbb{A}}^{*-\mathrm{so}}=\overline{\mathbb{A}}^{\mathrm{so}}=\overline{\mathbb{A}}^{\mathrm{wo}}\subset\mathbb{A}''.$$

下面要证 $\mathbb{A}''\subset\overline{\mathbb{A}}^{\sigma-\mathrm{so}}$.

设 $a''\in\mathbb{A}''$, $\varepsilon>0$ 并且 $\{\xi_k\}\subset\mathbb{H}$, $\sum\limits_{k\geqslant 1}\|\xi_k\|^2<\infty$. 我们要证明存在 $a\in\mathbb{A}$ 使得

$$\Big(\sum_{k\geqslant 1}\|(a''-a)\xi_k\|^2\Big)^{\frac{1}{2}}<\varepsilon.$$

证明分两步进行.

第一步　设 $\{\xi_k\}$ 中只有一个非零向量, 记它为 ξ. 设 P 是从 $\mathbb{H}$ 到 $[\mathbb{A}\xi]$ 的正交投影算子, 则 $P\in\mathbb{A}'$, 因此 $Pa''=a''P$. 由引理 4.1.2 知 $\xi\in[\mathbb{A}\xi]$ (即 $P\xi=\xi$). 故 $a''\xi=a''P\xi=Pa''\xi\in[\mathbb{A}\xi]$, 由此得到所需要的 $a\in\mathbb{A}$.

第二步　为了得到一般情形, 引进 $\mathbb{K}=\ell_2(\mathbb{H})$. 由 2.3 节的讨论知道, 在 $\mathcal{B}(\mathbb{K})$ 中的每个算子 x 都可以写成矩阵元为 $\mathcal{B}(\mathbb{H})$ 中的算子的无穷矩阵：$x=(x_{ij})_{i,j\geqslant 1}$, $x_{ij}\in\mathcal{B}(\mathbb{H})$. 对 $x\in\mathcal{B}(\mathbb{H})$, 记 $\widetilde{x}$ 是 $\mathcal{B}(\mathbb{K})$ 中的算子使得其矩阵形式是对角线上的矩阵元均为 x 的对角矩阵. 对 $\mathbb{B}\subset\mathcal{B}(\mathbb{H})$, 令

$$\widetilde{\mathbb{B}}=\{\widetilde{x}:x\in\mathbb{B}\}\subset\mathcal{B}(\mathbb{K}).$$

显然, $\widetilde{\mathbb{A}}$ 是 $\mathcal{B}(\mathbb{K})$ 的一个对合子代数. 此外, $\widetilde{\mathbb{A}}$ 还是非退化的. 为证明此结论, 设 $\eta=\{\eta_n\}\in\mathbb{K}$ 是一个非零向量, 则存在 $n_0\in\mathbb{N}$ 使得 $\eta_{n_0}\neq 0$. 由推论 4.1.1 知, 存在 $a\in\mathbb{A}$ 使得 $a\eta_{n_0}\neq 0$, 从而 $\widetilde{a}\eta\neq 0$. 再由推论 4.1.1 可知 $\widetilde{\mathbb{A}}$ 是非退化的.

我们有

$$(\widetilde{\mathbb{A}})'=\{x=(x_{ij})_{i,j\geqslant 1}\in\mathcal{B}(\mathbb{K}):\ \ x_{ij}\in\mathbb{A}',\forall i,j\geqslant 1\}.$$

这是因为, 对 $x=(x_{ij})_{i,j\geqslant 1}\in\mathcal{B}(\mathbb{K})$ 有

$$\begin{aligned}x\in(\widetilde{\mathbb{A}})'&\Leftrightarrow(ax_{ij})_{i,j\geqslant 1}=(x_{ij}a)_{i,j\geqslant 1},\ \forall a\in\mathbb{A}\\&\Leftrightarrow ax_{ij}=x_{ij}a,\ \forall i,j\geqslant 1,\ \forall a\in\mathbb{A}\\&\Leftrightarrow\forall x_{ij}\in\mathbb{A}',\ \forall i,j\geqslant 1.\end{aligned}$$

因此, $\widetilde{\mathbb{A}''}\subset(\widetilde{\mathbb{A}})''$ (事实上它们是相等的, 反向包含关系也容易验证, 但是下面不需要). 故 $\widetilde{a''}\in(\widetilde{\mathbb{A}})''$.

现在对 $\widetilde{\mathbb{A}}$, $\widetilde{a''}$ 和 $\xi=\{\xi_1,\xi_2,\cdots\}\in\mathbb{K}$ 用第一步的结论, 则存在 $\widetilde{a}\in\widetilde{\mathbb{A}}$ (即 $a\in\mathbb{A}$) 使得

$$\|(\widetilde{a''}-\widetilde{a})\xi\|=\Big(\sum_{k\geqslant 1}\|(a''-a)\xi_k\|^2\Big)^{\frac{1}{2}}<\varepsilon.$$

结论得证. □

在 $\mathbb{A}$ 为退化的情况下也有类似的结论. 设 $\mathbb{A}$ 是 $\mathcal{B}(\mathbb{H})$ 的一个对合子代数, 记 $\mathbb{K}=[\mathbb{A}(\mathbb{H})]$, e 是从 $\mathbb{H}$ 到 $\mathbb{K}$ 的正交投影算子. 由引理 4.1.1 知, $e\in\mathbb{A}'$, $ea=ae=a$ 并且 $a|_{\mathbb{K}^\perp}=0$, $\forall a\in\mathbb{A}$.

在正交分解 $\mathbb{H}=\mathbb{K}\oplus\mathbb{K}^\perp$ 下, 每个算子 $x\in\mathcal{B}(\mathbb{H})$ 都可以写成 2×2 的矩阵形式, 则每个 $a\in\mathbb{A}$ 的矩阵形式是除 $(1,1)$ 处的矩阵元 (可以看作 a 本身) 外, 其他矩阵元都是零的. 令 $\mathbb{B}=\{a|_{\mathbb{K}}:\ a\in\mathbb{A}\}$, 即 $\mathbb{B}=\mathbb{A}_e$. 很明显, 当把 $\mathbb{B}$ 和 $\mathbb{A}$ 看成 $\mathcal{B}(\mathbb{K})$ 的子代数时, 它们是相同的. 故 $\mathbb{B}$ 是 $\mathcal{B}(\mathbb{K})$ 的一个非退化对合子代数. 由定理 4.1.1 可知, $\mathbb{B}''=\overline{\mathbb{B}}$, 其中 $\overline{\mathbb{B}}$ 表示 $\mathbb{B}$ 在 $\mathcal{B}(\mathbb{K})$ 中关于定理 4.1.1 考虑的六个拓扑中的任一个 (记它为 τ) 的闭包. 特别地, $\mathcal{B}(\mathbb{K})$ 的单位元 $1_{\mathbb{K}}$ 属于 $\overline{\mathbb{B}}$.

设 $\overline{\mathbb{A}}$ 是 $\mathbb{A}$ 在 $\mathcal{B}(\mathbb{H})$ 中关于拓扑 τ 的闭包. 显然, $ea=ae=a$, $\forall a\in\overline{\mathbb{A}}$, 则 $\overline{\mathbb{A}}$ 保持了 $\mathbb{A}$ 与 e 之间的关系. 由此可得, $\overline{\mathbb{A}}$ 中的网 $\{a_i\}$ 在 $\mathcal{B}(\mathbb{H})$ 中 τ 收敛于 a 当且仅当 $\{a_i|_{\mathbb{K}}\}$ 在 $\mathcal{B}(\mathbb{K})$ 中 τ 收敛于 $a|_{\mathbb{K}}$. 故 $\overline{\mathbb{B}}=\{a|_{\mathbb{K}}:\ a\in\overline{\mathbb{A}}\}$. 由于 $\overline{\mathbb{B}}$ 与 τ 的选择无关, 因此 $\overline{\mathbb{A}}$ 也与 τ 的选择无关, 即 $\overline{\mathbb{A}}=\{ae:a\in\overline{\mathbb{B}}\}$. 另外, 由于 $1_{\mathbb{K}}\in\overline{\mathbb{B}}$, 则 $e\in\overline{\mathbb{A}}$. 这说明 e 是 $\overline{\mathbb{A}}$ 的单位元. 因为对 $\overline{\mathbb{A}}$ 中的投影算子 P 有 $P=ePe\leqslant e$, 所以 e 是 $\overline{\mathbb{A}}$ 中最大的投影算子.

下面要刻画 $\mathbb{A}''$. 已知在分解 $\mathbb{H}=\mathbb{K}\oplus\mathbb{K}^\perp$ 下, 有

$$\mathbb{A}=\left\{\begin{pmatrix} b & 0\\ 0 & 0\end{pmatrix}: b\in\mathbb{B}\right\}.$$

设 $x=(x_{ij})_{1\leqslant i,j\leqslant 2}\in\mathcal{B}(\mathbb{H})$, 则

$$\begin{pmatrix} b & 0\\ 0 & 0\end{pmatrix}\begin{pmatrix} x_{11} & x_{12}\\ x_{21} & x_{22}\end{pmatrix}=\begin{pmatrix} bx_{11} & bx_{12}\\ 0 & 0\end{pmatrix},$$

$$\begin{pmatrix} x_{11} & x_{12}\\ x_{21} & x_{22}\end{pmatrix}\begin{pmatrix} b & 0\\ 0 & 0\end{pmatrix}=\begin{pmatrix} x_{11}b & 0\\ x_{21}b & 0\end{pmatrix}.$$

由此可得, $x\in\mathbb{A}'$ 当且仅当 $x_{11}\in\mathbb{B}'$ 且 $bx_{12}=0$, $x_{21}b=0$, $\forall b\in\mathbb{B}$ (因此也对任意 $b\in\mathbb{B}''=\overline{\mathbb{B}}$ 成立). 由于 $1_{\mathbb{K}}\in\mathbb{B}''$, 故 $x_{12}=0$, $x_{21}=0$. 所以

$$\mathbb{A}'=\left\{\begin{pmatrix} b' & 0\\ 0 & c\end{pmatrix}: b'\in\mathbb{B}',\ c\in\mathcal{B}(\mathbb{K}^\perp)\right\},$$

即 $\mathbb{A}'=\mathbb{B}'\oplus\mathcal{B}(\mathbb{K}^\perp)$. 用同样的方法可得 $\mathbb{A}''=\mathbb{B}''\oplus\mathbb{C}1_{\mathbb{K}^\perp}$. 由等式 $\mathbb{B}''=\overline{\mathbb{B}}=\{a|_{\mathbb{K}}:\ a\in\overline{\mathbb{A}}\}$ 可知, 每个 $a''\in\mathbb{A}''$ 都可以写成 $a''=a+\lambda 1_{\mathbb{K}^\perp}$, 其中 $a\in\overline{\mathbb{A}}$, $\lambda\in\mathbb{C}$. 由于

$1_{\mathbb{K}^\perp}=1-e$ 且 $e\in\overline{\mathbb{A}}$, 因此 a'' 可以写成 $a''=(a-\lambda e)+\lambda 1_{\mathbb{H}}$. 故 $a''\in\mathbb{A}''$ 当且仅当存在 $a\in\overline{\mathbb{A}}$, $\lambda\in\mathbb{C}$ 使得 $a''=a+\lambda 1_{\mathbb{H}}$.

总之, 我们得到了如下的二次交换子定理的一般形式.

定理 4.1.2 设 $\mathbb{A}$ 是 $\mathcal{B}(\mathbb{H})$ 的一个对合子代数.

(1) $\mathbb{A}$ 在 $\mathcal{B}(\mathbb{H})$ 中关于六种拓扑 wo, so, $*$-so, σ-wo, σ-so, σ-$*$-so 的闭包是相同的. 设 $\overline{\mathbb{A}}$ 是此闭包. 设 e 是从 $\mathbb{H}$ 到 $[\mathbb{A}(\mathbb{H})]$ 的正交投影算子, 则 e 是满足 $ea=ae=a$, $\forall a\in\overline{\mathbb{A}}$ 的最大投影算子. 因而 e 是 $\overline{\mathbb{A}}$ 的单位元.

(2) $\mathbb{A}''=\overline{\mathbb{A}}+\mathbb{C}1$ 且 $\overline{\mathbb{A}}=(\mathbb{A}'')_e$, 其中 1 是 $\mathcal{B}(\mathbb{H})$ 的单位元.

推论 4.1.2 设 $\mathbb{A}$ 是 $\mathcal{B}(\mathbb{H})$ 的一个对合子代数. 若 $\mathbb{A}$ 在 $\mathcal{B}(\mathbb{H})$ 中关于六种拓扑 wo, so, $*$-so, σ-wo, σ-so, σ-$*$-so 中的某一个是闭的, 则它关于其他的拓扑也是闭的.

因而, 若 $\mathbb{A}$ 是非退化的 (特别地, 若 $\mathbb{A}$ 是单位的), 则 $\mathbb{A}$ 是 $\mathbb{H}$ 上的一个 VNA 当且仅当 $\mathbb{A}$ 关于上述六种拓扑的其中一个是闭的.

下面证明 Kaplansky 稠密性定理.

定理 4.1.3 设 $\mathbb{A}$ 是 $\mathcal{B}(\mathbb{H})$ 的一个对合子代数, $\mathcal{M}$ 是 $\mathbb{A}$ 关于 so 拓扑的闭包. 令

$$\mathbb{A}_1=\{x\in\mathbb{A}:\ \|x\|\leqslant 1\},\quad \mathbb{A}_1^h=\mathbb{A}_1\cap\mathcal{B}(\mathbb{H})_h,\quad \mathbb{A}_1^+=\mathbb{A}_1\cap\mathcal{B}(\mathbb{H})_+.$$

用 $\mathcal{M}$ 代替 $\mathbb{A}$ 同样定义 $\mathcal{M}_1$, $\mathcal{M}_1^h$, $\mathcal{M}_1^+$, 则 $\mathbb{A}_1$, $\mathbb{A}_1^h$, $\mathbb{A}_1^+$ 分别在 $\mathcal{M}_1$, $\mathcal{M}_1^h$, $\mathcal{M}_1^+$ 中 so 稠密.

证明 首先, $\mathbb{A}$ 关于上述六种拓扑的任何一个在 $\mathcal{M}$ 中都是稠密的且 $\mathcal{M}$ 是单位的, 其单位元是从 $\mathbb{H}$ 到 $[\mathbb{A}(\mathbb{H})]$ 的正交投影算子 e. 从而用 $e(\mathbb{H})$ 代替 $\mathbb{H}$, 我们不妨设 $\mathcal{M}$ 包含 $\mathbb{H}$ 上的恒等算子, 则 $\mathcal{M}$ 是 $\mathbb{H}$ 上的一个 VNA. 我们还可以用 $\mathbb{A}$ 关于范数拓扑的闭包 $\overline{\mathbb{A}}^{\|\cdot\|}$ 代替 $\mathbb{A}$, 这是因为 $\mathbb{A}$ 的单位球 (相应地, 单位球中的自伴元集、正元集) 在 $\overline{\mathbb{A}}^{\|\cdot\|}$ 的单位球 (相应地, 单位球中的自伴元集、正元集) 中 $\|\cdot\|$ 稠密. 故不妨设 $\mathbb{A}$ 是一个 C^* 代数.

$\mathbb{A}_h$ ($\mathbb{A}$ 中的自伴元全体) 在 $\mathcal{M}_h$ 中是 so 稠密的. 事实上, 对 $x\in\mathcal{M}_h$ 存在网 $\{x_i\}\subset\mathbb{A}$ 使得 $x_i\xrightarrow{*\text{-so}}x$. 故也有 $x_i^*\xrightarrow{*\text{-so}}x$. 从而 $\dfrac{x_i+x_i^*}{2}\xrightarrow{\text{so}}x$.

现在, 我们要证明 $\mathbb{A}_1^h$ 在 $\mathcal{M}_1^h$ 中 so 稠密. 固定 $x\in\mathcal{M}_1^h$ (从而 $\sigma(x)\subset[-1,1]$). 考虑函数 $f(t)=\dfrac{2t}{1+t^2}$, 则 f 在 $\mathbb{R}$ 上连续且取值于 $[-1,1]$ 中; 而且 f 是从 $[-1,1]$ 到 $[-1,1]$ 的严格单调递增的双射映射. 故 f 在 $[-1,1]$ 上的限制存在逆函数 g, 它也是从 $[-1,1]$ 到 $[-1,1]$ 的连续函数. 令 $y=g(x)$. 由于 $\mathcal{M}$ 是一个 C^* 代数, 因此 $y\in\mathcal{M}_h$ (且 $\|y\|\leqslant 1$). 有 $f(y)=f\circ g(x)=x$. 故由 $\mathbb{A}_h$ 在 $\mathcal{M}_h$ 中 so 稠密可知, 存在一个网 $\{b_i\}\subset\mathbb{A}_h$ 使得 $b_i\xrightarrow{\text{so}}y$. 令 $a_i=f(b_i)$. 因为 $\mathbb{A}$ 是一个 C^* 代数, $f(0)=0$

且 f 取值于 $[-1,1]$ 中, 因此 $a_i \in \mathbb{A}_1^h$. 故有

$$\begin{aligned} x - a_i &= 2y(1+y^2)^{-1} - 2b_i(1+b_i^2)^{-1} \\ &= 2(1+b_i^2)^{-1}[(1+b_i^2)y - b_i(1+y^2)](1+y^2)^{-1} \\ &= 2(1+b_i^2)^{-1}[(y-b_i) + b_i(b_i - y)y](1+y^2)^{-1} \\ &= 2(1+b_i^2)^{-1}(y-b_i)(1+y^2)^{-1} + \frac{1}{2}a_i(b_i - y)x. \end{aligned}$$

对任意 $\xi \in \mathbb{H}$ 有

$$\|2(1+b_i^2)^{-1}(y-b_i)(1+y^2)^{-1}\xi\| \leqslant 2\|(y-b_i)(1+y^2)^{-1}\xi\| \to 0.$$

同样 $a_i(b_i-y)x\xi \to 0$. 故 $(x-a_i)\xi \to 0$, 即 $a_i \xrightarrow{\text{so}} x$. 所以, $\mathbb{A}_1^h$ 在 $\mathcal{M}_1^h$ 中 so 稠密.

由上述证明的结论知, 对任意 $x \in \mathcal{M}_1^+$ 都存在网 $\{b_i\} \subset A_1^h$ 使得 $b_i \xrightarrow{\text{so}} x^{\frac{1}{2}}$. 有 $b_i^2 \in A_1^+$; 另外, 网 $\{b_i\}$ 是有界的, 故 $b_i^2 \xrightarrow{\text{so}} x$. 所以, $\mathbb{A}_1^+$ 在 $\mathcal{M}_1^+$ 中 so 稠密.

最后要证明 $\mathbb{A}_1$ 在 $\mathcal{M}_1$ 中 so 稠密. 为此, 考虑 $\widetilde{\mathbb{H}} = \mathbb{H} \oplus \mathbb{H}$, 则 $\mathcal{B}(\widetilde{\mathbb{H}})$ 中的算子可以表示为矩阵元为 $\mathcal{B}(\mathbb{H})$ 中的算子的 2×2 矩阵. 容易证明: 设 $\{x_i\}$ 是 $\mathcal{B}(\widetilde{\mathbb{H}})$ 中的一个网, 则在 $\mathcal{B}(\widetilde{\mathbb{H}})$ 中 $x_i \xrightarrow{\text{so}} x$ 当且仅当在 $\mathcal{B}(\mathbb{H})$ 中 $(x_i)_{jk} \xrightarrow{\text{so}} x_{jk}$, $j,k=1,2$, 其中 x_{jk} 是 $x \in \mathcal{B}(\widetilde{\mathbb{H}})$ 的表示矩阵在 (j,k) 处的矩阵元. 令 $\mathcal{M}_2(\mathbb{A})$ 是 $\mathcal{B}(\widetilde{\mathbb{H}})$ 中表示矩阵的每个矩阵元都属于 $\mathbb{A}$ 的算子全体. 则 $\mathcal{M}_2(\mathbb{A})$ 是 $\mathcal{B}(\widetilde{\mathbb{H}})$ 的一个对合子代数; 而且 $\mathcal{M}_2(\mathbb{A})$ 在 $\mathcal{M}_2(\mathcal{M})$ 中是 so 稠密的. 对 $x \in \mathcal{M}_1$, 令

$$\widetilde{x} = \begin{pmatrix} 0 & x \\ x^* & 0 \end{pmatrix},$$

则 $\widetilde{x} \in \mathcal{M}_2(\mathcal{M})$, $\widetilde{x}^* = \widetilde{x}$ 并且 $\|\widetilde{x}\| \leqslant 1$. 由前面已证明的结果知道, 存在一个网 $\{a_i\} \subset \mathcal{M}_2(\mathbb{A})_1^h$ 使得在 $\mathcal{B}(\widetilde{\mathbb{H}})$ 中 $a_i \xrightarrow{\text{so}} \widetilde{x}$. 故在 $\mathcal{B}(\mathbb{H})$ 中 $(a_i)_{12} \xrightarrow{\text{so}} x$ 并且 $(a_i)_{12} \in \mathbb{A}_1$, 故得结论. □

推论 4.1.3 设 $\mathcal{M}$ 是 $\mathcal{B}(\mathbb{H})$ 的一个对合子代数. 下列条件等价:

(1) $\mathcal{M}$ 是关于六种拓扑 wo, so, $*$-so, σ-wo, σ-so, σ-$*$-so 中的某一个是闭的;

(2) $\mathcal{M}$ 的单位球 $\mathcal{M}_1$ 是 wo 闭的;

(3) $\mathcal{M}_1$ 是 wo 紧的.

进一步, 若 $\mathcal{M}$ 是非退化的, 则上述条件等价于 $\mathcal{M}$ 是 $\mathbb{H}$ 上的一个 VNA.

证明 (1)$\Leftrightarrow$(2) 由定理 3.2.4 可得. 不过这里要用 Kaplansky 定理给出另一种证明. (1) $\Rightarrow$ (2) 是显然的. 由于 wo 拓扑和 σ-wo 拓扑在 $\mathcal{M}_1$ 上是一致的, 而且 $\mathcal{B}(\mathbb{H})_1$ 是 σ-wo 紧的, 因此 (2) $\Leftrightarrow$ (3). 为证 (3) $\Rightarrow$ (1), 设 x 是 $\mathcal{M}$ 关于 wo 拓扑的一个聚点. 不妨设 $\|x\| \leqslant 1$. 则由 Kaplansky 定理知道, 存在网 $\{x_i\} \subset \mathcal{M}_1$ 使得 $x_i \xrightarrow{\text{wo}} x$. 由于 $\mathcal{M}_1$ 是 wo 紧的, 故 $x \in \mathcal{M}_1$. 所以 $\mathcal{M}$ 是 wo 闭的. □

4.2 正规线性泛函

设 $\mathcal{M}$ 是 $\mathbb{H}$ 上的一个 VNA. 根据定义, $\mathcal{M}$ 上的线性泛函 φ 是正规的, 若 φ 在 $\mathcal{M}$ 上是 σ-wo 连续的. $\mathcal{M}$ 上的正规泛函全体 $\mathcal{M}_*$ 是 $\mathcal{M}$ 的预对偶空间 (见 3.2 节). 与 C^* 代数一样, 用 $\mathcal{M}_*^h$ 表示 $\mathcal{M}_*$ 的自伴正规泛函全体, $\mathcal{M}_*^+$ 表示 $\mathcal{M}_*$ 的正元全体构成的锥. $\mathcal{M}_*^+$ 在 $\mathcal{M}_*^h$ 上确定了一个偏序.

定义 4.2.1 设 $x \in \mathcal{M}, \varphi \in \mathcal{M}^*$, 定义 $x\varphi : \mathcal{M} \to \mathbb{C}$ (相应地, $\varphi x : \mathcal{M} \to \mathbb{C}$) 如下：对任意 $y \in \mathcal{M}$, $x\varphi(y) = \varphi(yx)$ (相应地, $\varphi x(y) = \varphi(xy)$).

显然, $x\varphi$ 和 φx 是在 $\mathcal{M}$ 上的连续线性泛函并且

$$\|x\varphi\| \leqslant \|x\|\|\varphi\|, \quad \|\varphi x\| \leqslant \|\varphi\|\|x\|.$$

另外, 若 $\varphi \in \mathcal{M}_*$, 则 $x\varphi$ 和 $x\varphi$ 都是正规的. $\mathcal{M}$ 在 $\mathcal{M}^*$ 和 $\mathcal{M}_*$ 上起一个双模的作用. 有 $(x\varphi)^* = \varphi^* x^*$.

下面证明正规泛函的 Jordan 分解.

定理 4.2.1 设 $\mathcal{M}$ 是 $\mathbb{H}$ 上的一个 VNA, $\varphi \in \mathcal{M}_*^h$. 若 $\varphi = \varphi_+ - \varphi_-$ 是由定理 2.2.1 确定的 Jordan 分解, 则 φ_+, φ_- 都是正规的.

证明 设 $\varepsilon > 0$. 由引理 2.2.2 可知, 存在 $a \in \mathcal{M}$, $0 \leqslant a \leqslant 1$ 使得 $\varphi_+(1-a) + \varphi_-(a) < \varepsilon$. 故对于 $x \in \mathcal{M}, \|x\| \leqslant 1$,

$$\begin{aligned}
|\varphi_+(x) - \varphi(ax)| &\leqslant |\varphi_+((1-a)x)| + |\varphi_-(ax)| \\
&\leqslant |\varphi_+(1-a)|^{\frac{1}{2}} |\varphi_+(x^*(1-a)x)|^{\frac{1}{2}} \\
&\quad + |\varphi_-(a)|^{\frac{1}{2}} |\varphi_-(x^* a x)|^{\frac{1}{2}} \\
&\leqslant (\|\varphi_+\|^{\frac{1}{2}} + \|\varphi_-\|^{\frac{1}{2}}) \varepsilon^{\frac{1}{2}},
\end{aligned}$$

从而 $\|\varphi_+ - \varphi a\| \leqslant (\|\varphi_+\|^{\frac{1}{2}} + \|\varphi_-\|^{\frac{1}{2}}) \varepsilon^{\frac{1}{2}}$. 由于 $\varphi a \in \mathcal{M}_*$, 故 φ_+ 是 $\mathcal{M}_*$ 的关于范数拓扑的聚点. 因为 $\mathcal{M}_*$ 在 $\mathcal{M}^*$ 中关于范数拓扑是闭的, 故 $\varphi_+ \in \mathcal{M}_*$. 同理可证, $\varphi_- \in \mathcal{M}_*$. □

引理 4.2.1 设 $\varphi \in \mathcal{M}_*$. 若 e 是 $\mathcal{M}$ 中的投影算子使得 $\|e\varphi\| = \|\varphi\|$, 则 $e\varphi = \varphi$.

证明 由齐次性, 可设 $\|\varphi\| = 1$. 令 $e^\perp = 1 - e$. 要证 $e^\perp \varphi = 0$. 用反证法, 设 $e^\perp \varphi \neq 0$. 则存在 $b \in \mathcal{M}, \|b\| \leqslant 1$ 使得 $\varphi(be^\perp) = e^\perp \varphi(b) = \delta > 0$. 另外, 由 $\|e\varphi\| = \|\varphi\|$ 得知, 存在 $a \in \mathcal{M}, \|a\| \leqslant 1$ 使得 $\varphi(ae) = 1$ (这里用了 $e\varphi$ 的 σ-wo 连续性和 $\mathcal{M}$ 单位球的 σ-wo 紧性). 有

$$\begin{aligned}
\|ae - \delta be^\perp\|^2 &= \|(ae - \delta be^\perp)(ae - \delta be^\perp)^*\| \\
&= \|aea^* - \delta^2 be^\perp b^*\| \leqslant 1 + \delta^2,
\end{aligned}$$

从而

$$\|ae-\delta be^{\perp}\|\leqslant(1+\delta^2)^{\frac{1}{2}}<1+\delta^2.$$

另外,

$$\varphi(ae-\delta be^{\perp})=\varphi(ae)+\varphi(\delta be^{\perp})=1+\delta^2.$$

因此 $\|\varphi\|>1$, 这与 $\|\varphi\|=1$ 矛盾! □

下述定理可看着正规泛函的极分解.

定理 4.2.2 设 $\varphi\in\mathcal{M}_*$. 则存在唯一的 $\omega\in\mathcal{M}_*^+$ 使得 $\|\varphi\|=\|\omega\|$ 并且 $|\varphi(x)|^2\leqslant\|\varphi\|^2\omega(xx^*)$, $\forall x\in\mathcal{M}$. 此时, 存在部分等距算子 $u\in\mathcal{M}$ 使得 $\varphi=u\omega$, $\omega=u^*\varphi$.

证明 假设 $\|\varphi\|=1$. 设 $a\in\mathcal{M}$ 使得 $\|a\|\leqslant1$ 并且 $\varphi(a)=1$. 设 $a^*=u|a^*|$ 是 a^* 的极分解. 由定理 3.3.1 知道, $u\in\mathcal{M}$. 我们有

$$1=\varphi(a)=\varphi(|a^*|u^*)=u^*\varphi(|a^*|)\leqslant\|u^*\varphi\|\leqslant1.$$

于是线性泛函 $u^*\varphi$ 在范数小于或者等于 1 的正元 $|a^*|$ 处达到其范数. 由推论 2.1.1 得 $u^*\varphi\geqslant0$. 令 $\omega=u^*\varphi$. 设 $e=uu^*$, 则 e 是属于 $\mathcal{M}$ 的投影算子且 $ae=a$. 有 $u\omega=e\varphi$ 和 $e\varphi(a)=\varphi(ae)=\varphi(a)=1$. 从而 $\|e\varphi\|=\|\varphi\|$, 于是由引理 4.2.1 得到 $\varphi=e\varphi=u\omega$.

设 $x\in\mathcal{M}$. 由 Cauchy-Schwarz 不等式得

$$|\varphi(x)|^2=|\omega(xu)|^2\leqslant\omega(xx^*)\omega(u^*u)\leqslant\omega(xx^*).$$

设 $\psi\in\mathcal{M}_*^+$ 同 ω 一样满足上面的不等式. 对每个 $x\in\mathcal{M}$ 有

$$|\omega(x)|^2=|\varphi(xu^*)|^2\leqslant\psi(xx^*).$$

特别地, 对于 $x\in\mathcal{M}_h$ 和 $\varepsilon>0$ 有

$$[\omega(1+\varepsilon x)]^2\leqslant\psi((1+\varepsilon x)^2).$$

由于 ω 和 ψ 都是态, 此不等式可以写成

$$1+2\varepsilon\omega(x)+\varepsilon^2(\omega(x))^2\leqslant1+2\varepsilon\psi(x)+\varepsilon^2\psi(x^2);$$

首先两边减去 1, 其次两边同时除以 ε, 最后让 $\varepsilon\to0$ 得到 $\omega(x)\leqslant\psi(x)$. 用 $-x$ 代替 x 得到反方向的不等式. 于是 $\omega(x)=\psi(x)$, 故 $\omega=\psi$. □

定义 4.2.2 在定理 4.2.2 中的正规泛函 ω 称为 φ 的绝对值并记为 $|\varphi|$.

定理 4.2.3 设 $\mathcal{M}$ 是 $\mathbb{H}$ 上的一个 VNA.

(1) 设 $x \in \mathcal{M}$, $\varphi \in \mathcal{M}_*$, 则 $|x\varphi| \leqslant \|x\||\varphi|$.

(2) 设 $\mathcal{M}_*$ 中的序列 $\{\varphi_n\}$ 按范数收敛到 φ, 则 $\{|\varphi_n|\}$ 按范数收敛到 $|\varphi|$ (也就是说映射 $\varphi \mapsto |\varphi|$ 在 $\mathcal{M}_*$ 上连续).

证明 (1) 令 $\omega = |\varphi|$ 和 $\psi = |x\varphi|$. 由上述定理知, 存在 $\mathcal{M}$ 中的两个部分等距算子 u, v 使得 $\varphi = u\omega$, $x\varphi = v\psi$. 因此

$$\psi = v^*x\varphi = v^*xu\omega = y\omega, \quad 其中 \quad y = v^*xu.$$

有 $y\omega = \psi = \psi^* = (y\omega)^* = \omega y^*$. 从而 $\omega(y^*z) = \omega y^*(z) = y\omega(z) = \omega(zy)$, $\forall z \in \mathcal{M}$. 特别地, 若 $z \geqslant 0$, 由 Cauchy-Schwartz 不等式,

$$\omega(zy)^2 \leqslant \omega(z)\omega(y^*zy) = \omega(z)\omega(zy^2).$$

类似地, $\omega(zy^2)^2 \leqslant \omega(z)\omega(zy^4)$, 用归纳法得出对于每个 $n \in \mathbb{N}$,

$$\omega(zy)^{2^n} \leqslant \omega(z)^{2^n-1}\omega(zy^{2^n}) \leqslant \omega(z)^{2^n-1}\|\omega\|\|z\|\|y\|^{2^n}.$$

由此得到 (通过取极限)

$$\psi(z) = \omega(zy) \leqslant \|y\|\omega(z) \leqslant \|x\|\omega(z).$$

故 $\psi \leqslant \|x\|\omega$.

(2) 由于 $\lim\limits_n \|\varphi_n\| = \|\varphi\|$, 可以假设对每个 $n \in \mathbb{N}$, $\|\varphi_n\| = 1$. 设 u_n, u 是 $\mathcal{M}$ 中的部分等距算子使得 $\varphi_n = u_n|\varphi_n|$, $\varphi = u|\varphi|$, 则

$$\lim_n |\varphi_n|(u^*u_n) = \lim_n \varphi_n(u^*) = \varphi(u^*) = |\varphi|(1) = 1.$$

另外,

$$\begin{aligned}
&|\varphi_n|((1-u^*u_n)^*(1-u^*u_n)) \\
&= 1 - |\varphi_n|(u^*u_n) - |\varphi_n|(u_n^*u) + |\varphi_n|(u_n^*uu^*u_n) \\
&\leqslant 2 - \mathrm{Re}(|\varphi_n|(u^*u_n)).
\end{aligned}$$

从而

$$\lim_n |\varphi_n|((1-u^*u_n)^*(1-u^*u_n)) = 0.$$

设 $x \in \mathcal{M}, \|x\| \leqslant 1$, 则

$$\begin{aligned}
|(1-u^*u_n)|\varphi_n|(x)|^2 &= ||\varphi_n|(x(1-u^*u_n))|^2 \\
&\leqslant |\varphi_n|((1-u^*u_n)^*(1-u^*u_n)),
\end{aligned}$$

从而

$$\||(1-u^*u_n)|\varphi_n||\| \leqslant |\varphi_n|((1-u^*u_n)^*(1-u^*u_n)) \to 0.$$

另外,

$$u^*u_n|\varphi_n| = u^*\varphi_n \to u^*\varphi = |\varphi|.$$

因此得到, $|\varphi_n| \to |\varphi|$. □

定义 4.2.3 设 φ 是 VNA $\mathcal{M}$ 上的一个线性泛函, 称 φ 是完全可加的, 若对 $\mathcal{M}$ 中的任意两两相互正交投影算子族 $\{e_i\}_{i\in I}$ 有

$$\varphi\Big(\sum_{i\in I} e_i\Big) = \sum_{i\in I}\varphi(e_i).$$

引理 4.2.2 设 φ 和 ψ 是 $\mathcal{M}$ 上的两个正泛函且 $\psi \in \mathcal{M}_*$. 若非零 $a \in \mathcal{M}_+$ 使得 $\varphi(a) < \psi(a)$, 则存在非零 $b \in \mathcal{M}_+$, $b \leqslant a$ 使得对于每个非零 $c \in \mathcal{M}_+$, $c \leqslant b$ 有 $\varphi(c) < \psi(c)$.

证明 考虑所有使得 $\varphi(x) \geqslant \psi(x)$ 且 $x \leqslant a$ 的非零元 $x \in \mathcal{M}_+$ 组成的集合 F. 若 $F = \varnothing$, 则对 $b = a$ 结论成立. 假设 $F \neq \varnothing$. 在 F 上赋予 $\mathcal{M}_h$ 的序. 若 $\{x_i\}$ 是 F 的全序集. 由定理 3.3.3 得, $x = \sup\limits_i x_i$ 在 $\mathcal{M}_+$ 中存在且 $x_i \xrightarrow{\text{so}} x$. 由于在有界集上 so 拓扑和 σ-so 拓扑重合, 从而 $x_i \xrightarrow{\sigma\text{-wo}} x$, 故

$$\sup_i \psi(x_i) = \psi(x).$$

另外, φ 的正性蕴涵

$$\varphi(x) \geqslant \sup_i \varphi(x_i).$$

由此得到 $\varphi(x) \geqslant \psi(x)$, 因此 $x \in F$. 故由 Zorn 引理得 F 具有极大元 m. 令 $b = a - m$, 则 $0 \leqslant b \leqslant a$, $\varphi(b) < \psi(b)$. 于是 $b \neq 0$. 若 $0 \leqslant c \leqslant b$, $c \neq 0$, 则必有 $\varphi(c) < \psi(c)$, 否则 $c + m \in F$, 这与 m 的极大性矛盾! □

定理 4.2.4 设 φ 是 $\mathbb{H}$ 上的 VNA $\mathcal{M}$ 上的一个正泛函, 则下列命题等价:

(1) φ 是正规的.

(2) 对于每个有上界单调增加的网 $\{x_i\}_{i\in I} \subset \mathcal{M}_+$ 有

$$\sup_{i\in I}\varphi(x_i) = \varphi(\sup_{i\in I} x_i).$$

(3) φ 是完全可加的.

证明 在引理 4.2.2 的证明中已经证明了 (1)⇒(2).

假设 φ 满足 (2). 设 $\{e_i\}_{i\in I}$ 是两两正交的投影算子族, 则网 $\left\{\sum_{i\in J} e_i : J\subset I\right.$ 有限$\left.\right\}$ 单调增加, 上确界为 $\sum_{i\in I} e_i$. 于是

$$\sum_{i\in I}\varphi(e_i)=\sup_J \varphi\Big(\sum_{i\in J} e_i\Big)=\varphi\Big(\sum_{i\in I} e_i\Big).$$

这说明 φ 是完全可加的.

剩下要证 (3)⇒(1). 假设 φ 是完全可加的. 不妨设 $\|\varphi\|=1$. 设 $\{e_i : i\in I\}$ 是 $\mathcal{M}$ 的两两相互正交非零投影算子族使得 $e_i\varphi\in\mathcal{M}_*$. 设 e 是 $\{e_i\}$ 的和. 对有限 $J\subset I$, 令

$$e_J=\sum_{i\in J} e_i.$$

再设 $x\in\mathcal{M}, \|x\|\leqslant 1$, 有

$$|(e-e_J)\varphi(x)|^2=|\varphi(x(e-e_J))|^2\leqslant\varphi(x(e-e_J)x^*)\varphi(e-e_J)\leqslant\varphi(e-e_J),$$

从而当 J 单调增地趋于 I 时, $\|(e-e_J)\varphi\|^2\leqslant\varphi(e-e_J)\to 0$. 于是在 $\mathcal{M}^*$ 中 $e\varphi=\lim\limits_J e_J\varphi$. 由于 $\mathcal{M}_*$ 在 $\mathcal{M}^*$ 中是闭的, 因此 $e\varphi\in\mathcal{M}_*$.

由 Zorn 引理可得, 存在 $\mathcal{M}$ 的两两相互正交的非零投影算子极大族 $\{e_i : i\in I\}$ 使得 $e_i\varphi\in\mathcal{M}_*$. 接下来证明这族 $\{e_i : i\in I\}$ 的和 e 等于 1.

假设 $e\neq 1$. 令 $e^\perp=1-e$, 则存在 $\xi\in\mathbb{H}$ 使得 $\varphi(e^\perp)<\langle\xi,e^\perp\xi\rangle=\omega_\xi(e^\perp)$. 由引理 4.2.2 知道, 存在非零 $b\leqslant e^\perp$ 使得 $\varphi(c)<\omega_\xi(c)$, $c\leqslant b, c\neq 0$. 设 $x\in\mathcal{M}$, 有

$$bx^*xb\leqslant\|x\|^2b^2\leqslant\|x\|^2\|b\|b.$$

故

$$\frac{bx^*xb}{\|x\|^2\|b\|}\leqslant b.$$

于是 $\varphi(bx^*xb)\leqslant\omega_\xi(bx^*xb)$, 从而

$$|b\varphi(x)|^2=|\varphi(xb)|^2\leqslant\varphi(bx^*xb)\leqslant\omega_\xi(bx^*xb)=\|xb\xi\|^2.$$

这说明 $b\varphi$ 是 so 连续的, 故 $b\varphi$ 是正规的. 下面证明 b 可以用其非零谱投影算子代替. 由于 $b\neq 0$, 因此存在 $\lambda>0$ 使得其谱投影算子 $p=\chi_{[\lambda,1]}(b)\neq 0$. 由于 $b\leqslant e^\perp$, 故 $p\leqslant e^\perp$. 设 $f(t)=t^{-1}\chi_{[\lambda,1]}(t)$, 则

$$\chi_{[\lambda,1]}(t)=f(t)t,\quad \forall t\geqslant 0.$$

由 Borel 函数演算得到 $p=f(b)b$. 因此对于 $x\in\mathcal{M}$,

$$|p\varphi(x)|^2=|\varphi(xf(b)b)|^2\leqslant\omega_\xi(px^*xp)=\|xf(b)b\xi\|^2.$$

由此得出 $p\varphi$ 是 so 连续的, 故 $p\varphi\in\mathcal{M}_*$. 由于 $p\leqslant e^\perp$, 从而 $\{e_i:i\in I\}\cup\{p\}$ 是一个两两相互正交的非零投影算子族且严格大于 $\{e_i:i\in I\}$. 这与 $\{e_i:i\in I\}$ 的极大性矛盾! □

4.3　正规同态和理想

我们首先给出如下定义.

定义 4.3.1　设 $\Phi:\mathcal{M}\to\mathcal{N}$ 是两个 VNA 之间的线性映射.

(1) 称 Φ 是正的, 若 $\Phi(\mathcal{M}_+)\subset\mathcal{N}_+$.

(2) 称 Φ 是正规的, 若 Φ 是有界且 σ-wo 连续.

正映射 $\Phi:\mathcal{M}\to\mathcal{N}$ 是连续的. 事实上, 设 $x\in\mathcal{M}_+$, 则 $x\leqslant\|x\|1$; 于是 $0\leqslant\Phi(x)\leqslant\|x\|\Phi(1)$, 故 $\|\Phi(x)\|\leqslant\|\Phi(1)\|\|x\|$. 对任意的 $x\in\mathcal{M}$, x 可以分解为其实部和虚部, 而实部和虚部又可以分解为正部与负部:

$$x=a+\mathrm{i}b=a_+-a_-+\mathrm{i}(b_+-b_-).$$

因此有

$$\|\Phi(x)\|\leqslant\|\Phi(1)\|(\|a_+\|+\|a_-\|+\|b_+\|+\|b_-\|)\leqslant4\|\Phi(1)\|\|x\|,$$

故 $\|\Phi(x)\|\leqslant4\|\Phi(1)\|\|x\|$.

设 $\Phi:\mathcal{M}\to\mathcal{N}$ 是一个正规映射, 则 $\Phi^*:\mathcal{N}^*\to\mathcal{M}^*$. 对 $\psi\in\mathcal{N}_*$, 有 $\Phi^*(\psi)=\psi\circ\Phi:\mathcal{M}\to\mathbb{C}$; 故 $\Phi^*(\psi)$ 是正规的. 这证明了 $\Phi^*(\mathcal{N}_*)\subset\mathcal{M}_*$. 令 $\Phi_*=\Phi^*|_{\mathcal{N}_*}$, 则 $\Phi_*:\mathcal{N}_*\to\mathcal{M}_*$ 是连续线性映射且其伴随映射是 Φ. 也就是说 Φ 具有预伴随映射 Φ_*. 反之, 若有界线性映射 $\Phi:\mathcal{M}\to\mathcal{N}$ 是某个从 $\mathcal{N}_*$ 到 $\mathcal{M}_*$ 的有界线性映射的伴随, 则 Φ 是正规映射, 因为伴随映射都是弱 * 连续的.

定理 4.3.1　设 $\Phi:\mathcal{M}\to\mathcal{N}$ 是两个 VNA 之间的线性映射, 则 Φ 是正规的当且仅当对每个有界单调增加网 $\{x_i\}_{i\in I}\subset\mathcal{M}_+$ 有

$$\sup_{i\in I}\Phi(x_i)=\Phi(\sup_{i\in I}x_i).$$

证明　必要性显然. 为证充分性, 设 $\psi\in\mathcal{N}_*^+$, 则 $\psi\circ\Phi:\mathcal{M}\to\mathbb{C}$ 是正的. 设 $\{x_i\}_{i\in I}\subset\mathcal{M}_+$ 是有界单调增加网, 则 $\{\Phi(x_i)\}_{i\in I}\subset\mathcal{N}_+$ 也是单调增加网, 其上确界

是 $\sup\limits_{i\in I}\varPhi(x_i)=\varPhi(\sup\limits_{i\in I}x_i)$ (由假设). 由定理 4.2.4 知道,

$$\sup_{i\in I}\psi(\varPhi(x_i))=\psi\Big(\varPhi\Big(\sup_{i\in I}x_i\Big)\Big),$$

从而 $\psi\circ\varPhi$ 是正规的 (再次用到定理 4.2.4). 由于每个正规泛函可以写成四个正正规泛函的线性组合, 于是 $\varPhi^*(\mathcal{N}_*)\subset\mathcal{M}_*$, 由此得到 $\varPhi$ 具有预伴随映射, 故 $\varPhi$ 是正规映射. □

推论 4.3.1　两个 VNA 之间的同构映射是正规的.

证明　设 $\pi:\mathcal{M}\to\mathcal{N}$ 是一个同构映射. 若 $\{x_i\}_{i\in I}\subset\mathcal{M}_+$ 是有界单调增加网且 $x=\sup\limits_{i\in I}x_i$, 则 $\{\pi(x_i)\}_{i\in I}\subset\mathcal{N}_+$ 也是单调增加网且 $\pi(x)$ 是其上界. 设 $y=\sup\limits_{i\in I}\pi(x_i)$, 则 $y\leqslant\pi(x)$. 同理, 有 $x_i=\pi^{-1}(\pi(x_i))\leqslant\pi^{-1}(y)$, 于是 $x\leqslant\pi^{-1}(y)$. 因此 $y=\pi(x)$, 故由定理 4.3.1 知 π 是正规的. □

推论 4.3.2　设 $\mathcal{M}$ 是 $\mathbb{H}$ 上的一个 VNA, φ 是 $\mathcal{M}$ 的一个正的正规泛函. 若 $(\pi_\varphi,\mathbb{H}_\varphi,\xi_\varphi)$ 是与 φ 相关的 GNS 表示, 则 π_φ 是正规的.

证明　沿用定理 2.3.2 的证明中所用的记号. 由定理 4.3.1 知道, 只需证明对每个 $\{x_i\}_{i\in I}\subset\mathcal{M}_+$ 上有界单调增加网有 $\pi_\varphi\Big(\sup\limits_{i\in I}x_i\Big)=\sup\limits_{i\in I}\pi_\varphi(x_i)$. 设 $x=\sup\limits_{i\in I}x_i$, $y\in\mathcal{M}$, 则

$$\langle\varLambda(y),\pi_\varphi(x)\varLambda(y)\rangle=\varphi(y^*xy)=(y\varphi y^*)(x).$$

由定理 4.2.4 得,

$$(y\varphi y^*)(x)=\sup_{i\in I}(y\varphi y^*)(x_i)=\sup_{i\in I}\varphi(y^*x_iy).$$

于是

$$\langle\varLambda(y),\pi_\varphi(x)\varLambda(y)\rangle=\sup_{i\in I}\langle\varLambda(y),\pi_\varphi(x_i)\varLambda(y)\rangle;$$

故 $\pi_\varphi\Big(\sup\limits_{i\in I}x_i\Big)=\sup\limits_{i\in I}\pi_\varphi(x_i)$. □

定理 4.3.2　设 $\mathcal{I}$ 是 VNA $\mathcal{M}$ 的一个 σ-wo 闭左理想, 则存在唯一的投影算子 $e\in\mathcal{M}$ 使得 $\mathcal{I}=\mathcal{M}e$. 若 $\mathcal{I}$ 是一个双边理想, 那么 $e\in\mathcal{M}\cap\mathcal{M}'$.

证明　设 $\mathcal{I}$ 是一个 σ-wo 闭左理想. 令 $\mathbb{A}=\{a:a\in\mathcal{I},a^*\in\mathcal{I}\}$, 则 $\mathbb{A}$ 是 $\mathcal{M}$ 的 σ-wo 闭对合子代数. 那么由定理 4.1.2 得, $\mathbb{A}$ 具有单位元 e 且 e 是 $\mathcal{M}$ 的投影算子. 由于 $\mathcal{I}$ 是 $\mathcal{M}$ 的左理想, 从而 $\mathcal{M}e\subset\mathcal{I}$. 反之, 设 $x\in\mathcal{I}$, 则 $x^*x\in\mathbb{A}$, 从而 $|x|\in\mathbb{A}$, 因为 $\mathbb{A}$ 是 $\mathcal{M}$ 的一个 C^* 子代数. 因此 $|x|e=|x|$. 设 $x=u|x|$ 是 x 的极分解, 则由定理 3.3.1 得, $u\in\mathcal{M}$. 由此得到 $x=u|x|e\in\mathcal{M}e$, 故 $\mathcal{I}=\mathcal{M}e$. 设 e' 是另一个投影算子使得 $\mathcal{I}=\mathcal{M}e'$, 则 $\mathbb{A}=e'\mathcal{M}e'$, 故 e' 是 $\mathbb{A}$ 的单位元. 从而 $e'=e$.

若 $\mathcal{I}$ 是一个双边理想, 则 $ex \in \mathcal{I} = \mathcal{M}e, \forall x \in \mathcal{M}$; 于是存在 $y \in \mathcal{M}$ 使得 $ex = ye$, 从而 $exe = ex$. 取伴随得到 $ex^*e = x^*e$. 由 $x \in \mathcal{M}$ 的任意性得到 $xe = ex$, 即 $e \in \mathcal{M}'$. □

设 $\mathcal{I} = \mathcal{M}e$ 是 $\mathcal{M}$ 的一个 σ-wo 闭理想 (双边的), $e \in \mathcal{Z}(\mathcal{M})$. 那么 $\mathcal{M}/\mathcal{I}$ 与 $\mathcal{M}_{e^\perp}$ 对应, 其中 $e^\perp = 1 - e$. 于是 $\mathcal{I}$ 和 $\mathcal{M}/\mathcal{I}$ 分别同构于 $\mathcal{M}$ 的缩减 von Neumann 子代数 $\mathcal{M}_e$ 和 $\mathcal{M}_{e^\perp}$.

定理 4.3.3 设 $\pi : \mathcal{M} \to \mathcal{N}$ 是两个 VNA 之间的正规同态映射.

(1) π 的核 $\pi^{-1}(0)$ 是在 $\mathcal{M}$ 中 wo 闭的, $\pi(\mathcal{M})$ 是在 $\mathcal{N}$ 中 wo 闭的.

(2) 与 π 对应的商映射 $\widetilde{\pi} : \mathcal{M}/\pi^{-1}(0) \to \mathcal{N}$ 是正规同构. 因此 $\pi(\mathcal{M})$ 同构于 $\mathcal{M}$ 的缩减 von Neumann 子代数 $\mathcal{M}_{e^\perp}$, 其中 $e \in \mathcal{Z}(\mathcal{M})$ 是投影算子.

证明 (1) 由 π 的正规性得 $\pi^{-1}(0)$ 是 σ-wo 闭的. 由于 π 是同态, 于是 $\pi^{-1}(0)$ 是 $\mathcal{M}$ 的对合理想, 因此是对合子代数. 那么由推论 4.1.2 知道, $\pi^{-1}(0)$ 是 wo 闭的.

为证 $\pi(\mathcal{M})$ 是 wo 闭的, 由推论 4.1.3 知, 只要证明其单位球 $\pi(\mathcal{M})_1$ 是 σ-wo 紧的 (或 wo 紧的) 就足够了. 这由等式 $\pi(\mathcal{M})_1 = \pi(\mathcal{M}_1)$ 得到, 因为 π 是 σ-wo 连续而 $\mathcal{M}_1$ 是 σ-wo 紧的. 接下来证明等式 $\pi(\mathcal{M})_1 = \pi(\mathcal{M}_1)$. 设 $\widetilde{\pi} : \mathcal{M}/\pi^{-1}(0) \to \mathcal{N}$ 是与 π 对应的商映射. 由推论 1.5.1 得 $\widetilde{\pi}$ 是同构映射, 从而是等距同构 (由定理 1.5.2), 因此 $\pi(\mathcal{M})_1 = \widetilde{\pi}(\mathcal{M}_1)$, 故得到想要的等式.

设 $\mathcal{N}$ 是 Hilbert 空间 $\mathbb{K}$ 上的一个 VNA, 则 $\pi(\mathcal{M})$ 是 $\mathcal{B}(\mathbb{K})$ 的一个 wo 闭对合子代数. 由定理 4.1.2 知道, $\pi(\mathcal{M})$ 具有单位元 f 且 f 是 $\mathcal{N}$ 的投影算子; 限制在 $f(\mathbb{K})$ 上, $\pi(\mathcal{M})$ 成为一个 VNA.

(2) 由推论 1.5.1 知道, $\widetilde{\pi} : \mathcal{M}/\pi^{-1}(0) \to \mathcal{N}$ 是一个同构映射. 由于 $\pi^{-1}(0)$ 是 $\mathcal{M}$ 的一个 σ-wo 闭理想, 于是存在 $e \in \mathcal{M} \cap \mathcal{M}'$ 使得 $\pi^{-1}(0) = \mathcal{M}e$. 故 $\mathcal{M}/\pi^{-1}(0) \to \mathcal{N} \simeq \mathcal{M}_{e^\perp}$. 由推论 4.3.1 得到, $\widetilde{\pi}$ 是正规的. □

4.4 C^* 代数的 von Neumann 代数包络

本节要说明, C^* 代数 $\mathbb{A}$ 的二次对偶 $\mathbb{A}^{**}$ 以一种自然的方式可以看作一个 VNA. 这是通过 $\mathbb{A}$ 的普适表示来实现的. 从下面的定理开始.

定理 4.4.1 设 $(\mathbb{H}, \pi)$ 是 C^* 代数 $\mathbb{A}$ 的一个非退化表示. 设 $\mathcal{M} = \pi(\mathbb{A})''$, 则存在唯一的满射 $\widetilde{\pi} : \mathbb{A}^{**} \to \mathcal{M}$ 具有如下的性质:

(1) $\pi = \widetilde{\pi} \circ \iota$, 其中 ι 是从 $\mathbb{A}$ 到 $\mathbb{A}^{**}$ 的自然嵌入.

(2) $\widetilde{\pi}$ 关于 $\mathbb{A}^{**}$ 上的拓扑 $\sigma(\mathbb{A}^{**}, \mathbb{A}^*)$ 和 $\mathcal{M}$ 上的 σ-wo 拓扑连续.

(3) $\mathbb{A}^{**}$ 的闭单位球在 $\widetilde{\pi}$ 下的像等于 $\mathcal{M}$ 的闭单位球.

证明 考虑映射 $\pi : \mathbb{A} \to \mathcal{M}$, 则其伴随 $\pi^* : \mathcal{M}^* \to \mathbb{A}^*$ 是一个收缩映射. 设 $\rho = \pi^*|_{\mathcal{M}_*}$, 则 ρ 是收缩映射. 令 $\widetilde{\pi} = \rho^*$, 则 $\widetilde{\pi} : \mathbb{A}^{**} \to \mathcal{M}$ 关于 $\mathbb{A}^{**}$ 上的弱 * 拓扑

$\sigma(\mathbb{A}^{**},\mathbb{A}^*)$ 和 $\mathcal{M}$ 上的弱 * 拓扑是连续的. 下面要证 $\pi=\widetilde{\pi}\circ\iota$. 设 $a\in\mathbb{A},\varphi\in\mathcal{M}_*$, 则有

$$\langle\varphi,\widetilde{\pi}\circ\iota(a)\rangle=\langle\rho(\varphi),a\rangle=\langle\varphi,\pi(a)\rangle,$$

因此 $\widetilde{\pi}\circ\iota(a)=\pi(a)$.

(3) 的证明与定理 4.3.3 的证明很相似. 用 $(\mathbb{X})_1$ 表示 Banach 空间 $\mathbb{X}$ 的闭单位球. 由 (2) 和 $(\mathbb{A}^{**})_1$ 的 $\sigma(\mathbb{A}^{**},\mathbb{A}^*)$ 紧性知道 $\widetilde{\pi}((\mathbb{A}^{**})_1)$ 是 σ-wo 紧的, 从而在 $(\mathcal{M})_1$ 中 $\widetilde{\pi}((\mathbb{A}^{**})_1)$ 是 σ-wo 闭的 ($\widetilde{\pi}$ 也是收缩的). 另外, 同定理 4.3.3 的证明一样可得 $\pi((\mathbb{A})_1)=(\pi(\mathbb{A}))_1$. 故有

$$(\pi(\mathbb{A}))_1=\pi((\mathbb{A})_1)\subset\widetilde{\pi}((\mathbb{A}^{**})_1)\subset(\mathcal{M})_1.$$

由定理 4.1.1 和定理 4.1.3 得, $\pi((\mathbb{A})_1)$ 在 $(\mathcal{M})_1$ 中是 σ-wo 稠密的. 由此得到 $\widetilde{\pi}((\mathbb{A}^{**})_1)=(\mathcal{M})_1$.

$\widetilde{\pi}$ 的唯一性由 (1)~(3) 和 $\pi(\mathbb{A})$ 在 $\mathcal{M}$ 中的 σ-wo 稠密性得到. □

记 $(\mathbb{H}_u,\pi_u)$ 是 C^* 代数 $\mathbb{A}$ 的普适表示 (见 2.3 节). 由推论 4.1.1 知道, π_u 是非退化的. 设 $\mathcal{M}_u=\pi_u(\mathbb{A})''$, 则 $\mathcal{M}_u$ 是 $\mathbb{H}_u$ 上的 VNA. 若 $\widetilde{\pi}_u:\mathbb{A}^{**}\to\mathcal{M}_u$ 是上述定理给出的映射, $(\widetilde{\pi}_u)_*:(\mathcal{M}_u)_*\to\mathbb{A}^*$ 是其预伴随映射, 则下述结论成立.

定理 4.4.2 在上述记号下, 有

(1) $\widetilde{\pi}_u$ 和 $(\widetilde{\pi}_u)_*$ 都是等距满射.

(2) 对 $\mathbb{A}$ 的每个非退化表示 $(\mathbb{H},\pi)$, 都存在从 $\mathcal{M}_u$ 到 $\pi(\mathbb{A})''$ 的一个正规同态 σ 使得 $\pi=\sigma\circ\pi_u$.

证明 (1) 设 $\varphi\in\mathbb{A}^*$, 则由推论 2.3.1 知道存在 $\xi,\eta\in\mathbb{H}_u$ 使得

$$\varphi(a)=\langle\eta,\pi_u(a)\xi\rangle=\omega_{\xi,\eta}(\pi_u(a)),\tag{4.4.1}$$

其中 $\omega_{\xi,\eta}:\mathcal{M}_u\to\mathbb{C}$ 定义为 $\omega_{\xi,\eta}(x)=\langle\eta,x\xi\rangle,\forall x\in\mathcal{M}_u$. 因为 $\omega_{\xi,\eta}$ 是 wo 连续的, 从而是正规的, 即 $\omega_{\xi,\eta}\in(\mathcal{M}_u)_*$. 由 (*) 可知 $(\widetilde{\pi}_u)_*(\omega_{\xi,\eta})=\varphi$, 从而 $(\widetilde{\pi}_u)_*$ 是一个满射. 因此, $\widetilde{\pi}_u$ 是单射. 再由定理 4.4.1 (3) 可得, $\widetilde{\pi}_u$ 是将 $\mathbb{A}^{**}$ 的闭单位球映射到 $\mathcal{M}$ 的闭单位球的单射. 故 $\widetilde{\pi}_u$ 是等距满射, 从而 $(\widetilde{\pi}_u)_*$ 也是等距满射.

(2) 设 $\widetilde{\pi}:\mathbb{A}^{**}\to\mathcal{M}$ 是对应于 π 的由定理 4.4.1 给出的映射. 令 $\sigma=\widetilde{\pi}\circ\widetilde{\pi}_u^{-1}$, 则 σ 是从 $\mathcal{M}_u$ 到 $\pi(\mathbb{A})''$ 的一个正规映射. 显然 $\sigma|_{\pi_u(\mathbb{A})}$ 是从 $\pi_u(\mathbb{A})$ 到 $\pi(\mathbb{A})''$ 的一个同态. 由于 $\pi_u(\mathbb{A})$ 在 $\mathcal{M}_u$ 中是 σ-wo 稠密的, 而 σ 是 σ-wo 连续的, 故 σ 是同态. □

推论 4.4.1 在上述定理的假设下, $\pi(\mathbb{A})''$ 同构于被 $\mathcal{M}_u\cap\mathcal{M}_u'$ 中一个投影算子缩减的 $\mathcal{M}_u$ 的一个 von Neumann 子代数.

证明 由定理 4.4.2 和定理 4.3.3 可得. □

由定理 4.4.2 可知, 我们可以将 $\mathbb{A}^{**}$ 看作一个 VNA, 其预对偶空间是 $\mathbb{A}^*$. $\mathbb{A}^{**}$ 或者说 $\mathcal{M}_u$ 称为 $\mathbb{A}$ 的 von Neumann 代数包络 (或普适 von Neumann 代数). 普适性由定理 4.4.2 (2) 和推论 4.4.1 得到: $\mathbb{A}$ 生成的每个 VNA 都同构于普适 von Neumann 代数 $\mathcal{M}_u$ 的一个缩减 von Neumann 子代数.

习　题

1. 设 $\mathcal{M}$ 是一个 VNA, $\mathcal{I}_1$ 和 $\mathcal{I}_2$ 是 $\mathcal{M}$ 的两个双边理想. 设 $\mathcal{I}$ 是 $\mathcal{I}_1$ 和 $\mathcal{I}_2$ 的乘积理想:

$$\mathcal{I}=\Big\{\sum_{k=1}^{n}x_k y_k:\ x_k\in\mathcal{I}_1,\ y_k\in\mathcal{I}_2,\ 1\leqslant k\leqslant n,\ n\geqslant 1\Big\}.$$

证明: $\overline{\mathcal{I}}=\overline{\mathcal{I}_1}\cap\overline{\mathcal{I}_2}$, 其中闭包是关于六种拓扑 wo, so, $*$-so, σ-wo, σ-so, σ-$*$-so 中的任一个而取的 (将 Kaplansky 定理应用于 $\overline{\mathcal{I}_1}$ 和 $\overline{\mathcal{I}_2}$ 的单位球).

2. 设 $\mathbb{A}$ 是 $\mathcal{B}(\mathbb{H})$ 的一个对合子代数. 称 $\mathbb{A}$ 为非退化的, 若 $\mathbb{A}$ 在 $\mathbb{H}$ 中的闭不变子空间只有 $\mathbb{H}$ 和 $\{0\}$.

(1) 证明: $\mathbb{A}$ 是非退化的当且仅当 $\mathbb{A}'=\mathbb{C}1$. 此后, 设 $\mathbb{A}$ 是 $\mathcal{B}(\mathbb{H})$ 的一个非退化子 C^* 代数.

(2) 设 $(\xi_1,\cdots,\xi_n)$ 是 $\mathbb{H}$ 中的一个正交系, $\zeta_i\in\mathbb{H},\|\zeta_i\|\leqslant r, i=1,\cdots,n$. 证明存在 $x\in\mathcal{B}(\mathbb{H})$ 使得

$$\|x\|\leqslant\sqrt{2n}r,\ \ x\xi_i=\zeta_i,\quad i=1,\cdots,n.$$

(考虑 $x=\sum\limits_i\xi_i\otimes\zeta_i e$, 其中 e 是从 $\mathbb{H}$ 到由 $\xi_1,\cdots,\xi_n$ 生成的子空间的投影算子.)

(3) 设 $(\xi_1,\cdots,\xi_n)$ 如 (2) 中所设, $\{\eta_i\}\subset\mathbb{H}$. 用归纳法证明: 存在两个序列 $\{a_k\}_{k\geqslant1}\subset\mathbb{A}$, $\{x_k\}_{k\geqslant1}\subset\mathcal{B}(\mathbb{H})$ 使得 $\forall i\ (1\leqslant i\leqslant n)$, $\forall k\geqslant1$,

$$x_k\xi_i=\eta_i-\sum_{j=1}^{k-1}a_j\xi_j,\quad \|x_{k+1}\|\leqslant 2^{-k-1},\quad \|a_{k+1}\|\leqslant 2^{-k-1}.$$

(对构造 x_k 用 (2), 对构造 a_k 用 Kaplansky 定理.)

(4) 推出存在 $a\in\mathbb{A}$ 使得 $a\xi_i=\eta_i$, $\forall i\ (1\leqslant i\leqslant n)$.

(5) 证明: 只假设 $(\xi_1,\cdots,\xi_n)$ 是 $\mathbb{H}$ 中的线性无关组时, (4) 中的结论仍成立.

(6) 证明: 如果 $\mathbb{A}$ 是非退化的, 则它也是代数非退化的, 即 $\mathbb{A}$ 在 $\mathbb{H}$ 中的不变子空间 (不必要闭的) 只有 $\mathbb{H}$ 和 $\{0\}$.

3. 设 $\mathcal{M}$ 是 $\mathbb{H}$ 上的一个 VNA, $\varphi\in\mathcal{M}_*$. 证明存在 $\mathcal{B}(\mathbb{H})$ 上的正规线性泛函 $\widetilde{\varphi}$ 使得 φ 是 $\widetilde{\varphi}$ 的延拓并且 $\|\varphi\|=\|\widetilde{\varphi}\|$ (首先考虑 $\varphi\geqslant0$ 的情形并用正泛函在单位元达到其范数的事实).

4. 设 $\mathcal{M}$ 是一个 VNA, $e_1,\cdots,e_n$ 是 $\mathcal{M}$ 的两两相互正交的投影算子并且 $e=e_1+\cdots+e_n$. 若 $\varphi\in\mathcal{M}_*^+$, 证明:

$$e\varphi e\leqslant n\sum_{k=1}^{n}e_k\varphi e_k.$$

(可以写成 $e\varphi e(x)=\sum_{k=1}^{n}\varphi(exe_k)$ 并且应用 Cauchy-Schwarz 不等式.)

5. 设 $\mathcal{M}$ 是一个 VNA, $\varphi\in\mathcal{M}_*^+$.

(1) 若 $\{e_i\}$ 是 $\mathcal{M}$ 中的投影算子族使得 $\varphi(e_i)=0$, 证明 $\varphi(\vee_i e_i)=0$.

(2) 推出存在一个投影算子 $e\in\mathcal{M}$ 使得 $\varphi(e^{\perp})=0, \varphi=e\varphi e$ 并且 φ 在 $e\mathcal{M}e$ 上忠实 (即若 $x\in\mathcal{M}_+$ 使得 $\varphi(x)=0$, 则 $exe=0$). 此投影算子 e 称为 φ 的支撑.

6. 设 $\mathcal{M}$ 是一个 VNA, $\varphi\in\mathcal{M}_*^+$. π 是对应于 φ 的 GNS, $\mathcal{I}=\pi^{-1}(0)$ 是 π 的核. 设 f 是 $\mathcal{M}$ 的中心 $\mathcal{Z}$ 中的投影算子使得 $\mathcal{I}=\mathcal{M}f$, e 是 φ 的支撑. 证明 $f^{\perp}$ 是 $\mathcal{Z}$ 中满足 $e\leqslant p$ 的最小投影算子 p.

7. 设 $\mathcal{M}$ 是 $\mathbb{H}$ 上的一个 VNA.

(1) 证明: 若 φ 是 $\mathcal{M}$ 上的一个正规的正忠实线性泛函, 则 $\mathcal{M}\varphi=\{x\varphi: x\in\mathcal{M}\}$ 是在 $\mathcal{M}_*$ 中稠密的. 更一般地, 若 $\mathbb{A}$ 是 $\mathcal{M}$ 中 so 稠密的一个对合子代数, 则 $\mathbb{A}\varphi$ 是在 $\mathcal{M}_*$ 中稠密的.

(2) 证明: 若 $\mathbb{H}$ 或 $\mathcal{M}_*$ 是可分的, 则 $\mathcal{M}$ 具有正规的正忠实线性泛函.

8. 一个 VNA $\mathcal{M}$ 称为 σ 有限的, 若它的每个两两相互正交的投影算子族最多只有可数个元. 此题要证明对于 $\mathbb{H}$ 上的一个 VNA $\mathcal{M}$, 下列命题等价:

(i) $\mathcal{M}$ 是 σ 有限的;

(ii) $\mathcal{M}$ 有可数分离子集;

(iii) $\mathcal{M}$ 具有一个正规忠实的态.

(1) 用 Zorn 引理证明存在 $\mathbb{H}$ 的非零元组成的族 $\{\xi_i\}_{i\in I}$ 使得子空间族 $\{[\mathcal{M}'\xi_i]\}_{i\in I}$ 两两相互正交并且它们的直和等于 $\mathbb{H}$. 由此推出 $\{\xi_i\}_{i\in I}$ 是 $\mathcal{M}$ 的一个分离子集.

(2) 证明: 若 $\mathcal{M}$ 是 σ 有限的, 则 (1) 中的 I 是可数集.

(3) 设 $\{\xi_n\}_{n\geqslant 1}$ 是 $\mathcal{M}$ 的一个分离序列且 $\|\xi_n\|=1$, $\forall n\geqslant 1$, 令

$$\varphi(x)=\sum_{n\geqslant 1}\frac{1}{2^n}\langle\xi_n, x\xi_n\rangle,\quad x\in\mathcal{M}.$$

证明: φ 是 $\mathcal{M}$ 上的一个正规忠实的态.

(4) 设 $\varphi\in\mathcal{M}_*^+$. 证明: 对两两相互正交的投影算子族 $\{e_i\}$, 非零的 $\varphi(e_i)$ 最多是可数的.

9. 设 $\mathcal{M}$ 是 $\mathbb{H}$ 上的一个 VNA.

(1) 证明: 若 $\mathbb{H}$ 是可分的, 则 $\mathcal{B}(\mathbb{H})_*$ 是可分的; 由此推出 $\mathcal{M}_*$ 是可分的.

(2) 设 $\mathcal{M}_*$ 是可分的. 证明存在忠实的态 $\varphi\in\mathcal{M}_*$ 和一个序列 $\{a_n\}\subset\mathcal{M}$ 使得 $\{a_n\varphi\}$ 在 $\mathcal{M}_*$ 中稠密. 设 $(\pi_\varphi,\mathbb{H}_\varphi)$ 是与 φ 有关的 GNS 表示. 证明 $\mathbb{H}_\varphi$ 是可分的且 $\mathcal{M}$ 同构于 $\mathbb{H}_\varphi$ 上的 VNA $\pi_\varphi(\mathcal{M})$.

第5章　非交换 L_p 空间

本章要介绍非交换 L_p 空间的一些基本性质, 主要包括非交换测度空间、非交换 Hölder 不等式和 Minkowski 不等式、非交换 L_p 空间的对偶性、可测算子以及非交换测度空间的张量积等内容. 我们将把非交换 L_p 空间的元描述为关于非交换测度空间的可测算子. 同时还要引入依测度收敛的概念. 此外, 还讨论了可列个非交换概率测度空间的张量积.

5.1　非交换测度空间

为了方便起见, 先回顾一下前述有关 von Neumann 代数 (如前面一样, 简记为 VNA) 的某些记号和内容 (详见第 3、4 章). 设 $\mathbb{H}$ 是一个复 Hilbert 空间, $\mathcal{B}(\mathbb{H})$ 表示 $\mathbb{H}$ 上有界线性算子全体构成的代数. 赋予通常的伴随作为对合运算, $\mathcal{B}(\mathbb{H})$ 成为一个单位 C^* 代数. $\mathcal{B}(\mathbb{H})$ 的单位元是 $\mathbb{H}$ 上的恒等算子, 用 1 表示. 作为 Banach 空间 $\mathcal{B}(\mathbb{H})$ 是一个对偶空间, 它的预对偶是迹算子类. 我们知道, $\mathbb{H}$ 上的一个 VNA 是 $\mathcal{B}(\mathbb{H})$ 的一个 C^* 子代数 $\mathcal{M}$, 它包含 1 且为 w^* 闭的 (即 σ-wo 闭的). 特别地, $\mathcal{M}$ 也是一个对偶 Banach 空间, 其预对偶用 $\mathcal{M}_*$ 表示. $\mathcal{M}$ 上的线性泛函 φ 属于 $\mathcal{M}_*$ 当且仅当它在 $\mathcal{M}$ 上是 σ-wo 连续的. 这样的线性泛函称为正规的. $\mathcal{M}$ 中的正算子全体用 $\mathcal{M}_+$ 表示. 算子 $x \in \mathcal{M}$ 的模 (或绝对值) 定义为 $|x| = (x^*x)^{1/2}$. 我们同样可以定义 x 的模为 $(xx^*)^{1/2}$, 它是 $|x^*|$. 注意, 由于非交换性一般来说 $|x| \neq |x^*|$. 为了区分 $|x|$ 和 $|x^*|$, 有时候分别称它们为 x 的左模和右模.

我们经常要用极分解和谱分解. 设 $x \in \mathcal{B}(\mathbb{H})$, 则存在唯一一对算子 (u, y) 满足如下性质:$x = uy$, $y \in \mathcal{B}(\mathbb{H})_+$ 且 u 是一个部分等距使得 $u^*u = P_{(\ker x)^\perp}$, 其中 $P_{\mathbb{K}}$ 表示 $\mathbb{H}$ 到闭子空间 $\mathbb{K} \subset \mathbb{H}$ 的正交投影. 那么必定有 $y = |x|$ 且 $uu^* = P_{\overline{\mathrm{im}x}}(\mathrm{im}x = x(\mathbb{H}))$. 因此, $x = u|x|$, 它是 x 的极分解 (详见 A.3 节). 令 $r(x) = u^*u$ 且 $\ell(x) = uu^*$. 称 $r(x)$ 和 $\ell(x)$ 分别为 x 的右支撑和左支撑. 注意, $\ell(x)$(相应地, $r(x)$) 是 $\mathcal{B}(\mathbb{H})$ 中满足条件 $ex = x$(相应地, $xe = x$) 的最小投影 e. 如果 x 是自伴的, 则 $\ell(x) = r(x)$. 此时, 这个相同的投影称为 x 的支撑, 记作 $s(x)$. 如果 x 是 VNA$\mathcal{M}$ 中的一个元, 则所有这些与 x 相关的算子都是 $\mathcal{M}$ 中的元. 这是 von Neumann 二次交换子定理的简单推论 (见定理 3.3.1 及其证明).

现在设 $x \in \mathcal{B}(\mathbb{H})_+$, 则 x 具有唯一的谱分解 (或者说, 单位分解):

$$x = \int_0^\infty \lambda \, \mathrm{d}e_\lambda(x).$$

x 的谱测度 $(e_\lambda(x))_\lambda$ 支撑在 $\sigma(x)$ 上. 注意, 算子 $y \in \mathcal{B}(\mathbb{H})$ 与 x 可交换当且仅当 y 与 x 的所有谱投影可交换. 设 φ 是 $\sigma(x)$ 上的一个有界 Borel 函数, 则 Borel 函数演算通过积分公式定义如下一个有界算子 $\varphi(x)$:

$$\varphi(x) = \int_{\sigma(x)} \varphi(\lambda) \mathrm{d} e_\lambda(x).$$

又, 如果 $x \in \mathcal{M}_+$, 则它的谱投影和 $\varphi(x)$ 也都属于 $\mathcal{M}$. 特别地, 对任意 $0 < p < \infty$, $x^p \in \mathcal{M}_+$. 详见 3.4 节.

令 $\mathcal{P}(\mathcal{M})$ 为 $\mathcal{M}$ 中全体投影构成的格. 当没有歧义时通常简单地用 $\mathcal{P}$ 表示 $\mathcal{P}(\mathcal{M})$. 对于 $e \in \mathcal{P}$ 置 $e^\perp = 1 - e$. 给定一族投影 $\{e_i\}_{i\in I} \subset \mathcal{P}$, 通常用 $\bigvee e_i$ 和 $\bigwedge e_i$ 分别表示它的上确界和下确界. 我们知道, $\bigvee e_i$ (分别地, $\bigwedge e_i$) 是从 $\mathbb{H}$ 到闭子空间 $\overline{\mathrm{span}_i} e_i(\mathbb{H})$ (分别地, 闭子空间 $\bigcap e_i(\mathbb{H})$) 的投影. 从而

$$\Big(\bigvee_{i\in I} e_i\Big)^\perp = \bigwedge_{i\in I} e_i^\perp .$$

两个投影 e 和 f 称为等价的, 如果存在一个部分等距 $u \in \mathcal{M}$ 使得 $u^*u = e$ 且 $uu^* = f$. 此时我们记作 $e \sim f$ 并称 e (分别地, f) 为 u 的初始 (分别地, 终端) 投影. 如果 e 等价于 f 的一个子投影, 记作 $e \prec f$. 由极分解我们得到如下一个很有用的结果: 对任意 $x \in \mathcal{M}$ 有 $r(x) \sim \ell(x)$.

定理 5.1.1 设 e 和 f 是 $\mathcal{M}$ 中的两个投影.

(1) $e \vee f - f \sim e - e \wedge f$.

(2) 如果 $e \wedge f = 0$, 则 $e \prec f^\perp$.

证明 (1)

$$\ker(ef^\perp) = f(\mathbb{H}) \oplus [e^\perp(\mathbb{H}) \cap f^\perp(\mathbb{H})] = (f + e^\perp \wedge f^\perp)(\mathbb{H});$$

因此, $r(ef^\perp) = e \vee f - f$ 且 $\ell(f^\perp e) = e \vee f - f$. 后一个等式也蕴涵 $\ell(ef^\perp) = f^\perp \vee e^\perp - e^\perp = e - e \wedge f$. 因为 $r(ef^\perp) \sim \ell(ef^\perp)$, 故 $e \vee f - f \sim e - e \wedge f$.

(2) 有 $e \wedge f = 0$ 等价于 $e^\perp \vee f^\perp = 1$. 故由 (1) 可知

$$e = f^\perp \vee e^\perp - e^\perp \sim f^\perp - f^\perp \wedge e^\perp.$$

因此 $e \prec f^\perp$. □

现在转向本章的中心概念 —— 正规半有限忠实的迹. 我们将使用与 $+\infty$ 运算有关的常规约定, 即, 对 $\lambda > 0$, $\lambda \cdot \infty = \infty$; 对 $\lambda \geqslant 0$, $\lambda + \infty = \infty$ 以及 $0 \cdot \infty = 0$.

定义 5.1.1 令 $\mathcal{M}$ 为一个 VNA.

(1) $\mathcal{M}$ 上的迹是指满足如下条件的映射 $\tau : \mathcal{M}_+ \to [0, \infty]$:

(i) $\forall\, x, y \in \mathcal{M}_+, \forall\, \lambda \in \mathbb{R}_+, \tau(x + \lambda y) = \tau(x) + \lambda \tau(y)$;

(ii) $\forall\, x \in \mathcal{M}, \tau(x^*x) = \tau(xx^*)$.

(2) 迹 τ 称为正规的, 如果对 $\mathcal{M}_+$ 中任一有界单增网 $\{x_i\}$ 有 $\sup\limits_i \tau(x_i) = \tau(\sup\limits_i x_i)$; 称为有限的, 如果 $\tau(1) < \infty$; 称为半有限的, 如果对任一非零元 $x \in \mathcal{M}_+$ 存在一个非零元 $y \in \mathcal{M}_+$ 使得 $y \leqslant x$ 且 $\tau(y) < \infty$; 称为忠实的, 如果 $x \in \mathcal{M}_+$ 使得 $\tau(x) = 0$ 有 $x = 0$.

下面除非明确说明, τ 总是表示 $\mathcal{M}$ 上一个正规半有限忠实的 (简记为 n.s.f.) 迹. 这要求 $\mathcal{M}$ 是半有限的. 当然, 存在非半有限的 VNA(比如, 所有型 III 的 VNA). 前述定义中最关键的是所谓的迹性质 $\tau(x^*x) = \tau(xx^*)$.

注 5.1.1 (1) 迹 τ 是非减的, 即 $0 \leqslant x \leqslant y$ 蕴涵 $\tau(x) \leqslant \tau(y)$. 从而, 如果 τ 是有限的, 则对任意 $x \in \mathcal{M}_+$ 有 $\tau(x) < \infty$. 此时, 显然 τ 可以唯一地延拓为 $\mathcal{M}$ 上的一个线性泛函. 当 τ 为有限时, 我们通常假设它是规范的, 即 $\tau(1) = 1$.

(2) 迹性质蕴涵 τ 是酉不变的, 即对任意 $x \in \mathcal{M}_+$ 和任意酉元 $u \in \mathcal{M}$ 有 $\tau(u^*xu) = \tau(x)$. 事实上,

$$\tau(u^*xu) = \tau((x^{1/2}u)^*\, x^{1/2}u) = \tau(x^{1/2}u\,(x^{1/2}u)^*) = \tau(x).$$

(3) 如果 τ 是 $\mathcal{M}$ 上一个正规忠实规范的迹 (即一个正规忠实的迹态), 称 $(\mathcal{M}, \tau)$ 为一个非交换概率空间. 类似地, 如果 τ 是 $\mathcal{M}$ 上一个 n.s.f. 迹, 我们有时候说 $(\mathcal{M}, \tau)$ 是一个非交换测度空间.

以后我们将经常用到下列关于 n.s.f. 迹的基本性质.

定理 5.1.2 设 $(\mathcal{M}, \tau)$ 是一个非交换测度空间.

(1) 设 e 和 f 是 $\mathcal{M}$ 中两个等价的投影, 则 $\tau(e) = \tau(f)$.

(2) 对任意一族投影 $\{e_i\}_{i\in I} \subset \mathcal{P}$, 有

$$\tau\Big(\bigvee_{i\in I} e_i\Big) \leqslant \sum_{i\in I} \tau(e_i).$$

如果 $\{e_i\}_{i\in I}$ 还是两两相互正交的, 则

$$\tau\Big(\bigvee_{i\in I} e_i\Big) = \sum_{i\in I} \tau(e_i).$$

(3) 设 $\{e_n\} \subset \mathcal{P}$ 是一个递减的序列, 使得对某个 n_0 有 $\tau(e_{n_0}) < \infty$. 令 $e = \bigwedge\limits_n e_n$, 则

$$\tau(e) = \lim_{n\to\infty} \tau(e_n).$$

证明 (1) 直接由 τ 的迹性质可得. 为了证明 (2) 的第一部分, 由归纳法和 τ 的正规性, 只需证明两个投影的情况. 设 $e, f \in \mathcal{P}$. 要证明 $\tau(e \vee f) \leqslant \tau(e) + \tau(f)$.

如果 $\tau(e) = \infty$ 或者 $\tau(f) = \infty$, 这个结论是平凡的. 现在假设二者都是有限的. 则由定理 1.1.1 (1) 有 $\tau(e \vee f) - \tau(f) = \tau(e) - \tau(e \wedge f)$, 从而

$$\tau(e \vee f) = \tau(f) + \tau(e) - \tau(e \wedge f) \leqslant \tau(e) + \tau(f).$$

下证第二部分. 因为 $\{e_i\}_{i \in I}$ 两两相互正交, 有

$$\bigvee_{i \in I} e_i = \sum_{i \in I} e_i = \sup_{J \subset I, J\text{有限}} \sum_{i \in J} e_i.$$

从而,

$$\tau\Big(\bigvee_{i \in I} e_i\Big) = \sup_{J \subset I, J\text{有限}} \sum_{i \in J} \tau(e_i) = \sum_{i \in I} \tau(e_i).$$

为证 (3) 首先注意, 对所有 $n \geqslant n_0$ 有 $\tau(e_n) < \infty$. 令 $x_n = e_{n_0} - e_n$, 则 $\{x_n\}_{n \geqslant n_0}$ 是一个正算子的有界递增序列且 $\sup\limits_{n \geqslant n_0} x_n = e_{n_0} - e$. 因此, 由正规性有

$$\tau(e_{n_0} - e) = \sup_{n \geqslant n_0} \tau(x_n) = \tau(e_{n_0}) - \lim_{n \to \infty} \tau(e_n);$$

从而 $\tau(e) = \lim \tau(e_n)$. □

定义 5.1.2　定义

(1) 投影 $e \in \mathcal{P}$ 称为 τ 有限的, 如果 $\tau(e) < \infty$.

(2) 令 $\mathcal{S}_+(\mathcal{M}) = \{x \in \mathcal{M}_+ : \tau(s(x)) < \infty\}$ 且 $\mathcal{S}(\mathcal{M})$ 是 $\mathcal{S}_+(\mathcal{M})$ 的线性组合. $\mathcal{S}(\mathcal{M})$ 中的元称为 τ 有限支撑的.

通常分别用 $\mathcal{S}_+$ 和 $\mathcal{S}$ 简单地表示 $\mathcal{S}_+(\mathcal{M})$ 和 $\mathcal{S}(\mathcal{M})$. 下列性质表明, $\mathcal{M}$ 具有充分多的 τ 有限支撑元.

定理 5.1.3　设 $(\mathcal{M}, \tau)$ 是一个非交换测度空间.

(1) 存在 $\mathcal{M}$ 中的一族单增的投影 $\{e_i\}_{i \in I}$ 使得, 对每个 $i \in I$ 有 $\tau(e_i) < \infty$ 且按强算子拓扑 $\{e_i\}_{i \in I}$ 收敛到 1, 即 $\bigvee\limits_{i \in I} e_i = 1$.

(2) 算子 $x \in \mathcal{M}$ 属于 $\mathcal{S}$ 当且仅当存在一个 τ 有限的投影 e 使得 $\ell(x) \vee r(x) \leqslant e$ (或者等价地, $exe = x$).

(3) $\mathcal{S}$ 是 $\mathcal{M}$ 中按强算子拓扑稠密的一个对合理想.

(4) 迹 τ 可以唯一地延拓为 $\mathcal{S}$ 上的一个线性泛函, 仍记作 τ, 它满足

$$\tau(x^*) = \overline{\tau(x)} \quad \text{且} \quad \tau(xy) = \tau(yx), \quad x, y \in \mathcal{S}.$$

(5) 设 $x \in \mathcal{S}$, 则对任意 $0 < p < \infty$ 有 $|x|^p \in \mathcal{S}$. 更一般地, 如果 φ 是 $|x|$ 的谱集 $\sigma(|x|)$ 上的一个有界 Borel 函数且 $\varphi(0) = 0$, 则 $\varphi(|x|) \in \mathcal{S}$.

证明　(1) 令 $\mathcal{F}$ 为相互正交的 τ 有限投影族构成的集合. 赋予序关系为包含关系, $\mathcal{F}$ 显然是一个偏序集. 因此, 由 Zorn 引理 $\mathcal{F}$ 有一个极大元 $\{f_i\}_{i \in I}$. 令

$$f = \sum_{i \in I} f_i.$$

有 $f = 1$. 否则, $f^{\perp} \neq 0$; 那么由 τ 的半有限性知存在一个非零的 $y \in \mathcal{M}_+$ 使得 $y \leqslant f^{\perp}$ 且 $\tau(y) < \infty$. 令 $\lambda > 0$ 且 $e = \mathbb{1}_{(\lambda,\infty)}(y)$ 为 y 对应于区间 (λ, ∞) 的谱投影, 则当 λ 充分小时 $e \neq 0$. 另一方面, 由 $e \leqslant \lambda^{-1} y$ 知 $e \leqslant f^{\perp}$. 因此, $\{f_i\}_{i \in I} \cup \{e\}$ 是 $\mathcal{F}$ 的一个元, 它严格大于 $\{f_i\}_{i \in I}$, 这与 $\{f_i\}_{i \in I}$ 的极大性矛盾. 故 $f = 1$. 现在, 对任意有限子集 $J \subset I$, 令 $e_J = \sum\limits_{i \in J} f_i$. 那么 $\tau(e_J) < \infty$ 且当 J 趋于 I 时, $\{e_J\}$ 按强算子拓扑趋于 1. 重新排列所得到的族 $\{e_J : J \subset I \text{ 有限}\}$, 可以得到所需的投影算子族.

(2) 给定 $x \in \mathcal{S}$, 记

$$x = \sum_{k=1}^{n} \lambda_k x_k, \quad \text{其中} \quad \lambda_k \in \mathbb{C},\ x_k \in \mathcal{S}_+,\ 1 \leqslant k \leqslant n.$$

令 $e = \bigvee\limits_{1 \leqslant k \leqslant n} s(x_k)$, 则对所有 k 有 $e x_k e = x_k$; 从而 $exe = x$. 另一方面, 由定理 5.1.2(2) 有

$$\tau(e) \leqslant \sum_{k=1}^{n} \tau(s(x_k)) < \infty.$$

因此, e 是对 x 满足要求的投影. 反之, 假设 $e \in \mathcal{P}$ 使得 $exe = x$ 且 $\tau(e) < \infty$. 将 x 看成被 e 约化的 VNA$e\mathcal{M}e$ 中的一个元, 可以将 x 分解为 $e\mathcal{M}e$ 中四个正元的线性组合, 即存在支撑在 e 上的四个元 $x_k \in \mathcal{M}_+$ 使得 $x = (x_1 - x_2) + \mathrm{i}(x_3 - x_4)$. 特别地, $s(x_k) \leqslant e$. 这说明 $x_k \in \mathcal{S}_+$. 因此, $x \in \mathcal{S}$.

(3) 由定义知 $\mathcal{S}$ 是 $\mathcal{M}$ 的一个向量子空间且关于对合是封闭的 (即 $x \in \mathcal{S}$ 蕴涵 $x^* \in \mathcal{S}$). 我们下面证明 $\mathcal{S}$ 是一个理想. 令 $x \in \mathcal{S}$ 且 $a \in \mathcal{M}$. 又令 e 是一个 τ 有限的投影使得 $exe = x$, 则 $r(ax) \leqslant e$. 因为 $r(ax) \sim \ell(ax)$ 知 $\tau(\ell(ax)) < \infty$. 这说明 $ax \in \mathcal{S}$. 同理可知 $xa \in \mathcal{S}$.

为了证明 $\mathcal{S}$ 在 $\mathcal{M}$ 中是强稠密的, 令 $\{e_i\}$ 为在 (1) 中获得的一族投影, 则对任意 $x \in \mathcal{M}_+$, $\{e_i x e_i\}$ 强收敛到 x. 进一步, $e_i x e_i \in \mathcal{S}_+$. 故, $\mathcal{S}_+$ 在 $\mathcal{M}_+$ 中是强稠密的; 由此可知 $\mathcal{S}$ 在 $\mathcal{M}$ 中是强稠密的.

(4) 令 $x \in \mathcal{S}_+$. 则 $x \leqslant \|x\| s(x)$. 从而 $\tau(x) \leqslant \|x\| \tau(s(x)) < \infty$. 故 τ 可以延拓为 $\mathcal{S}$ 上的一个线性泛函. (4) 中第一个等式是平凡的. 第二个等式由 τ 的迹性质和下述极化恒等式可得

$$xy = \frac{1}{4} \sum_{k=0}^{3} (-\mathrm{i})^k (x^* + \mathrm{i}^k y)^* (x^* + \mathrm{i}^k y).$$

(5) 令 $x \in \mathcal{S}$ 且 $e \in \mathcal{P}$ 使得 $exe = x$ 且 $\tau(e) < \infty$. 在约化 VNA$e\mathcal{M}e$ 中考虑, 我们看到 $\varphi(|x|)$ 仍然属于 $e\mathcal{M}e$. 从而, $\varphi(|x|) \in \mathcal{S}$. □

注 5.1.2　假设 $\tau(1)<\infty$ 且令 $x\in\mathcal{M}_+$. 由定理 1.3.2 知, 由 x 生成的 $\mathcal{M}$ 中的单位 C^* 子代数同构于 $C(\sigma(x))$. 迹 τ 在这个子代数上的限制是一个正线性泛函. 则由 Riesz 表示定理知, 存在 $\sigma(x)$ 上唯一的正 Borel 测度 μ 使得

$$\tau(\varphi(x))=\int_{\sigma(x)}\varphi(\lambda)\,\mathrm{d}\mu(\lambda),\quad \varphi\in C(\sigma(x)).$$

这个测度称为 x 关于 τ 的分布测度. 由 τ 的忠实性可知, 该测度的支集是 $\sigma(x)$. 如果 $x=\displaystyle\int_0^\infty\lambda\mathrm{d}e_\lambda$ 是 x 的谱分解, 则测度 μ 是谱测度 $\{e_\lambda\}$ 与 τ 复合生成的, 即 $\mathrm{d}\mu(\lambda)=\mathrm{d}\tau(e_\lambda)$. 因此, 上述等式可以写成

$$\tau(\varphi(x))=\int_{\sigma(x)}\varphi(\lambda)\,\mathrm{d}\tau(e_\lambda).$$

注意, 这些等式对于 $\mathbb{R}_+$ 上任意有界 Borel 函数也成立. 又如, τ 不是有限的, 上述结论对于 $x\in\mathcal{S}_+$ 仍然成立, 此时只需取代 $\mathcal{M}$ 考虑约化 VNA$s(x)\mathcal{M}s(x)$ 即可.

5.2　非交换 Hölder 不等式

本节要引入关于半有限 VNA 的非交换 L_p 空间, 它定义为 $\mathcal{S}$ 关于 $\|\cdot\|_p$ 的完备化. 在本节中, $\mathcal{M}$ 始终表示一个 VNA 并赋予了一个 n.s.f. 迹 τ. 我们沿用 5.1 节的所有记号. 特别地, $\mathcal{S}$ 是 $\mathcal{M}$ 的强稠密的对合理想 (见定理 5.1.3).

定义 5.2.1　令 $0<p<\infty$ 且 $x\in\mathcal{S}$. 定义

$$\|x\|_p=\left(\tau(|x|^p)\right)^{1/p}.$$

注意, 由定理 5.1.3 (5) 知 $|x|^p\in\mathcal{S}$. 因此, $\tau(|x|^p)<\infty$, 从而 $\|\cdot\|_p$ 是 $\mathcal{S}$ 上的一个正泛函. 我们将证明 $\|\cdot\|_p$ (对 $p\geqslant1$) 和 $\|\cdot\|_p^p$(对 $p<1$) 满足三角不等式. 这意味着当 $p\geqslant1$ 时 $\|\cdot\|_p$ 是一个范数且当 $p<1$ 时 $\|\cdot\|_p$ 是一个 p 范数. 证明的主要困难是要将经典的 Hölder 不等式推广到现在的非交换情形.

定理 5.2.1　令 $0<p<\infty$. 则对任意 $x\in\mathcal{S}$ 有

$$\|x\|_p=\||x|\|_p=\|x^*\|_p.$$

证明　由定义有 $\|x\|_p=\||x|\|_p$. 现令 $x=u|x|$ 为 x 的极分解. 此时有 $u|x|u^*=|x^*|$, 则由归纳法知, 对任意正整数 n 有 $u|x|^nu^*=|x^*|^n$, 从而对任一多项式 P 有 $uP(|x|)u^*=P(|x^*|)$. 因此, 对 $\mathbb{R}$ 上任一连续函数 φ 有 $u\varphi(|x|)u^*=\varphi(|x^*|)$. 特别地, $u|x|^pu^*=|x^*|^p$. 故由 τ 的迹性质知

$$\|x^*\|_p^p=\tau(|x^*|^p)=\tau(u|x|^pu^*)=\tau(|x|^p)=\|x\|_p^p.$$

结论得证. □

定理 5.2.2 令 $1 \leqslant p < \infty$ 且 p' 为 p 的共轭指标. 令 $\|\cdot\|_\infty$ 为算子范数.

(1) 下述 Hölder 不等式成立:

$$|\tau(xy)| \leqslant \|x\|_p \|y\|_{p'}, \quad x, y \in \mathcal{S}. \tag{5.2.1}$$

(2) 我们有

$$\|x\|_p = \sup\{|\tau(xy)| \ : \ y \in \mathcal{S}, \ \|y\|_{p'} \leqslant 1\}, \quad x \in \mathcal{S}. \tag{5.2.2}$$

(3) 下述 Minkowski 不等式成立:

$$\|x+y\|_p \leqslant \|x\|_p + \|y\|_p, \quad x, y \in \mathcal{S}.$$

从而, $\|\cdot\|_p$ 是 $\mathcal{S}$ 上的一个范数.

证明 (1) 首先证明不等式 (5.2.1) 对正的 x 和 y 成立. 将这种情形归结为 x 和 y 都是相互正交的投影的线性组合的情况. 事实上, 由推论 3.4.2 可以找到一个单增序列 $\{x_n\}$ 满足下列性质: $0 \leqslant x_n \leqslant x$, 每个 x_n 都是 x 的相互正交的谱投影的线性组合且 $\|x - x_n\| \to 0$. 从而, $x_n^p \leqslant x^p$, 因而对所有 n 有 $\|x_n\|_p \leqslant \|x\|_p$. 可以找到相应于 y 的一个类似的序列 $\{y_n\}$. 于是

$$\begin{aligned}|\tau(xy) - \tau(x_n y_n)| \leqslant & |\tau((x-x_n)y)| + |\tau(x_n(y-y_n))| \\ = & |\tau(y^{1/2}(x-x_n)y^{1/2})| \\ & + |\tau(x_n^{1/2}(y-y_n)x_n^{1/2})| \\ \leqslant & \|x-x_n\|\tau(y) + \|y-y_n\|\tau(x_n).\end{aligned}$$

这推出 $\lim\limits_n \tau(x_n y_n) = \tau(xy)$. 故, 如果不等式 (5.2.1) 对 x_n 和 y_n 成立, 那么通过取极限可知不等式 (5.2.1) 对 x 和 y 也成立.

因此令

$$x = \sum_{k=1}^{n} \alpha'_k e'_k,$$

其中, $\alpha'_k \in \mathbb{R}_+$ 且 $\{e'_k\}$ 是相互正交的 τ 有限的投影序列. 通过重排, 可以假定 $\{\alpha'_k\}$ 是递减的. 令

$$\alpha_k = \alpha'_k - \alpha'_{k+1} \quad 且 \quad e_k = e'_1 + \cdots + e'_k,$$

其中 $1 \leqslant k \leqslant n$ 且 $\alpha'_{n+1} = 0$, 则 $\{e_k\}$ 是一个递增的投影序列且

$$x = \sum_{k=1}^{n} \alpha_k e_k.$$

同理, 可以将 y 写作

$$y=\sum_{k=1}^{n}\beta_k f_k,$$

其中 $\beta_k\in\mathbb{R}_+$ 且 $\{f_k\}$ 是一个单增的 τ 有限的投影序列. 可以注意到, 对任意两个投影 e 和 f 有

$$\tau(ef)\leqslant\min\big(\tau(e),\ \tau(f)\big).$$

事实上, 这从不等式 $\tau(ef)=\tau(efe)\leqslant\tau(e)$ 立即可得. 故,

$$\tau(xy)=\sum_{j,k=1}^{n}\alpha_j\beta_k\tau(e_jf_k)\leqslant\sum_{j,k=1}^{n}\alpha_j\beta_k\min\big(\tau(e_j),\ \tau(f_k)\big).$$

现在定义 $\mathbb{R}_+$ 上两个函数 $\widetilde{x}$ 和 $\widetilde{y}$ 如下:

$$\widetilde{x}=\sum_{k=1}^{n}\alpha_k\mathbb{1}_{[0,\tau(e_k)]}\quad 且\quad \widetilde{y}=\sum_{k=1}^{n}\beta_k\mathbb{1}_{[0,\tau(f_k)]}\,.$$

因为 $\{\tau(e_k)\}_k$ 和 $\{\tau(f_k)\}_k$ 是非降的, 我们有

$$\|x\|_p=\|\widetilde{x}\|_{L_p(\mathbb{R}_+)}\quad 且\quad \|y\|_{p'}=\|\widetilde{y}\|_{L_{p'}(\mathbb{R}_+)}\,.$$

另一方面,

$$\int_0^{\infty}\widetilde{x}(t)\widetilde{y}(t)\mathrm{d}t=\sum_{j,k=1}^{n}\alpha_j\beta_k\min\big(\tau(e_j),\ \tau(f_k)\big).$$

因此, 由经典的 Hölder 不等式有

$$\tau(xy)\leqslant\|\widetilde{x}\|_{L_p(\mathbb{R}_+)}\|\widetilde{y}\|_{L_{p'}(\mathbb{R}_+)}=\|x\|_p\|y\|_{p'}\,.$$

这证明了不等式 (5.2.1) 对正元 x 和 y 成立.

为了处理一般情形, 首先注意到 $(x,y)\mapsto\tau(xy^*)$ 是 $\mathcal{S}$ 上的一个半双线性泛函. 从而, 下述 Cauchy-Schwarz 不等式成立:

$$|\tau(xy^*)|^2\leqslant\tau(x^*x)\tau(y^*y),\quad x,\,y\in\mathcal{S}.$$

现在记 x 和 y 的极分解为: $x=u|x|$ 且 $y=v|y|$, 则由迹性质有

$$\tau(xy)=\tau(u|x|v|y|)=\tau\big[(|y|^{\frac12}u|x|^{\frac12})(|x|^{\frac12}v|y|^{\frac12})\big].$$

因此, 由上述 Cauchy-Schwarz 不等式可得

$$|\tau(xy)|^2\leqslant\tau(|x|^{\frac12}u^*|y|u|x|^{\frac12})\,\tau(|x|^{\frac12}v|y|v^*|x|^{\frac12})$$

$$
\begin{aligned}
&= \tau(u|x|u^*|y|)\,\tau(|x|v|y|v^*) \\
&= \tau(|x^*|\,|y|)\,\tau(|x|\,|y^*|),
\end{aligned}
$$

这里我们使用了等式 $u|x|u^* = |x^*|$. 故, 由不等式 (5.2.1) 对正元成立和定理 5.2.1 我们推得不等式 (5.2.1) 在一般情形下成立.

(2) 由 (1) 中的 Hölder 不等式可知

$$
\sup\{|\tau(xy)| \;:\; y \in \mathcal{S},\ \|y\|_{p'} \leqslant 1\} \leqslant \|x\|_p \,.
$$

要证明上述上确界可以由 $y = |x|^{p-1}u^*/\|x\|_p^{p-1}$ 达到, 其中 u 是 x 的极分解中的部分等距算子. 事实上, 有

$$
yy^* = \frac{|x|^{p-1}u^*u|x|^{p-1}}{\|x\|_p^{2p-2}} = \frac{|x|^{2p-2}}{\|x\|_p^{2p-2}}\,.
$$

由定理 5.2.1 知 $\|y\|_{p'}^{p'} = \tau(|y^*|^{p'}) = 1$. 另一方面,

$$
\tau(xy) = \frac{\tau(x|x|^{p-1}u^*)}{\|x\|_p^{p-1}} = \frac{\tau(|x|^p)}{\|x\|_p^{p-1}} = \|x\|_p \,.
$$

因此, (5.2.2) 成立.

(3) 由 τ 的忠实性可知对任意非零的 x 有 $\|x\|_p > 0$. 另一方面, (5.2.2) 表明 $\|\cdot\|_p$ 满足三角不等式, 即 Minkowski 不等式成立. 因此, $\|\cdot\|_p$ 是 $\mathcal{S}$ 上的一个范数. □

引理 5.2.1 令 $x \in \mathcal{S}$ 和 $a, b \in \mathcal{M}$, 则对 $0 < p < \infty$ 有 $\|axb\|_p \leqslant \|a\|\,\|x\|_p\,\|b\|$. 从而, $\|\cdot\|_p$ 是酉不变的.

证明 只需证明 $\|ax\|_p \leqslant \|a\|\,\|x\|_p$, 然后由伴随和定理 5.2.1 可得 $\|xb\|_p \leqslant \|x\|_p\,\|b\|$.

首先考虑 $p \leqslant 2$ 的情形. 于是

$$
\|ax\|_p^p = \tau\big((x^*a^*ax)^{p/2}\big) \leqslant \|a\|^p\tau\big((x^*x)^{p/2}\big) = \|a\|^p\|x\|_p^p\,,
$$

这里我们使用了函数 $y \mapsto y^\alpha$ 对 $0 < \alpha \leqslant 1$ 在 $\mathcal{M}_+$ 上是算子单调的事实 (参见第 1 章习题的第 7 题).

情形 $p > 2$ 用对偶性和不等式 (5.2.2) 处理. 令 $y \in \mathcal{S}$, 则由非交换 Hölder 不等式 (5.2.1) 和上述情形应用于 p' 可知

$$
|\tau(axy)| = |\tau(xya)| \leqslant \|x\|_p\|ya\|_{p'} \leqslant \|x\|_p\|y\|_{p'}\|a\|;
$$

从而, $\|ax\|_p \leqslant \|a\|\,\|x\|_p$. □

现在转向 $p<1$ 的情形. 我们的目标是要证明 $\|\cdot\|_p$ 是一个 p 范数. 再次由 τ 的忠实性可知, 只需证明, 对所有 $x,y\in\mathcal{S}$ 有 $\|x+y\|_p^p\leqslant\|x\|_p^p+\|y\|_p^p$. 我们需要下面两个著名的不等式. 第一个是算子 Jensen 不等式, 第二个是有关算子模的三角不等式的一种替代形式, 这是因为一般地算子模的三角不等式是不成立的.

引理 5.2.2　令 $0<p<1$ 且 $x,a\in\mathcal{B}(\mathbb{H})$ 使得 $x\geqslant 0$ 且 $\|a\|\leqslant 1$, 则

$$ax^pa^*\leqslant(axa^*)^p.$$

证明　令 $b=(1-aa^*)^{1/2}$ 和 $c=(1-a^*a)^{1/2}$, 则 $a^*b=ca^*$ 且 $ba=ac$. 事实上, 由归纳法可知, 对每个 $n\in\mathbb{N}$ 有 $a^*b^{2n}=c^{2n}a^*$, 从而由连续函数演算我们得到 $a^*b=ca^*$. 令 $\mathbb{K}=\mathbb{H}\oplus\mathbb{H}$ 并考虑 $\mathbb{K}$ 上两个如下算子:

$$U=\begin{pmatrix} a & b \\ c & -a^* \end{pmatrix}\quad 和\quad X=\begin{pmatrix} x & 0 \\ 0 & 0 \end{pmatrix}.$$

由上述已知结果我们可知 U 是酉算子. 又

$$U^*XU=\begin{pmatrix} a^*xa & a^*xb \\ b^*xa & b^*xb \end{pmatrix}.$$

现在给定 $\varepsilon>0$ 和 $\lambda>0$. 令

$$Y=\begin{pmatrix} a^*xa+\varepsilon & 0 \\ 0 & 2\lambda \end{pmatrix},$$

则当 $\lambda\geqslant\max(\|x\|,\varepsilon^{-1}\|d\|)$ 时,

$$Y-U^*XU\geqslant\begin{pmatrix} \varepsilon & d \\ d^* & \lambda \end{pmatrix}\geqslant 0,$$

其中 $d=-a^*xb$. 因此, 由于 $0<p<1$, 由函数 $x\mapsto x^p$ 是算子单调性的可知

$$U^*X^pU=(U^*XU)^p\leqslant Y^p,$$

即

$$\begin{pmatrix} a^*x^pa & a^*x^pb \\ b^*x^pa & b^*x^pb \end{pmatrix}\leqslant\begin{pmatrix} (a^*xa+\varepsilon)^p & 0 \\ 0 & (2\lambda)^p \end{pmatrix}.$$

故, $a^*x^pa\leqslant(a^*xa+\varepsilon)^p$. 从而令 $\varepsilon\to 0$ 可得 $a^*x^pa\leqslant(a^*xa)^p$.　□

引理 5.2.3　对任意两个 $x,y\in\mathcal{M}$ 都存在两个等距算子 $u,v\in\mathcal{M}$ 使得

$$|x+y|\leqslant u|x|u^*+v|y|v^*.$$

证明 首先证明, 对任意 $z \in \mathcal{M}$ 都存在一个等距算子 $w \in \mathcal{M}$ 使得 $\mathrm{Re}(z)_+ \leqslant w|z|w^*$, 这里 $\mathrm{Re}(z)$ 表示 z 的实部且 $\mathrm{Re}(z)_+$ 表示 $\mathrm{Re}(z)$ 的正部. 为此, 令 $z = u_0|z|$ 为 z 的极分解且 $e = s(\mathrm{Re}(z)_+)$, 即 $\mathrm{Re}(z)_+$ 的支撑. 令 $a = e(|z| + z) = e(1 + u_0)|z|$ 且它的极分解为 $a = v_0|a|$. 要证明, a 和 a^* 在 $e(\mathbb{H})$ 上是单射. 事实上, 令 $\xi \in e(\mathbb{H})$ 使得 $a\xi = 0$, 则

$$
\begin{aligned}
0 = \langle \xi,\, a\xi\rangle &= \langle \xi,\, (|z| + z)\xi\rangle = \langle \xi,\, (|z| + \mathrm{Re}(z))\xi\rangle \\
&\geqslant \langle \xi,\, \mathrm{Re}(z)\xi\rangle = \langle \xi,\, \mathrm{Re}(z)_+\xi\rangle.
\end{aligned}
$$

从而 $\xi = 0$, 因为 $\mathrm{Re}(z)_+$ 在 $e(\mathbb{H})$ 上是单射. 因此 a 在 $e(\mathbb{H})$ 上是单射. 同理可证, a^* 在 $e(\mathbb{H})$ 上是单射. 从而, $v_0^*v_0$ 和 $v_0v_0^*$ 在 $e(\mathbb{H})$ 上也是单射. 因为 $v_0v_0^* \leqslant e$, 有 $v_0v_0^* = e$. 令 $f = v_0^*v_0$, 则 $f^\perp(\mathbb{H}) \cap e(\mathbb{H}) = \{0\}$. 因此, $f^\perp e = 0$. 故, 由定理 5.1.1(2) 知存在一个部分等距 w_0 使得 $w_0^*w_0 = f^\perp$ 且 $w_0w_0^* \leqslant e^\perp$. 令 $w = v_0 + w_0$. 那么 w 是 $\mathcal{M}$ 中的一个等距算子. 另一方面,

$$
\begin{aligned}
4\mathrm{Re}(z)_+ &= 2e(z + z^*)e = 2e(u_0|z| + |z|u_0^*)e \\
&= e[(1 + u_0)|z|(1 + u_0)^* - (1 - u_0)|z|(1 - u_0)^*]e \\
&\leqslant e(1 + u_0)|z|(1 + u_0)^*e \\
&= [e(1 + u_0)|z|(1 + u_0)^*e(1 + u_0)|z|(1 + u_0)^*e]^{1/2} \\
&\leqslant 2[e(1 + u_0)|z|^2(1 + u_0)^*e]^{1/2} \\
&= 2(aa^*)^{1/2} = 2(w|a|^2w^*)^{1/2} = 2(wa^*aw^*)^{1/2} \\
&= 2[w|z|(1 + u_0)^*e(1 + u_0)|z|w^*]^{1/2} \\
&\leqslant 4[w|z|^2w^*]^{1/2} = 4w|z|w^*\,.
\end{aligned}
$$

因此, $\mathrm{Re}(z)_+ \leqslant w|z|w^*$.

现在给定 $x, y \in \mathcal{M}$ 且令 $x + y = u_1|x + y|$ 为 $x + y$ 的极分解. 那么

$$
\begin{aligned}
|x + y| &= \frac{1}{2}\left(u_1^*(x + y) + (x + y)^*u_1\right) \\
&= \mathrm{Re}(u_1^*x) + \mathrm{Re}(u_1^*y) \\
&\leqslant \mathrm{Re}(u_1^*x)_+ + \mathrm{Re}(u_1^*y)_+\,.
\end{aligned}
$$

将上述结果应用于 u_1^*x 和 u_1^*y, 我们获得两个等距算子 u 和 v 使得

$$
\mathrm{Re}(u_1^*x)_+ \leqslant u|u_1^*x|u^* \quad 且 \quad \mathrm{Re}(u_1^*y)_+ \leqslant v|u_1^*y|v^*.
$$

但是, $|u_1^*x| \leqslant |x|$ 且 $|u_1^*y| \leqslant |y|$. 故我们得到所需不等式. □

定理 5.2.3 令 $0 < p < 1$, 则对任意 $x, y \in \mathcal{S}$ 有

$$
\|x + y\|_p^p \leqslant \|x\|_p^p + \|y\|_p^p.
$$

从而, $\|\cdot\|_p$ 是一个 p 范数, 特别地, 它是一个拟范数.

证明 首先考虑正算子的情形. 令 $x,y\in\mathcal{S}$ 为两个正算子. 因为 $x,y\leqslant x+y$, 我们可以找到 $\mathcal{M}$ 中两个收缩算子 a 和 b 使得

$$x^{1/2}=a(x+y)^{1/2},\quad y^{1/2}=b(x+y)^{1/2},\quad a^*a+b^*b=s(x+y),$$

则

$$\begin{aligned}\|x+y\|_p^p=&\tau\big((x+y)^{p/2}(a^*a+b^*b)(x+y)^{p/2}\big)\\=&\tau\big((x+y)^{p/2}a^*a(x+y)^{p/2}\big)\\&+\tau\big((x+y)^{p/2}b^*b(x+y)^{p/2}\big)\\=&\tau\big(a(x+y)^pa^*\big)+\tau\big(b(x+y)^pb^*\big).\end{aligned}$$

由引理 5.2.2 和 a 的选取, 有

$$\tau\big(a(x+y)^pa^*\big)\leqslant\tau\big((a(x+y)a^*)^p\big)=\tau(x^p).$$

同样可以考虑包含 b 的那一项. 故此情况的 p 范数不等式得证.

现在考虑任意两个算子 $x,y\in\mathcal{S}$. 如在引理 5.2.3 中选取两个等距 u 和 v. 由已证的情形和引理 5.2.1 我们有

$$\begin{aligned}\|x+y\|_p^p&\leqslant\|u|x|u^*+v|y|v^*\|_p^p\\&\leqslant\|u|x|u^*\|_p^p+\|v|y|v^*\|_p^p\leqslant\|x\|_p^p+\|y\|_p^p.\end{aligned}$$

结论得证. □

因此, $(\mathcal{S},\|\cdot\|_p)$ 对于 $1\leqslant p<\infty$ 是赋范空间, 对于 $0<p<1$ 是拟赋范空间. 在后一情形, $d_p(x,y)=\|x-y\|_p^p$ 定义了 $\mathcal{S}$ 上的一个距离.

定义 5.2.2 令 $0<p<\infty$. 相应于非交换测度空间 $(\mathcal{M},\tau)$ 的非交换 L_p 空间 $L_p(\mathcal{M},\tau)$ 定义为 $(\mathcal{S},\|\cdot\|_p)$ 的完备化.

以后在不混淆的情况下, 简单地用 $L_p(\mathcal{M})$ 表示 $L_p(\mathcal{M},\tau)$. 如同交换情形一样, 后面要用可测算子描述 $L_p(\mathcal{M})$ 中的元. 另外, 为了方便起见, 令 $L_\infty(\mathcal{M})=\mathcal{M}$, 其范数为算子范数, 即 $\|x\|_\infty=\|x\|$.

下述结果是非交换 Hölder 不等式的完整形式.

定理 5.2.4 令 $0<r,p,q\leqslant\infty$ 使得 $1/r=1/p+1/q$, 则

$$\|xy\|_r\leqslant\|x\|_p\,\|y\|_q,\quad x,y\in\mathcal{S}.\tag{5.2.3}$$

不等式 (5.2.3) 在 $r<1$ 情形的证明需要如下辅助引理.

引理 5.2.4 沿用上述定理的假设条件.

(1) 如果 $e \in \mathcal{S}_+$ 是一个投影, 则

$$\|ey\|_r \leqslant \tau(e)^{1/p} \|ey\|_q, \quad y \in \mathcal{S}.$$

(2) 设 $q \geqslant 2$. 如果 $e_1, \cdots, e_n$ 是 $\mathcal{S}$ 中两两相互正交的投影, 则

$$\left(\sum_{i=1}^n \|e_i y\|_q^q\right)^{1/q} \leqslant \|y\|_q, \quad y \in \mathcal{S}.$$

证明 (1) 重新将 $\|ey\|_r$ 记作如下形式:

$$\|ey\|_r = \tau\big((eyy^*e)^{r/2}\big)^{1/r} = \|z\|_{r/2}^{1/2},$$

其中 $z = eyy^*e$. 考虑由 e 约化的 VNA$\mathcal{M}_e = e\mathcal{M}e$. 限制在 $\mathcal{M}_e$ 上 τ 变成一个有限的迹. 另一方面, z 是 $\mathcal{M}_e$ 的一个正元, 因此它可以看作其谱集 $\sigma(z)$ 上的一个连续函数. 进一步, 迹 τ 诱导 $\sigma(z)$ 上的一个有限正 Borel 测度 μ (见注 5.1.2), 则推得

$$\|z\|_{r/2} = \|z\|_{L_{r/2}(\sigma(z), \mu)}.$$

因此, 由函数形式的 Hölder 不等式可得

$$\begin{aligned}\|z\|_{r/2} &\leqslant \mu(\sigma(z))^{2/p} \|z\|_{L_{q/2}(\sigma(z), \mu)} \\ &= \tau(e)^{2/p} \|z\|_{q/2} = \tau(e)^{2/p} \|ey\|_q^2.\end{aligned}$$

故可以得到所需的不等式.

(2) 由 $\{e_i\}$ 的相互正交性, 有

$$\begin{aligned}\sum_{i=1}^n \|e_i y\|_q^q &= \tau\left[\sum_{i=1}^n (e_i yy^* e_i)^{q/2}\right] = \tau\left[\left(\sum_{i=1}^n e_i yy^* e_i\right)^{q/2}\right] \\ &= \left\|\sum_{i=1}^n e_i yy^* e_i\right\|_{q/2}^{q/2}.\end{aligned}$$

现在令 $\{\varepsilon_i\}$ 是概率空间 (Ω, P) 上的一个 Rademacher 序列, 即一个独立的随机变量序列使得对所有 i 有 $P(\varepsilon_i = 1) = P(\varepsilon_i = -1) = 1/2$. 对 $\omega \in \Omega$ 令

$$u(\omega) = e^{\perp} + \sum_{i=1}^n \varepsilon_i(\omega) e_i,$$

其中 $e = \sum_{i=1}^n e_i$. 注意, $u(\omega)$ 是 $\mathcal{M}$ 中的酉元. 因此, 由 $\|\cdot\|_q$ 的酉不变性 (见引理

5.2.1) 有 $\|u(\omega)ey\|_q = \|ey\|_q$, 从而

$$\Big\|\sum_{i,j=1}^{n} e_i yy^* e_j\Big\|_{q/2} = \Big\|\sum_{i,j=1}^{n} \varepsilon_i(\omega)\varepsilon_j(\omega)e_i yy^* e_j\Big\|_{q/2}.$$

在 Ω 上取期望并由 Jensen 不等式 (这是需要条件 $q/2 \geqslant 1$ 的地方), 可以得到

$$\begin{aligned}\Big\|\sum_{i,j=1}^{n} e_i yy^* e_j\Big\|_{q/2} &= \mathbb{E}\Big\|\sum_{i,j=1}^{n} \varepsilon_i\varepsilon_j e_i yy^* e_j\Big\|_{q/2}\\ &\geqslant \Big\|\sum_{i,j=1}^{n} \mathbb{E}\big[\varepsilon_i\varepsilon_j e_i yy^* e_j\big]\Big\|_{q/2}\\ &= \Big\|\sum_{i=1}^{n} e_i yy^* e_i\Big\|_{q/2}.\end{aligned}$$

因此有

$$\sum_{i=1}^{n}\|e_i y\|_q^q \leqslant \Big\|\sum_{i,j=1}^{n} e_i yy^* e_j\Big\|_{q/2}^{q/2} = \Big\|\Big(\sum_{i=1}^{n} e_i\Big)y\Big\|_q^q \leqslant \|y\|_q^q.$$

结论得证. □

定理 5.2.4 的证明 如果 p 和 q 有一个为无穷大, 则定理归结为引理 5.2.1. 因此假设 p 和 q 都是有限的. 下面将证明按 $r \geqslant 1$ 和 $r < 1$ 分为两部分.

$r \geqslant 1$ 的情形 此时, 由定理 5.2.2(2) 知不等式 (5.2.3) 归结为

$$|\tau(xyz)| \leqslant \|x\|_p\, \|y\|_q\, \|z\|_{r'}, \quad x,\, y,\, z \in \mathcal{S}.$$

上述不等式的证明很类似于定理 5.2.2(1) 中不等式的证明. 固定三个算子 $x, y, z \in \mathcal{S}$ 并写出它们的极分解: $x = u|x|$, $y = v|y|$, $z = w|z|$. 如同在不等式 (5.2.1) 的证明中一样, 利用谱分解逼近可以假设 $|x|$, $|y|$ 和 $|z|$ 具有如下形式:

$$|x| = \sum_{i=1}^{n}\alpha_i e_i, \quad |y| = \sum_{i=1}^{n}\beta_i f_i, \quad |z| = \sum_{i=1}^{n}\gamma_i g_i,$$

其中 $\alpha_i, \beta_i, \gamma_i \in \mathbb{R}_+$ 且 $\{e_i\}, \{f_i\}$ 和 $\{g_i\}$ 是三个 τ 有限的投影的单增序列. 对应地, 引入三个 $\mathbb{R}_+$ 上的函数:

$$\widetilde{x} = \sum_{i=1}^{n}\alpha_i \mathbb{1}_{[0,\tau(e_i)]}, \quad \widetilde{y} = \sum_{i=1}^{n}\beta_i \mathbb{1}_{[0,\tau(f_i)]}, \quad \widetilde{z} = \sum_{i=1}^{n}\gamma_i \mathbb{1}_{[0,\tau(g_i)]},$$

则

$$\|\widetilde{x}\|_{L_p(\mathbb{R}_+)} = \|\,|x|\,\|_p = \|x\|_p$$

且对 y 和 z 有相同的等式. 我们有

$$|\tau(xyz)| \leqslant \sum_{i,j,k=1}^{n} \alpha_i\beta_j\gamma_k \left|\tau(ue_ivf_jwg_k)\right|.$$

由 $p=1$ 情形的不等式 (5.2.1) 有

$$|\tau(ue_ivf_jwg_k)| = |\tau(e_ivf_jwg_ku)| \leqslant \|e_i\|_1 \|vf_jwg_ku\| \leqslant \tau(e_i).$$

将最后一项换成 $\tau(f_j)$ 和 $\tau(g_k)$ 可以得到两个同样的不等式. 于是推出

$$\begin{aligned}
|\tau(xyz)| &\leqslant \sum_{i,j,k}^{n} \alpha_i\beta_j\gamma_k \min\big(\tau(e_i), \tau(f_j), \tau(g_k)\big) \\
&= \int_0^\infty \widetilde{x}(t)\widetilde{y}(t)\widetilde{z}(t)\mathrm{d}t \\
&\leqslant \|\widetilde{x}\|_{L_p(\mathbb{R}_+)} \|\widetilde{y}\|_{L_q(\mathbb{R}_+)} \|\widetilde{z}\|_{L_{r'}(\mathbb{R}_+)} \\
&= \|x\|_p \|y\|_q \|z\|_{r'}.
\end{aligned}$$

因此, 我们证明了 (5.2.3) 在 $r \geqslant 1$ 的情况下成立.

$r<1$ 的情形 这种情形要分成两种更细的情形: $\max(p,q) \geqslant 2$ 和 $\max(p,q) < 2$. 首先假设 $\max(p,q) \geqslant 2$. 由对称性不妨设 $q \geqslant 2$. 这一部分的证明我们需要引理 5.2.4. 固定 $x, y \in \mathcal{S}$. 由极分解 $x = u|x|$ 和引理 5.2.1, 可以假设 x 为正的. 那么由上述逼近方法可以进一步假设 x 是 τ 有限的投影的正线性组合, 即

$$x = \sum_{i=1}^{n} \alpha_i e_i,$$

其中 $\alpha_i \in \mathbb{R}_+$ 且 $\{e_i\}$ 是 $\mathcal{S}$ 中一列相互正交的投影. 由对 $\|\cdot\|_r^r$ 的三角不等式, 引理 5.2.4 以及通常的 Hölder 不等式, 可以得到

$$\begin{aligned}
\|xy\|_r &\leqslant \left(\sum_{i=1}^{n} \alpha_i^r \|e_iy\|_r^r\right)^{1/r} \leqslant \left(\sum_{i=1}^{n} \alpha_i^r \tau(e_i)^{r/p} \|e_iy\|_q^r\right)^{1/r} \\
&\leqslant \left(\sum_{i=1}^{n} \alpha_i^p \tau(e_i)\right)^{1/p} \left(\sum_{i=1}^{n} \|e_iy\|_q^q\right)^{1/q} \leqslant \|x\|_p \|y\|_q.
\end{aligned}$$

下面考虑 $\max(p,q) < 2$ 的情形. 选取正整数 k 使得 $kp \geqslant 2$. 再次假设 $x \geqslant 0$, 则由上述情形有

$$\begin{aligned}
\|xy\|_r &= \left\|x^{1/k}\, x^{(k-1)/k} y\right\|_r \\
&\leqslant \left\|x^{1/k}\right\|_{kp} \left\|x^{(k-1)/k} y\right\|_{r_1} = \|x\|_p^{1/k} \left\|x^{(k-1)/k} y\right\|_{r_1},
\end{aligned}$$

其中 r_1 由 $1/r_1 = (k-1)/(kp) + 1/q$ 确定. 如果 $r_1 \geqslant 1$, 则 (取 $p_1 = kp/(k-1)$) 有

$$\left\|x^{(k-1)/k}y\right\|_{r_1} \leqslant \left\|x^{(k-1)/k}\right\|_{p_1} \left\|y\right\|_q = \left\|x\right\|_p^{(k-1)/k} \left\|y\right\|_q;$$

因此, $\|xy\|_r \leqslant \|x\|_p \|y\|_q$. 可以得到结论.

如果 $r_1 < 1$, 用 r_1 取代 r 重复上述步骤可得

$$\left\|x^{(k-1)/k}y\right\|_{r_1} \leqslant \left\|x\right\|_p^{1/k} \left\|x^{(k-2)/k}y\right\|_{r_2}.$$

如果 $r_2 \geqslant 1$, 像前面一样得到结论. 否则, 继续相同的步骤. 至多 k 次以后可以得到结论

$$\left\|x^{(k-1)/k}y\right\|_{r_1} \leqslant \left\|x\right\|_p^{(k-1)/k} \left\|y\right\|_q.$$

故不等式 (5.2.3) 在这后一种情形也成立. 至此定理证毕. □

注 5.2.1　(1) Hölder 不等式 (5.2.3) 表明 $\mathcal{S}$ 上的乘法可以延拓为 $L_p(\mathcal{M}) \times L_q(\mathcal{M})$ 到 $L_r(\mathcal{M})$ 的一个收缩的双线性映射. 这意味着在非交换 L_p 空间之间存在一个自然的外在乘积. 类似地, 定理 5.2.1 表明 $L_p(\mathcal{M})$ 具有一个等距的对合运算. 5.4 节要用稠定算子描述 $L_p(\mathcal{M})$ 的元并证明在非交换 L_p 空间上的这些代数结构与无界算子的代数结构是一致的.

(2) 我们在 $L_p(\mathcal{M})$ 中可以引进一个正锥 $L_p^+(\mathcal{M})$. $L_p^+(\mathcal{M})$ 的元是 $\mathcal{S}_+$ 中正元序列的极限. 并且, $L_p^+(\mathcal{M})$ 在 $L_p(\mathcal{M})$ 的自伴部分诱导了一个偏序. 又, 这个偏序与 $\mathbb{H}$ 上无界算子的偏序是一致的.

(3) 不等式 (5.2.1) 在 $p=1$ 的情形蕴涵迹 τ 可以延拓为 $L_1(\mathcal{M})$ 上一个收缩的线性泛函, 它仍记作 τ. 延拓后的形式仍然保持 τ 起初在 $\mathcal{S}$ 上的所有性质:

(i) $\tau(x) \geqslant 0, \quad \forall\, x \in L_1^+(\mathcal{M})$;

(ii) $\tau(x^*) = \overline{\tau(x)}, \quad \forall\, x \in L_1(\mathcal{M})$;

(iii) $\tau(xy) = \tau(yx), \quad \forall\, x \in L_p(\mathcal{M}), \forall\, y \in L_{p'}(\mathcal{M})$.

注 5.2.2　我们还有

(1) 由 τ 在 $L_1(\mathcal{M})$ 上的延拓, 可以看到不等式 (5.2.1) 对所有 $x \in L_p(\mathcal{M})$ 和 $y \in L_{p'}(\mathcal{M})$ 仍然成立. 同样, (5.2.2) 对所有 $x \in L_p(\mathcal{M})$ 也成立.

(2) $L_2(\mathcal{M})$ 关于标量积 $\langle x,\, y\rangle = \tau(x^*y)$ 是一个 Hilbert 空间.

在本节最后, 我们证明如下结果.

定理 5.2.5　令 $\{a_i\}$ 为 $\mathcal{M}$ 中一个有界网且强收敛于 a, 则对 $0<p<\infty$ 和任意 $x \in L_p(\mathcal{M})$, 在 $L_p(\mathcal{M})$ 中有 $xa_i \to xa$.

证明　由 $\mathcal{S}$ 在 $L_p(\mathcal{M})$ 中的稠密性和 $\{a_i\}$ 的有界性, 只需考虑 $x \in \mathcal{S}$. 固定这样一个 x. $p=2$ 的情形是容易的. 事实上, 有

$$\|xa - xa_i\|_2^2 = \tau(xaa^*x^*) + \tau(xa_ia_i^*x^*) - \tau(xa_ia^*x^*) - \tau(xaa_i^*x^*).$$

因为 $xa_ia_i^*x^*$ 强收敛到 xaa^*x^*, 由正规性有 $\tau(xa_ia_i^*x^*) \to \tau(xaa^*x^*)$, 从而 $\|xa - xa_i\|_2 \to 0$. 如果 $p < 2$, 由非交换 Hölder 不等式

$$\|xa - xa_i\|_p = \|\ell(x)(xa - xa_i)\|_p \leqslant \big(\tau(\ell(x))\big)^{1/q} \|xa - xa_i\|_2 \,,$$

其中 q 由 $1/p = 1/q + 1/2$ 确定. 因此, $\|xa - xa_i\|_p \to 0$. 最后, $p > 2$ 的情形利用如下基本不等式:

$$\|y\|_p \leqslant \|y\|_2^{2/p} \|y\|_\infty^{1-2/p}, \quad y \in \mathcal{S}.$$

事实上,

$$\|y\|_p^p = \tau(|y|^2|y|^{p-2}) \leqslant \big\||y|^{p-2}\big\|_\infty \tau(|y|^2) = \|y\|_2^2 \|y\|_\infty^{p-2}.$$

将此不等式应用于 $y = xa - xa_i$ 并用 $p = 2$ 时的结论, 我们得到在 $L_p(\mathcal{M})$ 有 $xa_i \to xa$. □

推论 5.2.1 令 $0 < p < \infty$ 且 $\mathcal{A}$ 是 $\mathcal{M}$ 的一个 σ-wo 稠的对合子代数使得 $\mathcal{A} \subset \mathcal{S}$, 则对每个 $0 < p < \infty$, $\mathcal{A}$ 在 $L_p(\mathcal{M})$ 中稠密.

证明 只需证明, 任一 $a \in \mathcal{S}$ 都可用 $\mathcal{A}$ 中的元按 L_p 范数逼近. 由 Kaplanky 稠密性定理, 存在一个有界网 $\{a_i\} \subset \mathcal{A}$ 使得 $a_i \to a$ 按强算子拓扑成立. 因此, 由上述结论 (更准确地说, 由它的证明) 可以看到 $\|a_i - a\|_p \to 0$. □

5.3 对 偶 性

本节要证明对 $1 \leqslant p < \infty$, $L_p(\mathcal{M})$ 的对偶空间是 $L_{p'}(\mathcal{M})$, 其对偶性按如下方式确定:

$$(x, y) = \tau(xy), \quad x \in L_p(\mathcal{M}),\ y \in L_{p'}(\mathcal{M}).$$

我们知道, 迹 τ 被延拓为 $L_1(\mathcal{M})$ 上的一个正线性泛函 (见注 5.2.1). 从 $p = 1$ 的情形开始.

定理 5.3.1 $(L_1(\mathcal{M}))^* = \mathcal{M}$ 按等距同构成立.

证明 给定 $x \in L_1(\mathcal{M})$ 并且定义 $\varphi_x : \mathcal{M} \to \mathbb{C}$ 为 $\varphi_x(y) = \tau(xy)$, 则 φ_x 是 $\mathcal{M}$ 上一个连续线性泛函且由 (5.2.2)(也见注 5.2.2) 知, $\|\varphi_x\| = \|x\|_1$, 则映射 $x \mapsto \varphi_x$ 是从 $L_1(\mathcal{M})$ 到 $\mathcal{M}$ 的对偶空间 $\mathcal{M}^*$ 的一个等距映射. 我们要证明 φ_x 属于 $\mathcal{M}$ 的预对偶空间 $\mathcal{M}_*$. 为此, 首先假设 $x \in \mathcal{S}_+$. 令 $\{y_i\} \subset \mathcal{M}_+$ 是强收敛于 y 的一个单增的网, 则 $\{x^{1/2}y_ix^{1/2}\}$ 单增地强收敛于 $x^{1/2}yx^{1/2}$. 故, 由正规性有

$$\lim_i \varphi_x(y_i) = \lim_i \tau(x^{1/2}y_ix^{1/2}) = \tau(x^{1/2}yx^{1/2}) = \varphi_x(y).$$

因此由定理 4.2.4 得 $\varphi_x \in \mathcal{M}_*$. 这推出, 对每个 $x \in \mathcal{S}$ 有 $\varphi_x \in \mathcal{M}_*$. 因为 $\mathcal{M}_*$ 在 $\mathcal{M}^*$ 中是闭的且 $\mathcal{S}$ 在 $L_1(\mathcal{M})$ 中稠密, 有 $\{\varphi_x : x \in L_1(\mathcal{M})\} \subset \mathcal{M}_*$. 我们要证明

这个包含关系是一个等式. 事实上, 令 $y \in (\mathcal{M}_*)^* = \mathcal{M}$ 使得对所有 $x \in L_1(\mathcal{M})$ 有 $\varphi_x(y) = 0$. 令 $\{e_i\} \subset \mathcal{P}$ 是强收敛于 1 的一个单增的网且使得 $\tau(e_i) < \infty$ (见定理 5.1.3). 那么 $e_i y^* \in \mathcal{S}$, 从而对所有 i 有 $\tau(e_i y^* y e_i) = \varphi_{e_i y^*}(y) = 0$. 由 τ 的忠实性有 $ye_i = 0$. 但是, $ye_i \to y$ 按强拓扑成立. 这推出 $y = 0$. 故所需等式成立.

现在, 映射 $x \mapsto \varphi_x$ 建立了 $L_1(\mathcal{M})$ 到 $\mathcal{M}_*$ 上的一个等距同构. 因为 $(\mathcal{M}_*)^* = \mathcal{M}$, 我们推出所需的对偶等式 $(L_1(\mathcal{M}))^* = \mathcal{M}$. □

上述证明也可以应用于 $1 < p < \infty$ 的情形, 它推出 $L_{p'}(\mathcal{M})$ 是 $L_p(\mathcal{M})$ 的对偶空间 $(L_p(\mathcal{M}))^*$ 的一个等距子空间. 为了证明这个等距是满的, 我们首先证明 $L_p(\mathcal{M})$ 是自反的. 这个结果是下述非交换 Clarkson 不等式的一个直接推论.

定理 5.3.2 令 $2 \leqslant p \leqslant \infty$, 则对任意 $x, y \in L_p(\mathcal{M})$ 有

$$\left(\left\|\frac{x+y}{2}\right\|_p^p + \left\|\frac{x-y}{2}\right\|_p^p\right)^{1/p} \leqslant \left[\frac{1}{2}(\|x\|_p^p + \|y\|_p^p)\right]^{1/p}. \tag{5.3.1}$$

$p < 2$ 的情形同样可以考虑, 这里我们不需要这个结论, 故略去. 注意, 不等式 (5.3.1) 对于 $p = 2$ 和 $p = \infty$ 是平凡的. 自然的证明思路是对这两种情形作内插. 为此, 我们需要下面的非交换 Riesz-Thorin 内插定理.

定理 5.3.3 令 $1 \leqslant p_0 < p_1 \leqslant \infty$. 设 $T: \mathcal{S} \to \mathcal{S}$ 是一个线性映射使得

$$C_k = \sup\{\|Tx\|_{p_k} : x \in \mathcal{S},\ \|x\|_{p_k} \leqslant 1\} < \infty, \quad k = 0, 1,$$

则对每个 $p \in (p_0, p_1)$, T 都可延拓为 $L_p(\mathcal{M})$ 上一个有界映射. 进一步, T 在 $L_p(\mathcal{M})$ 上的范数由 $C_0^{1-\theta} C_1^{\theta}$ 控制, 其中 θ 由 $1/p = (1-\theta)/p_0 + \theta/p_1$ 确定.

证明 如同交换情形一样, 证明基于极大值原理. 令 $x, y \in \mathcal{S}$ 具有极分解 $x = u|x|$ 和 $y = v|y|$. 设 $\|x\|_p \leqslant 1$ 且 $\|y\|_{p'} \leqslant 1$ (用 p' 表示 p 的共轭指标). 我们的目标是要证明

$$|\tau(yTx)| \leqslant C_0^{1-\theta} C_1^{\theta}.$$

对 $z \in \mathbb{C}$ 定义

$$f(z) = u|x|^{\frac{p(1-z)}{p_0} + \frac{pz}{p_1}} \quad 且 \quad g(z) = v|y|^{\frac{p'(1-z)}{p_0'} + \frac{p'z}{p_1'}}.$$

这里, 我们当然使用连续函数演算定义正算子的复数幂. 为了避免在下述估计中与 f 和 g 的连续性和解析性相关的技术困难, 由逼近可以假设 $|x|$ 和 $|y|$ 都是相互正交的 τ 有限投影的线性组合. 比方说, 如果

$$|x| = \sum_{j=1}^{n} \alpha_j e_j,$$

其中 $\alpha_j \in (0,\infty)$ 且 $\{e_j\} \subset \mathcal{S}$ 是一列相互正交的投影, 那么

$$f(z) = \sum_{j=1}^{n} \alpha_j^{\frac{p(1-z)}{p_0} + \frac{pz}{p_1}} u\, e_j.$$

因此, 函数 $z \mapsto f(z)$ 显然是 $\mathbb{C}$ 上取值于 $\mathcal{M}$ 的解析函数 (更准确地, 取值于 $\mathcal{S}$ 中). 对 y 也一样. 在这样的简单情形下, 下面的估计都是合理的.

现在定义

$$h(z) = C_0^{z-1}\, C_1^{-z}\, \tau\big(g(z)Tf(z)\big),$$

则 h 是一个整函数. 我们要估计 $|h(\mathrm{i}t)|$, 其中 $t \in \mathbb{R}$. 为此首先考虑 $\|f(\mathrm{i}t)\|_{p_0}$. 有

$$f(\mathrm{i}t) = u|x|^{\mathrm{i}tp(\frac{1}{p_1} - \frac{1}{p_0})}\, |x|^{\frac{p}{p_0}}.$$

因此,

$$f(\mathrm{i}t)^* f(\mathrm{i}t) = |x|^{\frac{2p}{p_0}};$$

从而

$$\|f(\mathrm{i}t)\|_{p_0}^{p_0} = \tau(|f(\mathrm{i}t)|^{p_0}) = \tau(|x|^p) = \|x\|_p^p \leqslant 1.$$

同理, $\|g(\mathrm{i}t)\|_{p_0'} \leqslant 1$. 故由非交换 Hölder 不等式和关于 T 的假设条件有

$$|\tau\big(g(\mathrm{i}t)Tf(\mathrm{i}t)\big)| \leqslant C_0 \|g(\mathrm{i}t)\|_{p_0'}\, \|f(\mathrm{i}t)\|_{p_0} \leqslant C_0.$$

这推出, 对所有 $t \in \mathbb{R}$ 有 $|h(\mathrm{i}t)| \leqslant 1$. 同理可证 $|h(1+\mathrm{i}t)| \leqslant 1$. 故, 由极大值原理有 $|h(\cdot)| \leqslant 1$. 注意, 为了在 $\{z \in \mathbb{C} : 0 \leqslant \mathrm{Re} z \leqslant 1\}$ 中合理地运用极大值原理于 h, 需要对 h 乘上一个在无穷远处趋于零的函数, 比如乘以函数 $\mathrm{e}^{\delta(z^2-\theta)}$, 其中 $\delta > 0$. 那么可以应用极大值原理于 $\mathrm{e}^{\delta(z^2-\theta)}\, h$ 而没有任何问题并且得到 $|h(\theta)| \leqslant \mathrm{e}^{\delta(1-\theta)}$. 令 $\delta \to 0$, 仍然有 $|h(\theta)| \leqslant 1$. 由定义,

$$h(\theta) = C_0^{\theta-1}\, C_1^{-\theta}\, \tau(yTx),$$

故

$$|\tau(yTx)| \leqslant C_0^{1-\theta}\, C_1^{\theta},$$

这蕴涵所需结论

$$\|Tx\|_p \leqslant C_0^{1-\theta}\, C_1^{\theta}\, \|x\|_p, \quad x \in \mathcal{S}.$$

结论得证. □

定理 5.3.2 的证明 令 $\mathcal{N} = \mathcal{M} \oplus \mathcal{M}$ 为 $\mathcal{M}$ 与自身的 von Neumann 代数直和. 我们知道, $\mathcal{N}$ 在 Hilbert 直和空间 $\mathbb{H} \oplus \mathbb{H}$ 上的作用为

$$(x,\, y)(\xi,\, \eta) = (x\xi,\, y\eta).$$

于是 $\mathcal{N}_+ = \mathcal{M}_+ \oplus \mathcal{M}_+$. 定义 $\nu : \mathcal{N}_+ \to [0, \infty]$ 为 $\nu(x,\, y) = \tau(x) + \tau(y)$. 易见 ν 是 $\mathcal{N}$ 上一个 n.s.f. 迹. 因为对任意 $(x,\, y) \in \mathcal{N}$ 有

$$|(x,\, y)|^p = (|x|^p,\, |y|^p),$$

我们有

$$\|(x,\, y)\|_{L_p(\mathcal{N})} = \left(\|x\|^p_{L_p(\mathcal{M})} + \|y\|^p_{L_p(\mathcal{M})}\right)^{1/p}.$$

换言之,

$$L_p(\mathcal{N}) = L_p(\mathcal{M}) \oplus_p L_p(\mathcal{M}),$$

其中 $\oplus_p$ 表示 ℓ_p 意义下的直和.

现在考虑 $L_p(\mathcal{N})$ 上的映射 T, 它定义为

$$T(x,\, y) = \left(\frac{x+y}{2},\, \frac{x-y}{2}\right).$$

显然

$$\big\|T:\ L_\infty(\mathcal{N}) \to L_\infty(\mathcal{N})\big\| \leqslant 1.$$

另一方面, 由平行四边形法则有

$$\big\|T:\ L_2(\mathcal{N}) \to L_2(\mathcal{N})\big\| \leqslant \frac{1}{\sqrt{2}},$$

故, 应用上述 Riesz-Thorin 内插定理于 T, 这里 $p_0 = 2$ 且 $p_1 = \infty$, 可以推出, 对任意 $2 < p < \infty$ 有

$$\big\|T:\ L_p(\mathcal{N}) \to L_p(\mathcal{N})\big\| \leqslant \frac{1}{2^{1/p}}.$$

这就是 (5.3.1). □

推论 5.3.1 对任意 $2 \leqslant p < \infty$, $L_p(\mathcal{M})$ 是自反的.

证明 这是非交换 Clarkson 不等式的直接推论. 事实上, 它蕴涵 $L_p(\mathcal{M})$ 是一致凸的, 这个性质比自反性更强. 不过, 这里只证明自反性. 令 $\widetilde{x}$ 是二次对偶空间 $(L_p(\mathcal{M}))^{**}$ 中的一个范数为 1 的元. 那么存在 $L_p(\mathcal{M})$ 的单位球中一个网 $\{x_i\}$ 使得 $x_i \to \widetilde{x}$ 按 σ-wo 拓扑成立. 由共鸣定理, 在此情形有 $\lim\limits_i \|x_i\|_p = \|\widetilde{x}\| = 1$. 要证明 $\{x_i\}$ 按范数收敛. 否则, 存在 $\varepsilon > 0$ 和下标的一个单增序列 $\{i_n\}$ 使得

$$\big\|x_{i_{n+1}} - x_{i_n}\big\|_p \geqslant \varepsilon, \quad \forall\, n \geqslant 1.$$

可是, 由 (5.3.1) 有

$$\frac{\big\|x_{i_{n+1}} + x_{i_n}\big\|^p}{2^p} + \frac{\big\|x_{i_{n+1}} - x_{i_n}\big\|^p}{2^p} \leqslant \frac{\|x_{i_{n+1}}\|^p + \|x_{i_n}\|^p}{2} \leqslant 1.$$

而由

$$\lim_{n\to\infty}\left\|x_{i_{n+1}}+x_{i_n}\right\|=2$$

可以得到

$$1+\frac{\varepsilon^p}{2^p}\leqslant 1,$$

这是矛盾的. 故, $\{x_i\}$ 按范数是一个 Cauchy 网, 从而它在 $L_p(\mathcal{M})$ 中收敛. 因此, $\widetilde{x}\in L_p(\mathcal{M})$. □

现在, 可以证明 $L_p(\mathcal{M})$ 的对偶空间为 $L_{p'}(\mathcal{M})$.

定理 5.3.4 令 $1<p<\infty$, 则 $(L_p(\mathcal{M}))^*=L_{p'}(\mathcal{M})$ 按等距同构成立. 从而, $L_p(\mathcal{M})$ 是自反的.

证明 令 $x\in L_{p'}(\mathcal{M})$ 且定义 $\varphi_x: L_p(\mathcal{M})\to\mathbb{C}$ 为 $\varphi_x(y)=\tau(xy)$. 如同定理 5.3.1 的证明, 我们看到 $\|\varphi_x\|=\|x\|_{p'}$. 因此映射 $x\mapsto\varphi_x$ 将 $L_{p'}(\mathcal{M})$ 等距地嵌入为 $(L_p(\mathcal{M}))^*$ 的一个子空间. 暂时假设 $p\geqslant 2$. 那么, 由推论 5.3.1 知 $L_p(\mathcal{M})$ 是自反的. 令 $y\in((L_p(\mathcal{M}))^*)^*=L_p(\mathcal{M})$ 是一个零化子空间 $L_{p'}(\mathcal{M})$ 的元, 即

$$\tau(xy)=\varphi_x(y)=0,\quad\forall\, x\in L_{p'}(\mathcal{M}),$$

则由 (5.2.2)(也见注 5.2.2) 有 $\|y\|_p=0$. 因此, $y=0$. 这说明 $L_{p'}(\mathcal{M})=(L_p(\mathcal{M}))^*$. 从而, $L_{p'}(\mathcal{M})$ 也是自反的, 如此对偶等式对 $1<p<2$ 也成立. 定理得证. □

在本节的最后, 我们要将 $\mathcal{M}$ 表示为 $L_2(\mathcal{M})$ 上的一个 VNA. 由 5.2 节最后的讨论可知, Hilbert 空间 $L_2(\mathcal{M})$ 是一个 $\mathcal{M}$ 双模, 即 $\mathcal{M}$ 通过左乘和右乘作用在 $L_2(\mathcal{M})$ 上. 这允许我们将 $\mathcal{M}$ 表示为 $L_2(\mathcal{M})$ 上的一个 VNA. 为了清晰起见, 暂时用 ξ 表示 $L_2(\mathcal{M})$ 中的一般元且 $\mathcal{S}$ 到 $L_2(\mathcal{M})$ 中的自然嵌入表示为 Λ:

$$\mathcal{S}\ni a\mapsto\Lambda(a)=a\in L_2(\mathcal{M}).$$

给定 $x\in\mathcal{M}$ 我们定义 $\pi(x): L_2(\mathcal{M})\to L_2(\mathcal{M})$ 为 $\pi(x)\xi=x\xi$. $\pi(x)$ 称为由 x 确定的左乘算子. 由非交换 Hölder 不等式可知 $\|\pi(x)\|=\|x\|$. 显然, π 是从 $\mathcal{M}$ 到 $\mathcal{B}(L_2(\mathcal{M}))$ 中的一个表示. 另外, 设 $\{x_i\}_{i\in I}\subset\mathcal{M}_+$ 是一个有界单调增加的网. 由定理 5.2.5 知, $\sup_{i\in I}\pi(x_i)=\pi(\sup\limits_{i\in I}x_i)$. 从而, 由定理 4.3.1 得 π 是正规的. 故, $\mathcal{M}$ 同构于 $\mathcal{B}(L_2(\mathcal{M}))$ 的 von Neumann 子代数 $\pi(\mathcal{M})$.

类似地, 定义由 x 确定的右乘算子 $\rho(x)$ 为 $\rho(x)\xi=\xi x$. 我们仍然有 $\|\rho(x)\|=\|x\|$. ρ 是 $\mathcal{M}$ 在 $L_2(\mathcal{M})$ 上的一个反表示 (即除了乘法满足条件 $\rho(xy)=\rho(y)\rho(x)$ 外, ρ 满足表示的所有条件). 显然, $\pi(x)\rho(y)=\rho(y)\pi(x)$. 故, $\rho(\mathcal{M})$ 包含在 $\pi(\mathcal{M})$ 的交换子 $\pi(\mathcal{M})'$ 中. 要证明 $\pi(\mathcal{M})'=\rho(\mathcal{M})$. 令 $T\in\pi(\mathcal{M})'$. 令 $\{e_i\}$ 为定理 5.1.3 给出的一个 τ 有限的单增投影网, 则由定理 5.2.5 知 $\{\rho(e_i)\}$ 强收敛到 $L_2(\mathcal{M})$ 上的恒等算子. 因此, $T\rho(e_i)\to T$ 按强算子拓扑成立. 另一方面, 对任意 $a\in\mathcal{S}$ 有

$$T\rho(e_i)\Lambda(a) = T\Lambda(ae_i) = T\pi(a)\Lambda(e_i) = \pi(a)T\Lambda(e_i).$$

因此, 如果 $b \in \mathcal{S}$ 那么

$$\begin{aligned}\left|\tau\big(b^* a T\Lambda(e_i)\big)\right| &= \left|\langle \Lambda(b),\ \pi(a)\, T\Lambda(e_i)\rangle\right| \\ &\leqslant \|T\rho(e_i)\Lambda(a)\|\, \|\Lambda(b)\| \\ &\leqslant \|T\|\, \|a\|_2\, \|b\|_2\,.\end{aligned}$$

这推出

$$\left|\tau\big(a T\Lambda(e_i)\big)\right| \leqslant \|T\|\, \|a\|_1\,,\quad \forall\, a \in \mathcal{S}.$$

因此, $a \mapsto \tau\big(a T\Lambda(e_i)\big)$ 定义了 $L_1(\mathcal{M})$ 上的一个连续线性泛函, 从而由定理 5.3.1 知它由算子 $y_i \in \mathcal{M}$ 确定. 进一步, $\|y_i\| \leqslant \|T\|$. 因此, 网 $\{y_i\}$ 在 $\mathcal{M}$ 中有界. 令 y 是 $\{y_i\}$ 的 σ-wo 聚点. 为了简单起见, 假设 y 是 $\{y_i\}$ 的 σ-wo 极限. 现在容易证明 $T = \rho(y)$. 事实上, 令 $a, b \in \mathcal{S}$, 那么

$$\begin{aligned}\langle \Lambda(b),\ \rho(y)\Lambda(a)\rangle &= \tau(b^* a y) = \lim_i \tau(b^* a y_i) \\ &= \lim_i \langle \Lambda(b),\ \pi(a)\, T\Lambda(e_i)\rangle \\ &= \lim_i \langle \Lambda(b),\ T\rho(e_i)\Lambda(a)\rangle = \langle \Lambda(b),\ T\Lambda(a)\rangle.\end{aligned}$$

这说明 $\rho(y) = T$. 故, $\pi(\mathcal{M})' \subset \rho(\mathcal{M})$, 从而 $\pi(\mathcal{M})' = \rho(\mathcal{M})$.

令 J 为 $L_2(\mathcal{M})$ 上的等距对合 (见注 5.2.1), 则 J 保持 $L_2(\mathcal{M})$ 的正元. 另一方面, 对任意 $x \in \mathcal{M}$ 和 $a \in \mathcal{S}$ 我们有

$$J\pi(x)J\Lambda(a) = J\pi(x)\Lambda(a^*) = J\Lambda(xa^*) = \Lambda(ax^*) = \rho(x^*)\Lambda(a);$$

从而 $J\pi(x)J = \rho(x^*)$.

上述讨论总结如下.

定理 5.3.5　按照下述意义, $(\pi,\ L_2(\mathcal{M}),\ L_2^+(\mathcal{M}),\ J)$ 是 $\mathcal{M}$ 的一个标准形式:

(1) $L_2^+(\mathcal{M})$ 是 $L_2(\mathcal{M})$ 的一个锥;

(2) J 是 $L_2(\mathcal{M})$ 上的一个等距对合, 它保持所有正元不变, 即保持 $L_2^+(\mathcal{M})$ 中的元不变;

(3) $\pi : \mathcal{M} \to \mathcal{B}(L_2(\mathcal{M}))$ 是一个正规的忠实的表示使得 $J\pi(\mathcal{M})J = \pi(\mathcal{M})'$, 其中 π 是由左乘法确定的表示.

进一步, 如果 ρ 表示右乘法的反表示, 那么对所有 $x \in \mathcal{M}$ 有 $J\pi(x)J = \rho(x^*)$.

有时候我们将 $\mathcal{M}$ 和 $\pi(\mathcal{M})$ 看作同一空间, 并简单地认为 $\mathcal{M}$ 是由左乘法确定的 $L_2(\mathcal{M})$ 上的一个 VNA.

5.4 可测算子

5.2 节中定义非交换 L_p 空间 $L_p(\mathcal{M})$ 为 $(\mathcal{S}, \|\cdot\|_p)$ 的完备化. 当然, 在许多情形下不可避免地需要关于 $L_p(\mathcal{M})$ 中元的一个明确描述. 本节就是要给出这样一个描述. 我们将把 $L_p(\mathcal{M})$ 的元描述为关于 $(\mathcal{M}, \tau)$ 的可测算子. 同时, 我们还要引入依测度收敛的概念. 这一部分是可测函数理论的非交换类比. 如以前一样, $\mathcal{M}$ 是作用在 $\mathbb{H}$ 上的一个 VNA 且赋予了一个 n.s.f. 迹 τ.

首先给出 $\mathbb{H}$ 上无界算子的一些预备知识, 详细的内容参见文献 (Rudin, 1991). 算子 x 的定义域记作 $D(x)$. 因为我们只考虑线性算子, $D(x)$ 必定是 $\mathbb{H}$ 的一个向量子空间. x 称为稠定的, 如果 $D(x)$ 在 $\mathbb{H}$ 中稠密; x 称为闭的, 如果 $\xi_n \in D(x)$ 且 $\xi, \eta \in \mathbb{H}$ 使得在 $\mathbb{H}$ 中 $\xi_n \to \xi$ 且 $x\xi_n \to \eta$ 就有 $\xi \in D(x)$ 且 $x\xi = \eta$. 注意, x 为闭算子当且仅当它的图 $G(x) = \{(\xi, x\xi) \ : \ \xi \in D(x)\}$ 在 $\mathbb{H} \oplus \mathbb{H}$ 中是闭的. x 是可闭的 (或者说, 预闭的) 如果闭包 $\overline{G(x)}$ 是某一个算子的图. 后面这个算子定义为 x 的闭包并记作 $[x]$. 我们仅考虑闭算子或可闭的稠定算子.

令 x 和 y 是 $\mathbb{H}$ 上的两个算子. 和 $x + y$ 与积 xy 是分别具有定义域

$$D(x+y) = D(x) \cap D(y) \quad \text{和} \quad D(xy) = \{\xi \in D(y) \ : \ y\xi \in D(x)\}$$

的算子. 如果 $D(x) \subset D(y)$ 且对每个 $\xi \in D(x)$ 有 $x\xi = y\xi$, 则记作 $x \subset y$. 因此, x 是可闭的当且仅当存在一个闭算子 y 使得 $x \subset y$. 如果 x 是稠定的, 则可定义它的伴随 x^* 且是闭的. 可以证明, 一个稠定算子 x 是可闭的当且仅当它的伴随 x^* 是稠定的, 此时 $[x]^* = x^*$.

令 x 是一个闭的稠定算子. 那么 x^*x 和 $|x| = (x^*x)^{1/2}$ 都是正的自伴 (从而必是闭稠定的) 算子. 因为不考虑正的非自伴算子, 我们将总是简单地称正的自伴算子为正算子. 对于闭的稠定算子, 极分解和谱分解仍然成立. 其情形与有界算子一样. 因此, 一个闭的稠定算子 x 具有唯一的极分解 $x = u|x|$, 其中 u 是一个部分等距使得 $u^*u = P_{(\ker x)^\perp}$ 且 $uu^* = P_{\overline{\mathrm{im} x}}$ (这里 $\mathrm{im} x = x(D(x))$). 我们称 $r(x) = P_{(\ker x)^\perp}$ 和 $\ell(x) = P_{\overline{\mathrm{im} x}}$ 分别为 x 的右支撑和左支撑. 因此, $\ell(x) \sim r(x)$. 如果 x 是自伴的, 令 $s(x) = r(x)$, 它为 x 的支撑.

令 x 为一个正算子, 那么 x 具有唯一的谱分解:

$$x = \int_0^\infty \lambda \mathrm{d}e_\lambda(x).$$

我们通常用 $\mathbb{1}_{(\lambda,\ \infty)}(x)$ 表示对应于区间 $(\lambda,\ \infty)$ 的谱测度. 为了方便, 用 $e_\lambda^\perp(x)$ 表示这个谱测度. 令 φ 为 $\mathbb{R}_+$ 上的一个 Borel 函数, 则由函数演算, $\varphi(x)$ 是由下述公式

确定的一个闭的稠定算子

$$\varphi(x) = \int_0^\infty \varphi(\lambda)\mathrm{d}e_\lambda(x).$$

特别地, 对任意 $0 < p < \infty$ 算子 x^p 是正的. 注意, 如果 φ 是有界的, 则 $\varphi(x) \in \mathcal{B}(\mathbb{H})$.

给定一个算子 x, 令

$$\|x\| = \sup\{\|x\xi\| \, : \, \xi \in D(x), \, \|\xi\| = 1\}.$$

现在 $\|x\|$ 可能等于 ∞. 如果 x 是稠定的且 $\|x\| < \infty$, 那么 x 能够唯一延拓为整个 $\mathbb{H}$ 上的一个有界算子. 在这种情况下, 我们将把 x 看作 $\mathbb{H}$ 上的一个有界算子, 即 $\mathcal{B}(\mathbb{H})$ 中的一个元. 另一方面, 由闭图像定理知, 一个闭算子 x 如果具有 $D(x) = \mathbb{H}$ 则必是有界的.

定义 5.4.1　$\mathbb{H}$ 上的一个闭稠定算子 x 称为附属于 $\mathcal{M}$ 如果对 $\mathcal{M}$ 的交换子 $\mathcal{M}'$ 中的任一酉元 u 有 $ux = xu$.

注 5.4.1　(1) 令 x 是一个闭稠定算子且 $x = u|x|$ 为其极分解. 那么, x 附属于 $\mathcal{M}$ 当且仅当 x^* 附属于 $\mathcal{M}$ 当且仅当 u 和 $|x|$ 均附属于 $\mathcal{M}$.

(2) 如果 x 附属于 $\mathcal{M}$, 那么 $\ell(x), r(x) \in \mathcal{M}$.

(3) 如果 x 是一个正算子且附属于 $\mathcal{M}$, 那么它的所有谱投影属于 $\mathcal{M}$. 特别地, 如果 $x = \int \lambda \, \mathrm{d}e_\lambda(x)$ 是它的谱分解, 那么对所有 λ 有 $e_\lambda^\perp(x) \in \mathcal{M}$. 进一步, 对 $\mathbb{R}_+$ 上任意 Borel 函数 φ, $\varphi(x)$ 也附属于 $\mathcal{M}$.

定义 5.4.2　附属于 $\mathcal{M}$ 的算子 x 称为关于 $(\mathcal{M}, \tau)$ 可测的 (或者简单地说, 可测的), 如果对任意 $\delta > 0$ 都存在 $e \in \mathcal{P}$ 使得

$$e(\mathbb{H}) \subset D(x) \quad 且 \quad \tau(e^\perp) \leqslant \delta.$$

用 $L_0(\mathcal{M}, \tau)$ 或者简单地用 $L_0(\mathcal{M})$ 表示可测算子全体.

注 5.4.2　显然 $\mathcal{M} \subset L_0(\mathcal{M})$, 这是因为在前述定义中对任一 $x \in \mathcal{M}$ 取 $e = 1$ 即可. 另一方面, 如果 τ 是有限的, 则任何附属于 $\mathcal{M}$ 的算子 x 都是可测的. 这由下述引理 5.4.1 立即可得. 同时该引理也说明, 如果 x 是一个附属于 $\mathcal{M}$ 的算子且存在 $\delta > 0$ 和 $e \in \mathcal{P}$ 使得

$$e(\mathbb{H}) \subset D(x) \quad 和 \quad \tau(e^\perp) \leqslant \delta,$$

那么 x 是可测的.

我们现在的任务是要在 $L_0(\mathcal{M})$ 上引入一个可距离化的拓扑, 使得 $L_0(\mathcal{M})$ 成为一个完备的拓扑对合代数.

引理 5.4.1　令 x 为一个附属于 $\mathcal{M}$ 的算子, 则

(1) 对任一 $\lambda \geqslant 0$ 有 $\tau(e_\lambda^\perp(|x|)) = \tau(e_\lambda^\perp(|x^*|))$.

(2) $x \in L_0(\mathcal{M})$ 当且仅当存在 $\lambda \geqslant 0$ 使得 $\tau(e_\lambda^\perp(|x|)) < \infty$ 当且仅当 $x^* \in L_0(\mathcal{M})$.

证明 (1) 我们知道, $e_\lambda^\perp(|x|) = \mathbb{1}_{(\lambda,\infty)}(|x|)$. 令 $x = u|x|$ 为 x 的极分解且 $|x| = \int \lambda \, \mathrm{d}e_\lambda(|x|)$ 为 $|x|$ 的谱分解. 因此,

$$x = u\int_0^\infty \lambda \, \mathrm{d}e_\lambda(|x|).$$

注意, u 是一个从 $s(|x|) = \mathbb{1}_{(0,\infty)}(|x|)$ 到 $s(|x^*|) = \mathbb{1}_{(0,\infty)}(|x^*|)$ 上的等距映射. 这说明 $\{ue_\lambda(|x|)u^*\}_\lambda$ 是一个单位分解. 另一方面, 因为 $|x^*| = u|x|u^*$, 有

$$|x^*| = \int_0^\infty \lambda \, \mathrm{d}(ue_\lambda(|x|)u^*).$$

故, 由谱分解的唯一性知 $\{ue_\lambda(|x|)u^*\}_\lambda$ 是 $|x^*|$ 的单位分解. 因此, 对每个 $\lambda \geqslant 0$ 有 $u_\lambda^* u_\lambda = e_\lambda^\perp(|x|)$ 且 $u_\lambda u_\lambda^* = e_\lambda^\perp(|x^*|)$, 其中 u_λ 是以 $e_\lambda^\perp(|x|)$ 为初始空间的一个部分等距且在 $e_\lambda^\perp(|x|)$ 上等于 u. 故 $e_\lambda^\perp(|x|) \sim e_\lambda^\perp(|x^*|)$, 从而 $\tau(e_\lambda^\perp(|x|)) = \tau(e_\lambda^\perp(|x^*|))$.

(2) 假设存在 λ_0 使得 $\tau(e_{\lambda_0}^\perp(|x|)) < \infty$. 因为当 $\lambda \to \infty$ 时 $e_\lambda^\perp(|x|)$ 递减地强趋于零, 由定理 5.1.2(3) 推出

$$\lim_{\lambda\to\infty} \tau\big(e_\lambda^\perp(|x|)\big) = 0.$$

因此对任一 $\delta > 0$ 存在 $\varepsilon > 0$ 使得 $\tau(e_\varepsilon^\perp(|x|)) \leqslant \delta$. 令 $e = e_\varepsilon(|x|)$. 那么 $e(\mathbb{H}) \subset D(x)$ (且 $\|xe\| = \|u|x|e\| \leqslant \varepsilon$). 故 x 是可测的.

反之, 假设 $x \in L_0(\mathcal{M})$. 令 $\delta > 0$. 选取 $e \in \mathcal{P}$ 使得 $e(\mathbb{H}) \subset D(x)$ 且 $\tau(e^\perp) \leqslant \delta$. 令 $\varepsilon = \|xe\|$ (注意 $\varepsilon < \infty$, 因为 xe 是一个处处有定义的闭算子). 我们要证明 $e_\varepsilon^\perp(|x|) \prec e^\perp$. 事实上, 令 $\varepsilon' > \varepsilon$ 且 $\xi \in e_{\varepsilon'}^\perp(|x|)(\mathbb{H})$. 有

$$\big\||x|\xi\big\|^2 = \int_{(\varepsilon,\infty)} \lambda \, \mathrm{d}\langle e_\lambda(|x|)\xi,\, \xi\rangle \geqslant \varepsilon'^2 \|\xi\|^2.$$

另一方面, 对任一 $\eta \in e(\mathbb{H})$ 有 $\big\||x|\eta\big\|^2 \leqslant \varepsilon^2\|\eta\|^2$. 故, $e \wedge e_{\varepsilon'}^\perp(|x|) = 0$. 由此推出 $e \wedge e_\varepsilon^\perp(|x|) = 0$. 故由定理 5.1.1 (2) 有 $e_\varepsilon^\perp(|x|) \prec e^\perp$, 这证明了上述结论. 由此推出 $\tau\big(e_\varepsilon^\perp(|x|)\big) \leqslant \tau(e^\perp) \leqslant \delta$. 因此得到了 (2) 中的第一个等价性. 第二个等价性由 (1) 立即可得. □

引理 5.4.2 令 $x, y \in L_0(\mathcal{M})$, 则 $x+y$ 和 xy 都是可闭的稠定算子. 进一步, 它们的闭包 $[x+y]$ 和 $[xy]$ 都是可测的.

证明 由 x 和 y 的可测性, 对任一正整数 n 都存在 $e_n, f_n \in \mathcal{P}$ 使得

$$e_n(\mathbb{H}) \subset D(x),\ f_n(\mathbb{H}) \subset D(y) \quad 且 \quad \max\{\tau(e_n^\perp),\ \tau(f_n^\perp)\} \leqslant 2^{-n}.$$

令

$$g_n = \bigwedge_{k\geqslant n}(e_k \wedge f_k),$$

则 $\{g_n\}$ 是一个单增的投影序列且由定理 5.1.2(2) 有

$$\tau(g_n^\perp) \leqslant \sum_{k\geqslant n}(\tau(e_k^\perp)+\tau(f_k^\perp)) \leqslant 2^{-n+2}\,.$$

从而, 由定理 5.1.2(3) 和 τ 的忠实性知, $\{g_n^\perp\}$ 强收敛到零, 因而 $\{g_n\}$ 强收敛到 1. 因此, $\bigcup_n g_n(\mathbb{H})$ 在 $\mathbb{H}$ 中稠密. 另一方面, 因为 $g_n \leqslant e_n \wedge f_n$, 我们有

$$g_n(\mathbb{H}) \subset e_n(\mathbb{H}) \cap f_n(\mathbb{H}) \subset D(x) \cap D(y) = D(x+y).$$

故 $x+y$ 是稠定的. 将这个结论运用于 x^* 和 y^* (由引理 5.4.1 知它们是可测的), 可以推出 x^*+y^* 也是稠定的. 因此, $(x^*+y^*)^*$ 是一个闭算子. 但是, $x+y \subset (x^*+y^*)^*$ 是显然的, 从而 $x+y$ 是可闭的.

$[x+y]$ 的可测性已包含在前述的论证中. 事实上, 我们证明了 $g_n(\mathbb{H}) \subset D(x+y)$. 因此, $g_n(\mathbb{H}) \subset D([x+y])$. 因为 $\tau(g_n^\perp) \to 0$, 故 $[x+y] \in L_0(\mathcal{M})$.

下面考虑 xy. 令 e_n 和 f_n 如上. 注意, yf_n 有界, 因而 $e_n^\perp y f_n$ 是有界算子. 令 $d_n^\perp = r(e_n^\perp y f_n)$. 因此, $d_n^\perp \sim \ell(e_n^\perp y f_n) \leqslant e_n^\perp$; 从而 $\tau(d_n^\perp) \leqslant \tau(e_n^\perp) \leqslant 2^{-n}$. 另一方面, 因为 d_n 是从 $\mathbb{H}$ 到 $\ker(e_n^\perp y f_n)$ 的正交投影, 有 $e_n^\perp y f_n d_n = 0$. 现在令

$$h_n = \bigwedge_{k\geqslant n}(d_k \wedge f_k)\,.$$

那么, 如上可以看到 $\{h_n\}$ 是一个单增的投影序列, 它强收敛于恒等算子. 进一步, 对任一 $\xi \in h_n(\mathbb{H})$ 我们有 $\xi \in d_n(\mathbb{H}) \cap f_n(\mathbb{H}) \subset D(y)$ 且 $e_n^\perp y\xi = e_n^\perp y f_n \xi = 0$. 因此, $y\xi = e_n y \xi \in e_n(\mathbb{H}) \subset D(x)$. 这表明 $h_n(\mathbb{H}) \subset D(xy)$, 从而 $D(xy)$ 是稠密的. 如上对于算子和的证明, 可以证明 xy 是可闭的且它的闭包 $[xy]$ 是可测的. □

算子 $[x+y]$ 和 $[xy]$ 分别称为 x 和 y 的强和与强积. 赋予这些运算, $L_0(\mathcal{M})$ 成为一个对合代数. 为证明此结果, 需要以下结论.

引理 5.4.3　令 $x, y \in L_0(\mathcal{M})$. 假设对任一 $\delta > 0$ 都存在 $e \in \mathcal{P}$ 使得 $\tau(e^\perp) \leqslant \delta$, $e(\mathbb{H}) \subset D(x) \cap D(y)$ 且 $xe = ye$. 那么 $x = y$.

证明　考虑 $\mathcal{M}_2 = \mathbb{M}_2 \otimes \mathcal{M}$, 它是矩阵元在 $\mathcal{M}$ 中的 2×2 矩阵全体构成的 VNA($\mathbb{M}_n$ 表示全体 $n \times n$ 矩阵). 定义

$$\tau_2\begin{pmatrix} x_{11} & x_{12} \\ x_{21} & x_{22} \end{pmatrix} = \tau(x_{11}) + \tau(x_{22}).$$

那么, τ_2 是 $\mathcal{M}_2$ 上的一个 n.s.f. 迹; 它是 τ 与 $\mathbb{M}_2$ 的迹的张量积. 令 $x, y \in L_0(\mathcal{M})$. 那么它们的图 $G(x)$ 和 $G(y)$ 都是 $\mathbb{H}_2 = \mathbb{H} \oplus \mathbb{H}$ 中的闭子空间. 令 P_x 和 P_y 分别为从 $\mathbb{H}_2$ 到 $G(x)$ 和 $G(y)$ 上的投影. 因为 x 和 y 附属于 $\mathcal{M}$, 由二次交换子定理我们看到 $P_x, P_y \in \mathcal{M}_2$. 给定 $\delta > 0$ 并令 $e \in \mathcal{M}$ 为定理假设的投影. 令

$$e_2 = \begin{pmatrix} e & 0 \\ 0 & e \end{pmatrix}$$

为在 $\mathcal{M}_2$ 中的相应投影. 那么 $\tau_2(e_2^{\perp}) \leqslant 2\delta$ 且 $P_x \wedge e_2 = P_y \wedge e_2$, 因为 $e(\mathbb{H}) \subset D(x) \cap D(y)$ 且 $xe = ye$.

现在令 $P = P_x - P_x \wedge P_y$, 则 $P \wedge e_2 = 0$. 因此由定理 5.1.1(1) 知 $P \prec e_2^{\perp}$, 从而 $\tau_2(P) \leqslant 2\delta$. 因为 δ 是任意的, 我们有 $P = 0$, 因而 $P_x = P_x \wedge P_y$. 交换 x 和 y, 我们得到 $P_y = P_y \wedge P_x$. 故, $P_x = P_y$, 从而 $x = y$. □

定理 5.4.1 $L_0(\mathcal{M})$ 关于强和与强积是一个对合代数.

证明 我们已知, 对任意 $x, y \in L_0(\mathcal{M})$, x^*, $[x+y]$ 和 $[xy]$ 都属于 $L_0(\mathcal{M})$. 需要验证的是这些运算满足对合代数要求的代数性质. (注意, 关于标量积乘法的性质是平凡的.) 我们要证明加法满足结合律. 令 $x, y, z \in L_0(\mathcal{M})$. 那么, 由引理 5.4.2 的证明可知, $x+y+z$ 是稠定的且对任意 $\delta > 0$ 都存在 $e \in \mathcal{P}$ 使得 $e(\mathbb{H}) \subset D(x) \cap D(y) \cap D(z)$ 且 $\tau(e^{\perp}) \leqslant \delta$. 因为在 $D(x) \cap D(y) \cap D(z)$ 上有

$$[\,[x+y]+z] = [x+[y+z]\,] = x+y+z,$$

我们看到 $[\,[x+y]+z]$ 和 $[x+[y+z]\,]$ 满足引理 5.4.3 的条件. 故, $[\,[x+y]+z] = [x+[y+z]\,]$. 同理, 我们可以证明其他代数性质, 细节略去. □

记号 令 x 和 y 为两个可测算子. 为了方便, 简单地称强和与强积为和与积. 同样地, 我们简记 $[x+y]$ 和 $[xy]$ 分别为 $x+y$ 和 xy. 因为以后只考虑可测算子, 这些记号不会引起混淆.

定义 5.4.3 (1) 给定 $\varepsilon > 0$ 和 $\delta > 0$. 定义

$$\begin{aligned} V(\varepsilon, \delta) = \Big\{ & x \in L_0(\mathcal{M}) : \text{存在 } e \in \mathcal{P} \text{ 使得 } e(\mathbb{H}) \subset D(x), \\ & \|xe\| \leqslant \varepsilon \text{ 且 } \tau(e^{\perp}) \leqslant \delta \Big\}. \end{aligned}$$

(2) 对 $x, y \in L_0(\mathcal{M})$ 定义

$$\varDelta(x) = \inf\{\varepsilon + \delta \,:\, x \in V(\varepsilon, \delta)\} \quad \text{且} \quad d(x, y) = \varDelta(x - y).$$

引理 5.4.4 我们有

(1) 令 $\varepsilon > 0, \delta > 0$ 且 $x \in L_0(\mathcal{M})$, 则 $x \in V(\varepsilon, \delta)$ 当且仅当 $\tau(e_{\varepsilon}^{\perp}(|x|)) \leqslant \delta$.

(2) $V(\varepsilon,\delta)$ 关于对合是封闭的, 即 $x \in V(\varepsilon,\delta)$ 当且仅当 $x^* \in V(\varepsilon,\delta)$.

(3) 对 $\varepsilon_1,\varepsilon_2,\delta_1,\delta_2 \in (0,\infty)$,

$$V(\varepsilon_1,\delta_1)+V(\varepsilon_1,\delta_2) \subset V(\varepsilon_1+\varepsilon_2,\delta_1+\delta_2),$$

$$V(\varepsilon_1,\delta_1)V(\varepsilon_1,\delta_2) \subset V(\varepsilon_1\varepsilon_2,\delta_1+\delta_2).$$

(4) 函数 $x \mapsto \Delta(x)$ 满足如下性质:

(i) $\Delta(x)=0$ 当且仅当 $x=0$;

(ii) $\Delta(x+y) \leqslant \Delta(x)+\Delta(y)$;

(iii) $\Delta(x)=\Delta(-x)=\Delta(x^*)$.

(5) 函数 $(x,y) \mapsto d(x,y)$ 定义了 $L_0(\mathcal{M})$ 上的一个平移不变的距离, 对合关于这个距离是等距的.

证明　(1)~(3) 的证明已经包含在引理 5.4.1 和引理 5.4.2 中. 事实上, 引理 5.4.1 的证明表明 (1) 成立. (2) 是 (1) 和引理 5.4.2 的直接推论. 为了处理 (3) 我们采用引理 5.4.2 的证明方法. 令 $x_i \in V(\varepsilon_i,\delta_i)$ 且选取 $e_i \in \mathcal{P}$ 使得 $\|x_ie_i\| \leqslant \varepsilon_i$ 且 $\tau(e_i^\perp) \leqslant \delta_i$, 其中 $i=1,2$. 令 $e=e_1 \wedge e_2$. 那么 $\tau(e^\perp) \leqslant \delta_1+\delta_2$ 且

$$\|(x_1+x_2)e\| = \|x_1e_1e+x_2e_2e\| \leqslant \varepsilon_1+\varepsilon_2\,.$$

因此, $x_1+x_2 \in V(\varepsilon_1+\varepsilon_2,\delta_1+\delta_2)$. 涉及乘积的包含关系的证明采用引理 5.4.2 的第二部分的证明方法. 我们略取其细节.

(4) 由 (1) 知, $\Delta(x)=0$ 蕴涵对任意 $\varepsilon>0$ 和 $\delta>0$ 有 $\tau(e_\varepsilon^\perp(|x|)) \leqslant \delta$. 这等价于对任意 $\varepsilon>0$ 有 $\tau(e_\varepsilon^\perp(|x|))=0$, 即 $x=0$. 对 Δ 的三角不等式是 (3) 的第一部分结论的直接推论. Δ 关于对合的不变性由 (2) 可得. 等式 $\Delta(x)=\Delta(-x)$ 是显然的.

(5) 这是前述有关 Δ 的性质的另一种表述. □

定理 5.4.2　有如下结论:

(1) $(L_0(\mathcal{M}),\,d)$ 是一个完备的拓扑对合代数.

(2) $\mathcal{M}$ 在 $L_0(\mathcal{M})$ 中稠密.

(3) $(L_0(\mathcal{M}),\,d)$ 关于函数演算是稳定的. 准确地说, 令 φ 为 $\mathbb{R}_+$ 上一个 Borel 函数且在紧集上有界, 又令 x 为一个正可测算子. 那么, 算子 $\varphi(x)$ 属于 $L_0(\mathcal{M})$.

证明　(1) 由引理 5.4.4 可以看到对合与加法在 $(L_0(\mathcal{M}),\,d)$ 上是连续的. 为了证明乘法的连续性, 首先注意到所有集合 $V(\varepsilon,\delta)$, $\varepsilon>0,\delta>0$, 构成 $(L_0(\mathcal{M}),\,d)$ 中 0 的一个邻域基. 现在固定 $x_0,y_0 \in L_0(\mathcal{M})$. 令 $\varepsilon>0,\delta>0$ 且 $x-x_0, y-y_0 \in V(\varepsilon,\delta)$. 选取 ε_1 和 ε_2 使得 $x_0 \in V(\varepsilon_1,\delta)$ 且 $y_0 \in V(\varepsilon_2,\delta)$. 由引理 5.4.4(3) 可以推出

$$\begin{aligned} xy-x_0y_0 &= (x-x_0)(y-y_0)+(x-x_0)y_0+x_0(y-y_0) \\ &\in V(\varepsilon,\delta)V(\varepsilon,\delta)+V(\varepsilon,\delta)V(\varepsilon_2,\delta)+V(\varepsilon_1,\delta)V(\varepsilon,\delta) \end{aligned}$$

$$\subset V(\varepsilon(\varepsilon+\varepsilon_1+\varepsilon_2),\ 6\delta).$$

这说明 $(x,y)\mapsto xy$ 是连续的.

下面证明距离 d 的完备性. 令 $\{x_n\}$ 是一个 Cauchy 列. 采用子序列可以假设, 对每个 n 有 $d(x_n,x_{n+1})<2^{-n}$. 这说明存在 $e_n\in\mathcal{P}$ 使得

(i) $e_n(\mathbb{H})\subset D(x_n)\cap D(x_{n+1})$;

(ii) $\|(x_{n+1}-x_n)e_n\|<2^{-n}$;

(iii) $\tau(e_n^{\perp})<2^{-n}$.

令 $f_n=\bigwedge\limits_{k\geqslant n}e_k$. 那么, $\{f_n\}$ 是一个单增的投影序列且当 $n\to\infty$ 时有 $\tau(f_n^{\perp})<2^{-n+1}\to 0$. 因此, $\{f_n\}$ 强收敛到恒等算子. 从而, 并集 $\bigcup\limits_n f_n(\mathbb{H})$ 在 $\mathbb{H}$ 中稠密. 固定 n 且令 $\xi\in f_n(\mathbb{H})$. 注意, 对每个 $k\geqslant n$ 有 $f_n\leqslant e_k$, 因而 $f_n(\mathbb{H})\subset e_k(\mathbb{H})$. 所以有

$$\|x_{k+1}\xi-x_k\xi\|=\|(x_{k+1}-x_k)\xi\|=\|(x_{k+1}-x_k)e_k\xi\|<2^{-k}\|\xi\|.$$

这说明 $\{x_k\xi\}_k$ 是 $\mathbb{H}$ 中的一个 Cauchy 列. 记其极限为 $\widetilde{x}\xi$. 那么, $\widetilde{x}$ 是 $\mathbb{H}$ 上的一个算子且具有定义域 $D(\widetilde{x})=\bigcup\limits_n f_n(\mathbb{H})$ (它是稠密的).

将上述论证用于 $\{x_n^*\}$ 我们推得一个算子 $\widetilde{y}$ 使得对任意 $\xi\in D(\widetilde{y})$ 有 $x_n^*\xi\to\widetilde{y}\xi$. 那么, 容易验证 $\widetilde{x}\subset\widetilde{y}^*$. 因此, $\widetilde{x}$ 是可闭的. 令 $x=[\widetilde{x}]$. 显然, x 是可测的. 对 $k\geqslant n$ 有 $f_n(\mathbb{H})\subset D(x)\cap D(x_k)$ 且

$$\|x_j\xi-x_k\xi\|\leqslant 2^{-k+1}\|\xi\|;\quad \forall\, j\geqslant k,\ \forall\,\xi\in f_n(\mathbb{H}).$$

从而, $\|(x-x_k)f_n\|\leqslant 2^{-k+1}$. 这推出

$$d(x_k,x)\leqslant 2^{-k+1}+\tau(f_n^{\perp})\leqslant 2^{-n+2},\quad \forall\, k\geqslant n.$$

故 $x_k\to x$ 在 $(L_0(\mathcal{M}),d)$ 中成立.

(2) 令 $x\in L_0(\mathcal{M})$. 由极分解和谱分解有

$$x=u|x|=u\int_0^{\infty}\lambda\,\mathrm{d}e_\lambda(|x|).$$

令

$$x_n=u\int_{[0,n]}\lambda\,\mathrm{d}e_\lambda(|x|)=u|x|e_n,$$

这里 $e_n=\mathbb{1}_{[0,n]}(|x|)$. 那么, $x_n\in\mathcal{M}$ 且 $x-x_n=u|x|e_n^{\perp}(|x|)$. 故 $(x-x_n)e_n=0$. 因为 x 是可测的, 所以有 $\lim\limits_n\tau(e_n^{\perp}(|x|))=0$. 这推出 $d(x_n,x)\to 0$. 因此, $\mathcal{M}$ 在 $L_0(\mathcal{M})$ 中稠密.

(3) 令 $e_n = \mathbb{1}_{[0,n]}(x)$ 且 $\varphi_n = \varphi\mathbb{1}_{[0,n]}$. 令 $\delta > 0$ 和 n_0 为一个整数使得 $e_{n_0}^{\perp}(x) \leqslant \delta$. 那么, $\varphi_n(x) \in \mathcal{M}$ 且对 $m,n \geqslant n_0$ 有 $(\varphi_n(x) - \varphi_m(x))e_{n_0} = 0$. 这说明, $\{\varphi_n(x)\}$ 是 $L_0(\mathcal{M})$ 中的一个 Cauchy 列, 因而收敛到一个可测算子, 它必定是 $\varphi(x)$. □

定义 5.4.4 称 $(L_0(\mathcal{M}), d)$ 中的收敛为依测度收敛.

因此, x_n 依测度收敛到 x 当且仅当对任意 $\varepsilon > 0, \delta > 0$ 都存在 n_0 使得对所有 $n \geqslant n_0$ 有 $x_n - x \in V(\varepsilon, \delta)$. 这也等价于对任一 $\varepsilon > 0$ 有 $\lim\limits_n \tau\big(e_\varepsilon^{\perp}(|x_n - x|)\big) = 0$.

本节以下部分研究 $L_p(\mathcal{M})$ 到 $L_0(\mathcal{M})$ 的嵌入. 我们知道, $L_p(\mathcal{M})$ 继承了 $\mathcal{M}$ 的所有代数结构 (见注 5.2.1).

引理 5.4.5 我们有

(1) 令 $0 < p < \infty$. 则 $(\mathcal{S}, \|\cdot\|_p)$ 中的每个 Cauchy 序列也是 $L_0(\mathcal{M})$ 中的 Cauchy 序列. 从而存在一个连续映射 $\iota_p : L_p(\mathcal{M}) \to L_0(\mathcal{M})$.

(2) 令 $\iota_\infty : \mathcal{M} \hookrightarrow L_0(\mathcal{M})$ 为自然嵌入. 那么, 对 $0 < p \leqslant \infty$ 映射 ι_p 保持所有代数结构:

(i) $\iota_p(x + \lambda y) = \iota_p(x) + \lambda\iota_p(y)$;

(ii) $\iota_p(x^*) = \iota_p(x)^*$;

(iii) $\iota_r(xy) = \iota_p(x)\iota_q(y)$,

其中, $1/r = 1/p + 1/q$.

证明 (1) 令 $x \in \mathcal{S}$ 且 $\varepsilon > 0$. 那么 $|x|^p \geqslant \varepsilon^p\, e_\varepsilon^{\perp}(|x|)$. 这推出如下 Kolmogorov 不等式:

$$\tau\big(e_\varepsilon^{\perp}(|x|)\big) \leqslant \frac{\|x\|_p^p}{\varepsilon^p}. \tag{5.4.1}$$

因此, 如果 $\{x_n\}$ 是 $(\mathcal{S}, \|\cdot\|_p)$ 中一个 Cauchy 序列, 那么

$$\lim_{m,n\to\infty} \tau\big(e_\varepsilon^{\perp}(|x_n - x_m|)\big) = 0,$$

即 $\{x_n\}$ 是 $L_0(\mathcal{M})$ 中的一个 Cauchy 序列, 因而收敛到一个可测算子. 因为 $L_p(\mathcal{M})$ 是 $(\mathcal{S}, \|\cdot\|_p)$ 的完备化, 我们得到所需的映射 ι_p.

(2) 注意, 所有映射 ι_p 在 $\mathcal{S}$ 上与 ι_∞ 相等. 于是, (2) 直接可验证. 例如, 我们考虑乘积. 令 $x \in L_p(\mathcal{M}), y \in L_q(\mathcal{M})$, 又令 $\{x_n\}, \{y_n\} \subset \mathcal{S}$ 分别收敛到 x 和 y. 那么, 由 Hölder 不等式知 $x_n y_n \to xy$ 在 $L_r(\mathcal{M})$ 中成立. 因此在 $L_0(\mathcal{M})$ 中有

$$\iota_r(xy) = \lim_n \iota_r(x_n y_n) = \lim_n \iota_p(x_n)\iota_q(y_n) = \iota_p(x)\iota_q(y).$$

结论得证. □

定理 5.4.3 对每个 $0 < p < \infty$, 映射 $\iota_p : L_p(\mathcal{M}) \to L_0(\mathcal{M})$ 是单射.

证明 令 $x \in L_p(\mathcal{M})$ 使得 $\iota_p(x) = 0$. 必须证明 $x = 0$. 令 $\{x_n\}$ 为 $\mathcal{S}$ 中一个序列, 它在 $L_p(\mathcal{M})$ 中收敛到 x. 那么, $\{x_n\}$ 依测度收敛到 0. 给定 $\varepsilon > 0$. 要证明存在

$\delta > 0$ 使得

$$f \in \mathcal{P} \text{ 且 } \tau(f) \leqslant \delta \Rightarrow \sup_n \|x_n f\|_p \leqslant \varepsilon.$$

选取 n_0 使得对所有 $n, m \geqslant n_0$ 有 $\|x_n - x_m\|_p \leqslant \varepsilon/2$. 那么, 取 $\delta > 0$ 满足 $\|x_n\|_\infty \delta^{1/p} \leqslant \varepsilon/2$, 其中 $1 \leqslant n \leqslant n_0$. 因此, 如果 $p \geqslant 1$ 且 $n > n_0$, 则有

$$\begin{aligned}\|x_n f\|_p &\leqslant \|(x_n - x_{n_0})f\|_p + \|x_{n_0} f\|_p \\ &\leqslant \|x_n - x_{n_0}\|_p + \|x_{n_0}\|_\infty \tau(f)^{1/p} \leqslant \varepsilon.\end{aligned}$$

适当修改 n_0 和 δ 的选取可以得到 $p < 1$ 时此不等式也成立, 此时要用 p 范数不等式.

现在令 e 为一个 τ 有限的投影. 因为 $x_n \to 0$ 依测度收敛成立, 则存在 n_1 使得对所有 $n \geqslant n_1$ 有 $n_1 \geqslant n_0$ 且 $x_n \in V(\varepsilon, \delta)$. 因此, 对每个 $n \geqslant n_1$ 存在一个投影 f_n 使得 $\|x_n f_n\| \leqslant \varepsilon$ 且 $\tau(f_n^\perp) \leqslant \delta$. 那么 (假设 $p \geqslant 1$)

$$\|x_n e\|_p \leqslant \|x_n(e - e \wedge f_n)\|_p + \|x_n\, e \wedge f_n\|_p\,.$$

注意, 由定理 5.1.1(1) 有 $e - e\wedge f_n \sim e \vee f_n - f_n \leqslant f_n^\perp$, 因而 $\tau(e - e\wedge f_n) \leqslant \tau(f_n^\perp) \leqslant \delta$. 因此由 δ 的选取有 $\|x_n(e - e \wedge f_n)\|_p \leqslant \varepsilon$. 另一项更容易处理:

$$\|x_n e \wedge f_n\|_p \leqslant \|x_n f_n\|_\infty \tau(e)^{1/p} \leqslant \tau(e)^{1/p}\, \varepsilon.$$

总结起来可以得到

$$\|x_n e\|_p \leqslant (1 + \tau(e)^{1/p})\varepsilon, \quad \forall\, n \geqslant n_1.$$

这推出

$$\lim_{n\to\infty} \|x_n e\|_p = 0.$$

但是, $x_n e \to xe$ 在 $L_p(\mathcal{M})$ 中成立. 因此, 对每个 τ 有限的投影 e 有 $\|xe\|_p = 0$. 故, 由定理 5.1.3(1) 和定理 5.2.5 我们推出 $x = 0$, 从而 ι_p 是单射. □

从现在起我们将 $\iota_p(x)$ 简单地记作 x, 我们也将 $L_p(\mathcal{M})$ 看作 $L_0(\mathcal{M})$ 的一个子空间. 注意, 由引理 5.4.5 这个等同性保持所有代数结构.

定义 5.4.5 令 $x \in L_0^+(\mathcal{M})$, 即一个正可测算子. 定义

$$\widetilde{\tau}(x) = \sup\big\{\tau(y) \;:\; y \in \mathcal{M}_+,\, y \leqslant x\big\}.$$

因此, $\widetilde{\tau}$ 是 τ 到 $L_0^+(\mathcal{M})$ 的延拓. 下述结果将 $L_p(\mathcal{M})$ 具体地表示为一个可测算子空间, 如同交换情形一样.

定理 5.4.4 令 $0 < p < \infty$, 则

$$L_p(\mathcal{M}) = \big\{x \in L_0(\mathcal{M}) \;:\; \widetilde{\tau}(|x|^p) < \infty\big\}.$$

进一步, 对所有 $x \in L_p(\mathcal{M})$ 有 $\|x\|_p^p = \widetilde{\tau}(|x|^p)$.

证明 首先证明 Kolmogorov 不等式 (5.4.1) 对每个 $x \in L_p(\mathcal{M})$ 成立. 事实上, 令 $x = u|x|$ 为 x 的极分解. 因为 $L_p(\mathcal{M})$ 对有界算子乘法是稳定的, $|x| = u^*x \in L_p(\mathcal{M})$. 令 $\varepsilon > 0$ 且 $n \in \mathbb{N}$. 又令 $e = \mathbb{1}_{(\varepsilon,n]}(|x|)$ 和 $b = \varphi(|x|)$, 其中 φ 定义为 $\varphi(\lambda) = \varepsilon\,\lambda^{-1}\mathbb{1}_{(\varepsilon,n]}(\lambda)$, 则 $\varepsilon\, e = b|x|$. 从而,

$$\varepsilon^p\,\tau(e) = \|\varepsilon\, e\|_p^p = \big\|b|x|\big\|_p^p \leqslant \|x\|_p^p.$$

令 $n \to \infty$, 可以得到

$$\tau\big(e_\varepsilon^\perp(|x|)\big) \leqslant \frac{\|x\|_p^p}{\varepsilon^p}. \tag{5.4.2}$$

现在令 $e_n = \mathbb{1}_{(n^{-1},\, n]}(|x|)$, 其中 $n \geqslant 1$. 由不等式 (5.4.2) 有 $\tau(e_n) < \infty$. 另一方面, 因为 x 是可测的, 则 $\{e_n\}$ 单增地强趋于 $s(|x|)$. 如果 $y \in \mathcal{M}_+$ 且 $y \leqslant |x|^p$, 则

$$e_n y e_n \leqslant e_n|x|^p e_n = (e_n|x|e_n)^p.$$

因为所有这些算子都在 $\mathcal{S}_+$ 中, 所以推出

$$\tau(e_n y e_n) \leqslant \tau((e_n|x|e_n)^p) = \|e_n|x|e_n\|_p^p \leqslant \|x\|_p^p.$$

但是,

$$\tau(e_n y e_n) = \tau(y^{1/2}e_n y^{1/2}) \nearrow \tau(y^{1/2}s(|x|)y^{1/2}) = \tau(y),$$

这是因为 $s(y) \leqslant s(|x|)$. 因此, $\tau(y) \leqslant \|x\|_p^p$; 从而 $\widetilde{\tau}(|x|^p) \leqslant \|x\|_p^p$.

反之, 假设 $\widetilde{\tau}(|x|^p) < \infty$. 因为 $e_n|x|^p \leqslant |x|^p$ 且 $e_n|x|^p \in \mathcal{M}_+$, 有

$$\tau(e_n|x|^p) \leqslant \widetilde{\tau}(|x|^p).$$

另一方面, 由注 5.1.2 知

$$\tau(e_n|x|^p) = \int_{(n^{-1},\, n]} s^p\, \mathrm{d}\tau(e_s);$$

从而

$$\int_0^\infty s^p\, \mathrm{d}\tau(e_s) \leqslant \widetilde{\tau}(|x|^p).$$

令 $x_n = u|x|e_n$ (这里 $x = u|x|$), 则 $x_n \in \mathcal{S}$. 如果 $n > m$, 则当 $n, m \to \infty$ 时,

$$\|x_n - x_m\|_p^p = \int_{(n^{-1},\, m^{-1}]} s^p\, \mathrm{d}\tau(e_s) + \int_{(m,\, n]} s^p\, \mathrm{d}\tau(e_s) \to 0.$$

故 $\{x_n\}$ 是一个 Cauchy 序列, 因此在 $L_p(\mathcal{M})$ 中收敛. 但是易证 $x_n \to x$ 依测度收敛成立 (见定理 5.4.2(2) 的证明). 这推出, $x_n \to x$ 在 $L_p(\mathcal{M})$ 中成立且

$$\|x\|_p^p = \int_0^\infty s^p \,\mathrm{d}\tau(e_s) \leqslant \widetilde{\tau}(|x|^p).$$

综合这个不等式与第一部分的不等式, 得到 $\|x\|_p^p = \widetilde{\tau}(|x|^p)$. □

因此, $\widetilde{\tau}$ 与 τ 在 $\mathcal{M}$ 上以及在 $L_1^+(\mathcal{M})$ 上相等 (我们知道, τ 已延拓到 $L_1(\mathcal{M})$ 上, 见注 5.2.1). 由此我们可以用同样的 τ 表示 $\widetilde{\tau}$.

定理 5.4.5 (1) 令 $x_n, x \in L_0^+(\mathcal{M})$. 如果 $\{x_n\}$ 是递增的且依测度收敛于 x, 那么 $\lim\limits_n \tau(x_n) = \tau(x)$.

(2) 对任意 $x, y \in L_0^+(\mathcal{M})$ 且 $\lambda \in \mathbb{R}_+$ 有

$$\tau(x+\lambda y) = \tau(x) + \lambda\tau(y) \quad \text{和} \quad \tau(x^{1/2}yx^{1/2}) = \tau(y^{1/2}xy^{1/2}).$$

证明 (1) 设 $\lim\limits_n \tau(x_n) = l < \tau(x)$, 则由定理 5.4.4 知, 对所有 n 有 $x_n \in L_1$. 因为 $\{x_n\}$ 是递增的, 则对 $n > m$ 有 $\|x_n - x_m\|_1 = \tau(x_n - x_m)$. 由此可知 $\{x_n\}$ 是 $L_1(\mathcal{M})$ 中的一个 Cauchy 序列. 因此 $x_n \to x$ 在 $L_1(\mathcal{M})$ 中成立, 从而 $\tau(x_n) = \|x_n\|_1 \to \|x\| = \tau(x)$, 矛盾.

(2) 显然, $\tau(x)+\tau(y) \leqslant \tau(x+y)$. 因此, 如果 $\tau(x)$ 和 $\tau(y)$ 中有一个是无穷大, 则等式成立. 假设二者都是有限的. 那么它们都属于 $L_1(\mathcal{M})$. 但我们知道 τ 在 $L_1(\mathcal{M})$ 上是线性的. 故第一个等式成立.

设 $\tau(x^{1/2}yx^{1/2}) < \infty$. 则由定理 5.4.4 知, $y^{1/2}x^{1/2} \in L_2(\mathcal{M})$. 因为对合在 $L_2(\mathcal{M})$ 上是一个等距, 有

$$\tau(x^{1/2}yx^{1/2}) = \left\|y^{1/2}x^{1/2}\right\|_2^2 = \left\|x^{1/2}y^{1/2}\right\|_2^2 = \tau(y^{1/2}xy^{1/2}).$$

结论得证. □

5.5 张 量 积

本节讨论非交换测度空间的张量积. 令 $\mathcal{M}_1$ 和 $\mathcal{M}_2$ 分别为 $\mathbb{H}_1$ 和 $\mathbb{H}_2$ 上的两个 VNA. 令 $\mathbb{H} = \mathbb{H}_1 \otimes \mathbb{H}_2$ 为 $\mathbb{H}_1$ 和 $\mathbb{H}_2$ 的 Hilbert 空间张量积. 对 $x_1 \in \mathcal{M}_1$ 和 $x_2 \in \mathcal{M}_2$, 张量 $x_1 \otimes x_2$ 是 $\mathbb{H}$ 上的一个有界算子, 它由下述等式唯一地确定:

$$x_1 \otimes x_2(\xi_1 \otimes \xi_2) = x_1(\xi_1) \otimes x_2(\xi_2), \quad \xi_1 \in \mathbb{H}_1, \xi_2 \in \mathbb{H}_2.$$

容易验证, 对任意 $x_1, y_1 \in \mathcal{M}_1$ 和 $x_2, y_2 \in \mathcal{M}_2$ 有

(1) $\|x_1 \otimes x_2\| = \|x_1\|\,\|x_2\|$.

(2) $(x_1 \otimes x_2)(y_1 \otimes y_2) = x_1y_1 \otimes x_2y_2$.

(3) $(x_1 \otimes x_2)^* = x_1^* \otimes x_2^*$.

代数张量积 $\mathcal{M}_1 \otimes \mathcal{M}_2$ 由所有 $x_1 \otimes x_2$ ($x_1 \in \mathcal{M}_1$ 且 $x_2 \in \mathcal{M}_2$) 的线性组合全体组成, 它是 $\mathcal{B}(\mathbb{H})$ 的一个对合子代数. 它的 σ-wo 闭包称为 $\mathcal{M}_1$ 和 $\mathcal{M}_2$ 的 VNA 张量积, 记作 $\mathcal{M}_1 \overline{\otimes} \mathcal{M}_2$. 令 $\mathcal{M} = \mathcal{M}_1 \overline{\otimes} \mathcal{M}_2$. 映射 $x_1 \mapsto x_1 \otimes 1_{\mathcal{M}_2}$ 是从 $\mathcal{M}_1$ 到 $\mathcal{M}$ 中的一个单正规同态. 这使得我们可以将 $\mathcal{M}_1$ 看作 $\mathcal{M}$ 的一个子 VNA. 类似地, $\mathcal{M}_2$ 也可以看作 $\mathcal{M}$ 的一个子 VNA. 因此, $\mathcal{M}_1$ 与 $\mathcal{M}_2$ 可交换且共同生成 $\mathcal{M}$.

现在假设每个 $\mathcal{M}_k$ 都赋予了一个 n.s.f. 迹 τ_k. 令 $\mathbb{H}_k = L_2(\mathcal{M}_k)$. 如同在 5.3 节末尾解释的那样, 我们将 $\mathcal{M}_k$ 看作由左乘确定的作用在 $\mathbb{H}_k$ 上的一个 VNA. 令 J 为 $\mathbb{H}_k$ 上的对合 (我们对两个对合用同样的记号), 则 $J \otimes J$ 定义了 $\mathbb{H}$ 上一个等距对合, 也记作 J. 因为 $J\big(\mathcal{M}_1 \otimes \mathcal{M}_2\big)J = \mathcal{M}_1' \otimes \mathcal{M}_2'$, 则 $J\mathcal{M}J \subset \mathcal{M}'$ (事实上等式成立, 但这在后面不需要). 令 $\mathcal{S}_k = \mathcal{S}(\mathcal{M}_k)$ 是相应于 $(\mathcal{M}_k, \tau_k)$ 的 $\mathcal{M}_k$ 的理想 (见定理 5.1.3). 我们知道, $\mathcal{S}_k$ 的元也可以看成是 $\mathbb{H}_k$ 的元, 从而 $\mathcal{S}_k$ 在 $\mathbb{H}_k$ 稠密. 如同在 5.3 节一样, 用 Λ 表示 $\mathcal{S}_k$ 到 $\mathbb{H}_k$ 中的包含映射. 如此, 由包含映射 $x_1 \otimes x_2 \mapsto \Lambda(x_1 \otimes x_2) = \Lambda(x_1) \otimes \Lambda(x_2)$ 可知, $\mathcal{S}_1 \otimes \mathcal{S}_2$ 也是 $\mathbb{H}$ 的一个稠密子空间.

定理 5.5.1　在 VNA 张量积 $\mathcal{M} = \mathcal{M}_1 \overline{\otimes} \mathcal{M}_2$ 上存在唯一一个 n.s.f. 迹 τ 使得

$$\tau(x_1 \otimes x_2) = \tau_1(x_1)\,\tau_2(x_2), \quad x_1 \in \mathcal{S}_1,\ x_2 \in \mathcal{S}_2. \tag{5.5.1}$$

τ 称为 τ_1 和 τ_2 的张量积, 记作 $\tau_1 \otimes \tau_2$.

证明　当 τ_1 和 τ_2 均为有限迹时, 定理的证明是容易的. 此时可假设 $\tau_k(1_{\mathcal{M}_k}) = 1$ 并把 τ_k 延拓为 $\mathcal{M}_k$ 的一个态, $k = 1, 2$. 事实上, $\Lambda(1) = \Lambda(1_{\mathcal{M}_1}) \otimes \Lambda(1_{\mathcal{M}_2})$ 对 $\mathcal{M}$ 和 $\mathcal{M}'$ 都是一个循环向量, 从而对 $\mathcal{M}$ 是可分的. 对 $x \in \mathcal{M}$ 定义 $\tau(x) = \langle \Lambda(1),\ x\Lambda(1) \rangle$, 则 τ 是一个正规忠实的态且满足 (5.5.1). 由 τ_1 和 τ_2 的迹性以及 $\mathcal{M}_1 \otimes \mathcal{M}_2$ 的 σ-wo 稠密性可知 τ 是迹的. 尽管一般情形的证明要复杂得多, 基本思想还是一样的.

令 $\mathfrak{m}$ 为由 $\mathcal{S}_1 \otimes \mathcal{S}_2$ 生成的 $\mathcal{M}$ 的对合理想, 即

$$\mathfrak{m} = \operatorname{span}\{\mathcal{M}(\mathcal{S}_1 \otimes \mathcal{S}_2)\mathcal{M}\}.$$

(对于线性空间的一个子集 A, 用 $\operatorname{span}(A)$ 表示 A 的线性组合全体.) 我们有 $\operatorname{span}(\mathfrak{m}\mathfrak{m}) = \mathfrak{m}$. 事实上, 如果 $x = ayb$, 其中 $y \in \mathcal{S}_1 \otimes \mathcal{S}_2$ 且 $a, b \in \mathcal{M}$, 那么存在两个具有有限迹的投影 $e_1 \in \mathcal{M}_1$ 和 $e_2 \in \mathcal{M}_2$ 使得 $e_1 \otimes e_2\, y = y\, e_1 \otimes e_2 = y$ (见定理 5.1.3). 令 $e = e_1 \otimes e_2$. 于是 $e \in \mathcal{S}_1 \otimes \mathcal{S}_2$ 且

$$x = (ay)(eb) \in \mathfrak{m}\mathfrak{m}.$$

故, 由 $\mathfrak{m}$ 是对合的可知, 任一元 $x \in \mathfrak{m}$ 都可以写成形式 $x = a^*b$ 的元的线性组

合, 其中 $a, b \in \mathfrak{m}$. 由极化恒等式

$$a^*b = \frac{1}{4}\sum_{k=0}^{3} \mathrm{i}^k (\mathrm{i}^k a + b)^*(\mathrm{i}^k a + b),$$

我们知道, $\mathfrak{m}$ 是 $\{a^*a \,:\, a \in \mathfrak{m}\}$ 的线性组合全体. 从而, $\mathfrak{m}$ 也是它的正部 $\mathfrak{m}_+$ 的线性组合全体. 我们要证明, 任意 $x \in \mathfrak{m}_+$ 可以表示为

$$x = \sum_k a_k^* a_k, \quad a_k \in \mathfrak{m}. \tag{5.5.2}$$

事实上, 由上述讨论可以找到 $y_k, z_j \in \mathfrak{m}$ 满足

$$x = \sum_k y_k^* y_k - \sum_j z_j^* z_j \leqslant \sum_k y_k^* y_k.$$

从而存在收缩算子 $u \in \mathcal{M}$ 使得 $x^{1/2} = u\left(\sum_k y_k^* y_k\right)^{1/2}$. 故令 $a_k = y_k u^*$ 可以得到 (5.5.2).

理想 $\mathfrak{m}$ 按如下方式嵌入到 $\mathbb{H}$ 中. 给定 $x = yaz$, 其中 $y, z \in \mathcal{M}$ 且 $a \in \mathcal{S}_1 \otimes \mathcal{S}_2$. 定义

$$\Lambda(x) = (Jz^*J)\, y\, \Lambda(a) = y\, (Jz^*J)\, \Lambda(a).$$

那么, $\Lambda(\mathfrak{m})$ 是 $\mathbb{H}$ 中的一个稠密子空间. 注意, 对任意 $x \in \mathfrak{m}$ 有 $J\Lambda(x) = \Lambda(x^*)$. 对 $k = 1, 2$, 固定 $\mathcal{M}_k$ 中一个具有限迹的投影算子构成的网 $\{e_{ki}\}_i$, 它强收敛于 1 (见定理 5.1.3). 令 $e_i = e_{1i} \otimes e_{2i}$, 则 $e \in \mathcal{S}_1 \otimes \mathcal{S}_2$ 且强收敛于 $\mathbb{H}$ 的单位算子, 从而 Je_iJ 也强收敛于 $\mathbb{H}$ 的单位算子. 对 $a, b \in \mathfrak{m}$ 有

$$\begin{aligned}\langle Je_iJ\Lambda(a), Je_iJ\Lambda(b)\rangle &= \langle \Lambda(ae_i), \Lambda(be_i)\rangle = \langle a\Lambda(e_i), b\Lambda(e_i)\rangle \\ &= \langle \Lambda(e_i), a^*b\Lambda(e_i)\rangle.\end{aligned}$$

由此可得

$$\langle \Lambda(a), \Lambda(b)\rangle = \lim_i \langle \Lambda(e_i), a^*b\Lambda(e_i)\rangle.$$

现在定义 $\mathfrak{m}$ 上的 τ 如下. 对 $x = \sum_k a_k^* b_k$ $(a_k, b_k \in \mathfrak{m})$ 令

$$\tau(x) = \sum_k \langle \Lambda(a_k), \Lambda(b_k)\rangle.$$

由上述讨论可知

$$\tau(x) = \lim_i \langle \Lambda(e_i), x\Lambda(e_i)\rangle. \tag{5.5.3}$$

这个表达式说明 $\tau(x)$ 的定义是没有任何歧义的. 它也说明 τ 是线性的和正的. 进一步, τ 满足 (5.5.1). 余下来要证明, 如此得到的 τ 可以延拓为 $\mathcal{M}$ 上一个 n.s.f. 迹. 为此, 首先注意到, 对 $x \in \mathfrak{m}_+$ 有

$$\tau(x) = \sup\left\{\langle \Lambda(u),\ x\Lambda(u)\rangle \ :\ u \in \mathfrak{m},\ \|u\| \leqslant 1\right\}.$$

事实上, 令 x 为形如 (5.5.2) 的表示形式, 则对于 $u \in \mathfrak{m}$ 且 $\|u\| \leqslant 1$ 有

$$\begin{aligned}\langle \Lambda(u),\ x\Lambda(u)\rangle &= \sum_k \langle \Lambda(a_k u), \Lambda(a_k u)\rangle = \sum_k \left\|Ju^*J\Lambda(a_k)\right\|^2 \\ &\leqslant \|u\|^2 \sum_k \left\|\Lambda(a_k)\right\|^2 \leqslant \tau(x)\,.\end{aligned}$$

这表明上述上确界小于或等于 $\tau(x)$. 反向不等式由 (5.5.3) 可得. 这个结果允许我们将 τ 延拓到整个 $\mathcal{M}_+$ 上. 即, 对任意 $x \in \mathcal{M}_+$ 定义

$$\tau(x) = \sup\left\{\langle \Lambda(u),\ x\Lambda(u)\rangle \ :\ u \in \mathfrak{m},\ \|u\| \leqslant 1\right\}. \tag{5.5.4}$$

要证明这个延拓是可加的. 显然, $\tau(x+y) \leqslant \tau(x) + \tau(y)$. 为证明反向不等式, 需要 $\tau(x)$ 的如下表达式:

$$\tau(x) = \sup\left\{\tau(y) \ :\ y \leqslant x,\ y \in \mathfrak{m}_+\right\} \tag{5.5.5}$$

事实上, 如果 $u \in \mathfrak{m}$ 且 $\|u\| \leqslant 1$, 则

$$\langle \Lambda(u),\ x\Lambda(u)\rangle = \left\|\Lambda(u^* x^{1/2})\right\|^2 = \tau(x^{1/2}u^*ux^{1/2}) = \tau(y),$$

其中 $y = x^{1/2}u^*ux^{1/2} \in \mathfrak{m}$ 且 $y \leqslant x$. 因此有

$$\tau(x) \leqslant \sup\left\{\tau(y) \ :\ y \leqslant x,\ y \in \mathfrak{m}_+\right\}.$$

反之, 如果 $0 \leqslant y \leqslant x$, 则存在一个收缩算子 $a \in \mathcal{M}$ 使得 $y^{1/2} = ax^{1/2}$. 因此, 对任意 $u \in \mathfrak{m}$ 有

$$\langle \Lambda(u), y\Lambda(u)\rangle = \langle \Lambda(u), x^{1/2}a^*ax^{1/2}\Lambda(u)\rangle \leqslant \langle \Lambda(u), x\Lambda(u)\rangle,$$

从而 $\tau(y) \leqslant \tau(x)$. 故可以得到 (5.5.5). 由它可得, 对任意 $x, y \in \mathcal{M}_+$ 有 $\tau(x+y) \geqslant \tau(x) + \tau(y)$. 所以, τ 在 $\mathcal{M}_+$ 上是线性的.

如果 $\tau(x) = 0$, 那么对任意 $u \in \mathfrak{m}$ 有 $x^{1/2}\Lambda(u) = 0$, 因而 $x^{1/2} = 0$, 因为 $\Lambda(\mathfrak{m})$ 在 $\mathbb{H}$ 中稠密. 这表明 τ 是忠实的. 因此, 如果 $x \in \mathcal{M}_+$ 不为零, 由 (5.5.5) 我们推出有一个非零元 $y \in \mathfrak{m}_+$ 使得 $y \leqslant x$ 且 $\tau(y) < \infty$. 这说明 τ 的半有限性. τ 的正规

性由 (5.5.4) 可得. τ 的迹性由 (5.5.1) 和 $(\mathcal{S}_1\otimes\mathcal{S}_2)_+$ 在 $\mathcal{M}_+$ 中的强稠密性可得. 故, τ 是 $\mathcal{M}$ 上一个 n.s.f. 迹. $(\mathcal{S}_1\otimes\mathcal{S}_2)_+$ 在 $\mathcal{M}_+$ 中的强稠密性和 τ 的正规性也表明 τ 由它在 $(\mathcal{S}_1\otimes\mathcal{S}_2)_+$ 上的作用确定的. 因此, τ 是 $\mathcal{M}$ 上唯一满足 (5.5.1) 的 n.s.f. 迹. □

上面的张量积构造直接可以推广到有限多个 VNA 情形, 由此得到的张量积显然满足结合律. 为了构造无穷多个 VNA 的张量积, 需要考虑的迹都是有限的. 因此, 令 $(\mathcal{M}_n,\tau_n)_{n\geqslant 1}$ 为一列非交换概率空间. 如前, 令 $\mathbb{H}_n=L_2(\mathcal{M}_n)$ 且将 $\mathcal{M}_n$ 看作由左乘确定的 $\mathbb{H}_n$ 上的 VNA. 令 $\mathcal{N}_n=\mathcal{M}_1\overline{\otimes}\cdots\overline{\otimes}\mathcal{M}_n$ 且 $\nu_n=\tau_1\otimes\cdots\otimes\tau_n$. 利用包含关系 $x_1\otimes\cdots\otimes x_n\mapsto x_1\otimes\cdots\otimes x_n\otimes 1_{\mathcal{M}_{n+1}}$, 将 $\mathcal{N}_n$ 看作 $\mathcal{N}_{n+1}$ 的一个 von Neumann 子代数, 则 ν_{n+1} 与 ν_n 在 $\mathcal{N}_n$ 上相等 (因为 $\tau_n(1)=1$). 令 $\mathcal{A}_0=\bigcup\limits_{n\geqslant 1}\mathcal{N}_n$, 则 $\mathcal{A}_0$ 关于由这些 $\mathcal{N}_n$ 诱导的代数运算是一个单位对合代数. 另一方面, 这些迹 ν_n 诱导 $\mathcal{A}_0$ 上一个忠实的迹态 ν_0. 令 $(\pi,\mathbb{H},\mathbb{1})$ 为 $(\mathcal{A}_0,\nu_0)$ 的 GNS 表示. 更准确地说, $\mathbb{H}$ 是 $\mathcal{A}_0$ 关于如下确定的标量积的完备化:

$$\langle x_1\otimes\cdots\otimes x_n,\ y_1\otimes\cdots\otimes y_n\rangle=\prod_{k=1}^{n}\tau_k(y_k^*x_k).$$

表示 π 由下式给出: 对任意 $x\in\mathcal{A}_0$,

$$\pi(x)\Lambda(a)=\Lambda(xa),\quad a\in\mathcal{A}_0,$$

其中, $\Lambda:\mathcal{A}_0\to\mathbb{H}$ 是自然包含映射. 单位向量 $\mathbb{1}$ 是 $\Lambda(1)$. 迹 ν_0 可以用由 $\mathbb{1}$ 诱导的向量态重新给出:

$$\nu_0(x)=\langle\mathbb{1},\ \pi(x)\mathbb{1}\rangle,\quad x\in\mathcal{A}_0.$$

因为 ν_0 是忠实的, 因此 π 也是忠实的. 故, $\mathcal{A}_0$ 和所有的 $\mathcal{N}_n$ 都可以看作 $\mathcal{B}(\mathbb{H})$ 的子代数. 令 $\mathcal{N}$ 是 $\pi(\mathcal{A}_0)$ 在 $\mathcal{B}(\mathbb{H})$ 中的 σ-wo 闭包且 ν 是由 $\mathbb{1}$ 给出的向量态在 $\mathcal{N}$ 上的限制. $(\mathcal{N},\nu)$ 称为 $\{(\mathcal{M}_n,\tau_n)\}_{n\geqslant 1}$ 的 VNA 张量积且记作

$$(\mathcal{N},\nu)=\overline{\bigotimes_{n\geqslant 1}}(\mathcal{M}_n,\tau_n).$$

注意, 在 $\mathcal{A}_0$ 上 $\nu\circ\pi=\nu_0$. 因为 ν_0 是迹的, 因此 ν 也是迹的. 我们要证明 $\mathbb{1}$ 对 $\mathcal{N}$ 是可分的. 为此, 注意由 $\mathcal{N}_n$ 在 $\mathbb{H}$ 中生成的子空间恰好是 $\mathbb{H}_1\otimes\cdots\otimes\mathbb{H}_n$. 由此推出, 这些 $\mathbb{H}_n$ 上的对合在 $\mathbb{H}$ 上诱导一个等距的对合, 再次记作 J. 容易验证, $J\pi(\mathcal{A})J\subset\mathcal{N}'$. 现在令 $x\in\mathcal{N}$ 使得 $x\mathbb{1}=0$. 那么, 对所有 $a\in\mathcal{A}_0$ 有

$$x\Lambda(a)=xJ\pi(a^*)J\mathbb{1}=J\pi(a^*)Jx\mathbb{1}=0;$$

从而 $x=0$, 即 $\mathbb{1}$ 是可分的. 故, ν 是忠实的. 因此, ν 是 $\mathcal{N}$ 上一个正规的忠实的迹态.

利用包含映射 $x_n \mapsto 1_{\mathcal{M}_1} \otimes \cdots 1_{\mathcal{M}_{n-1}} \otimes x_n \otimes 1_{\mathcal{M}_{n+1}} \cdots$ (即从 $\pi(x_n)$ 中去掉 π), 我们总是把 $\mathcal{M}_n$ 看作 $\mathcal{N}$ 的一个 von Neumann 子代数. 那么, 迹 ν 在 $\mathcal{M}_n$ 上与 τ_n 相等. 显然, ν 是 $\mathcal{N}$ 上唯一的正规的态使得

$$\nu(x_1 \otimes \cdots \otimes x_n) = \prod_{k=1}^{n} \tau_k(x_k), \quad \forall\, n \geqslant 1,\, \forall\, x_k \in \mathcal{M}_k.$$

习　题

1. 证明: 对任意 $x \in L_0^+(\mathcal{M})$ 和 $0 < p < \infty$ 有 $s(x^p) = s(x)$.

2. 试用引理 5.2.2 证明: 对 $0 < p \leqslant 1$ 算子函数 $x \mapsto x^p$ 在 $\mathcal{M}_+$ 上是凹函数, 即

$$\big(tx + (1-t)y\big)^p \geqslant tx^p + (1-t)y^p, \quad \forall x, y \in \mathcal{M}_+,\ 0 < t < 1.$$

3. 令 a 为 $\mathcal{M}$ 的一个收缩算子且 $x \in L_p^+(\mathcal{M})$ $(0 < p < \infty)$, 其中 $L_p^+(\mathcal{M})$ 是 $L_p(\mathcal{M})$ 的正锥. 证明:

(1) 如果 $p \leqslant 1$, 则 $\tau[(a^*xa)^p] \geqslant \tau(a^*x^pa)$.

(2) 如果 $p > 1$, 则 $\tau[(a^*xa)^p] \leqslant \tau(a^*x^pa)$.

4. 令 $0 < p < \infty$ 且 $x, y \in L_p^+(\mathcal{M})$ 满足 $x \leqslant y$.

(1) 证明存在一个收缩 $a \in \mathcal{M}$ 使得 $x^{1/2} = ay^{1/2}$.

(2) 证明不等式 $\|x\|_p \leqslant \|y\|_p$.

5. 令 $0 < p < \infty$ 且令 $\{x_n\}$ 为 $L_p(\mathcal{M})$ 中一列递增的正算子. 证明: $\{x_n\}$ 在 $L_p(\mathcal{M})$ 中收敛当且仅当 $\{x_n\}$ 在 $L_p(\mathcal{M})$ 中是有界的. 提示: 可以首先考虑 $p > 1$ 的情形并利用 $L_p(\mathcal{M})$ 的自反性; 然后将 $p \leqslant 1$ 的情形归结为上述情形.

6. 两个算子 $x, y \in L_0(\mathcal{M})$ 称为不相交的, 如果 $\ell(x) \perp \ell(y)$ 且 $r(x) \perp r(y)$, 这里对两个投影我们用 $e \perp f$ 表示它们是正交的, 等价地说, $ef = 0$.

(1) 证明: $xy = 0$ 当且仅当 $r(x) \perp \ell(y)$.

(2) 证明: x 和 y 是不相交的当且仅当 $x^*y = 0 = xy^*$.

(3) 证明: 如果 x 和 y 是不相交的, 则对任意 $0 < p < \infty$ 有 $|x+y|^p = |x|^p + |y|^p$, 因而当还有 $x, y \in L_p(\mathcal{M})$ 时, $\|x+y\|_p^p = \|x\|_p^p + \|y\|_p^p$.

7. 令 $1 < p < \infty$ 且 $x, y \in L_p^+(\mathcal{M})$ 满足 $x \leqslant y$. 这个练习的目标是要证明下述不等式:

$$\tau(x^p) \leqslant \tau(\sqrt{x}\, y^{p-1} \sqrt{x}\,) = \tau(xy^{p-1}). \tag{$*$}$$

(1) 首先假设 $x, y \in \mathcal{S}_+$. 证明: 如果 $1 < p \leqslant 2$, 则

$$\tau(x^{pq}) \leqslant \tau[(\sqrt{x}\, y^{p-1} \sqrt{x}\,)^q], \quad \forall\, 0 < q < \infty. \tag{$*_p$}$$

(2) 证明:

$$(\sqrt{x}\, y^{p-1} \sqrt{x}\,)^2 \leqslant \sqrt{x}\, y^{2p-1} \sqrt{x}\,.$$

(3) 证明: 如果 $(*_p)$ 对某个 $1 < p < \infty$ 成立, 则它对 $2p$ 也成立.

(4) 对所有 $1 < p < \infty$ 证明 $(*_p)$ 成立.

(5) 证明 $(*)$.

8. 令 $I \subset \mathbb{R}$ 为一个开区间且 $h : I \to \mathcal{S}_+$ 是一个连续可微函数 (关于 $\mathcal{M}$ 的范数) 满足 $h'(t) \in \mathcal{S}_+$, $\forall t \in I$. 证明:

$$\frac{\mathrm{d}}{\mathrm{d}t}\tau(h(t)^p) = p\,\tau(h(t)^{p-1}h'(t)), \quad t \in I,\ 1 \leqslant p < \infty.$$

提示: 首先对任意正整数 p 证明该不等式, 然后用逼近的方法证明一般情形.

9. 令 $x, y \in L_p^+(\mathcal{M})$ $(1 < p < \infty)$. 证明:

$$\tau[(x+y)^p] \geqslant \tau(x^p + y^p).$$

提示: 首先假设 $x, y \in \mathcal{S}_+$, 考虑函数

$$f(t) = \tau[(x+ty)^p] - \tau(x^p + t^p y^p), \quad t \geqslant 0,$$

并用第 7 题和第 8 题的结果.

10. 证明: 第 9 题中不等式的等号成立当且仅当 x 和 y 是不相交的. 充分性部分已包含在第 6 题中. 要在附加条件 $x, y \in \mathcal{S}_+$ 下证明必要性部分. 假设 $x, y \in \mathcal{S}_+$ 使得

$$\tau((x+y)^p) = \tau(x^p + y^p).$$

令

$$z = \mathrm{i}[y(x+y)^{p-1} - (x+y)^{p-1}y]$$

且

$$g(t) = \tau((x + \mathrm{e}^{-\mathrm{i}tz}y\mathrm{e}^{\mathrm{i}tz})^p), \quad t \in \mathbb{R}.$$

证明:

(1) g 在 $t = 0$ 处达到它在 $\mathbb{R}$ 上的极小值.

(2) g 在 $\mathbb{R}$ 上是可微的且

$$g'(t) = \mathrm{i}p\,\tau((x + \mathrm{e}^{-\mathrm{i}tz}y\mathrm{e}^{\mathrm{i}tz})^{p-1}\mathrm{e}^{-\mathrm{i}tz}(yz - zy)\mathrm{e}^{\mathrm{i}tz}).$$

(3) $\tau(z^2) = 0$, 因而 $z = 0$.

(4) $y(x+y) = (x+y)y$, 因而 $xy = yx$.

证明结论.

11. 本题的目标是要将上述结果推广到 $p < 1$ 的情形. 假设 $0 < p < 1$ 且 $x, y \in \mathcal{S}_+$ 使得

$$\tau((x+y)^p) = \tau(x^p + y^p).$$

(1) 证明存在两个收缩算子 $u, v \in \mathcal{M}$ 使得

$$x^{1/2} = u(x+y)^{1/2}, \quad y^{1/2} = v(x+y)^{1/2}, \quad u^*u + v^*v = s(x+y).$$

(2) 证明:

$$x^p \geqslant u(x+y)^p u^*, \quad y^p \geqslant v(x+y)^p v^*.$$

(3) 证明:

$$\tau(x^p+y^p)\geqslant\tau\big(u(x+y)^pu^*+v(x+y)^pv^*\big)\geqslant\tau(x^p+y^p).$$

然后推出

$$x^p=u(x+y)^pu^*,\quad y^p=v(x+y)^pv^*.$$

(4) 假设 $p\leqslant 1/2$. 证明:

(i) $x^p\leqslant(u(x+y)^{1/2}u^*)^{2p}\leqslant(x^{1/2})^{2p}=x^p$;

(ii) $x^{1/2}=u(x+y)^{1/2}u^*$;

(iii) $x^{1/2}=ux^{1/2}=x^{1/2}u^*$;

(iv)$s(x)\leqslant r(u)$ 且 $x=uxu^*$;

(v)$uyu^*=0$ 且 $r(u)\perp s(y)$, 故 $s(x)\perp s(y)$.

(5) 假设 $1/2<p<1$. 证明:

(i) $x^p=x^{1/2}(x+y)^{p-1/2}u^*$ 且 $x^{p-1/2}=s(x)(x+y)^{p-1/2}u^*$;

(ii) $x^{2p-1}\leqslant u(x+y)^{2p-1}u^*\leqslant x^{2p-1}$, 故 $x^{2p-1}=u(x+y)^{2p-1}u^*$.

(6) 证明: 如同在 (4) 中一样, 如果 $2p-1\leqslant 1/2$, 即 $p\leqslant 3/4$, 则 $s(x)\perp s(y)$. 重复上述方法有限次可以完成证明.

12. 令 $0<p<\infty$ 且 $x,y\in L_p(\mathcal{M})$.

(1) 证明: 如果 $p\geqslant 2$, 则

$$\|x+y\|_p^p+\|x-y\|_p^p\geqslant 2(\|x\|_p^p+\|y\|_p^p).$$

这是 Clarkson 不等式 (5.3.1) 的另一种表述.

(2) 用对偶性证明: 如果 $1\leqslant p<2$, 则

$$\|x+y\|_p^p+\|x-y\|_p^p\leqslant 2(\|x\|_p^p+\|y\|_p^p).$$

(3) 证明上述不等式对 $p<1$ 仍然成立.

13. 证明: 如果第 12 题中的不等式对 $p\neq 2$ 时的等号成立, 则 x 和 y 是不相交的. 注意, 由第 6 题知, 该逆命题也成立. 假设 $x,y\in\mathcal{S}_+$ 且 $p\neq 2$ 使得

$$\|x+y\|_p^p+\|x-y\|_p^p=2(\|x\|_p^p+\|x\|_p^p).$$

令 $q=p/2$ 且 $a=x^*x$, $b=y^*y$.

(1) 证明:

$$\tau(a^q+b^q)=\frac{1}{2}\,\tau((a+b+(x^*y+y^*x))^q+(a+b-(x^*y+y^*x))^q).$$

(2) 证明: 对 $q\geqslant 1$ 有

$$\frac{1}{2}\,\tau((a+b+(x^*y+y^*x))^q+(a+b-(x^*y+y^*x))^q)\geqslant\tau((a+b)^q);$$

对 $q<1$ 反向不等式成立.

(3) 证明：

$$\tau(a^q+b^q)=\tau((a+b)^q),$$

故 a 和 b 是不相交的.

(4) 证明：$r(x)\perp r(y)$. 用 x 和 y 的对偶取代它们推出 $\ell(x)\perp\ell(y)$.

14. 令 $1\leqslant p<\infty$ 且 $x_1,\cdots,x_n\in L_p(\mathcal{M})$. 考虑

$$\mathrm{Ave}\Big\|\sum_{k=1}^n \pm x_k\Big\|_p^p,$$

其中平均是对每个 x_k 前的所有 $\pm$ 取的. 令 $\Omega_n=\{-1,1\}^n$ 并赋予均匀概率测度. 令 ε_k 是 Ω_n 上的第 k 个坐标函数, 则

$$\mathrm{Ave}\Big\|\sum_{k=1}^n \pm x_k\Big\|_p^p=\mathop{\mathrm{Ave}}_{\varepsilon_k=\pm 1}\Big\|\sum_{k=1}^n \varepsilon_k x_k\Big\|_p^p=\mathbb{E}\Big\|\sum_{k=1}^n \varepsilon_k x_k\Big\|_p^p,$$

其中 $\mathbb{E}$ 表示 Ω_n 上的期望.

(1) 证明：如果 $1\leqslant p\leqslant 2$, 则

$$\Big\|\sum_{k=1}^n \varepsilon_k x_k\Big\|_{L_p(\Omega_n;L_p(\mathcal{M}))}\leqslant\Big(\sum_{k=1}^n\|x_k\|_p^p\Big)^{1/p}.$$

提示：首先考虑 $p=1$ 和 $p=2$ 的情形, 然后用内插.

(2) 用对偶性证明: 如果 $2\leqslant p\leqslant\infty$, 则

$$\Big(\sum_{k=1}^n\|x_k\|_p^p\Big)^{1/p}\leqslant\Big\|\sum_{k=1}^n \varepsilon_k x_k\Big\|_{L_p(\Omega_n;L_p(\mathcal{M}))}.$$

15. 假设 $\{x_n\}$ 在 $L_0(\mathcal{M})$ 中收敛到 x. 证明存在一个子列 $\{x_{n_k}\}$ 几乎一致收敛到 x, 几乎一致收敛的含义是指对任意 $\delta>0$ 存在一个投影 e 使得 $\tau(e^\perp)<\delta$ 且 $\lim\limits_k\|(x_{n_k}-x)e\|_\infty=0$.

16. 令 $(\mathcal{M},\tau)$ 和 $(\mathcal{N},\nu)$ 是两个非交换测度空间且令 $\pi:\mathcal{M}\to\mathcal{N}$ 为一个同构使得 $\nu\circ\pi=\tau$ (保迹的). 证明：

(1) π 将 $\mathcal{S}(\mathcal{M})$ 映射到 $\mathcal{S}(\mathcal{N})$ 上;

(2) $\nu((|\pi(x)|^p)=\tau(|x|^p),\quad x\in\mathcal{S}(\mathcal{M}),\ 0<p<\infty$.

推出 π 可以延拓为从 $L_p(\mathcal{M})$ 到 $L_p(\mathcal{N})$ 上的一个等距.

17. 令 $(\mathcal{M},\tau)$ 为一个非交换概率空间且 $\mathcal{N}$ 为 $\mathcal{M}$ 的一个 von Neumann 子代数. τ 限制在 $\mathcal{N}$ 也看作 $\mathcal{N}$ 上的一个迹.

(1) 证明：对任意 $p>0$, 自然包含映射 $\iota:\mathcal{N}\to\mathcal{M}$ 可以延拓为 $L_p(\mathcal{N})$ 到 $L_p(\mathcal{M})$ 的一个等距 ι_p. 由 ι_p 可以将 $L_p(\mathcal{N})$ 看作 $L_p(\mathcal{M})$ 的一个子空间.

(2) 令 $\mathcal{E}=\iota_1^*:\mathcal{M}\to\mathcal{N}$ 为 ι_1 的伴随映射. 证明：

(i) $\mathcal{E}$ 是正的, 即对任意 $x\geqslant 0$ 有 $\mathcal{E}(x)\geqslant 0$;

(ii) 对任意 $a,b\in\mathcal{N}$ 和 $x\in\mathcal{M}$ 有 $\mathcal{E}(axb)=a\mathcal{E}(x)b$;

(iii) $\tau\circ\mathcal{E}=\tau$.

(3) 证明：$\mathcal{E}$ 是从 $\mathcal{M}$ 到 $\mathcal{N}$ 的满足上述最后两个性质的唯一线性映射. 它称为 $\mathcal{M}$ 关于 $\mathcal{N}$ 的条件期望. 注意, 它是 $\mathcal{M}$ 到 $\mathcal{N}$ 上的一个投影.

(4) 证明：对任何 $p \geqslant 1$, $\mathcal{E}$ 可以延拓为从 $L_p(\mathcal{M})$ 到 $L_p(\mathcal{N})$ 上的一个投影.

(5) 证明：当 $(\mathcal{M}, \tau)$ 是一个非交换测度空间且 τ 限制在 $\mathcal{N}$ 上为半有限时, 上述结果仍然成立.

18. 关于 Schatten 类 S_p 的定义见 6.2 节. 将 ℓ_∞ 看作 $\mathcal{B}(\ell_2)$ 的 von Neumann 子代数, 它关于 ℓ_2 的典则基由所有对角矩阵组成. 因而, ℓ_p 是 S_p 的一个子空间. 上述习题表明, 对 $p \geqslant 1$ 从 S_p 到 ℓ_p 的投影 P (它将矩阵映射到自己的对角线) 是有界的.

令 $0 < p < 1$. 证明: P 在 S_p 上是无界的. 提示: 首先证明 P 限制在 $S_p(\ell_2^2)$ 上的范数大于 1.

19. 定义 Hilbert 空间的张量积. 令 $\mathbb{H}$ 和 $\mathbb{K}$ 为两个 Hilbert 空间. 令 $\mathbb{H} \otimes_{\rm alg} \mathbb{K}$ 为 $\mathbb{H}$ 和 $\mathbb{K}$ 的代数张量积, 即所有有限和 $\sum \xi_i \otimes \eta_i$ ($\xi_i \in \mathbb{H}$, $\eta_i \in \mathbb{K}$) 组成的向量空间.

(1) 证明：任意 $\zeta \in \mathbb{H} \otimes_{\rm alg} \mathbb{K}$ 可以表示为

$$\zeta = \sum_{i=1}^{n} \xi_i \otimes \eta_i \,,$$

其中 $\xi_i \in \mathbb{H}$ 且 $(\eta_1, \cdots, \eta_n)$ 为 $\mathbb{K}$ 的一个直交系.

(2) 对

$$\zeta = \sum_i \xi_i \otimes \eta_i \in \mathbb{H} \otimes_{\rm alg} \mathbb{K} \quad \text{和} \quad \zeta' = \sum_j \xi'_j \otimes \eta'_j \in \mathbb{H} \otimes_{\rm alg} \mathbb{K}$$

定义

$$\langle \zeta,\ \zeta' \rangle = \sum_{i,j} \langle \xi_i,\ \xi'_j \rangle \langle \eta_i,\ \eta'_j \rangle.$$

证明: $\langle \zeta,\ \zeta' \rangle$ 独立于 ζ 和 ζ' 的特殊表示的选取, 它定义了 $\mathbb{H} \otimes_{\rm alg} \mathbb{K}$ 上的一个内积. $\mathbb{H} \otimes_{\rm alg} \mathbb{K}$ 关于这个内积的完备化为 Hilbert 空间张量积 $\mathbb{H} \otimes \mathbb{K}$.

(3) 令 $\{e_i\}_{i \in I}$ 为 $\mathbb{H}$ 的一个正交基且 $(f_j)_{j \in J}$ 为 $\mathbb{K}$ 的一个正交基. 证明: $\{e_i \otimes f_j\}_{(i,j) \in I \times J}$ 为 $\mathbb{H} \otimes \mathbb{K}$ 的一个正交基.

(4) 对 $\xi \in \mathbb{H}$ 和 $\eta \in \mathbb{K}$, 将 $\xi \otimes \eta$ 看作从 $\overline{\mathbb{H}}$ 到 $\mathbb{K}$ 的算子, 定义为 $\xi \otimes \eta(\bar{\xi'}) = \langle \xi',\ \xi \rangle \eta$, $\forall \bar{\xi'} \in \overline{\mathbb{H}}$. 因而, 任意 $\zeta \in \mathbb{H} \otimes_{\rm alg} \mathbb{K}$ 可以看作从 $\overline{\mathbb{H}}$ to $\mathbb{K}$ 的算子 (它是有限秩的). 证明：

$$\|\zeta\|_{\mathbb{H} \otimes \mathbb{K}} = \|\zeta\|_{\rm HS},$$

其中 $\|u\|_{\rm HS}$ 表示从 $\overline{\mathbb{H}}$ 到 $\mathbb{K}$ 的算子 u 的 Hilbert-Schmidt 范数, 即

$$\|u\|_{\rm HS} = \left(\sum_{i \in I} \|u(\bar{e}_i)\|^2 \right)^{1/2},$$

其中 $(\bar{e}_i)_{i \in I}$ 是 $\overline{\mathbb{H}}$ 的一个正交基.

(5) 令 $\mathrm{HS}(\overline{\mathbb{H}}, \mathbb{K})$ 表示从 $\overline{\mathbb{H}}$ 到 $\mathbb{K}$ 的全体算子 u 使得 $\|u\|_{\rm HS} < \infty$. 它是从 $\overline{\mathbb{H}}$ 到 $\mathbb{K}$ 的 Hilbert-Schmidt 类. 证明：$\mathrm{HS}(\overline{\mathbb{H}}, \mathbb{K})$ 是一个 Hilbert 空间且有限秩算子在 $\mathrm{HS}(\overline{\mathbb{H}}, \mathbb{K})$ 中稠密.

(6) 证明：在 (4) 中确定的恒等关系可以延拓为从 $\mathbb{H} \otimes \mathbb{K}$ 到 $\mathrm{HS}(\overline{\mathbb{H}}, \mathbb{K})$ 的酉算子.

20. 保持上述练习的记号. 令 $x \in \mathcal{B}(\mathbb{H})$ 和 $y \in \mathcal{B}(\mathbb{K})$. 定义

$$x \otimes y(\zeta) = \sum_i x(\xi_i) \otimes y(\eta_i), \quad \forall \zeta = \sum_i \xi_i \otimes \eta_i \in \mathbb{H} \otimes_{\mathrm{alg}} \mathbb{K}.$$

(1) 证明: $x \otimes y(\zeta)$ 独立于 ζ 的特殊表示的选取且 $x \otimes y$ 是 $\mathbb{H} \otimes_{\mathrm{alg}} \mathbb{K}$ 上的线性算子.

(2) 证明: $x \otimes y$ 在 $\mathbb{H} \otimes_{\mathrm{alg}} \mathbb{K}$ 上是有界的且 $\|x \otimes y\| = \|x\| \, \|y\|$. 提示: 可以利用 19 题 (2). 因此 $x \otimes y$ 可以延拓为 $\mathbb{H} \otimes \mathbb{K}$ 上的有界算子, 仍然记作 $x \otimes y$.

(3) 证明: $(x \otimes y)^* = x^* \otimes y^*$ 且 $(x_1 \otimes y_1)(x_2 \otimes y_2) = x_1 x_2 \otimes y_1 y_2$.

(4) 令 $\mathcal{B}(\mathbb{H}) \otimes_{\mathrm{alg}} \mathcal{B}(\mathbb{K})$ 表示所有有限和 $\sum_k x_k \otimes y_k$ $(x_k \in \mathcal{B}(\mathbb{H}),\ y_k \in \mathcal{B}(\mathbb{K}))$ 的族. 证明: $\mathcal{B}(\mathbb{H}) \otimes_{\mathrm{alg}} \mathcal{B}(\mathbb{K})$ 是 $\mathcal{B}(\mathbb{H} \otimes \mathbb{K})$ 中 σ-wo 稠密的子代数. 从而, $\mathcal{B}(\mathbb{H}) \overline{\otimes} \mathcal{B}(\mathbb{K}) = \mathcal{B}(\mathbb{H} \otimes \mathbb{K})$.

第6章　若干例子

本章要给出 C^* 代数、von Neumann 代数和非交换概率 (测度) 空间的一些例子. 这些例子包括 CAR 代数、无理旋转代数、离散群的约化 C^* 代数与 von Neumann 代数和自由 von Neumann 代数等. 这些代数都是算子代数理论中的一些基本例子. 它们都具有忠实的迹态. 我们将研究这些 C^* 代数的单性和这些 von Neumann 代数的因子性. 还要确定由这些代数中某些特殊的序列生成的相应的非交换 L_p 空间的子空间. 这些例子通常要涉及不同章节的内容, 需要读者融会贯通. 因此, 本章可以看成是前述各章内容的补充与综合应用.

6.1　交换与半交换情形

本节要解释为什么通常的 (= 交换的)L_p 空间属于非交换 L_p 空间族中. 令 $(\Sigma, \mathcal{F}, \mu)$ 为一个 σ 有限的测度空间. 如例 3.3.3, 用乘法将 $L_\infty(\Sigma)$ 表示为 $\mathbb{H} = L_2(\Sigma)$ 上的一个 VNA. 更准确地说, 对 $f \in L_\infty(\Sigma)$ 令 $M_f : \mathbb{H} \to \mathbb{H}$ 为相应的乘法算子, 定义为 $M_f(g) = fg$, 则 $f \mapsto M_f$ 是从 $L_\infty(\Sigma)$ 到 $\mathcal{B}(\mathbb{H})$ 的一个等距的 $*$ 同态. 进一步, 它的值域在 $\mathcal{B}(\mathbb{H})$ 中是 σ-wo 闭的. 这使得我们可以将 $L_\infty(\Sigma)$ 看作 $\mathbb{H}$ 上的一个 VNA, 它是交换的. 注意, $L_\infty(\Sigma)$ 的投影恰好是可测集的示性函数.

对任一正函数 $f \in L_\infty(\Sigma)_+$ 定义

$$\int f = \int_\Sigma f \, \mathrm{d}\mu.$$

那么 $\int$ 是 $L_\infty(\Sigma)$ 上的一个 n.s.f. 迹. 函数 $f \in L_\infty(\Sigma)$ 属于 $\mathcal{S}(L_\infty(\Sigma))$ 当且仅当 f 支撑在一个具有限测度的子集上. 对这样的 f, 有

$$\int |f|^p = \int_\Sigma |f|^p \, \mathrm{d}\mu.$$

因此, 由 $\int$ 定义的非交换 L_p 范数等于由 μ 定义的通常的 L_p 范数. 故, $L_p(L_\infty(\Sigma))$ 与通常的 $L_p(\Sigma)$ 相同.

我们要提醒读者注意, 在这种交换情形中关于 $\left(L_\infty(\Sigma), \int\right)$ 的可测算子与通常的可测函数有一点差别. 按 5.4 节的含义, 一个可测函数为一个可测算子当且仅

当它在一个具有限测度的集的补集上是有界的. 那么, 在这样一族可测函数内, 交换情形与非交换情形的依测度收敛二者是一致的.

用张量积可以将上述交换情形推广到算子值函数情形, 即所谓半交换情形. 令 $\mathcal{N}$ 为一个 VNA, 它赋予了一个 n.s.f. 迹 ν. 令 $\mathcal{M} = L_\infty(\Sigma)\overline{\otimes}\mathcal{N}$ 为 VNA 张量积且 $\tau = \int \otimes\nu$ 为张量迹 (见 5.5 节). 令 $x \in \mathcal{M}$ 为取值于 $\mathcal{S}(\mathcal{N})$ 的一个简单函数, 它支撑在一个具有限测度的子集上. 那么

$$\tau(x) = \int_\Sigma \nu(x(\sigma))\,\mathrm{d}\mu(\sigma)$$

且对任意 $0 < p < \infty$ 有

$$\tau(|x|^p) = \int_\Sigma \nu(|x(\sigma)|^p)\,\mathrm{d}\mu(\sigma) = \int_\Sigma \|x(\sigma)\|^p\,\mathrm{d}\mu(\sigma).$$

因此得出 $L_p(\mathcal{M})$ 与 $L_p(\Sigma; L_p(\mathcal{N}))$ 相等, 其中 $L_p(\Sigma; L_p(\mathcal{N}))$ 是从 Σ 到 $L_p(\mathcal{N})$ 的 p 可积函数的 L_p 空间.

特别地, 当 $\mathcal{N}$ 为 $n \times n$ 矩阵代数 $\mathbb{M}_n$ 时, $\mathcal{M}$ 的元素是 $n \times n$ 矩阵, 其矩阵元是 $L_\infty(\Sigma)$ 中函数. 由此可以得到随机矩阵, 在数学的许多不同领域对它们的研究是很重要的.

6.2 Schatten 类

Schatten 类是第一个非交换 L_p 空间的例子. 因为它们不是函数空间, 在 Banach 空间理论中它们通常是作为病态空间而加以考虑的且用来构造反例. 令 $\mathbb{H}$ 为一个 Hilbert 空间, $\mathcal{B}(\mathbb{H})$ 为 $\mathbb{H}$ 上全体有界线性算子构成的代数. 令 Tr 为 $\mathcal{B}(\mathbb{H})$ 上通常的迹. 下面回顾一下这个迹的一些基本性质 (更详细的内容见 3.1 节). 令 $\{\xi_i\}_{i\in I}$ 为 $\mathbb{H}$ 的一个正交基. 那么, 对 $x \in \mathcal{B}(\mathbb{H})_+$ 有

$$\mathrm{Tr}(x) = \sum_i \langle \xi_i,\ x\xi_i \rangle.$$

这个定义当然不依赖于 $\{\xi_i\}_{i\in I}$ 的特殊选择. Tr 是 $\mathcal{B}(\mathbb{H})$ 上的一个 n.s.f. 迹. 显然, $\mathcal{B}(\mathbb{H})$ 中的一个投影具有有限迹当且仅当它具有有限秩. 特别地, Tr 是有限的当且仅当 $\dim \mathbb{H} < \infty$. 因此, 其支撑是具有限迹的投影的算子全体构成的理想 $\mathcal{S}(\mathcal{B}(\mathbb{H}))$ 是由 $\mathbb{H}$ 上具有限秩的算子全体组成的. 不难验证, Tr 是 $\mathcal{B}(\mathbb{H})$ 上唯一的 n.s.f. 迹使得, 对每个秩为 1 的投影 e 有 $\mathrm{Tr}(e) = 1$.

另一方面, 如果 $x \in \mathcal{B}(\mathbb{H})_+$ 具有限迹则 x 是紧的; 从而 x 至多具有可数多个非零的特征值且以零为唯一的聚点. 那么, 令 $\lambda_0(x) \geqslant \lambda_1(x) \geqslant \cdots$ 为 x 的特征

值且按重数重复排列, 有 $\lim_n \lambda_n(x) = 0$. 由紧算子的谱分解知, 存在一个正交序列 $\{\xi_n\} \subset \mathbb{H}$ 使得

$$x\xi = \sum_{n\geqslant 0} \lambda_n(x) \langle \xi_n, \xi\rangle \xi_n, \quad \xi \in \mathbb{H}.$$

由此可得

$$\mathrm{Tr}(x) = \sum_{n\geqslant 0} \lambda_n(x),$$

则有, 对任意 $0 < p < \infty$, 非交换 $L_p(\mathcal{B}(\mathbb{H}))$ 由所有 $\mathbb{H}$ 上满足下列条件的紧算子 x 组成:

$$\mathrm{Tr}(|x|^p) = \sum_{n\geqslant 0} \lambda_n(|x|^p) = \sum_{n\geqslant 0} \big(\lambda_n(|x|)\big)^p < \infty.$$

传统上, $\lambda_n(|x|)$ 用 $s_n(x)$ 表示且称为 x 的奇异值. 因此, 对任意 $x \in L_p(\mathcal{B}(\mathbb{H}))$ 有

$$\|x\|_p = \Big(\sum_{n\geqslant 0} \big(s_n(x)\big)^p\Big)^{1/p}.$$

这些空间 $L_p(\mathcal{B}(\mathbb{H}))$ 就是 $\mathbb{H}$ 上的所谓 Schatten 类, 用 $S_p(\mathbb{H})$ 表示. 在文献中通常也用另外一个记号 $C_p(\mathbb{H})$. 不过请注意, 按照我们的记号, $S_\infty(\mathbb{H})$ 不是紧算子全体构成的理想而是整个 $\mathcal{B}(\mathbb{H})$ 本身. 我们也要指出, $S_1(\mathbb{H})$ 和 $S_2(\mathbb{H})$ 分别是迹类算子全体和 Hilbert-Schmidt 算子全体. 显然, 对任意 $\xi, \eta \in \mathbb{H}$ 有

$$\big\|\xi \otimes \eta\big\|_p = \|\xi\| \, \|\eta\|,$$

其中 $\xi \otimes \eta$ 为 $\mathbb{H}$ 上的有界算子, 定义为 $\zeta \mapsto \langle \eta, \zeta\rangle \xi$.

关于 $(\mathcal{B}(\mathbb{H}), \mathrm{Tr})$ 的可测算子就是全体有界算子. 相应地, 对应的以测度收敛归结为一致收敛, 即按照 $\mathcal{B}(\mathbb{H})$ 的算子范数拓扑收敛.

如果 $\mathbb{H}$ 是可分的, 由 $\|\cdot\|_p$ 的酉不变性我们可以假定: 当 $\dim \mathbb{H} = \infty$ 时, $\mathbb{H} = \ell_2$; 当 $\dim \mathbb{H} = n$ 时, $\mathbb{H} = \ell_2^n$. 简单地用 S_p 和 S_p^n 分别表示 $S_p(\ell_2)$ 和 $S_p(\ell_2^n)$. 显然, S_p 可以认为是 ℓ_p 的非交换类似. 将 $\mathcal{B}(\ell_2)$ 上的算子表示为无穷矩阵 (按 ℓ_2 的自然基) 是很方便的. 令 (e_{ij}) 为 $\mathcal{B}(\ell_2)$ 的典则单位矩阵, 即 e_{ij} 是这样的算子, 它对应的矩阵在 (i,j) 处其矩阵元为 1, 其他矩阵元均为零. 因此, 给定任一有限数列 $\{\alpha_i\} \subset \mathbb{C}$ 有

$$\Big\|\sum_i \alpha_i e_{ij}\Big\|_p = \Big(\sum_i |\alpha_i|^2\Big)^{1/2} = \Big\|\sum_i \alpha_i e_{ji}\Big\|_p,$$

其中 j 是任意固定的, 且

$$\left\|\sum_i \alpha_i e_{ii}\right\|_p = \left(\sum_i |\alpha_i|^p\right)^{1/p}.$$

有关 Schatten 类的更多信息我们建议参考文献 (Simon, 1979; Gohberg et al., 1969).

如同先前例子中算子值函数情形一样, 我们也可以考虑所谓的算子值 Schatten 类. 令 $(\mathcal{N},\nu)$ 为一个非交换测度空间. 令 $(\mathcal{M},\tau)$ 为 $(\mathcal{B}(\ell_2),\mathrm{Tr})$ 与 $(\mathcal{N},\nu)$ 的张量积 (见 5.5 节). 我们通常用矩阵表示 $\mathcal{M}$ 的元. 因此, 元 $x \in L_p(\mathcal{M})$ 等同于一个无穷矩阵 (x_{ij}), 其矩阵元在 $L_p(\mathcal{N})$ 中. 利用 $\mathcal{B}(\ell_2)$ 的典则矩阵 e_{ij}, 可以形式地写作

$$x = \sum_{i,j} e_{ij} \otimes x_{ij}.$$

x 称为有限矩阵, 如果它只有有限多个非零的矩阵元. 因此, 如果 $x = (x_{ij}) \in \mathcal{M}$ 是一个有限矩阵且 $x_{ij} \in \mathcal{S}(\mathcal{N})$, 那么

$$\tau(x) = \sum_i \nu(x_{ii}).$$

容易看出, 如果 $\{a_i\}$ 是 $L_p(\mathcal{N})$ 中的一个有限序列 $(0 < p \leqslant \infty)$, 那么

$$\left\|\sum_i e_{i1} \otimes a_i\right\|_{L_p(\mathcal{M})} = \left\|\left(\sum_i a_i^* a_i\right)^{1/2}\right\|_{L_p(\mathcal{N})},$$

$$\left\|\sum_i e_{1i} \otimes a_i\right\|_{L_p(\mathcal{M})} = \left\|\left(\sum_i a_i a_i^*\right)^{1/2}\right\|_{L_p(\mathcal{N})},$$

$$\left\|\sum_i e_{ii} \otimes a_i\right\|_{L_p(\mathcal{M})} = \left(\sum_i \|a_i\|_{L_p(\mathcal{N})}^p\right)^{1/p}.$$

我们要指出的是, 尽管对单个算子 a 有 $\|a\|_p = \|a^*\|_p$, 但是上述表达式 $\left\|\left(\sum_i a_i^* a_i\right)^{1/2}\right\|_p$ 和 $\left\|\left(\sum_i a_i a_i^*\right)^{1/2}\right\|_p$ 在一般情况下是完全不可比较的.

6.3 CAR 代数

本节研究由满足典则反交换关系 (CAR) 的算子生成的代数. 它们称为 CAR 代数或者 Clifford 代数. 关于 Clifford 代数的更多信息我们建议参考文献 (Plymen et al., 1994).

构造这些代数的方法之一是采用 Pauli 矩阵和张量积. 在本节中, $n \times n$ 矩阵代数 $\mathbb{M}_n$ 总是赋予规范化的迹 tr_n :

$$\mathrm{tr}_n(x) = \frac{1}{n}\sum_{i=1}^{n} x_{ii}, \quad x = (x_{ij}) \in \mathbb{M}_n .$$

要使用在 5.5 节中构造的张量积. 令

$$(\mathcal{M}_{\mathrm{car}}, \tau_{\mathrm{car}}) = \overline{\bigotimes_{n \geqslant 1}}(\mathcal{M}_n, \tau_n),$$

其中对任意 n, $(\mathcal{M}_n, \tau_n) = (\mathbb{M}_2, \mathrm{tr}_2)$. 对任意 n, 如同在 5.5 节中一样, n 次张量积 $\mathbb{M}_2^{\otimes n}$ 看作 $\mathcal{M}_{\mathrm{car}}$ 的单位子代数. 按这样的方式, $(\mathbb{M}_2^{\otimes n})_{n \geqslant 1}$ 是 $\mathcal{M}_{\mathrm{car}}$ 中的一列递增的单位子代数. 另一方面, 容易看出 $(\mathbb{M}_2, \mathrm{tr}_2)^{\otimes n}$ 等于 $(\mathbb{M}_{2^n}, \mathrm{tr}_{2^n})$. $\mathbb{M}_{2^n}$ 到 $\mathbb{M}_{2^{n+1}}$ 中的嵌入按下述方式实现:

$$\mathbb{M}_{2^n} \ni x \mapsto x \oplus x = \begin{pmatrix} x & 0 \\ 0 & x \end{pmatrix} \in \mathbb{M}_{2^{n+1}} .$$

令 $\mathbb{A}_{\mathrm{car}}$ 为所有 $\mathbb{M}_{2^n}$ 在 $\mathcal{M}_{\mathrm{car}}$ 中的范数闭包. 我们要证明这些代数是由一列反交换自伴酉算子生成的. 为此, 使用下列 Pauli 矩阵:

$$\sigma_0 = \begin{pmatrix} 1 & 0 \\ 0 & -1 \end{pmatrix}, \quad \sigma_1 = \begin{pmatrix} 0 & 1 \\ 1 & 0 \end{pmatrix}, \quad \sigma_2 = \begin{pmatrix} 0 & -\mathrm{i} \\ \mathrm{i} & 0 \end{pmatrix}.$$

它们都是自伴酉算子且满足下述典则反交换关系:

$$\sigma_j\sigma_k + \sigma_k\sigma_j = 2\delta_{jk}, \quad 0 \leqslant j, k \leqslant 2, \quad \delta_{jk} = \begin{cases} 0, & j \neq k, \\ 1, & j = k. \end{cases}$$

我们采用了方便的记号, 即该等式右手边理解为 $2\delta_{jk}$ 乘以单位算子. 显然 $\{1, \sigma_0, \sigma_1, \sigma_2\}$ 是线性独立的, 从而是 $\mathbb{M}_2$ 的一个基. 这也蕴涵 $\mathbb{M}_2$ 是由 σ_1 和 σ_2 生成的. 现在, 对 $n \geqslant 1$ 定义

$$\mathsf{c}_{2n-1} = \sigma_0 \otimes \cdots \otimes \sigma_0 \otimes \sigma_1 \otimes 1 \otimes 1 \otimes \cdots ,$$
$$\mathsf{c}_{2n} = \sigma_0 \otimes \cdots \otimes \sigma_0 \otimes \sigma_2 \otimes 1 \otimes 1 \otimes \cdots ,$$

其中 σ_1 和 σ_2 都出现在第 n 个位置上. c_n 都是自伴酉算子且满足 CAR:

$$\mathsf{c}_j\mathsf{c}_k + \mathsf{c}_k\mathsf{c}_j = 2\delta_{jk}, \quad j, k \geqslant 1. \tag{6.3.1}$$

序列 $\{\mathsf{c}_n\}$ 可以看作 Rademacher 序列 $\{r_n\}$ 的非交换类比, 其中 $\{r_n\}$ 是概率空间 (Ω, P) 上一个独立随机变量序列使得对所有 $n \geqslant 1$ 有 $P(r_n = 1) = P(r_n = -1) =$

1/2. 于是, 我们将构造相应于 $\{\mathsf{c}_n\}$ 的非交换 Walsh 系. 令 $\mathcal{F}$ 为 $\mathbb{N}$ 的所有有限子集构成的族. 对非空子集 $A \in \mathcal{F}$ 我们按照大小循序重新排列 A 中的整数并记作 $A = \{k_1 < k_2 < \cdots < k_n\}$. 那么定义

$$\mathsf{c}_A = \mathsf{c}_{k_1}\mathsf{c}_{k_2}\cdots\mathsf{c}_{k_n}.$$

如果 $A = \varnothing$, 令 $\mathsf{c}_A = 1$. 如果 $A = \{k\}$ 为单点集, 仍用 c_k 表示 $\mathsf{c}_{\{k\}}$.

显然, 对任意非空子集 A 有 $\tau_{\text{car}}(\mathsf{c}_A) = 0$. 因此, 如果 x 是 c_A 的有限线性组合:

$$x = \sum_{A\in\mathcal{F}} \alpha_A \mathsf{c}_A,$$

则 $\tau_{\text{car}}(x) = \alpha_\varnothing$. 另一方面, 由 (6.3.1) 有

$$\mathsf{c}_A^* = \pm\mathsf{c}_A \text{ 且 } \mathsf{c}_A\mathsf{c}_B = \pm\mathsf{c}_{(A\cup B)\setminus(A\cap B)}, \quad A, B \in \mathcal{F}, \tag{6.3.2}$$

则可以得到, $\{\mathsf{c}_A\}_{A\in\mathcal{F}}$ 是 $L_2(\mathcal{M}_{\text{car}})$ 中的一个直交系. 特别地, $\{\mathsf{c}_A\}_{A\in\mathcal{F}}$ 是线性独立的. 由此得到的一个重要推论是, $\{\mathsf{c}_A\}_{A\in\mathcal{F}_{2n}}$ 的线性扩张恰好是 $\mathbb{M}_{2^n}$, 其中 $\mathcal{F}_n$ 是 $\{1, 2, \cdots, n\}$ 的所有子集构成的族. 事实上, 对 $k \leqslant 2n$ 有 $\mathsf{c}_k \in \mathbb{M}_2^{\otimes n} = \mathbb{M}_{2^n}$, 因此

$$\text{span}\{\mathsf{c}_A\}_{A\in\mathcal{F}_{2n}} \subset \mathbb{M}_{2^n}.$$

可是, $\text{span}\{\mathsf{c}_A\}_{A\in\mathcal{F}_{2n}}$ 的维数为 2^{2n} 恰好是 $\mathbb{M}_{2^n}$ 的维数. 因此, 两个空间相等. 由此可知, 由 $\{\mathsf{c}_n\}_{n\geqslant 1}$ 生成的 C^* 代数和 VNA 分别是 $\mathbb{A}_{\text{car}}$ 和 $\mathcal{M}_{\text{car}}$. 故 $\{\mathsf{c}_A\}_{A\in\mathcal{F}}$ 是 $L_2(\mathcal{M}_{\text{car}})$ 的一个正交基.

要证明 $\mathbb{A}_{\text{car}}$ 是单的. C^* 代数 $\mathbb{A}$ 称为单的, 如果它没有非平凡的闭理想 (所有理想都假设为双边理想). 注意, 一个单的单位 C^* 代数 $\mathbb{A}$ 没有非平凡的理想. 事实上, 令 $\mathcal{I}$ 为 $\mathbb{A}$ 的非零理想. 那么它的闭包是一个闭理想, 从而必定为 $\mathbb{A}$. 因此单位元 1 可以用 $\mathcal{I}$ 中的元逼近. 特别地, 存在 $x \in \mathcal{I}$ 使得 $\|1 - x\| < 1/2$. 由此可知, x 是一个可逆元. 故 $\mathcal{I} = \mathbb{A}$.

$\mathbb{A}$ 上线性泛函 φ 称为迹的, 如果对所有 $x, y \in \mathbb{A}$ 有 $\varphi(xy) = \varphi(yx)$.

定理 6.3.1 CAR C^* 代数 $\mathbb{A}_{\text{car}}$ 是单的且 $\mathbb{A}_{\text{car}}$ 上任意迹的连续线性泛函是 τ_{car} 的数乘形式.

证明 $\mathbb{A}_{\text{car}}$ 的单性等价于如下性质: 任意从 $\mathbb{A}_{\text{car}}$ 到另一个 C^* 代数 $\mathbb{B}$ 的非零同态是一个单射 (故由定理 1.5.2 知它是一个等距). 对这样的同态映射 π, 如果 n 充分大则它在 $\mathbb{M}_{2^n}$ 上的限制 $\pi|_{\mathbb{M}_{2^n}}$ 是非零的. 由定理 2.4.4 知, 一个有限维 C^* 代数是单的当且仅当它是一个完全的矩阵代数 $\mathbb{M}_m$. 因此, $\mathbb{M}_{2^n}$ 是单的. 从而

$\pi|_{\mathbb{M}_{2^n}}: \mathbb{M}_{2^n} \mapsto \mathbb{B}$ 是一个等距. 因为所有 $\mathbb{M}_{2^n}$ 的并在 $\mathbb{A}_{\rm car}$ 中稠密且 π 在其上也是一个等距. 故 $\mathbb{A}_{\rm car}$ 是单的.

令 φ 是 $\mathbb{A}_{\rm car}$ 上一个迹的连续线性泛函. 要证明, 对任意非空子集 $A \in \mathcal{F}$ 有 $\varphi(\mathsf{c}_A) = 0$. 如果 A 的序数 (元素个数) 是偶数, 令 $j = \min A$ 且 $A' = A \setminus \{j\}$. 那么, 由 CAR 有 $\mathsf{c}_j\mathsf{c}_{A'} = -\mathsf{c}_{A'}\mathsf{c}_j$. 因此, 由 φ 的迹性可以得到

$$\varphi(\mathsf{c}_A) = \varphi(\mathsf{c}_j\mathsf{c}_{A'}) = -\varphi(\mathsf{c}_{A'}\mathsf{c}_j) = -\varphi(\mathsf{c}_j\mathsf{c}_{A'}) = -\varphi(\mathsf{c}_A),$$

即 $\varphi(\mathsf{c}_A) = 0$. 如果 A 的序数是奇数, 选取 $k \in \mathbb{N} \setminus A$. 则 $\mathsf{c}_k\mathsf{c}_A = -\mathsf{c}_A\mathsf{c}_k$, 故

$$\varphi(\mathsf{c}_A) = \varphi(\mathsf{c}_k\mathsf{c}_A\mathsf{c}_k) = -\varphi(\mathsf{c}_A\mathsf{c}_k\mathsf{c}_k) = -\varphi(\mathsf{c}_A).$$

所以 $\varphi(\mathsf{c}_A) = 0$. 总之, 在 $\mathrm{span}\{\mathsf{c}_A\}_{A\in\mathcal{F}}$ 有 $\varphi = \varphi(1)\tau_{\rm car}$, 而由连续性知它在 $\mathbb{A}_{\rm car}$ 上也成立. □

注 6.3.1　令 $\mathbb{A}_{\rm car}^n$ 为由 $\{\mathsf{c}_1, \cdots, \mathsf{c}_n\}$ 生成的 C^* 代数. 我们看到, 如果 n 为偶数, 则 $\mathbb{A}_{\rm car}^n$ 是一个完全矩阵代数, 因而是单的. 否则, $\mathbb{A}_{\rm car}^n$ 不是单的. 事实上, 如果 n 是奇数, 则对每个子集 $A \subset \{1, \cdots, n\}$, 乘积 $\mathsf{c}_1 \cdots \mathsf{c}_n$ 与 c_A 可交换, 因此属于 $\mathbb{A}_{\rm car}^n$ 的中心.

下面, 我们对 VNA$\mathcal{M}_{\rm car}$ 证明类似的结论. 回顾一下, VNA$\mathcal{M}$ 称为一个因子如果它的中心 $\mathcal{M} \cap \mathcal{M}'$ 是平凡的, 即 $\mathcal{M} \cap \mathcal{M}' = \mathbb{C}1$. 由定理 4.3.2 知, $\mathcal{M}$ 是一个因子当且仅当 $\mathcal{M}$ 没有非平凡的 σ-wo 闭理想. 下面的结果是初等的.

引理 6.3.1　令 $\mathcal{M}$ 是一个具有忠实正规迹态 τ 的 VNA, 则 $\mathcal{M}$ 为一个因子当且仅当 τ 是 $\mathcal{M}$ 上唯一的正规迹态.

证明　假设 τ 是 $\mathcal{M}$ 上唯一的正规迹态. 令 a 是 $\mathcal{M}$ 的中心中的一个正元使得 $\tau(a) = 1$. 对任意 $x \in \mathcal{M}$, 定义 $\tilde{\tau}(x) = \tau(ax)$, 则 $\tilde{\tau}$ 是 $\mathcal{M}$ 上的一个正规迹态, 故 $\tilde{\tau} = \tau$. 从而, 对任意 $x \in \mathcal{M}$ 有 $\tau((a-1)x) = 0$. 由 τ 的忠实性知 $a = 1$. 因此 $\mathcal{M}$ 是一个因子. 反之, 假设 $\mathcal{M}$ 为一个因子. 令 $\tilde{\tau}$ 是 $\mathcal{M}$ 上的一个正规迹态. 将 $\mathcal{M}_*$ 与 $L_1(\mathcal{M}, \tau)$ 等同, 可以找到一个正元 $a \in L_1(\mathcal{M}, \tau)$ 使得 $\tilde{\tau}(x) = \tau(ax)$. $\tilde{\tau}$ 的迹性蕴涵对所有 $x, y \in \mathcal{M}$ 有 $\tau(ayx) = \tau(yax)$. 由此可得, $ay = ya$. 因此, a 附属于 $\mathcal{M}$ 的交换子, 因此也附属于 $\mathcal{M}$ 的中心. 因为这个中心是平凡的, 所以 a 是单位元的数乘形式. 因为 $\tau(a) = 1$ 故 $a = 1$. □

推论 6.3.1　CAR VNA$\mathcal{M}_{\rm car}$ 是一个因子且 $\tau_{\rm car}$ 是 $\mathcal{M}_{\rm car}$ 上唯一的正规迹态.

证明　令 φ 是 $\mathcal{M}_{\rm car}$ 上的一个正规的迹泛函, 则 $\varphi|_{\mathbb{A}_{\rm car}}$ 是 $\mathbb{A}_{\rm car}$ 上的一个迹的连续泛函. 从而在 $\mathbb{A}_{\rm car}$ 上有 $\varphi = \varphi(1)\tau_{\rm car}$. 由正规性知, 在 $\mathcal{M}_{\rm car}$ 上有 $\varphi = \varphi(1)\tau_{\rm car}$. 因此, 由引理 6.3.1 知 $\mathcal{M}_{\rm car}$ 是一个因子. □

故可以得到一个非交换概率空间 $(\mathcal{M}_{\rm car}, \tau_{\rm car})$. 它可以看作通常的二进群 $\{-1, 1\}^{\mathbb{N}}$ 的非交换类比, 其中 $\{-1, 1\}$ 赋予均匀概率测度. 由推论 5.2.1 知, 对 $0 < p < \infty$, span$\{\mathsf{c}_A\}_{A\in\mathcal{F}}$ 在 $L_p(\mathcal{M}_{\rm car})$ 中稠密. 如同经典情形一样, 对 $p\geqslant 1$ 任意 $x\in L_p(\mathcal{M}_{\rm car})$ 有一个形式 Fourier 级数:

$$x\sim\sum_{A\in\mathcal{F}}\hat{x}(A)\mathsf{c}_A,$$

其中 $\hat{x}(A)=\tau_{\rm car}(x\mathsf{c}_A^*)$. 容易看出, x 由它的 Fourier 系数 $\{\hat{x}(A)\}_{A\in\mathcal{F}}$ 唯一确定.

下面要证明, $\mathbb{A}_{\rm car}$ 和 $\mathcal{M}_{\rm car}$ 不依赖于 CAR 序列 $\{\mathsf{c}_n\}$ 的选取. 令 $\{\tilde{\mathsf{c}}_n\}$ 是在 Hilbert 空间 $\mathbb{H}$ 上满足 (6.3.1) 的一个自伴酉算子序列. 如前对 $\{\mathsf{c}_n\}$ 一样, 构造一个系 $\{\tilde{\mathsf{c}}_A\}_{A\in\mathcal{F}}$. 首先证明这个系是线性独立的. 令 $\alpha_A\in\mathbb{C}$ 使得

$$x=\sum_{A\in\mathcal{F}_n}\alpha_A\tilde{\mathsf{c}}_A=0.$$

由 CAR 可以看到

$$\tilde{\mathsf{c}}_{n+1}x\tilde{\mathsf{c}}_{n+1}=\sum_{A\in\mathcal{F}_n}(-1)^{|A|}\alpha_A\tilde{\mathsf{c}}_A,$$

其中 $|A|$ 表示 A 的序数. 由此可得

$$\sum_{A\in\mathcal{F}_n,|A|\ \text{为偶数}}\alpha_A\tilde{\mathsf{c}}_A=0.$$

如果 $A=\{k_1<k_2<\cdots<k_{2m}\}$, 我们有 $\tilde{\mathsf{c}}_{k_1}\tilde{\mathsf{c}}_A\tilde{\mathsf{c}}_{k_1}=-\tilde{\mathsf{c}}_A$. 另一方面, 对任意 $k\notin A$ 有 $\tilde{\mathsf{c}}_k\tilde{\mathsf{c}}_A\tilde{\mathsf{c}}_k=\tilde{\mathsf{c}}_A$. 因此,

$$\begin{aligned}&\sum_{A\in\mathcal{F}_n,|A|\ \text{为偶数}}\alpha_A\tilde{\mathsf{c}}_1\tilde{\mathsf{c}}_A\tilde{\mathsf{c}}_1\\&=-\sum_{A\in\mathcal{F}_n,|A|\ \text{为偶数},\,1\in A}\alpha_A\tilde{\mathsf{c}}_A+\sum_{A\in\mathcal{F}_n,|A|\ \text{为偶数},\,1\notin A}\alpha_A\tilde{\mathsf{c}}_A.\end{aligned}$$

故

$$\sum_{A\in\mathcal{F}_n,|A|\ \text{为偶数},\,1\notin A}\alpha_A\tilde{\mathsf{c}}_A=0.$$

对上述等式用 $\tilde{\mathsf{c}}_2$ 取代 $\tilde{\mathsf{c}}_1$ 重复上述方法我们得到

$$\sum_{A\in\mathcal{F}_n,|A|\ \text{为偶数},\,1,2\notin A}\alpha_A\tilde{\mathsf{c}}_A=0.$$

不断使用这个方法, 我们就可得到 $\alpha_\varnothing=0$. 现在可以完成证明了. 令 $B\in\mathcal{F}_n$ 为一个非空子集. 因为 $\tilde{\mathsf{c}}_A$ 也满足关系式 (6.3.2), 我们看到 $x\tilde{\mathsf{c}}_B^*$ 的 $\tilde{\mathsf{c}}_\varnothing$ 前的系数是 α_B. 因此 $\alpha_B=0$. 结论得证.

令 $\tilde{\mathbb{A}}_{\text{car}}$ 为由 $\{\tilde{\mathsf{c}}_n\}$ 生成的 $\mathcal{B}(\mathbb{H})$ 的 C^* 子代数. 则 $\tilde{\mathbb{A}}_{\text{car}}$ 是 $\text{span}\{\tilde{\mathsf{c}}_A\}_{A\in\mathcal{F}}$ 的闭包. 令 $\Phi:\text{span}\{\mathsf{c}_A\}_{A\in\mathcal{F}}\to\text{span}\{\tilde{\mathsf{c}}_A\}_{A\in\mathcal{F}}$ 是一个线性映射, 定义为 $\Phi(\mathsf{c}_A)=\tilde{\mathsf{c}}_A$, $\forall A\in\mathcal{F}$. 显然, Φ 是一个同态双射. 因此, 它在 $\text{span}\{\tilde{\mathsf{c}}_A\}_{A\in\mathcal{F}_{2n}}$ (它等于 $\mathbb{M}_{2^n}$) 上的限制是等距的. 从而, Φ 可以延拓为从 $\mathbb{A}_{\text{car}}$ 到 $\tilde{\mathbb{A}}_{\text{car}}$ 上的一个同构映射.

如同以前 τ_{car} 一样, 我们可以定义 $\tilde{\tau}_{\text{car}}:\text{span}\{\tilde{\mathsf{c}}_A\}_{A\in\mathcal{F}}\to\mathbb{C}$, 则 $\tilde{\tau}_{\text{car}}\circ\Phi=\tau_{\text{car}}$. 这蕴涵 $\tilde{\tau}_{\text{car}}$ 是收缩的, 故它可以延拓为 $\tilde{\mathbb{A}}_{\text{car}}$ 上的一个迹态, 仍然记作 $\tilde{\tau}_{\text{car}}$. 在 $\tilde{\mathbb{A}}_{\text{car}}$ 上仍然有 $\tilde{\tau}_{\text{car}}\circ\Phi=\tau_{\text{car}}$. 这推出 $\tilde{\tau}_{\text{car}}$ 是忠实的. 由 $\tilde{\mathbb{A}}_{\text{car}}$ 生成的 VNA $\widetilde{\mathcal{M}}_{\text{car}}$ 在 $\tilde{\tau}_{\text{car}}$ 的 GNS 表示中显然同构于 $\mathcal{M}_{\text{car}}$ 且 $\tilde{\tau}_{\text{car}}$ 可以延拓为 $\widetilde{\mathcal{M}}_{\text{car}}$ 上的一个正规忠实的迹态.

因此我们证明了如下结论.

定理 6.3.2 CARC^* 代数 $\mathbb{A}_{\text{car}}$ 和 VNA $\mathcal{M}_{\text{car}}$ 在同构意义下独立于 CAR 序列 $\{\mathsf{c}_n\}$ 的特殊选取.

上述独立性蕴涵 $\mathbb{A}_{\text{car}}$ 和 $\mathcal{M}_{\text{car}}$ 都是正交不变的. 为了描述这个性质, 需要一个简单的事实. 令 $\{\alpha_k\}\subset\mathbb{R}$ 为一个有限序列且令 $x=\sum\limits_k\alpha_k\mathsf{c}_k$, 则由 (6.3.1) 有

$$x^2=\sum_k\alpha_k^2+2\sum_{j<k}\alpha_j\alpha_k(\mathsf{c}_j\mathsf{c}_k+\mathsf{c}_k\mathsf{c}_j)=\sum_k\alpha_k^2.$$

由此可得, 如果 $\{\alpha_k\}\subset\mathbb{R}$ 是一个无穷序列使得 $\sum\limits_k\alpha_k^2<\infty$, 则级数 $\sum\limits_k\alpha_k\mathsf{c}_k$ 在 $\mathbb{A}_{\text{car}}$ 中收敛且

$$\Big(\sum_k\alpha_k\mathsf{c}_k\Big)^2=\sum_k\alpha_k^2. \tag{6.3.3}$$

现在令 $O=(\alpha_{ij})_{i,j\geqslant1}$ 为一个无穷正交矩阵, 即 O 是一个实数矩阵使得

$$\sum_{k\geqslant1}\alpha_{ik}\alpha_{jk}=\delta_{ij},\quad\forall\, i,j\geqslant1.$$

令

$$\tilde{\mathsf{c}}_i=\sum_{j\geqslant1}\alpha_{ij}\mathsf{c}_j.$$

则 $(\tilde{\mathsf{c}}_i)_{i\geqslant1}$ 仍然是一个 CAR 序列. 因此由定理 6.3.2 知, 映射 $\mathsf{c}_n\mapsto\tilde{\mathsf{c}}_n$ 可以扩张为 $\mathcal{M}_{\text{car}}$ 上一个同构 $\Gamma(O)$. 进一步, $\Gamma(O)$ 是保迹的, 即 $\tau_{\text{car}}\circ\Gamma(O)=\tau_{\text{car}}$. $\Gamma(O)$ 称为 O 的二次量子化, 它由下式确定:

$$\Gamma(O)(\mathsf{c}_i)=\sum_{j\geqslant1}\alpha_{ij}\mathsf{c}_j$$

且

$$\Gamma(O)(\mathsf{c}_A) = \Gamma(O)(\mathsf{c}_{k_1}) \cdots \Gamma(O)(\mathsf{c}_{k_n}) \ \text{如果}\ A = \{k_1 < \cdots < k_n\}.$$

注意 $\Gamma(O)(\mathbb{A}_{\mathrm{car}}) = \mathbb{A}_{\mathrm{car}}$. 这个正交不变性给出 $\mathbb{A}_{\mathrm{car}}$ 和 $\mathcal{M}_{\mathrm{car}}$ 的不依赖于基的定义. 令 $\ell_{2,\mathbb{R}}$ 为实 ℓ_2 空间, 它可以看作 ℓ_2 的实部. 考虑 $\ell_{2,\mathbb{R}}$ 到 $\mathcal{B}(\mathbb{H})$ 的实部 $\mathcal{B}(\mathbb{H})_h$ 的嵌入 c, 其中 $\mathbb{H} = L_2(\mathcal{M}_{\mathrm{car}})$, 即 $\mathsf{c} : \ell_{2,\mathbb{R}} \to \mathcal{B}(\mathbb{H})_h$ 为一个线性映射, 定义为

$$\mathsf{c}(\alpha) = \sum_{k \geqslant 1} \alpha_k \mathsf{c}_k, \quad \alpha = (\alpha_k) \in \ell_{2,\mathbb{R}}.$$

易证嵌入 c 满足如下 CAR:

$$\mathsf{c}(\alpha)\mathsf{c}(\beta) + \mathsf{c}(\beta)\mathsf{c}(\alpha) = 2\langle \alpha, \beta \rangle, \quad \alpha, \beta \in \ell_{2,\mathbb{R}}. \tag{6.3.4}$$

那么 $\mathbb{A}_{\mathrm{car}}$ 和 $\mathcal{M}_{\mathrm{car}}$ 分别是由 $\mathsf{c}(\alpha)$ ($\alpha \in \ell_{2,\mathbb{R}}$) 生成的 C^* 代数和 VNA. 定理 6.3.2 表明, 这个构造独立于满足 (6.3.4) 的 $\ell_{2,\mathbb{R}}$ 到 $\mathcal{B}(\mathbb{H})_h$ 的特殊嵌入的选取. 上述二次量子化可以重新表述如下. $\ell_{2,\mathbb{R}}$ 上任意一个正交矩阵 O 诱导 $\mathcal{M}_{\mathrm{car}}$ 上一个同构 $\Gamma(O)$, 它由下式确定: 对任意 $\alpha^1, \cdots, \alpha^n \in \ell_{2,\mathbb{R}}$,

$$\Gamma(O)(\mathsf{c}(\alpha^1) \cdots \mathsf{c}(\alpha^n)) = \mathsf{c}(O(\alpha^1)) \cdots \mathsf{c}(O(\alpha^n)). \tag{6.3.5}$$

这个对正交映射的二次量子化构造可以推广到所有收缩映射上去.

定理 6.3.3 令 T 为 $\ell_{2,\mathbb{R}}$ 上一个收缩映射且 $T = (t_{ij})$ 为它在典则基 $\ell_{2,\mathbb{R}}$ 上的矩阵表示. 令 $\Gamma(T) : \mathrm{span}\{\mathsf{c}_A\}_{A \in \mathcal{F}} \to \mathbb{A}_{\mathrm{car}}$ 为如下确定的线性映射:

$$\Gamma(T)(\mathsf{c}_i) = \sum_{j \geqslant 1} t_{ij} \mathsf{c}_j,$$

$\Gamma(T)(\mathsf{c}_\varnothing) = \mathsf{c}_\varnothing$ 且对任意 $A = \{k_1 < \cdots < k_n\}$,

$$\Gamma(T)(\mathsf{c}_A) = \Gamma(T)(\mathsf{c}_{k_1}) \cdots \Gamma(T)(\mathsf{c}_{k_n}),$$

则 $\Gamma(T)$ 可以延拓为 $\mathcal{M}_{\mathrm{car}}$ 上一个保迹的正的单位正规映射, 称为 T 的二次量子化. 进一步, $\Gamma(T)$ 将 $\mathbb{A}_{\mathrm{car}}$ 映射到 $\mathbb{A}_{\mathrm{car}}$ 中.

证明 我们要用一个经典结果: Hilbert 空间上任意一个收缩算子都可以分解为一个等距算子与一个正交算子和一个投影算子的乘积. 这个事实 (在复的情形) 已经在引理 5.2.2 的证明中应用过. 如同在那个证明中一样, 令 $\mathbb{K} = \ell_{2,\mathbb{R}} \oplus \ell_{2,\mathbb{R}}$ (ℓ_2 直和). 将 $\ell_{2,\mathbb{R}}$ 等同于 $\mathbb{K}$ 的第一个分支, 可以将它看作 $\mathbb{K}$ 的一个子空间. 令

$S : \ell_{2,\mathbb{R}} \to \mathbb{K}$ 和 $P : \mathbb{K} \to \ell_{2,\mathbb{R}}$ 为自然的包含映射和投影算子, 即 $S(\xi) = (\xi, 0)$ 且 $P(\xi, \eta) = \xi$. 定义 $O : \mathbb{K} \to \mathbb{K}$ 为如下矩阵表示:

$$O = \begin{pmatrix} T & B \\ C & -T^* \end{pmatrix},$$

其中 $B = (1-TT^*)^{1/2}$ 且 $C = (1-T^*T)^{1/2}$, 则 O 是 $\mathbb{K}$ 上一个正交算子且 $T = POS$.

令 (c'_n) 为 (c_n) 的一个拷贝使得并集 $(\mathsf{c}'_n) \cup (\mathsf{c}_n)$ 仍然是一个 CAR 族, 将它重新排序后我们记作 $(\tilde{\mathsf{c}}_n)_{n \geqslant 1}$. 令 $\widetilde{\mathcal{M}}_{\text{car}}$ 为相应的 VNA, 它赋予迹 $\tilde{\tau}_{\text{car}}$. $\mathcal{M}_{\text{car}}$ 可以自然地看作 $\widetilde{\mathcal{M}}_{\text{car}}$ 的 von Neumann 子代数, 即由所有 c_n 生成的 VNA. 我们知道, $\Gamma(O)$ 是 $\widetilde{\mathcal{M}}_{\text{car}}$ 上的一个等距. 另一方面, 显然 $\mathcal{M}_{\text{car}}$ 到 $\widetilde{\mathcal{M}}_{\text{car}}$ 中的自然嵌入恰好是 $\Gamma(S)$.

剩下来要处理投影 P. 首先注意, $L_2(\mathcal{M}_{\text{car}})$ 等于由所有 c_A 生成的 $L_2(\widetilde{\mathcal{M}}_{\text{car}})$ 的闭子空间. 令 $\iota : L_2(\mathcal{M}_{\text{car}}) \to L_2(\widetilde{\mathcal{M}}_{\text{car}})$ 和 $\mathbb{E} : L_2(\widetilde{\mathcal{M}}_{\text{car}}) \to L_2(\mathcal{M}_{\text{car}})$ 分别为自然包含映射和投影算子. 那么 $\mathbb{E}^* = \iota$. 对任意 $x \in \widetilde{\mathcal{M}}_{\text{car}}$ 令 $\mathcal{E}(x) = \mathbb{E}x\iota$ (我们知道, $\widetilde{\mathcal{M}}_{\text{car}}$ 通过左乘作用在 $L_2(\widetilde{\mathcal{M}}_{\text{car}})$ 上). 那么 $\mathcal{E}$ 是一个正的正规映射. 容易看出, 如果 $\tilde{\mathsf{c}}_A$ 包含某个 c'_n 做因子, 则 $\mathcal{E}(\tilde{\mathsf{c}}_A) = 0$. 事实上, 对任意有限集 $B \subset \mathbb{N}$, 有

$$\mathcal{E}(\tilde{\mathsf{c}}_A)(\mathsf{c}_B) = \mathbb{E}(\tilde{\mathsf{c}}_A \mathsf{c}_B) = \mathbb{E}(\pm \tilde{\mathsf{c}}_{A \cup B \setminus (A \cap B)}) = 0.$$

又如果 $\tilde{\mathsf{c}}_A$ 不包含 c'_n, 则显然有 $\mathcal{E}(\tilde{\mathsf{c}}_A) = \tilde{\mathsf{c}}_A$. 由此可知, $\mathcal{E}$ 的值域是 $\mathcal{M}_{\text{car}}$, 故 $\mathcal{E}$ 是从 $\widetilde{\mathcal{M}}_{\text{car}}$ 到 $\mathcal{M}_{\text{car}}$ 上的投影.

另一方面, 由定义有

$$\Gamma(P)(\tilde{\mathsf{c}}_A) = \begin{cases} \tilde{\mathsf{c}}_A, & \text{如果 } \tilde{\mathsf{c}}_A \text{不包含 } \mathsf{c}'_n, \\ 0, & \text{其他}. \end{cases}$$

因此,

$$\mathcal{E}\big|_{\text{span}\{\tilde{\mathsf{c}}_A\}} = \Gamma(P).$$

故 $\Gamma(P)$ 所需的延拓是 $\mathcal{E}$.

现在我们容易完成证明了. 注意到如同 (6.3.5) 一样, 上述三个二次量子化映射都不依赖于基的表示. 更准确地说, 延拓 $\tilde{\mathsf{c}}$ 为 $\mathbb{K}$ 到 $\mathcal{B}(L_2(\widetilde{\mathcal{M}}_{\text{car}}))_h$ 中的一个嵌入, 我们有: 对 $U \in \{S, O, P\}$,

$$\Gamma(U)(\tilde{\mathsf{c}}(\alpha^1) \cdots \tilde{\mathsf{c}}(\alpha^n)) = \tilde{\mathsf{c}}(U(\alpha^1)) \cdots \tilde{\mathsf{c}}(U(\alpha^n)), \quad \alpha^1, \cdots, \alpha^n \in \mathbb{K}.$$

由此可得, 在 $\text{span}\{\mathsf{c}_A\}$ 上有 $\Gamma(T) = \Gamma(P)\Gamma(O)\Gamma(S)$. 所以, $\Gamma(T)$ 可以延拓为 $\mathcal{M}_{\text{car}}$ 上一个保迹的正的单位正规映射. □

注 6.3.2 上述映射 $\mathcal{E}$ 称为 $\widetilde{\mathcal{M}}_{\rm car}$ 关于 $\mathcal{M}_{\rm car}$ 的条件期望. 它满足如下性质:

$$\mathcal{E}(axb) = a\mathcal{E}(x)b, \quad a, b \in \mathcal{M}_{\rm car}, x \in \widetilde{\mathcal{M}}_{\rm car}.$$

注 6.3.3 对 $t \geqslant 0$ 令 $T_t = {\rm e}^{-t}\,{\rm id}_{\ell_{2,\mathbb{R}}}$, 则 $\Gamma(T_t)$ 在 ${\rm span}\{\mathsf{c}_A\}$ 上有如下简单表示:

$$\Gamma(T_t)\Big(\sum_A \alpha_A \mathsf{c}_A\Big) = \sum_A {\rm e}^{-|A|t}\alpha_A\mathsf{c}_A.$$

$\{\Gamma(T_t)\}_{t\geqslant 0}$ 是 $\mathcal{M}_{\rm car}$ 上一个保迹的单位正规的正映射半群.

在本节最后, 我们要确定 $\{\mathsf{c}_k\}$ 在 $L_p(\mathcal{M}_{\rm car})$ 中的线性扩张.

定理 6.3.4 令 $0 < p \leqslant \infty$ 且 $\alpha = (\alpha_k) \subset \mathbb{C}$ 为一个有限序列, 则

$$\|\alpha\|_2 \leqslant \Big\|\sum_k \alpha_k \mathsf{c}_k\Big\|_p \leqslant 2^{1/2-1/p}\|\alpha\|_2, \quad \text{如果 } 2 \leqslant p \leqslant \infty,$$

$$2^{1/2-1/p}\|\alpha\|_2 \leqslant \Big\|\sum_k \alpha_k \mathsf{c}_k\Big\|_p \leqslant \|\alpha\|_2, \quad \text{如果 } 0 < p < 2.$$

从而, 由 c_k 生成的 $L_p(\mathcal{M}_{\rm car})$ 的闭子空间同构于 ℓ_2.

证明 情形 $p = \infty$ 由 (6.3.3) 可得. 情形 $p = 2$ 是平凡的, 因为 $\{\mathsf{c}_n\}$ 在 $L_2(\mathcal{M}_{\rm car})$ 中是直交序列. 后者蕴涵 $p \geqslant 2$ 情形的下界估计和 $p < 2$ 情形的上界估计. 余下的估计由 Hölder 不等式可得, 因为对任意 $x \in \mathcal{M}_{\rm car}$ 和 $q < p < \infty$ 有

$$\|x\|_p \leqslant \|x\|_\infty^{1-q/p}\,\|x\|_q^{q/p}. \qquad \square$$

6.4 无理旋转代数

本节考虑无理旋转代数. 这些代数也称为非交换环面, 近年来它们在 C^* 代数和非交换几何领域都引起了广泛的注意. 令 θ 为一个无理数. 考虑 Hilbert 空间 $\mathbb{H}$ 上一对酉算子 (u, v) 满足

$$uv = {\rm e}^{2\pi {\rm i}\theta} vu. \tag{6.4.1}$$

一个典型的模型可以用 $\mathbb{H} = L_2(\mathbb{T})$ 构造出来 (这里 $\mathbb{T}$ 是复平面上的单位圆周且赋予规范的 Lebesgue 测度 dm). 令 u 和 v 为 $L_2(\mathbb{T})$ 上算子, 定义为

$$uf(z) = zf(z) \quad \text{且} \quad vf(z) = f({\rm e}^{-2\pi{\rm i}\theta}z), \quad f \in L_2(\mathbb{T}),\ z \in \mathbb{T},$$

则显然 u 和 v 是酉算子且满足 (6.4.1).

下面固定 $\mathbb{H}$ 上一对满足 (6.4.1) 的酉算子且令 $\lambda = \mathrm{e}^{2\pi\mathrm{i}\theta}$. 令 $\mathbb{A}_\theta$ 是 u 和 v 生成的 C^* 代数. 令 $\mathbb{B}_\theta$ 为关于 (u, u^*, v, v^*) 的多项式全体, 即 $\mathbb{B}_\theta$ 是下述有限和的全体:

$$\sum_{j,k} \alpha_{jk} u^j v^k, \quad \alpha_{jk} \in \mathbb{C}.$$

由 (6.4.1) 可以看到 $\mathbb{B}_\theta$ 是 $\mathcal{B}(\mathbb{H})$ 的对合子代数. 因此 $\mathbb{A}_\theta$ 是 $\mathbb{B}_\theta$ 在 $\mathcal{B}(\mathbb{H})$ 中的闭包. $\mathbb{A}_\theta$ 称为相应于 θ 和 (u, v) 的无理旋转 C^* 代数. 下面将看到, 在同构意义下 $\mathbb{A}_\theta$ 与 (u, v) 的选取无关.

对 $\mathbb{A}_\theta$ 的研究从证明 $\{u^j v^k\}_{j,k\in\mathbb{Z}}$ 的线性独立性开始. 事实上, 令 $\{\alpha_{jk}\} \subset \mathbb{C}$ 为一个有限数组使得

$$\sum_{j,k} \alpha_{jk} u^j v^k = 0.$$

如果有必要从左边乘以 u 的某个正数幂、从右边乘以 v 的某个正数幂, 可以假设上述和式中所有的 j 和 k 都是正的. 因此,

$$\sum_{k=1}^{n} a_k(u) v^k = 0, \quad a_k(u) = \sum_{j} \alpha_{jk} u^j .$$

注意 (6.4.1) 蕴涵 $uv^k u^* = \lambda^k v^k$, 则得到

$$\sum_{j=1}^{n} \lambda^{mk} a_k(u) v^k = 0, \quad m = 0, 1, \cdots, n-1.$$

因为 θ 是无理数, 所有 λ^k 是不同的. 因此上述 n 个方程蕴涵 $a_k(u)v^k = 0$, 因而对所有 k 有 $a_k(u) = 0$. 每个 $a_k(u)$ 都是 u 的多项式. 通过交换 u 和 v 的位置, 再次由 (6.4.1) 得到 $a_k(u)$ 的系数都为零. 因此结论得证. 这个独立性使得我们可以给出元 $x \in \mathbb{B}_\theta$ 的 "Fourier 系数": 如果 $x = \sum_{j,k} \alpha_{jk} u^j v^k$, 令 $\widehat{x}(j,k) = \alpha_{jk}$.

现在定义线性泛函 $\tau_\theta : \mathbb{B}_\theta \to \mathbb{C}$ 为 $x \mapsto \widehat{x}(0,0)$. 易证

$$\tau_\theta(y^* x) = \sum_{j,k} \overline{\widehat{y}(j,k)}\, \widehat{x}(j,k), \quad x, y \in \mathbb{B}_\theta.$$

由此得出, τ_θ 是迹的、正的和忠实的.

我们要将 τ_θ 延拓为 $\mathbb{A}_\theta$ 上的一个态. 为此我们要证明: 对任意 $x \in \mathbb{B}_\theta$ 有

$$\lim_{n\to\infty} \frac{1}{n^2} \sum_{j,k=0}^{n-1} u^j v^k x v^{-k} u^{-j} = \tau_\theta(x). \tag{6.4.2}$$

事实上, 只需考虑单项式 $x=u^\ell v^m$ $(\ell,m\in\mathbb{Z})$. 因为

$$\sum_{j,k=0}^{n-1} u^j v^k u^\ell v^m v^{-k} u^{-j} = \sum_{j,k=0}^{n-1} \lambda^{\operatorname{sgn}(m)(m+j)} \lambda^{-\operatorname{sgn}(\ell)(\ell+k)} u^\ell v^m$$
$$= \frac{1-\lambda^{\operatorname{sgn}(m)n}}{1-\lambda^{\operatorname{sgn}(m)}} \frac{1-\lambda^{-\operatorname{sgn}(\ell)n}}{1-\lambda^{-\operatorname{sgn}(\ell)}} \lambda^{-|\ell|}\lambda^{|m|} u^\ell v^m,$$

其中 $\operatorname{sgn}(\ell)$ 表示 ℓ 的符号 (如果 $\ell=0$, 则 $\operatorname{sgn}(\ell)=0$), 且这里如果 $\operatorname{sgn}(\ell)=0$, 则 $\dfrac{1-\lambda^{-\operatorname{sgn}(\ell)n}}{1-\lambda^{-\operatorname{sgn}(\ell)}}$ 应该为 n, 故 (6.4.2) 得证. 这个等式蕴涵 τ_θ 在 $\mathbb{B}_\theta$ 上是收缩的. 故 τ_θ 可延拓为 $\mathbb{A}_\theta$ 上连续泛函, 仍然记作 τ_θ. 于是 τ_θ 是 $\mathbb{A}_\theta$ 上一个迹态. 由连续性和 $\mathbb{B}_\theta$ 在 $\mathbb{A}_\theta$ 中的稠密性, (6.4.2) 对所有 $x\in\mathbb{A}_\theta$ 成立. (6.4.2) 也证明了 $\mathbb{A}_\theta$ 上任意迹的连续泛函都是 τ_θ 的数乘形式.

下面要证明 τ_θ 在 $\mathbb{A}_\theta$ 上是忠实的. 我们需要下述恒等式:

$$\|x\| = \lim_{n\to\infty} \|x\|_{4n}, \quad \forall\, x\in\mathbb{B}_\theta, \tag{6.4.3}$$

其中 $\|x\|_p = (\tau_\theta(|x|^p))^{1/p}$. 令 $x\in\mathbb{B}_\theta$ 为度数至多为 $2N$ 的一个多项式:

$$x=\sum_{j,k=-N}^{N} \widehat{x}(j,k) u^j v^k,$$

则显然

$$\|x\| \leqslant (2N+1)\|x\|_2.$$

将这个不等式用于度数至多为 $4Nn$ 的多项式 $(x^*x)^n$, 得到

$$\|x\|^{2n} = \|(x^*x)^n\| \leqslant (4Nn+1)\|(x^*x)^n\|_2 = (4Nn+1)\|x\|_{4n}^{2n},$$

因而

$$\|x\| \leqslant (4Nn+1)^{1/(2n)}\|x\|_{4n}.$$

另一方面, 因为 τ_θ 是一个态, 有

$$\|x\|_{4n} \leqslant \|x\|.$$

因此得到 (6.4.3).

对 $\xi,\eta\in\mathbb{T}$ 定义 $\pi_{\xi,\eta}:\mathbb{B}_\theta\to\mathbb{B}_\theta$ 为 $\pi_{\xi,\eta}(u)=\xi u$ 且 $\pi_{\xi,\eta}(v)=\eta v$. 注意 $\pi_{\xi,\eta}$ 是 $\mathbb{B}_\theta$ 上的一个 $*$- 同态且对任意 $x\in\mathbb{B}_\theta$ 有 $\tau_\theta(\pi_{\xi,\eta}(x))=\tau_\theta(x)$. 由此可得

$\|\pi_{\xi,\eta}(x)\|_{4n} = \|x\|_{4n}$. 连同 (6.4.3), 这说明 $\pi_{\xi,\eta}$ 是 $\mathbb{B}_\theta$ 上的一个等距. 因此 $\pi_{\xi,\eta}$ 可延拓为 $\mathbb{A}_\theta$ 上一个同构 (仍然用同样的记号). 显然, 对任意 $x \in \mathbb{A}_\theta$ 函数 $(\xi,\eta) \mapsto \pi_{\xi,\eta}(x)$ 是从 $\mathbb{T}^2$ 到 $\mathbb{A}_\theta$ 连续的. 另一方面, 如果 $x \in \mathbb{B}_\theta$, 显然有

$$\int_{\mathbb{T}^2} \pi_{\xi,\eta}(x)\mathrm{d}m(\xi)\mathrm{d}m(\eta) = \tau_\theta(x).$$

由逼近和连续性, 这个等式对任意 $x \in \mathbb{A}_\theta$ 也成立. 由这个等式立即可得 τ 的忠实性. 事实上, 令 $x \in \mathbb{A}_\theta$ 为一个非零的正元. 那么对任意 $(\xi,\eta) \in \mathbb{T}^2$, $\pi_{\xi,\eta}(x)$ 是一个非零正元. 因此上述 $\mathbb{T}^2$ 上积分非零, 故 $\tau_\theta(x) > 0$.

下面证明 $\mathbb{A}_\theta$ 是单的. 令 $\mathcal{I}$ 为 $\mathbb{A}_\theta$ 的非零闭理想. 令 $x \in \mathcal{I}$ 为一个非零正元. 那么由 (6.4.2) 可知 $\tau_\theta(x)1 \in \mathcal{I}$, 因而 $1 \in \mathcal{I}$ 因为 $\tau_\theta(x) > 0$. 故 $\mathcal{I} = \mathbb{A}_\theta$.

容易证明, 在同构意义下 $\mathbb{A}_\theta$ 独立于 (u,v) 的特殊选取. 事实上, 令 $(\tilde{u},\tilde{v})$ 为另一对满足 (6.4.1) 的 $\tilde{\mathbb{H}}$ 上的酉算子且令 $\tilde{\mathbb{B}}_\theta$, $\tilde{\mathbb{A}}_\theta$ 和 $\tilde{\tau}_\theta$ 分别为相应的对象. 定义 $\Phi : \mathbb{B}_\theta \to \tilde{\mathbb{B}}_\theta$ 为 $\Phi(u) = \tilde{u}$ 和 $\Phi(v) = \tilde{v}$. 那么 Φ 是一个同态且 $\tilde{\tau}_\theta \circ \Phi = \tau_\theta$. 因此 (6.4.3) 蕴涵 Φ 是一个等距. 故 Φ 可延拓为从 $\mathbb{A}_\theta$ 到 $\tilde{\mathbb{A}}_\theta$ 上的一个同构.

总结上述讨论有下述定理.

定理 6.4.1 令 θ 为一个无理实数且 (u,v) 为满足 (6.4.1) 的一对酉算子. 那么由 u 和 v 生成的 C^* 代数 $\mathbb{A}_\theta$ 是单的且 $\mathbb{A}_\theta$ 上任意连续的迹泛函都是 τ_θ 的数乘形式. 进一步, 在同构意义下 $\mathbb{A}_\theta$ 独立于 (u,v) 的特殊选取.

关于无理旋转 C^* 代数 $\mathbb{A}_\theta$ 的更多信息我们建议参考文献 (Davidson, 1996). 为了处理由 $\mathbb{A}_\theta$ 在 τ_θ 的 GNS 表示下生成的 VNA, 首先证明一个一般的基本事实.

引理 6.4.1 令 $\mathbb{A}$ 为一个 C^* 代数且具有忠实的迹态 τ. 令$(\mathbb{H},\pi,\mathbb{1})$ 为 τ 的 GNS 表示. 令 $\mathcal{M}$ 是 $\pi(\mathbb{A})$ 在 $\mathcal{B}(\mathbb{H})$ 中的 σ-wo 闭包, 则由$\mathbb{1}$ 给出的 $\mathcal{M}$ 的态向量是迹的和忠实的.

证明 因为 π 是忠实的, 可以将 $\mathbb{A}$ 与 $\pi(\mathbb{A})$ 等同起来. 我们又用 τ 表示由 $\mathbb{1}$ 确定的 $\mathcal{M}$ 的态向量:

$$\tau(x) = \langle \mathbb{1},\ x\mathbb{1}\rangle, \quad x \in \mathcal{M}.$$

注意, τ 在 $\mathbb{A}$ 上的限制与 $\mathbb{A}$ 起初的迹相等. 因此 τ 在 $\mathcal{M}$ 上也是迹的. 余下证明 τ 在 $\mathcal{M}$ 上仍然是忠实的. 令 $x \in \mathcal{M}_+$ 使得 $\tau(x) = 0$. 那么, 对任意 $a \in \mathbb{A}$, 有

$$\begin{aligned}\|x^{1/2}\Lambda(a)\|_{\mathbb{H}}^2 &= \|\Lambda(x^{1/2}a)\|_{\mathbb{H}}^2 = \tau(a^*xa)\\ &= \tau(x^{1/2}(aa^*)x^{1/2}) \leqslant \|a\|^2\tau(x) = 0,\end{aligned}$$

因而 $x^{1/2}\Lambda(a) = 0$. 由 $\Lambda(\mathbb{A})$ 在 $\mathbb{H}$ 中稠密可得 $x^{1/2} = 0$. 故 $x = 0$. □

令 $\mathcal{M}_\theta$ 为由无理旋转代数 $\mathbb{A}_\theta$ 在迹 τ_θ 的 GNS 表示下生成的 VNA. 这是相应于参数 θ 的无理旋转 VNA. 在同构意义下, 它独立于满足 (6.4.1) 的 (u,v) 的特殊

选取. 我们将 $\mathbb{A}_\theta$ 看作 $\mathcal{M}_\theta$ 的 C^* 子代数. 由引理 6.4.1, 态 τ_θ 可以延拓为 $\mathcal{M}_\theta$ 上一个忠实正规的迹态, 仍记作 τ_θ. 如同推论 6.3.1 一样, 可以证明, $\mathcal{M}_\theta$ 上任意正规的迹泛函都是 τ_θ 的数乘形式. 从而, $\mathcal{M}_\theta$ 是一个因子. 因此证明了如下结论.

推论 6.4.1 无理旋转 VNA$\mathcal{M}_\theta$ 是一个因子且具有唯一的忠实正规的迹态 τ_θ.

对任意 $0 < p < \infty$ 子代数 $\mathbb{B}_\theta$ 在 $L_p(\mathcal{M}_\theta)$ 中稠密 (见推论 5.2.1). 如同在经典 Fourier 分析中一样, 对 $p \geqslant 1$ 任意 $x \in L_p(\mathcal{M}_\theta)$ 都有一个关于 $\{u^iv^j\}_{i,j\in\mathbb{Z}}$ 的 Fourier 级数展开:

$$x \sim \sum_{i,j} \widehat{x}(i,j)u^iv^j,$$

其中 $\widehat{x}(i,j) = \tau_\theta(xv^{-j}u^{-i})$. 许多 Fourier 分析的结果都可以转换到这个情形. 我们要考虑 $\{u^iv^j\}_{i,j\in\mathbb{Z}}$ 的某些缺项集. 按照文献 (Rudin, 1960), 考虑一个子集 $\Lambda \subset \mathbb{Z}$ 和一个正整数 m 使得

$$\begin{aligned} r_m(\Lambda) = \sup \big|\{(n_1, \cdots, n_m) \in \Lambda^m \ : \\ n_1 + \cdots + n_m = n,\ n \in \mathbb{Z}\}\big| < \infty, \end{aligned} \tag{6.4.4}$$

其中 $|A|$ 表示集 A 的序数.

定理 6.4.2 令 $\Lambda_1, \Lambda_2 \in \mathbb{Z}$ 为两个满足 (6.4.4) 的集合, 则对任意有限数组 $(\alpha_{ij}) \subset \mathbb{C}$ 有

$$\Big\| \sum_{i\in\Lambda_1, j\in\Lambda_2} \alpha_{ij}u^iv^j \Big\|_{2m} \leqslant \big[r_m(\Lambda_1)r_m(\Lambda_2)\big]^{1/(2m)} \Big(\sum_{i\in\Lambda_1, j\in\Lambda_2} |\alpha_{ij}|^2 \Big)^{1/2}.$$

证明 令

$$x = \sum_{i\in\Lambda_1, j\in\Lambda_2} \alpha_{ij}u^iv^j.$$

使用多重指标记号: $\underline{i} = (i_1, \cdots, i_m) \in \Lambda^m$, 则有

$$\begin{aligned} (x^*x)^m &= \Big[\sum_{i,k\in\Lambda_1} \sum_{j,\ell\in\Lambda_2} \bar{\alpha}_{ij}\alpha_{k\ell}(u^iv^j)^*(u^kv^\ell) \Big]^m \\ &= \sum_{\underline{i},\, \underline{k}\in\Lambda_1^m} \sum_{\underline{j},\, \underline{\ell}\in\Lambda_2^m} \bar{\alpha}_{\underline{i},\underline{j}}\, \alpha_{\underline{k},\underline{\ell}}\, w(\underline{i},\, \underline{k},\, \underline{j},\, \underline{\ell}), \end{aligned}$$

其中

$$\alpha_{\underline{i},\underline{j}} = \alpha_{i_1j_1} \cdots \alpha_{i_mj_m}$$

且

$$w(\underline{i},\, \underline{k},\, \underline{j},\, \underline{\ell}) = (u^{i_1}v^{j_1})^*(u^{k_1}v^{\ell_1}) \cdots (u^{i_m}v^{j_m})^*(u^{k_m}v^{\ell_m}).$$

由 (6.4.1), 对依赖于 $(\underline{i}, \underline{k}, \underline{j}, \underline{\ell})$ 的某个整数 n 有

$$w(\underline{i}, \underline{k}, \underline{j}, \underline{\ell}) = \lambda^n \, u^{k_1+\cdots+k_m-(i_1+\cdots+i_m)} \, v^{\ell_1+\cdots+\ell_m-(j_1+\cdots+j_m)}.$$

因此,

$$\tau_\theta(w(\underline{i}, \underline{k}, \underline{j}, \underline{\ell})) \neq 0$$

当且仅当

$$i_1+\cdots+i_m = k_1+\cdots+k_m \text{且 } j_1+\cdots+j_m = \ell_1+\cdots+\ell_m,$$

则可以推出

$$\begin{aligned}
\|x\|_{2m}^{2m} &= \tau_\theta((x^*x)^m) \\
&= \sum_{\underline{i},\underline{k}\in\Lambda_1^m} \sum_{\underline{j},\underline{\ell}\in\Lambda_2^m} \bar{\alpha}_{\underline{i},\underline{j}} \, \alpha_{\underline{k},\underline{\ell}} \, \tau_\theta(w(\underline{i}, \underline{k}, \underline{j}, \underline{\ell})) \\
&\leqslant \sum_{\substack{\underline{i},\underline{k}\in\Lambda_1^m \\ i_1+\cdots+i_m=k_1+\cdots+k_m}} \sum_{\substack{\underline{j},\underline{\ell}\in\Lambda_2^m \\ j_1+\cdots+j_m=\ell_1+\cdots+\ell_m}} |\alpha_{\underline{i},\underline{j}} \, \alpha_{\underline{k},\underline{\ell}}| \\
&= \sum_{n,n'\in\mathbb{Z}} \Big[\sum_{\substack{\underline{i}\in\Lambda_1^m \\ i_1+\cdots+i_m=n}} \sum_{\substack{\underline{j}\in\Lambda_2^m \\ j_1+\cdots+j_m=n'}} |\alpha_{\underline{i},\underline{j}}| \Big]^2.
\end{aligned}$$

故由 (6.4.4) 有

$$\begin{aligned}
\|x\|_{2m}^{2m} &\leqslant r_m(\Lambda_1) r_m(\Lambda_2) \sum_{n,n'\in\mathbb{Z}} \sum_{\substack{\underline{i}\in\Lambda_1^m \\ i_1+\cdots+i_m=n}} \sum_{\substack{\underline{j}\in\Lambda_2^m \\ j_1+\cdots+j_m=n'}} |\alpha_{\underline{i},\underline{j}}|^2 \\
&= r_m(\Lambda_1) r_m(\Lambda_2) \sum_{\underline{i}\in\Lambda_1^m,\underline{j}\in\Lambda_2^m} |\alpha_{\underline{i},\underline{j}}|^2 \\
&= r_m(\Lambda_1) r_m(\Lambda_2) \Big(\sum_{i\in\Lambda_1, j\in\Lambda_2} |\alpha_{ij}|^2 \Big)^m,
\end{aligned}$$

从而

$$\|x\|_{2m} \leqslant \big[r_m(\Lambda_1) r_m(\Lambda_2) \big]^{1/(2m)} \Big(\sum_{i\in\Lambda_1, j\in\Lambda_2} |\alpha_{ij}|^2 \Big)^{1/2},$$

这就是所需的不等式. □

推论 6.4.2 令 $0 < p < \infty$, 则对任意有限数组 $(\alpha_{ij}) \subset \mathbb{C}$ 我们有

$$\Big\| \sum_{i,j\geqslant 0} \alpha_{ij} u^{2^i} v^{2^j} \Big\|_p \simeq \Big(\sum_{i,j\geqslant 0} |\alpha_{ij}|^2 \Big)^{1/2},$$

其中等价常数仅依赖于 p.

证明 固定有限数组 $\alpha=(\alpha_{ij})$. 令

$$x=\sum_{i,j\geqslant 0}\alpha_{ij}u^{2^i}v^{2^j}\quad 且\quad \|\alpha\|_2=\Big(\sum_{i,j\geqslant 0}|\alpha_{ij}|^2\Big)^{1/2}.$$

首先考虑 p 为偶数的情形, 比如 $p=2m$. 令 r 为使得 $r\geqslant \ln(m+1)/\ln 2$ 的最小整数. 将缺项集 $\Lambda=\{2^n\ :\ n\geqslant 0\}$ 分解为 r 个不相交的子集的并:

$$\Lambda_k=\big\{2^{rn+k}\ :\ n\geqslant 0\big\},\quad k=0,1,\cdots,r-1.$$

要证明每个 Λ_k 都满足 (6.4.4) 且

$$r_m(\Lambda_k)=m!$$

等价于要证明, 如果 $(n_1,\cdots,n_m)\in\Lambda_k^m$ 且 $(n_1',\cdots,n_m')\in\Lambda_k^m$ 使得

$$n_1+\cdots+n_m=n_1'+\cdots+n_m',$$

则两个集合 $\{n_1,\cdots,n_m\}$ 和 $\{n_1',\cdots,n_m'\}$ 相等. 这里, 每个 n_i 在 $\{n_1,\cdots,n_m\}$ 中按重数计算. 假设 $\{n_1,\cdots,n_m\}\neq\{n_1',\cdots,n_m'\}$. 令 n 为所有 n_i 和 n_i' 中的最大整数, 它在 $\{n_1,\cdots,n_m\}$ 和 $\{n_1',\cdots,n_m'\}$ 中有不同的重数. 那么对某个 ℓ, $n=2^{r\ell+k}$ 且可以写作

$$n=j_1 2^{r\ell_1+k}+\cdots+j_{m-1}2^{r\ell_{m-1}+k},$$

其中 $\ell_1<\cdots<\ell_{m-1}<\ell$ 且 $j_1+\cdots+j_{m-1}<m$. 不过, 右手边的项由下式控制:

$$m2^k\big(2^{r\ell_1}+\cdots+2^{r\ell_{m-1}}\big)=m2^k\,\frac{2^{r(\ell_{m-1}+1)}-1}{2^r-1}<n,$$

其中最后一个不等式来自于 m 的选取. 这个矛盾证明了结论成立. 故由上述定理有

$$\|x\|_{2m}\leqslant\sum_{k,\ell=0}^{r-1}\Big\|\sum_{i,j\geqslant 0}\alpha_{ri+k,rj+\ell}u^{2^{ri+k}}v^{2^{rj+\ell}}\Big\|_{2m}\leqslant C_{2m}\,\|\alpha\|_2,$$

其中

$$C_{2m}=r^2\,(m!)^{1/m}.$$

现在对任意 $p>2$ 选取 m 使得 $2m\leqslant p<2(m+1)$. 那么由 Hölder 不等式有

$$\|x\|_p\leqslant\|x\|_{2m}^{1-\varphi}\|x\|_{2(m+1)}^{\varphi},$$

其中 φ 由下式确定:

$$\frac{1}{p}=\frac{1-\varphi}{2m}+\frac{\varphi}{2(m+1)}.$$

由此可得

$$\|x\|_p \leqslant C_p\|\alpha\|_2 \quad \text{且} \quad C_p=C_{2m}^{1-\varphi}C_{2(m+1)}^{\varphi}.$$

附带常数 1 的反向不等式是平凡的, 因为

$$\|x\|_p \geqslant \|x\|_2=\|\alpha\|_2.$$

情形 $p<2$ 如同定理 6.3.4 一样用 Hölder 不等式处理. □

注 6.4.1 在上述证明中获得的常数 C_p 当 $p\to\infty$ 时的阶是 $p(\ln p)^2$. 不过, 最佳常数 C_p 当 $p\to\infty$ 时的阶为 p.

6.5 von Neumann 群代数

本节研究 von Neumann 群代数. 为了简单起见, 仅考虑离散群. 令 G 为一个离散群. 在这个例子中 Hilbert 空间是 $\ell_2(G)$, 即以 G 为指标的 ℓ_2 空间. 令 $(\delta_g)_{g\in G}$ 为 $\ell_2(G)$ 的典则基, 即 δ_g 是 G 上的函数, 它在 g 处取值为 1 且其余均为零. 令 $\lambda:\ G\to\mathcal{B}(\ell_2(G))$ 为其左正则表示, 即对任一 $g\in G$, $\lambda(g)$ 是 $\ell_2(G)$ 上的一个酉算子, 定义为

$$\big(\lambda(g)\varphi\big)(h)=\varphi(g^{-1}h), \quad h,g\in G,\ \varphi\in\ell_2(G).$$

注意, 对所有 $g,h\in G$ 有 $\lambda(g)\delta_h=\delta_{gh}$. 约化 C^* 代数 $C_r^*(G)$ 和 von Neumann 群代数 $VN(G)$ 分别是指由 $\{\lambda(g):g\in G\}$ 生成的 $\mathcal{B}(\ell_2(G))$ 的 C^* 子代数和 von Neumann 子代数. 令 $\mathbb{C}(G)$ 为所有有限和式 $\sum\alpha_g\lambda(g)$ $(\alpha_g\in\mathbb{C})$ 构成的集合, 则 $\mathbb{C}(G)$ 是 $\mathcal{B}(\ell_2(G))$ 的一个对合子代数, 它的范数闭包和 σ-wo 闭包分别是 $C_r^*(G)$ 和 $VN(G)$.

我们要将 $VN(G)$ 描述为 $\ell_2(G)$ 的左卷积代数. 我们知道, 对 $\varphi,\psi\in\ell_2(G)$, 它们的卷积定义为

$$\varphi*\psi(g)=\sum_{h\in G}\varphi(h)\psi(h^{-1}g), \quad g\in G.$$

$\varphi*\psi$ 是 G 上的一个有界函数. 一般地, 它不属于 $\ell_2(G)$. 事实上, 我们马上将看到, $x\in VN(G)$ 当且仅当存在 $\varphi\in\ell_2(G)$ 使得对每个 $\psi\in\ell_2(G)$ 有 $x\psi=\varphi*\psi$. 为此, 需

要 G 的右正则表示 ρ. 对任一 $g\in G$, $\rho(g)$ 是 $\ell_2(G)$ 上的酉算子, 由 $\rho(g)\delta_h=\delta_{hg^{-1}}$ 确定. 下列关系很有用且容易验证:

$$\lambda(g)\psi=\delta_g*\psi,\quad \rho(g)\psi=\psi*\delta_{g^{-1}},\quad \delta_g*\delta_h=\delta_{gh}$$

对任意 $g,h\in G$ 和 $\psi\in\ell_2(G)$ 成立.

现在令 $x\in VN(G)$ 且 $\varphi=x\delta_e$ (x 的符号). 令 $\psi=\sum\psi(g)\delta_g\in\ell_2(G)$. 注意到 $\rho(G)\subset VN(G)'$, 有

$$\begin{aligned}x\psi&=\sum_{g\in G}\psi(g)\,x\,\delta_g=\sum_{g\in G}\psi(g)\,x\,\rho(g^{-1})\,\delta_e\\&=\sum_{g\in G}\psi(g)\,\rho(g^{-1})\,x\delta_e=\sum_{g\in G}\psi(g)\,\rho(g^{-1})\varphi\\&=\sum_{g\in G}\sum_{h\in G}\psi(g)\varphi(h)\delta_{hg}=\varphi*\psi.\end{aligned}$$

因此, 由 x 的符号 φ 确定的左卷积算子在 $\ell_2(G)$ 上是有界的.

为了证明该逆命题成立, 暂时记 $VN_\lambda(G)=VN(G)$ 并用 $VN_\rho(G)$ 记由右正则表示生成的 G 的 VNA, 即

$$VN_\rho(G)=\{\rho(g):g\in G\}''.$$

上述论证实际上证明了这样的结论: 如果 $x\in VN_\rho(G)'$, 那么 x 是一个由 $\varphi=x\delta_e$ 确定的卷积算子. 令 $\mathcal{L}(G)$ 表示 $\ell_2(G)$ 上有界的左卷积算子全体. 因此, 我们证明了 $VN_\rho(G)'\subset\mathcal{L}(G)$. 另一方面, 易证 $\mathcal{L}(G)\subset VN_\rho(G)'$. 故, $VN_\rho(G)'=\mathcal{L}(G)$. 同理可证, $VN_\lambda(G)'=\mathcal{R}(G)$, 其中 $\mathcal{R}(G)$ 是 $\ell_2(G)$ 上有界的右卷积算子全体, 即 $x\in\mathcal{R}(G)$ 当且仅当存在 $\varphi\in\ell_2(G)$ 使得对每个 $\psi\in\ell_2(G)$ 有 $x\psi=\psi*\varphi$. 不过, 很明显 $VN_\rho(G)'=\mathcal{R}(G)'$. 因此得到

$$VN_\lambda(G)=\mathcal{R}(G)'=VN_\rho(G)'=\mathcal{L}(G),$$

即, $VN(G)$ 是 $\ell_2(G)$ 的左卷积代数且它的交换子为所有右正则表示生成的 VNA, 它与 $\ell_2(G)$ 的右卷积代数相同.

令 τ_G 为 $VN(G)$ 上由 δ_e 确定的向量态, 即对任意 $x\in VN(G)$ 有 $\tau_G(x)=\langle\delta_e,\ x\delta_e\rangle$. 给定 $g,h\in G$, 我们容易看到 $\tau_G\big(\lambda(g)\lambda(h)\big)=\tau_G\big(\lambda(h)\lambda(g)\big)$, 因为它们按照 $g=h^{-1}$ 与否分别等于 1 或者 0. 因此, τ_G 是迹的. 因为 $x\in VN(G)$ 是由它的符号 $x\delta_e$ 确定的卷积算子, 则 δ_e 是分离的. 故 τ_G 是忠实的.

总结上述讨论, 得到如下结论.

定理 6.5.1 令 G 为一个离散群且 $VN(G)$ 是它的 von Neumann 群代数, 则

(1) $VN(G)$ 与 $\ell_2(G)$ 的左卷积代数相等, 而它的交换子 $VN(G)'$ 与 $\ell_2(G)$ 的右卷积代数相等.

(2) 泛函 $x \mapsto \langle \delta_e, x\delta_e \rangle$ 是 $VN(G)$ 上一个忠实正规的迹态 τ_G.

故 $(VN(G), \tau_G)$ 是一个非交换概率空间. 空间 $L_1(VN(G))$ 传统上称为 G 的 Fourier 代数, 记作 $A(G)$. 如果将算子 $x \in VN(G)$ 与它在 $\ell_2(G)$ 中的符号 $x\delta_e$ 等同起来, 则这个等同映射可以延拓为从 $L_2(VN(G))$ 到 $\ell_2(G)$ 的一个酉算子. 这使得我们可以对任意 $x \in L_2(VN(G))$ 定义符号. 一般地, 对任意 $p \geqslant 1$ 我们可以定义 $x \in L_p(VN(G))$ 的符号为 G 上的函数 φ_x 满足

$$\varphi_x(g) = \tau_G(x\lambda(g^{-1})), \quad \forall g \in G,$$

则 φ_x 是 G 上的一个有界函数 (由 $\|x\|_p$ 控制) 且 x 由 φ_x 唯一确定. 事实上, 如果 $\varphi_x = 0$, 则

$$\tau(xy) = 0, \quad \forall y \in \mathbb{C}[G].$$

因此由 $\mathbb{C}[G]$ 在 $L_{p'}(VN(G))$ (如果 $p' = \infty$ 则相对于 σ-wo 拓扑) 中稠密, 我们推得 $x = 0$. 因此, 可以形式地写作

$$x \sim \sum_{g \in G} \varphi_x(g)\lambda(g).$$

右手边的和式是 x 在基 $\{\delta_g\}_{g \in G}$ 下的 Fourier 级数. 易证, $\varphi_{xy} = \varphi_x * \varphi_y$ 且 $\varphi_{x^*} = \varphi_x^*$, 其中对于 G 上函数 φ 有 $\varphi^*(g) = \bar{\varphi}(g^{-1})$.

令 $H \subset G$ 是一个子群. 令 $\mathcal{M}$ 为所有 $\lambda(h)$ $(h \in H)$ 生成的 $VN(G)$ 的 von Neumann 子代数. 易证 $\mathcal{M}$ 同构于 $VN(H)$. 事实上, 令 P 是从 $\ell_2(G)$ 到 $\ell_2(H)$ 的投影且对 $x \in \mathcal{M}$ 定义 $\iota(x) = Px|_{\ell_2(H)}$, 则 ι 是从 $\mathcal{M}$ 到 $VN(H)$ 的一个正规同态. 因为 δ_e 对 $VN(G)$ 是分离的, 则 ι 是单射. 另一方面, 如果 $x = \sum_{h \in H} \alpha(h)\lambda_G(h) \in \mathbb{C}[G]$, 则

$$\iota(x) = \sum_{h \in H} \alpha(h)\lambda_H(h) \in \mathbb{C}[H],$$

其中 λ_G 和 λ_H (暂时地) 分别表示 G 和 H 的左正则表示. 因此 $\iota(\mathbb{C}[G]) = \mathbb{C}[H]$, 这与正规性一起表明 ι 是满射. 故 $\mathcal{M}$ 同构于 $VN(H)$. 进一步, 这个同构是保迹的, 因为 $\tau_H \circ \iota = \tau_G$. 这使得我们可以将 $VN(H)$ 看作 $VN(G)$ 的一个 von Neumann 子代数. 我们将不区分 λ_G 和 λ_H, 也不区分 τ_G 和 τ_H. 注意, 等式 $\iota(\mathbb{C}[G]) = \mathbb{C}[H]$ 也表明 ι 将 $\lambda(h), h \in H$ 生成的 $C_r^*(G)$ 的 C^* 子代数映射到 $C_r^*(H)$ 上. 因此 $C_r^*(H)$ 也成为 $C_r^*(G)$ 的一个 C^* 子代数.

至此证明了如下结论.

定理 6.5.2 令 G 为一个离散群且 H 为 G 的一个子群, 则 $C_r^*(H)$ 和 $VN(H)$ 分别可以自然地等同于 $C_r^*(G)$ 和 $VN(G)$ 的子代数.

如果 G 是一个阿贝尔群, 则由 Fourier 变换知 $VN(G)$ 同构于 $L^\infty(\widehat{G})$, 其中 $\widehat{G}$ 表示 G 的对偶群 (它是紧的). 因此在这种情形 $VN(G)$ 是交换的. 特别地, 如果 $G=\mathbb{Z}^n$ $(n\in\mathbb{N}\cup\{\infty\})$, 那么 $VN(G)=L^\infty(\mathbb{T}^n)$, 这里 $\mathbb{T}$ 是复平面的单位圆周, 赋予规范的 Lebesgue 测度.

另一方面, 如果 G 是一个 i.c.c. 群, 则如下述定理所证的, $VN(G)$ 是一个因子. 我们知道, G 称为一个 i.c.c.(无穷共轭类) 群, 如果每个不同于单位元 e 的元 $g\in G$ 的共轭类 $\{hgh^{-1}\ :\ h\in G\}$ 是无限的.

定理 6.5.3 如果 G 是一个 i.c.c. 群, 则 $VN(G)$ 是一个因子.

证明 令 x 为 $VN(G)$ 的中心的一个元且 $\varphi=x\delta_e$ 是它的符号. 于是对任意 $\psi\in\ell_2(G)$ 有 $x\psi=\varphi*\psi$. 因为对任意 $g\in G$ 有 $\lambda(g)x=x\lambda(g)$, 则 $\delta_g*\varphi=\varphi*\delta_g$. 这意味着对任意 $g,h\in G$ 有 $\varphi(h^{-1}g)=\varphi(gh^{-1})$. 因此 $\varphi(g)=\varphi(hgh^{-1})$. 这蕴涵对任意 $g\in G$ 且 $g\neq e$ 有 $\varphi(g)=0$, 因为 $\varphi\in\ell_2(G)$. 故 φ 是 δ_e 的数乘形式, 因而 x 为单位算子的数乘形式. 所以 $VN(G)$ 是一个因子. □

现在给出 i.c.c. 群的两个例子. 第一个例子是正整数的置换群. 令 $S(n)$ 为 $\{1,\cdots,n\}$ 的置换群. 如果 $m<n$, 按照自然的方式我们将 $S(m)$ 看作 $S(n)$ 的子群, 即 $S(m)$ 中每个置换保持所有大于 m 的整数不变. 令 $S(\infty)=\bigcup\limits_{n\geqslant1}S(n)$, 则 $S(\infty)$ 是正整数的置换全体构成的群, 其中每个置换除了有限多个整数外保持其他整数不变. 容易验证, $S(\infty)$ 是一个 i.c.c. 群.

第二个例子是 $\mathbb{F}_n$, 它是 n 个生成子 $\{g_k\}$ 上的自由群, 其中 $n\in\mathbb{N}\cup\{\infty\}$. 粗略地说, $\mathbb{F}_n$ 的元是由生成子 $\{g_k\}$ 构成的字. 一个字就是字母 g_k 和 g_k^{-1} $(k=1,2,\cdots)$ 的一个排列. 两个字称为 $\mathbb{F}_n$ 的相同元, 如果其中一个元经过有限次的对形如 $g_kg_k^{-1}$ 或者 $g_k^{-1}g_k$ 的项进行插入或者删除后能够变成另外一个元. 恒等元就是空字. 经过这样的删除后, 每个字都可以唯一地写成一个不包含形如 $g_kg_k^{-1}$ 或者 $g_k^{-1}g_k$ 的项的约化形式. 因此, 除了 e 外每个字的约化形式是 $g_{k_1}^{m_1}g_{k_2}^{m_2}\cdots g_{k_j}^{m_j}$, 其中 $k_1\neq k_2\neq\cdots\neq k_j, m_1,m_2,\cdots,m_j\in\mathbb{Z}\setminus\{0\}$ 且 $j\in\mathbb{N}$. 需要强调的是, 条件 $k_1\neq k_2\neq\cdots\neq k_j$ 说的是两两相邻的 k_i 是不同的; 但是两个不相邻的指标可以是相等的. 容易看出, 当 $n\geqslant2$ 时 $\mathbb{F}_n$ 是一个 i.c.c. 群.

由生成子给出的酉算子序列 $\{\lambda(g_k)\}_k$ 具有特别的意义. 用不严格的术语, 我们将称它为自由生成子序列. 注意, $\{\lambda(g_k)\}_k$ 在 $L_2(VN(\mathbb{F}_n))$ 中是正交的. 我们要确定它在 $VN(\mathbb{F}_n)$ 中的线性扩张. 为此, 令 F_k 为由所有这样的基向量 δ_g 生成的 $\ell_2(\mathbb{F}_n)$ 的闭子空间, 其中 g 是这样的约化形式的字, 它的起始字母是 g_k^{-1}. 这些

$F_k(k=1,2,\cdots)$ 是相互正交的. 令 P_k 是从 $\ell_2(\mathbb{F}_n)$ 到 F_k 上的投影. 现在任给一个有限数列 $\{\alpha_k\}\subset\mathbb{C}$, 记

$$\sum_k \alpha_k\lambda(g_k)=\sum_k \alpha_k\lambda(g_k)P_k+\sum_k \alpha_k\lambda(g_k)P_k^{\perp}.$$

由 P_k 的正交性有

$$\begin{aligned}\Big\|\sum_k \alpha_k\lambda(g_k)P_k\Big\|^2&=\Big\|\Big(\sum_k \alpha_k\lambda(g_k)P_k\Big)\Big(\sum_k \alpha_k\lambda(g_k)P_k\Big)^*\Big\|\\&=\Big\|\sum_k |\alpha_k|^2\lambda(g_k)P_k\lambda(g_k)^*\Big\|\leqslant\sum_k|\alpha_k|^2.\end{aligned}$$

为了处理另外一项, 我们看到, 对所有 $k\neq j$, $\lambda(g_k)^*\lambda(g_j)P_j^{\perp}$ 的值域包含在 P_k 中, 故 $P_k^{\perp}\lambda(g_k)^*\lambda(g_j)P_j^{\perp}=0$, 则有

$$\begin{aligned}\Big\|\sum_k \alpha_k\lambda(g_k)P_k^{\perp}\Big\|^2&=\Big\|\Big(\sum_k \alpha_k\lambda(g_k)P_k^{\perp}\Big)^*\Big(\sum_k \alpha_k\lambda(g_k)P_k^{\perp}\Big)\Big\|\\&=\Big\|\sum_k |\alpha_k|^2P_k^{\perp}\Big\|\leqslant\sum_k|\alpha_k|^2.\end{aligned}$$

所以,

$$\Big\|\sum_k \alpha_k\lambda(g_k)\Big\|\leqslant 2\Big(\sum_k|\alpha_k|^2\Big)^{1/2}.$$

逆不等式是显然的, 因为

$$\Big\|\sum_k \alpha_k\lambda(g_k)\Big\|\geqslant\Big\|\sum_k \alpha_k\lambda(g_k)\Big\|_2=\Big(\sum_k|\alpha_k|^2\Big)^{1/2}.$$

如同定理 6.3.4 的证明一样, 由非交换 Hölder 不等式我们得到如下结论.

定理 6.5.4　令 $0<p\leqslant\infty$ 且 $\{\alpha_k\}\subset\mathbb{C}$ 是一个有限数列, 则对 $2\leqslant p\leqslant\infty$ 有

$$\Big(\sum_k|\alpha_k|^2\Big)^{1/2}\leqslant\Big\|\sum_k \alpha_k\lambda(g_k)\Big\|_p\leqslant 2^{1-2/p}\Big(\sum_k|\alpha_k|^2\Big)^{1/2},$$

且对 $0<p<2$ 有

$$2^{1-2/p}\Big(\sum_k|\alpha_k|^2\Big)^{1/2}\leqslant\Big\|\sum_k \alpha_k\lambda(g_k)\Big\|_p\leqslant\Big(\sum_k|\alpha_k|^2\Big)^{1/2}.$$

从而, 由 $\lambda(g_k)$ 生成的 $L_p(VN(\mathbb{F}_n))$ 的闭子空间同构于 ℓ_2.

关于自由群上 Fourier 分析的更多结果我们建议参考文献 (Figà-Talamanca et al., 1983). 最后, 证明 $\mathbb{F}_n$ 的约化 C^* 代数的单性.

定理 6.5.5 对任意 $n \geqslant 2$ 约化 C^* 代数 $C_r^*(\mathbb{F}_n)$ 是单的且 $\tau_{\mathbb{F}_n}$ 是 $C_r^*(\mathbb{F}_n)$ 上唯一的迹态.

证明 我们采用定理 6.5.4 的证明方法. 定义 $T_m^1 : C_r^*(\mathbb{F}_n) \to C_r^*(\mathbb{F}_n)$ 为

$$T_m^1(x) = \frac{1}{m} \sum_{k=1}^{m} \lambda(g_1^k)^* x \lambda(g_1^k).$$

首先证明, 对任意 $g \in \mathbb{F}_n$ 有

$$\lim_{m\to\infty} T_m^1(\lambda(g)) = \begin{cases} \lambda(g), & \text{如果 } g = g_1^j \text{ 对某个 } j \in \mathbb{Z}, \\ 0, & \text{其他}. \end{cases} \tag{6.5.1}$$

事实上, 如果 g 不属于 g_1 生成的子群, 则 g 可以写作 $g = g_1^{j_1} g' g_1^{j_2}$, 其中 $j_1, j_2 \in \mathbb{Z}$ 且 g' 具有形式 $g' = g_{k_1}^{m_1} g_{k_2}^{m_2} \cdots g_{k_\ell}^{m_\ell}$ 满足条件 $1 \neq k_1 \neq k_2 \neq \cdots \neq k_\ell \neq 1$, $m_1, m_2, \cdots, m_\ell \in \mathbb{Z} \setminus \{0\}$ 且 $\ell \geqslant 1$, 则

$$T_m^1(\lambda(g)) = \lambda(g_1^{j_1}) T_m^1(\lambda(g')) \lambda(g_1^{j_2}).$$

因此归结为要证明

$$\lim_{m\to\infty} T_m^1(\lambda(g')) = 0.$$

为此, 令 F_k^1 为 $\ell_2(\mathbb{F}_n)$ 的闭子空间, 它是由所有可约化到以 g_1^{-k} 开头的字对应的基向量 δ_g 生成的, 即 $g = g_1^{-k}$ 或者 $g = g_1^{-k} g_{i_2}^{\ell_2} \cdots$ 且 $i_2 \neq 1$ 和 $\ell_2 \neq 0$. 令 P_k^1 为相应的正交投影. 显然子空间 F_k^1 是相互正交的, 故

$$\begin{aligned} &\Big\| \sum_{k=1}^{m} \lambda(g_1^k)^* \lambda(g') \lambda(g_1^k) P_k^1 \Big\|^2 \\ &= \Big\| \sum_{k=1}^{m} \lambda(g_1^k)^* \lambda(g') \lambda(g_1^k) P_k^1 \lambda(g_1^k)^* \lambda(g')^* \lambda(g_1^k) \Big\| \\ &\leqslant m. \end{aligned}$$

另一方面, 如果 $k \neq j$, 利用上面给出的 g' 的形式可以看到

$$P_k^{1\perp} \lambda(g_1^k)^* \lambda(g')^* \lambda(g_1^k) \lambda(g_1^j)^* \lambda(g') \lambda(g_1^j) P_j^{1\perp} = 0.$$

由此可得

$$\begin{aligned} &\Big\| \sum_{k=1}^{m} \lambda(g_1^k)^* \lambda(g') \lambda(g_1^k) P_k^{1\perp} \Big\|^2 \\ &= \Big\| \sum_{j,k=1}^{m} P_k^{1\perp} \lambda(g_1^k)^* \lambda(g')^* \lambda(g_1^k) \lambda(g_1^j)^* \lambda(g') \lambda(g_1^j) P_j^{1\perp} \Big\| \end{aligned}$$

$$= \| \sum_{k=1}^{m} P_k^{1\perp} \| \leqslant m.$$

因此, 如同在定理 6.5.4 的证明一样, 可以得到

$$\|T_m^1(\lambda(g'))\| \leqslant \frac{2}{\sqrt{m}} \to 0.$$

这证明了 (6.5.1). 当然, 用 g_2 取代 g_1 这个命题仍然成立. 令 T_m^2 为相应的平均映射. 那么对任意 $g \in \mathbb{F}_n$ 可得

$$\lim_{m_2\to\infty} \lim_{m_1\to\infty} T_{m_2}^2 \circ T_{m_1}^1(\lambda(g)) = \begin{cases} 1, & g = e, \\ 0, & g \neq e. \end{cases}$$

因为所有 $T_{m_k}^k$ 在 $C_r^*(\mathbb{F}_n)$ 上是收缩的, 可以得到

$$\lim_{m_2\to\infty} \lim_{m_1\to\infty} T_{m_2}^2 \circ T_{m_1}^1(x) = \tau_{\mathbb{F}_n}(x), \quad \forall\, x \in C_r^*(\mathbb{F}_n).$$

如同在定理 6.4.1 的证明中一样, 可以得出 $C_r^*(\mathbb{F}_n)$ 是单的且 $\tau_{\mathbb{F}_n}$ 是 $C_r^*(\mathbb{F}_n)$ 上唯一的迹态. □

6.6 自由 von Neumann 代数

本节考虑与 6.5 节中自由群相类似的 Fock 空间的问题. 本节的内容参考文献 (Voiculescu et al., 1992). 令 $\mathbb{H}$ 为一个复 Hilbert 空间. 相应的自由 (或者说, 完全)Fock 空间定义为

$$\mathcal{F}(\mathbb{H}) = \bigoplus_{n\geqslant 0} \mathbb{H}^{\otimes n},$$

其中 $\mathbb{H}^{\otimes 0} = \mathbb{C}\mathbb{1}$ ($\mathbb{1}$ 是一个单位向量, 称为真空态), 而对 $n \geqslant 1$, $\mathbb{H}^{\otimes n}$ 是 $\mathbb{H}$ 的 n 重 Hilbert 空间张量积. 令 $\{e_i\}_{i\in I}$ 是 $\mathbb{H}$ 的一个正交基. 使用多重指标记号:

$$\underline{i} = (i_1, \cdots, i_n) \in I^n \quad 且 \quad e_{\underline{i}} = e_{i_1} \otimes \cdots \otimes e_{i_n}.$$

空集 $\varnothing$ 也看作一个多重指标且 $e_\varnothing = \mathbb{1}$, 则 $\{e_{\underline{i}}\}_{\underline{i}}$ 是 $\mathcal{F}(\mathbb{H})$ 的一个正交基.

给定 $\xi \in \mathbb{H}$, 它相应的 (左) 生成子是 $\mathcal{F}(\mathbb{H})$ 上的一个算子, 定义为: 对任意 $\xi_1, \cdots, \xi_n \in \mathbb{H}$ 有

$$c(\xi)\, \xi_1 \otimes \cdots \otimes \xi_n = \xi \otimes \xi_1 \otimes \cdots \otimes \xi_n\, .$$

这里, 当 $n=0$ 时 $\xi_1\otimes\cdots\otimes\xi_n=\mathbb{1}$. 容易证明, $c(\xi)$ 是有界的且 $\|c(\xi)\|=\|\xi\|$. $c(\xi)$ 的伴随 $c(\xi)^*$ 满足: 当 $n\geqslant 1$ 时, 对任意 $\xi_1,\cdots,\xi_n\in\mathbb{H}$ 有

$$c(\xi)^*\,\xi_1\otimes\cdots\otimes\xi_n=\langle\xi,\,\xi_1\rangle\,\xi_2\otimes\cdots\otimes\xi_n,$$

且 $c(\xi)^*\mathbb{1}=0$. 它是相应于 ξ 的湮灭子, 记作 $a(\xi)$. 注意, 映射 $\xi\mapsto c(\xi)$ 是线性的, 而映射 $\xi\mapsto a(\xi)$ 是反线性的. 有如下自由交换关系:

$$a(\eta)c(\xi)=\langle\eta,\,\xi\rangle 1,\quad \xi,\eta\in\mathbb{H}. \tag{6.6.1}$$

现在, 假设 $\mathbb{H}$ 是一个实 Hilbert 空间的复化: $\mathbb{H}=\mathbb{H}_{\mathbb{R}}+\mathrm{i}\mathbb{H}_{\mathbb{R}}$. $\mathbb{H}_{\mathbb{R}}$ 中的向量称为实的. 令 $\xi\in\mathbb{H}_{\mathbb{R}}$ 为实的且定义

$$g(\xi)=c(\xi)+a(\xi).$$

$g(\xi)$ 在 Voiculescu 的意义下是一个半圆元. 我们也将称它为自由 Gauss 变量. 注意, 映射 $\xi\mapsto g(\xi)$ 是从 $\mathbb{H}_{\mathbb{R}}$ 到 $\mathcal{B}(\mathcal{F}(\mathbb{H}))$ 中的实线性映射, 则相应于 $\mathbb{H}_{\mathbb{R}}$ 的自由 VNA$\Gamma(\mathbb{H}_{\mathbb{R}})$ 是由所有 $g(\xi)$ 生成的 $\mathcal{B}(\mathcal{F}(\mathbb{H}))$ 的 von Neumann 子代数:

$$\Gamma(\mathbb{H}_{\mathbb{R}})=\left\{g(\xi):\xi\in\mathbb{H}_{\mathbb{R}}\right\}''\subset\mathcal{B}(\mathcal{F}(\mathbb{H}))\,.$$

注意, $\Gamma(\mathbb{H}_{\mathbb{R}})$ 是所有形如 $g(\xi_1)\cdots g(\xi_n)$ 的单项式的线性组合全体的 σ-wo 闭包, 其中 $\xi_1,\cdots,\xi_n\in\mathbb{H}_{\mathbb{R}}$. 如果 $\{e_i\}_{i\in I}$ 是 $\mathbb{H}_{\mathbb{R}}$ 的一个正交基, 那么 $\Gamma(\mathbb{H}_{\mathbb{R}})$ 是所有关于 $g(e_i),i\in I$ 的 (非交换的) 多项式族的 σ-wo 闭包.

容易验证, $\mathbb{1}$ 是 $\Gamma(\mathbb{H}_{\mathbb{R}})$ 的一个循环向量. 事实上, 对任意 $\xi_1,\cdots,\xi_n\in\mathbb{H}_{\mathbb{R}}$, 有

$$g(\xi_1)\mathbb{1}=\xi_1\ \text{且}\ g(\xi_2)g(\xi_1)\mathbb{1}=g(\xi_2)\xi_1=\xi_2\otimes\xi_1+\langle\xi_2,\,\xi_1\rangle\mathbb{1}.$$

继续这个过程, 有

$$g(\xi_n)\cdots g(\xi_1)\mathbb{1}=\xi_n\otimes\cdots\otimes\xi_1+\eta,\quad \eta\in\bigoplus_{k=0}^{n-1}\mathbb{H}^{\otimes k}.$$

因此, 由归纳法得出 $\xi_n\otimes\cdots\otimes\xi_1\in\Gamma(\mathbb{H}_{\mathbb{R}})\mathbb{1}$, 因而 $\mathbb{1}$ 是循环的.

下面证明, $\mathbb{1}$ 关于 $\Gamma(\mathbb{H}_{\mathbb{R}})$ 还是分离的. 为此需要相应于 $\mathbb{H}_{\mathbb{R}}$ 的右自由 VNA$\Gamma_r(\mathbb{H}_{\mathbb{R}})$. 对 $\xi\in\mathbb{H}$ 相应的右生成子是 $\mathcal{F}(\mathbb{H})$ 上的算子 $c_r(\xi)$, 它由下式确定: 对任意 $\xi_1,\cdots,\xi_n\in\mathbb{H}$, 有

$$c_r(\xi)\,\xi_1\otimes\cdots\otimes\xi_n=\xi_1\otimes\cdots\otimes\xi_n\otimes\xi.$$

它的伴随是相应于 ξ 的右湮灭子, 由下式给出:

$$a_r(\xi)\,\xi_1\otimes\cdots\otimes\xi_n=\langle\xi,\,\xi_n\rangle\,\xi_1\otimes\cdots\otimes\xi_{n-1}.$$

对 $\xi\in\mathbb{H}_{\mathbb{R}}$ 定义 $g_r(\xi)=c(\xi)+a(\xi)$, 则

$$\Gamma_r(\mathbb{H}_{\mathbb{R}})=\big\{g_r(\xi):\xi\in\mathbb{H}_{\mathbb{R}}\big\}''\subset\mathcal{B}(\mathcal{F}(\mathbb{H}))\,.$$

由定义看到, 对任意 $\xi,\eta\in\mathbb{H}_{\mathbb{R}}$, 有 $g(\xi)g_r(\eta)=g_r(\eta)g(\xi)$. 因此 $\Gamma_r(\mathbb{H}_{\mathbb{R}})\subset\Gamma(\mathbb{H}_{\mathbb{R}})'$. 另一方面, 如上面一样, 可以证明 $\mathbb{1}$ 关于 $\Gamma_r(\mathbb{H}_{\mathbb{R}})$ 是循环的. 因此, $\mathbb{1}$ 关于 $\Gamma(\mathbb{H}_{\mathbb{R}})'$ 也是循环的, 这等价于 $\mathbb{1}$ 关于 $\Gamma(\mathbb{H}_{\mathbb{R}})$ 是分离的 (见定理 3.3.2).

因此, 映射 $x\mapsto x\mathbb{1}$ 是从 $\Gamma(\mathbb{H}_{\mathbb{R}})$ 到 $\mathcal{F}(\mathbb{H})$ 的单射. 记它的图像为 $\Gamma_\infty(\mathbb{H}_{\mathbb{R}})$ 且它的逆为 W (称为 Wick 积). 故, 对任意 $x\in\Gamma(\mathbb{H}_{\mathbb{R}})$ 有 $W(x\mathbb{1})=x$. 令 $\mathcal{A}(\mathbb{H})$ 表示 $\mathbb{H}$ 的所有张量的有限线性组合全体. 要证明 $\mathcal{A}(\mathbb{H})\subset\Gamma_\infty(\mathbb{H}_{\mathbb{R}})$. 只需证明, 对任意 $\xi_1,\cdots,\xi_n\in\mathbb{H}_{\mathbb{R}}$ 有 $\xi_1\otimes\cdots\otimes\xi_n\in\Gamma_\infty(\mathbb{H}_{\mathbb{R}})$. 令

$$x_n=\sum_{k=0}^{n}c(\xi_1)\cdots c(\xi_k)a(\xi_{k+1})\cdots a(\xi_n).$$

用对 n 的归纳法证明 $x_n\in\Gamma(\mathbb{H}_{\mathbb{R}})$. 对 $n=1$ 这是显然的, 因为 $x_1=g(\xi_1)$. 假设所有形如 x_k $(k<n)$ 的算子属于 $\Gamma(\mathbb{H}_{\mathbb{R}})$, 则 $x_{n-1}g(\xi_n)\in\Gamma(\mathbb{H}_{\mathbb{R}})$. 可是, 由 (6.6.1) 知

$$\begin{aligned}x_{n-1}g(\xi_n)&=x_n+\sum_{k=0}^{n-2}c(\xi_1)\cdots c(\xi_k)a(\xi_{k+1})\cdots a(\xi_{n-1})c(\xi_n)\\&=x_n+\langle\xi_{n-1},\,\xi_n\rangle x_{n-2}.\end{aligned}$$

由此可得 $x_n\in\Gamma(\mathbb{H}_{\mathbb{R}})$. 因此结论得证. 另一方面, 显然有 $x_n\mathbb{1}=\xi_1\otimes\cdots\otimes\xi_n$. 由此推得

$$W(\xi_1\otimes\cdots\otimes\xi_n)=\sum_{k=0}^{n}c(\xi_1)\cdots c(\xi_k)a(\xi_{k+1})\cdots a(\xi_n).\tag{6.6.2}$$

上述讨论也表明

$$W(\mathcal{A}(\mathbb{H}))=\{W(\xi)\;:\;\xi\in\mathcal{A}(\mathbb{H})\}$$

与所有关于 $g(\eta),\eta\in\mathbb{H}_{\mathbb{R}}$ 的多项式全体相等. 因此, $W(\mathcal{A}(\mathbb{H}))$ 是 $\Gamma(\mathbb{H}_{\mathbb{R}})$ 的一个 σ-wo 稠密的对合子代数.

令 $\tau_{\mathbb{1}}$ 为由真空态决定的向量态, 即 $\tau_{\mathbb{1}}(x)=\langle\mathbb{1},\,x\mathbb{1}\rangle$. $\tau_{\mathbb{1}}$ 称为自由真空期望. 因为 $\mathbb{1}$ 关于 $\Gamma(\mathbb{H}_{\mathbb{R}})$ 是分离的, $\tau_{\mathbb{1}}$ 是忠实的. 要证明 $\tau_{\mathbb{1}}$ 是迹的. 为此只需证明: 对任意 $\xi_1,\cdots,\xi_n\in\mathbb{H}_{\mathbb{R}}$ 和 $\eta_1,\cdots,\eta_m\in\mathbb{H}_{\mathbb{R}}$ 有

$$\begin{aligned}&\tau_{\mathbb{1}}[W(\xi_1\otimes\cdots\otimes\xi_n)W(\eta_m\otimes\cdots\otimes\eta_1)]\\&=\tau_{\mathbb{1}}[W(\eta_m\otimes\cdots\otimes\eta_1)W(\xi_1\otimes\cdots\otimes\xi_n)].\end{aligned}$$

由 (6.6.2), 有

$$W(\xi_1 \otimes \cdots \otimes \xi_n)^* = W(\xi_n \otimes \cdots \otimes \xi_1). \tag{6.6.3}$$

因此,

$$\begin{aligned}
&\tau_{\mathbb{1}}[W(\xi_1 \otimes \cdots \otimes \xi_n)W(\eta_m \otimes \cdots \otimes \eta_1)] \\
&= \langle W(\xi_n \otimes \cdots \otimes \xi_1)\mathbb{1},\ W(\eta_m \otimes \cdots \otimes \eta_1)\mathbb{1}\rangle \\
&= \langle \xi_n \otimes \cdots \otimes \xi_1,\ \eta_m \otimes \cdots \otimes \eta_1\rangle \\
&= \delta_{mn} \prod_{k=1}^{n} \langle \xi_k,\ \eta_k\rangle.
\end{aligned}$$

交换 ξ_k 和 η_k 的位置, 可以得到

$$\tau_{\mathbb{1}}[W(\eta_m \otimes \cdots \otimes \eta_1)W(\xi_1 \otimes \cdots \otimes \xi_n)] = \delta_{mn} \prod_{k=1}^{n} \langle \eta_k,\ \xi_k\rangle.$$

因为 $\xi_k, \eta_k \in \mathbb{H}_{\mathbb{R}}$, 有 $\langle \xi_k,\ \eta_k\rangle = \langle \eta_k,\ \xi_k\rangle$. 因此得到 $\tau_{\mathbb{1}}$ 的迹性.

定理 6.6.1 令 $\mathbb{H}_{\mathbb{R}}$ 为一个实 Hilbert 空间且 $\Gamma(\mathbb{H}_{\mathbb{R}})$ 为相应的自由 VNA, 则真空期望 $\tau_{\mathbb{1}}$ 是 $\Gamma(\mathbb{H}_{\mathbb{R}})$ 上一个正规忠实的迹态且 $\Gamma(\mathbb{H}_{\mathbb{R}})$ 的交换子是右自由 VNA$\Gamma_r(\mathbb{H}_{\mathbb{R}})$.

证明 只要证明 $\Gamma(\mathbb{H}_{\mathbb{R}})' = \Gamma_r(\mathbb{H}_{\mathbb{R}})$. 为此要用定理 5.3.3 并用该定理前面引入的记号. 特别地, π 是 $\Gamma(\mathbb{H}_{\mathbb{R}})$ 在 $L_2(\Gamma(\mathbb{H}_{\mathbb{R}}))$ 上由左乘确定的表示. 注意, 对 $x, y \in \Gamma(\mathbb{H}_{\mathbb{R}})$, 有

$$\langle \Lambda(y),\ \Lambda(x)\rangle = \tau_{\mathbb{1}}(y^*x) = \langle y\mathbb{1},\ x\mathbb{1}\rangle.$$

这表明映射 $\iota : \Lambda(x) \mapsto x\mathbb{1}$ 可延拓为从 $L_2(\Gamma(\mathbb{H}_{\mathbb{R}}))$ 到 $\mathcal{F}(\mathbb{H})$ 的一个酉算子, 仍记作 ι. 容易验证, 对任意 $x \in \Gamma(\mathbb{H}_{\mathbb{R}})$ 有 $\iota\pi(x)\iota^{-1} = x$. 事实上, 给定 $\xi \in \Gamma_\infty(\mathbb{H}_{\mathbb{R}})$ 有

$$\iota\pi(x)\iota^{-1}(\xi) = \iota\pi(x)\Lambda(W(\xi)) = \iota\Lambda(xW(\xi)) = xW(\xi)\mathbb{1} = x(\xi).$$

另一方面, 定义反线性映射 $\widetilde{J} : \mathcal{F}(\mathbb{H}) \to \mathcal{F}(\mathbb{H})$ 为

$$\widetilde{J}(\zeta_1 \otimes \cdots \otimes \zeta_n) = \bar{\zeta}_n \otimes \cdots \otimes \bar{\zeta}_1,$$

其中 $\zeta \mapsto \bar{\zeta}$ 表示 $\mathbb{H}$ 的自然共轭: 对任意 $\xi, \eta \in \mathbb{H}_{\mathbb{R}}$ 有 $\overline{\xi + \mathrm{i}\eta} = \xi - \mathrm{i}\eta$. $\widetilde{J}$ 显然是一个等距. 由 (6.6.3), 有

$$W(\xi)^* = W(\widetilde{J}(\xi)), \quad \xi \in \mathcal{A}(\mathbb{H}).$$

因此, 由 $W(\mathcal{A}(\mathbb{H}))$ 在 $\Gamma(\mathbb{H}_{\mathbb{R}})$ 中的 σ-wo 稠密性可以得到

$$x^* = W(\widetilde{J}(x\mathbb{1})), \quad x \in \Gamma(\mathbb{H}_{\mathbb{R}}).$$

故

$$\iota J(\Lambda(x)) = x^*\mathbb{1} = \widetilde{J}(x\mathbb{1}) = \widetilde{J}\iota(\Lambda(x)),$$

从而 $\iota J\iota^{-1} = \widetilde{J}$. 将该结论与 $\iota\pi(x)\iota^{-1} = x$ 联合在一起, 得到

$$\widetilde{J}x\widetilde{J} = \iota J\pi(x)J\iota^{-1}, \quad x \in \Gamma(\mathbb{H}_{\mathbb{R}}).$$

利用定理 5.3.3 可以推出 $\Gamma(\mathbb{H}_{\mathbb{R}})' = \widetilde{J}\,\Gamma(\mathbb{H}_{\mathbb{R}})\widetilde{J}$. 故只要证明 $\widetilde{J}\,\Gamma(\mathbb{H}_{\mathbb{R}})\widetilde{J} = \Gamma_r(\mathbb{H}_{\mathbb{R}})$. 这由下述易验证的等式立即可得:

$$\widetilde{J}g(\xi)\widetilde{J} = g_r(\xi), \quad \xi \in \mathbb{H}_{\mathbb{R}}.$$

故定理得证. □

令 $\mathbb{K}_{\mathbb{R}}$ 为 $\mathbb{H}_{\mathbb{R}}$ 的一个闭子空间且 $\mathbb{K}$ 为它的复化. 如同在群的情形一样, 易证由 $g(\xi), \xi \in \mathbb{K}_{\mathbb{R}}$ 生成的 $\Gamma(\mathbb{H}_{\mathbb{R}})$ 的 von Neumann 子代数同构于 $\Gamma(\mathbb{K}_{\mathbb{R}})$. 因此, 可以将 $\Gamma(\mathbb{K}_{\mathbb{R}})$ 看作 $\Gamma(\mathbb{H}_{\mathbb{R}})$ 的一个子代数.

我们现在将对 CAR 代数的二次量子化推广到自由情形.

定理 6.6.2 令 $\mathbb{H}_{\mathbb{R}}$ 和 $\mathbb{K}_{\mathbb{R}}$ 为两个实 Hilbert 空间. 令 $T : \mathbb{H}_{\mathbb{R}} \to \mathbb{K}_{\mathbb{R}}$ 为一个收缩算子, 则存在唯一保迹的单位正规的正映射 $\Gamma(T) : \Gamma(\mathbb{H}_{\mathbb{R}}) \to \Gamma(\mathbb{K}_{\mathbb{R}})$ 使得对任意 $\xi_1, \cdots, \xi_n \in \mathbb{H}_{\mathbb{R}}$ 有

$$\Gamma(T)(W(\xi_1 \otimes \cdots \otimes \xi_n)) = W(T(\xi_1) \otimes \cdots \otimes T(\xi_n)). \tag{6.6.4}$$

证明 类似于定理 6.3.3 的证明. 首先注意, T 诱导一个从 $\mathbb{H}$ 到 $\mathbb{K}$ 的收缩映射, 定义为 $\xi + \mathrm{i}\eta \mapsto T(\xi) + \mathrm{i}T(\eta)$, 它仍然记作 T. 那么, 由张量积与直和, T 定义了一个从 $\mathcal{F}(\mathbb{H})$ 到 $\mathcal{F}(\mathbb{K})$ 的如下收缩映射 $\mathcal{F}(T)$:

$$\mathcal{F}(T) = \bigoplus_{n=0}^{\infty} T^{\otimes n} \quad 且 \quad T^{\otimes 0} = \mathrm{id}_{\mathbb{C}\mathbb{1}}.$$

其次注意到, 如果 $\Gamma(T)$ 存在, 则由正规性和 Wick 积的稠密性知它是唯一. 进一步, 对任意 $x \in \Gamma(\mathbb{H}_{\mathbb{R}})$ 有 $\Gamma(T)(x)\mathbb{1} = \mathcal{F}(T)(x\mathbb{1})$, 从而 $\Gamma(T)$ 是保迹的.

如同定理 6.3.3 的证明, 可以分解 $T = POS$, 其中 S 是一个等距, O 是一个正交算子且 P 是一个正交投影. 因此, 需要分开考虑这三种情形.

如果 $T = S$ 是一个等距, 则 $\mathbb{H}_{\mathbb{R}}$ 可以看作 $\mathbb{K}_{\mathbb{R}}$ 的一个子空间, 故 $\Gamma(\mathbb{H}_{\mathbb{R}})$ 等同于由 $g(\xi), \xi \in \mathbb{H}_{\mathbb{R}}$ 生成的 $\Gamma(\mathbb{K}_{\mathbb{R}})$ 的 von Neumann 子代数. 在这种情形下, $\Gamma(S)$ 由 $\Gamma(\mathbb{H}_{\mathbb{R}})$ 到 $\Gamma(\mathbb{K}_{\mathbb{R}})$ 的嵌入给出.

假设 $T = O$ 是正交的. 那么 $\mathcal{F}(O)$ 是一个酉算子. 要证明

$$\begin{aligned}&\mathcal{F}(O)W(\xi_1\otimes\cdots\otimes\xi_n)\mathcal{F}(O)^*\\&=W(O(\xi_1)\otimes\cdots\otimes O(\xi_n)),\quad\forall\,\xi_1,\cdots,\xi_n\in\mathbb{H}_{\mathbb{R}}.\end{aligned}\tag{6.6.5}$$

由 (6.6.2) 这归结为要证明

$$\begin{aligned}&\mathcal{F}(O)c(\xi_1)\cdots c(\xi_k)a(\xi_{k+1})\cdots a(\xi_n)\mathcal{F}(O)^*\\&=c(O(\xi_1))\cdots c(O(\xi_k))a(O(\xi_{k+1}))\cdots a(O(\xi_n)).\end{aligned}\tag{6.6.6}$$

因为 $\mathcal{F}(O)$ 是酉算子, 后者进一步归结为要证明：对任意 $\xi\in\mathbb{H}_{\mathbb{R}}$ 有

$$\mathcal{F}(O)c(\xi)\mathcal{F}(O)^*=c(O(\xi))\quad 且\quad \mathcal{F}(O)a(\xi)\mathcal{F}(O)^*=a(O(\xi)).$$

最后这个性质是显然的. 因此我们需要的结论得证. 由此可得, 由 $\mathcal{F}(O)$ 给出的伴随映射是从 $\Gamma(\mathbb{H}_{\mathbb{R}})$ 到 $\Gamma(\mathbb{K}_{\mathbb{R}})$ 的一个同构, 它即为所需的映射 $\Gamma(O)$.

余下来要考虑 $T=P$ 的情形. 在这种情形下, P^* 是一个等距且它将 $\mathbb{K}_{\mathbb{R}}$ 等同于 $\mathbb{H}_{\mathbb{R}}$ 的一个子空间. 注意, $\mathcal{F}(P)$ 是从 $\mathcal{F}(\mathbb{H}_{\mathbb{R}})$ 到 $\mathcal{F}(\mathbb{K}_{\mathbb{R}})$ 上的一个正交投影且 $\mathcal{F}(P)^*=\mathcal{F}(P^*)$. 那么, 容易验证 (6.6.6). 故用 P 取代 O 时 (6.6.5) 仍然成立. 因此, 所需的映射 $\Gamma(P)$ 为由 $\mathcal{F}(P)$ 诱导的条件期望映射. □

如同在群的情形一样, 称 $x\mathbb{1}$ 为 $x\in\Gamma(\mathbb{H}_{\mathbb{R}})$ 的符号. 映射 $x\mapsto x\mathbb{1}$ 可以延拓为从 $L_2(\Gamma(\mathbb{H}_{\mathbb{R}}))$ 到 $\mathcal{F}(\mathbb{H})$ 的一个酉算子. 令 $\{e_i\}_{i\in I}$ 为 $\mathbb{H}_{\mathbb{R}}$ 的一个正交基. 我们已经看到, 对于重指标 $\underline{i}$, 基向量 $e_{\underline{i}}$ 属于 $\Gamma_\infty(\mathbb{H}_{\mathbb{R}})$, 则所有 Wick 积 $W(e_{\underline{i}})$ 构成 $L_2(\Gamma(\mathbb{H}_{\mathbb{R}}))$ 的一个正交基. 因此, 任意 $x\in L_2(\Gamma(\mathbb{H}_{\mathbb{R}}))$ 在这个基下有一个 Fourier 级数展开：

$$x=\sum_{\underline{i}}x(\underline{i})W(e_{\underline{i}}),$$

其中 $x(\underline{i})=\tau_{\mathbb{1}}(xW(e_{\underline{i}}))$. 对 $p\geqslant 1$ 这个展开可以 (形式地) 推广到 $L_p(\Gamma(\mathbb{H}_{\mathbb{R}}))$ 上.

固定一个单位向量 $\xi\in\mathbb{H}_{\mathbb{R}}$. 我们要确定自由 Gauss 变量 $g(\xi)$ 的谱以及它关于真空期望 $\tau_{\mathbb{1}}$ 的分布测度. 令 $x=g(\xi)/2$. x 是自伴的且 $\|x\|\leqslant 1$. 因此, 由 x 生成的 C^* 代数是交换的且同构于 $C(\sigma(x))$ (见定理 1.3.1). 由在 $C(\sigma(x))$ 上连续线性泛函的 Riesz 表示定理, 存在唯一 $\sigma(x)$ 上测度 μ 使得, 对任意多项式 p 有

$$\tau_{\mathbb{1}}(p(x))=\int_{\sigma(x)}p(t)\mathrm{d}\mu(t).$$

这个测度就是 x 关于真空期望 $\tau_{\mathbb{1}}$ 的分布测度 (见注 5.1.2). 它的支撑必定是 $\sigma(x)$. 为了确定 μ, 用 Wick 积 $W(\xi^{\otimes n})$. 我们知道, $W(\xi^{\otimes n})$ 是关于 $g(\xi)=2x$ 的度数为 n 的一个多项式：

$$W(\xi^{\otimes n})=p_n(2x).$$

由 (6.6.2) 知, 多项式 p_n 满足下述递推关系:

$$2tp_n(t) = p_{n+1}(t) + p_{n-1}(t), \quad n \geqslant 1. \tag{6.6.7}$$

这个关系式确定了所有的 p_n, 因为 $p_0 = 1$ 和 $p_1(t) = t$. 另一方面, $\{W(\xi^{\otimes n})\}_{n\geqslant 0}$ 是 $L_2(\Gamma(\mathbb{H}_{\mathbb{R}}))$ 的一个直交系. 因此,

$$\int_{\sigma(x)} p_m(t)p_n(t)\mathrm{d}\mu(t) = \delta_{mn}, \quad m, n \geqslant 0. \tag{6.6.8}$$

这意味着 μ 是序列 $\{p_n\}_{n\geqslant 0}$ 的正交化测度. 从递推关系式 (6.6.7) 看, 利用变换 $t = \cos\theta$ 用三角系更方便. 这个变换是可行的, 因为由 $\|x\| \leqslant 1$ 可知 $\sigma(x) \subset [-1, 1]$. 因此, (6.6.7) 变成

$$2\cos\theta\, p_n(\cos\theta) = p_{n+1}(\cos\theta) + p_{n-1}(\cos\theta), \quad n \geqslant 1. \tag{6.6.9}$$

显然序列 $\{\sin(n+1)\theta\}_{n\geqslant 0}$ 满足同样的递推关系. 利用 $p_0(\cos\theta) = 1$ 和 $p_1(\cos\theta) = \cos\theta$, 可以得到

$$p_n(\cos\theta) = \frac{\sin(n+1)\theta}{\sin\theta}, \quad n \geqslant 0.$$

因此, (6.6.8) 变成

$$\int_0^{\pi} \frac{\sin(m+1)\theta}{\sin\theta} \frac{\sin(n+1)\theta}{\sin\theta} \mathrm{d}\mu(\cos\theta) = \delta_{mn}.$$

因为 $(\sin(n+1)\theta)_{n\geqslant 0}$ 关于测度 $\dfrac{2}{\pi}\mathrm{d}\theta$ 在 $[0, \pi]$ 上是正交的, 则推出

$$\mathrm{d}\mu(\cos\theta) = \frac{2}{\pi}\sin^2\theta\, \mathrm{d}\theta.$$

回到 $[-1, 1]$ 上变量 t, 有

$$\mathrm{d}\mu(t) = \frac{2}{\pi}\sqrt{1-t^2}\, \mathrm{d}t.$$

这个测度称为半圆律或者 Wigner 律. 因为 μ 的支撑是整个 $[-1, 1]$ 且 $\sigma(x) \subset [-1, 1]$, 由此可得 $\sigma(x) = [-1, 1]$.

故我们证明了如下结论.

定理 6.6.3 令 $\xi \in \mathbb{H}_{\mathbb{R}}$ 为一个单位向量, 则自由 Gauss 变量 $g(\xi)$ 的谱是 $[-2, 2]$ 且它关于$\tau_{\mathbb{1}}$ 的分布测度为半圆律

$$\mathrm{d}\mu(t) = \frac{1}{2\pi}\sqrt{4-t^2}\, \mathrm{d}t.$$

从而, 对任意 $0<p<\infty$ 有

$$\left\|g(\xi)\right\|_p=\left(\frac{1}{2\pi}\int_{-2}^{2}|t|^p\sqrt{4-t^2}\,\mathrm{d}t\right)^{1/p}.$$

特别地,

$$\left\|g(\xi)\right\|_\infty=2,\quad \left\|g(\xi)\right\|_2=1,\quad \left\|g(\xi)\right\|_1=\frac{8}{3\pi}.$$

自由 Gauss 变量拥有经典 Gauss 变量的许多性质. 令 $\{\xi_k\}_k$ 为 $\mathbb{H}_{\mathbb{R}}$ 的一个直交序列. 那么, $\{g(\xi_k)\}_k$ 称为标准的自由 Gauss 变量系. 令 $\{\alpha_k\}\subset\mathbb{R}$ 为一个有限数列, 则

$$\sum_k \alpha_k\, g(\xi_k)=g(\xi)\left(\sum_k|\alpha_k|^2\right)^{1/2},$$

其中 ξ 是 $\mathbb{H}_{\mathbb{R}}$ 的一个单位向量. 从而,

$$\left\|\sum_k \alpha_k\, g(\xi_k)\right\|=2\left(\sum_k|\alpha_k|^2\right)^{1/2}.$$

这蕴涵, 如果 $\{\alpha_k\}\subset\mathbb{R}$ 是一个无穷数列使得 $\|\alpha\|_2^2=\sum\limits_n|\alpha_k|^2<\infty$, 那么级数 $\sum\limits_k\alpha_k\,g(\xi_k)$ 在 $\Gamma(\mathbb{H}_{\mathbb{R}})$ 中收敛到 $\|\alpha\|_2\,g(\xi)$, 其中 $\xi=\sum\limits_k\alpha_k\,\xi_k/\|\alpha\|_2$. 从而, 对任意 $0<p\leqslant\infty$ 有

$$\left\|\sum_k \alpha_k\, g(\xi_k)\right\|_p=\|g(\xi)\|_p\,\|\alpha\|_2.$$

故由 $\{g(\xi_k)\}$ 在 $L_p(\Gamma(\mathbb{H}_{\mathbb{R}}))$ 中生成的闭子空间同构于 ℓ_2.

更一般地, 如果 $O=(\alpha_{jk})$ 是一个无穷阶的正交矩阵, 那么

$$\Big\{\sum_{k\geqslant1}\alpha_{jk}g(\xi_k)\Big\}_{j\geqslant1}$$

仍然是一个标准的自由 Gauss 系. 事实上,

$$\sum_{k\geqslant1}\alpha_{jk}g(\xi_k)=g\Big(\sum_{k\geqslant1}\alpha_{jk}\,\xi_k\Big)=g(\eta_j).$$

$\{\eta_j\}$ 还是一个正交族.

本节最后证明如下结论.

定理 6.6.4 设 $\dim \mathbb{H}_{\mathbb{R}} \geqslant 2$, 则

(1) 自由 VNA$\Gamma(\mathbb{H}_{\mathbb{R}})$ 是一个因子.

(2) 由 $g(\xi), \xi \in \mathbb{H}_{\mathbb{R}}$ 生成的 $\mathcal{B}(\mathcal{F}(\mathbb{H}))$ 的 C^* 子代数 $C^*(\mathbb{H}_{\mathbb{R}})$ 是单的且 $\tau_{\mathbb{1}}\big|_{C^*(\mathbb{H}_{\mathbb{R}})}$ 是 $C^*(\mathbb{H}_{\mathbb{R}})$ 上唯一的迹态.

证明 该证明受到定理 6.5.5 的证明的启发. 固定 $\mathbb{H}_{\mathbb{R}}$ 的一个正交基 $\{e_i\}_{i\in I}$. 令 e 为 $\{e_i\}$ 中一个固定向量, 比方说 $e = e_1$. 令 $\mathcal{M}(g(e))$ 为由 $g(e)$ 生成的 von Neumann 子代数. 由定理 6.6.3 知, $\mathcal{M}(g(e))$ 同构于 $L_\infty(-2, 2)$, 其中 $[-2, 2]$ 赋予半圆律. 改变密度, $L_\infty(-2, 2)$ 与 $L_\infty(0, 1)$ 同构, 其同构是保测度的, 其中 $[0, 1]$ 赋予 Lebesgue 测度. 因此, $\mathcal{M}(g(e))$ 同构于 $L_\infty(0,1)$. 又注意到这个同构由 Borel 函数演算给出, 因此它诱导一个从 $g(e)$ 生成的 C^* 子代数 $C^*(g(e))$ 到 $C(0,1)$ 的同构.

令 $\{t_k\}_{k\in\mathbb{Z}}$ 为通常的三角函数系

$$t_k(s) = \mathrm{e}^{\mathrm{i}2\pi ks}, \quad s \in [0,1],$$

则 $t_k \in C(0,1)$ 且 $\{t_k\}$ 是 $L_2(0,1)$ 的一个正交基.

回到 $\mathcal{M}(g(e))$, 我们推出, 存在一列酉算子 $\{a_k\}_{k\in\mathbb{Z}} \subset \mathcal{M}(g(e))$ 使得 $\{a_k\}_{k\in\mathbb{Z}}$ 是 $L_2(\mathcal{M}(g(e)))$ 的一个正交基且 $a_0 = 1$ 且 $a_k^* = a_{-k}$. 进一步, 如果 $j \neq k$, 则 $a_j^* a_k$ 等于某个 a_ℓ $(e \neq 0)$. 令 $\eta_k = a_k \mathbb{1}$, 则 $\{\eta_k\}_{k\in\mathbb{Z}}$ 是由 $\{e^{\otimes n}\}_{n\geqslant 0}$ 生成的 $\mathcal{F}(\mathbb{R}e)$ 的闭子空间的一个正交基. 利用 $\{\eta_k\}_{k\in\mathbb{Z}}$ 我们得到 $\mathcal{F}(\mathbb{H})$ 的一个新的正交基, 它由如下形式的向量组成:

$$\eta_{k_1} \otimes e_{\underline{i}^1} \otimes \eta_{k_2} \otimes e_{\underline{i}^2} \otimes \cdots,$$

其中, 多重指标 $\underline{i}^1, \underline{i}^2, \cdots$ 不包含 1. 注意, 如果 $k_1 = 0$ (故 $\eta_{k_1} = \mathbb{1}$), 则上述张量积不包含 η_{k_1} 或者以 $e_{\underline{i}^1}$ 开头. 对任意 $k \geqslant 1$, 令 F_k 为由所有领头项 $k_1 = k$ 的张量生成的 $\mathcal{F}(\mathbb{H})$ 的闭子空间. 则 F_k 是相互正交的. 因此, 它们的相应的投影也是相互正交的.

现在, 定义 $T_m^1 : C^*(\mathbb{H}_{\mathbb{R}}) \to C^*(\mathbb{H}_{\mathbb{R}})$ 为

$$T_m^1(x) = \frac{1}{m}\sum_{k=1}^{m} a_k^* x a_k.$$

显然, 对任意 $j \geqslant 0$ 有 $T_m^1(W(e^{\otimes j})) = W(e^{\otimes j})$. 要证明

$$\lim_{m\to\infty} T_m^1(W(e_{\underline{i}})) = 0, \tag{6.6.10}$$

只要 $\underline{i}$ 至少有一个指标不是 1. 需要如下事实. 令 $\underline{i} = (i_1, \cdots, i_n)$ 且 $i_1 \neq 1$ 和 $i_n \neq 1$. 令 $k \geqslant 1$ 为一个整数. 那么由 (6.6.2) 可以得到

$$W(e^{\otimes k} \otimes e_{\underline{i}}) = W(e)W(e^{\otimes(k-1)} \otimes e_{\underline{i}}) + W(e^{\otimes(k-2)} \otimes e_{\underline{i}}),$$

其中, 当 $k=1$ 时 $W(e^{\otimes(k-2)}\otimes e_{\underline{i}})$ 这一项不存在. 类似地,

$$W(e_{\underline{i}}\otimes e^{\otimes k})=W(e_{\underline{i}}\otimes e^{\otimes(k-1)})W(e)+W(e_{\underline{i}}\otimes e^{\otimes(k-2)}).$$

因此, 只需对 $\underline{i}=(i_1,\cdots,i_n)$ 且 $i_1\neq 1$ 和 $i_n\neq 1$ $(n\geqslant 1)$ 证明 (6.6.10). 利用上述投影 P_k. 记

$$T_m^1(W(e_{\underline{i}}))=\sum_{k=1}^{m}a_k^*W(e_{\underline{i}})a_kP_k+\sum_{k=1}^{m}a_k^*W(e_{\underline{i}})a_kP_k^{\perp}.$$

右边的第一项由 P_k 的相互正交性估计:

$$\left\|\sum_{k=1}^{m}a_k^*W(e_{\underline{i}})a_kP_k\right\|^2\leqslant m\|W(e_{\underline{i}})\|^2.$$

为了估计第二项, 需要证明

$$x_{kj}=P_k{}^{\perp}a_k^*W(e_{\underline{i}})^*a_ka_j^*W(e_{\underline{i}})a_jP_j{}^{\perp}=0,\quad \forall\, k\neq j.$$

考虑 $P_j{}^{\perp}$ 的值域中的一个基向量

$$\xi=\eta_{k_1}\otimes e_{\underline{i}^1}\otimes\eta_{k_2}\otimes e_{\underline{i}^2}\otimes\cdots,$$

其中, $k_1\neq j$ 且多重指标 $\underline{i}^1,\underline{i}^2,\cdots$ 不包含 1. 令 $\xi'=e_{\underline{i}^1}\otimes\eta_{k_2}\otimes e_{\underline{i}^2}\otimes\cdots$. 因为 $\underline{i}^1$ 不包含 1 (我们仅需要 $\underline{i}^1$ 的第一个指标不包含 1), 由 (6.6.2) 有

$$W(e^{\otimes j})\xi'=e^{\otimes j}\otimes\xi',\quad j\geqslant 0.$$

因此, 如果 ζ 是 $e^{\otimes j}$ 的线性组合, 则有

$$W(\zeta)\xi'=\zeta\otimes\xi'.$$

因为所有这样的 $W(\zeta)$ 在 $\mathcal{M}(g(e))$ 中是强稠密的, 可以推出

$$x\xi'=x\mathbb{1}\otimes\xi',\quad x\in\mathcal{M}(g(e)).$$

特别地,

$$a_n\xi'=\eta_n\otimes\xi',\quad n\geqslant 0.$$

令 $a_\ell=a_k^*a_j$ 且 $a_{\ell'}=a_ja_{k_1}(=a_{-j}^*a_{k_1})$. 有 $\ell,\ell'\geqslant 1$. 由此可得

$$a_j\xi=a_ja_{k_1}\xi'=a_{\ell'}\xi'=\eta_{\ell'}\otimes\xi'.$$

因为 $i_n \neq 1$ 且 $\ell' \neq 0$, 再次由 (6.6.2) 得到

$$W(e_{\underline{i}})\eta_{\ell'} = e_{\underline{i}} \otimes \eta_{\ell'} \otimes \xi'.$$

重复上述讨论 $(W(e_{\underline{i}})^* = W(\widetilde{j}(e_{\underline{i}})))$, 我们最终得到

$$x_{kj}(\xi) = P_k{}^{\perp}\eta_k \otimes \widetilde{J}(e_{\underline{i}}) \otimes \eta_\ell \otimes e_{\underline{i}} \otimes \eta_{\ell'} \otimes \xi' = 0.$$

故

$$\left\| \sum_{k=1}^m a_k^* W(e_{\underline{i}}) a_k P_k^{\perp} \right\|^2 \leqslant m \|W(e_{\underline{i}})\|^2.$$

那么, 由此可得

$$\|T_m^1(W(e_{\underline{i}}))\| \leqslant \frac{2\|W(e_{\underline{i}})\|}{\sqrt{m}} \to 0.$$

这证明了 (6.6.10).

在基 $\{e_i\}_{i\in I}$ 中选择第二个向量 e_2, 这是可能的, 因为 $\dim \mathbb{H}_{\mathbb{R}} \geqslant 2$. 令 T_m^2 是相应的平均映射. 那么 (6.6.10) 对用 e_2 取代 e_1 的 T_m^2 仍然成立. 因此推出, 对任意多重指标 $\underline{i}$ 有

$$\lim_{m_2\to\infty} \lim_{m_1\to\infty} T_{m_2}^2 \circ T_{m_1}^1(W(e_{\underline{i}})) = \begin{cases} 1, & \underline{i} = \varnothing, \\ 0, & \underline{i} \neq \varnothing. \end{cases}$$

故

$$\lim_{m_2\to\infty} \lim_{m_1\to\infty} T_{m_2}^2 \circ T_{m_1}^1(x) = \tau_{\mathbb{1}}(x), \quad x \in C^*(\mathbb{H}_{\mathbb{R}}).$$

这蕴涵 $C^*(\mathbb{H}_{\mathbb{R}})$ 是单的且 $\tau_{\mathbb{1}}$ 是 $C^*(\mathbb{H}_{\mathbb{R}})$ 上唯一的迹态.

上述 $\tau_{\mathbb{1}}$ 在 $C^*(\mathbb{H}_{\mathbb{R}})$ 上的唯一性也表明, $\tau_{\mathbb{1}}$ 是 $\Gamma(\mathbb{H}_{\mathbb{R}})$ 上唯一的正规迹态. 因此, 由引理 6.3.1 知 $\Gamma(\mathbb{H}_{\mathbb{R}})$ 是一个因子. □

习　题

1. 令 $(\Sigma_1, \mathcal{F}_1, \mu_1)$ 和 $(\Sigma_1, \mathcal{F}_1, \mu_1)$ 为两个 σ 有限的测度空间. 利用积分, 对 $i = 1, 2$, 将 μ_i 看作 $L_\infty(\Sigma_i)$ 上的 n.s.f. 迹. 证明: 在 5.5 节定义的 VNA 张量积 $L_\infty(\Sigma_1, \mathcal{F}_1, \mu_1)\overline{\otimes}L_\infty(\Sigma_2, \mathcal{F}_2, \mu_2)$ 与 $L_\infty(\Sigma_1 \times \Sigma_2, \mathcal{F}_1 \times \mathcal{F}_2, \mu_1 \times \mu_2)$ 相等且张量迹由乘积测度 $\mu_1 \times \mu_2$ 通过积分诱导.

2. 令 e_{ij} 为 $\mathcal{B}(\ell_2)$ 的典则矩阵. 证明:

$$\left\| \left(\sum_{i=1}^n e_{i1}^* e_{i1} \right)^{1/2} \right\|_p = n^{1/2} \quad 且 \quad \left\| \left(\sum_{i=1}^n e_{i1} e_{i1}^* \right)^{1/2} \right\|_p = n^{1/p}.$$

由此推出, 对任意 $p \neq 2$ 存在一个序列 $\{x_n\} \subset S_p$ 使得级数 $\sum\limits_n x_n^* x_n$ 在 $S_{p/2}$ 收敛, 但级数 $\sum\limits_n x_n x_n^*$ 发散.

3. 令 $\{x_n\} \subset L_p(\mathcal{M})$ 为一个有限序列. 证明:

(1) 如果 $2 \leqslant p \leqslant \infty$, 则

$$\max\left\{\left\|\left(\sum_n x_n^* x_n\right)^{1/2}\right\|_p, \left\|\left(\sum_n x_n x_n^*\right)^{1/2}\right\|_p\right\} \leqslant \left(\sum_n \|x_n\|_p^2\right)^{1/2};$$

(2) 如果 $1 \leqslant p < 2$, 则

$$\min\left\{\left\|\left(\sum_n x_n^* x_n\right)^{1/2}\right\|_p, \left\|\left(\sum_n x_n x_n^*\right)^{1/2}\right\|_p\right\} \geqslant \left(\sum_n \|x_n\|_p^2\right)^{1/2}.$$

4. 令 $1 \leqslant p \leqslant \infty$. 令 (Ω, μ) 为一个概率空间且 $(\mathcal{M}, \tau)$ 为一个非交换测度空间. 令 $\{\varphi_n\}$ 为 $L_2(\Omega)$ 中的一个直交系使得 $\varphi_n \in L_p(\Omega)$, 且令 $\{x_n\}$ 为 $L_p(\mathcal{M})$ 中的一个有限序列. 证明:

(1) 如果 $2 \leqslant p \leqslant \infty$, 则

$$\max\left\{\left\|\left(\sum_n x_n^* x_n\right)^{1/2}\right\|_p, \left\|\left(\sum_n x_n x_n^*\right)^{1/2}\right\|_p\right\}$$
$$\leqslant \left\|\sum_n \varphi_n \otimes x_n\right\|_{L_p(L_\infty(\Omega)\overline{\otimes}\mathcal{M})};$$

(2) 如果 $1 \leqslant p < 2$, 则

$$\left\|\sum_n \varphi_n \otimes x_n\right\|_{L_p(L_\infty(\Omega)\overline{\otimes}\mathcal{M})}$$
$$\leqslant \inf\left\{\left\|\left(\sum_n y_n^* y_n\right)^{1/2}\right\|_p + \left\|\left(\sum_n z_n z_n^*\right)^{1/2}\right\|_p\right\},$$

其中, 下确界是对所有分解 $x_n = y_n + z_n$ $(y_n, z_n \in L_p(\mathcal{M}))$ 取的.

5. (1) 令 $\{\mathsf{c}_n\}$ 为一列 $\mathcal{B}(\mathbb{H})$ 的自伴算子. 令

$$\mathsf{u}_n = \frac{1}{2}(\mathsf{c}_{2n-1} + \mathrm{i}\mathsf{c}_{2n}), \quad n \geqslant 1.$$

证明: $\{\mathsf{c}_n\}$ 满足 (6.3.1) 当且仅当序列 $\{\mathsf{u}_n\}$ 满足下述 CAR 的变形形式

$$\mathsf{u}_m\mathsf{u}_n^* + \mathsf{u}_n^*\mathsf{u}_m = \delta_{mn} \quad 且 \quad \mathsf{u}_m\mathsf{u}_n + \mathsf{u}_n\mathsf{u}_m = 0, \quad m, n \geqslant 1. \qquad (*)$$

(2) 利用矩阵代数的张量积, 直接构造一列满足 $(*)$ 的序列 $\{\mathsf{u}_n\}$.

(3) 无须通过 $\{\mathsf{c}_n\}$ 直接从满足 $(*)$ 的一个序列 $\{\mathsf{u}_n\}$ 出发, 构造 CARC^* 代数和 VNA.

(4) 设 $\{\mathsf{u}_n\}$ 满足 $(*)$. 令 $\{\alpha_n\} \subset \mathbb{C}$ 为一个有限数列且

$$x = \sum_n \alpha_n \mathsf{u}_n.$$

证明:

(i) $x^*x + xx^* = \sum_n |\alpha_n|^2$ 　且　$x^2 = 0$;

(ii) $(x^*x)^2 = \sum_n |\alpha_n|^2 x^*x$;

(iii) $\|x\|^2 = \sum_n |\alpha_n|^2$.

由此推出: 由 $\{\mathsf{u}_n\}$ 生成的 $\mathcal{B}(\mathbb{H})$ 的闭子空间等距同构于 ℓ_2.

6. 考虑无理旋转 C^* 代数 $\mathbb{A}_\theta$ 的问题.

(1) 令 $\beta_k, \gamma_k \in \mathbb{C}$ 使得 $|\beta_k|^2 + |\gamma_k|^2 = 1$ 且令

$$y = \left[\prod_{k=1}^n (\beta_k + \gamma_k u^{3^k} v^{3^k})\right]^* \prod_{k=1}^n (\beta_k + \gamma_k u^{3^k} v^{3^k}).$$

证明:

$$\tau_\theta(y) = 1 \quad \text{且} \quad \tau_\theta(y u^{3^k} v^{3^k}) = \beta_k \bar{\gamma}_k, \quad 1 \leqslant k \leqslant n.$$

提示: 使用如下事实: 如果 $\varepsilon_k = \pm 1$ 和 $\varepsilon'_k = \pm 1$ 使得

$$\sum_{k=1}^n \varepsilon_k 3^k = \sum_{k=1}^n \varepsilon'_k 3^k,$$

则对所有 k 有 $\varepsilon_k = \varepsilon'_k$.

(2) 令 $\{\alpha_k\}_{1 \leqslant k \leqslant n} \subset \mathbb{C}$ 且选取 $\beta_k = 1/\sqrt{2}$ 和 $\gamma_k = \mathrm{sgn}(\alpha_k)/\sqrt{2}$. 证明:

$$\sum_{k=1}^n |\alpha_k| \leqslant 2 \left\| \sum_{k=1}^n \alpha_k u^{3^k} v^{3^k} \right\|_\infty.$$

(3) 令 $\{n_k\} \subset \mathbb{N}$ 为如下意义下的 Hadamard 缺项序列: 存在 $q > 1$ 使得对所有 $k \geqslant 1$ 有 $n_{k+1}/n_k \geqslant q$. 证明上述方法对于 $q \geqslant 3$ 时仍然有效. 由此推出, 对任意 $q > 1$ 存在一个正常数 C_q 使得对任意有限数列 $\{\alpha_k\} \subset \mathbb{C}$ 有

$$\sum_k |\alpha_k| \leqslant C_q \left\| \sum_k \alpha_k u^{n_k} v^{n_k} \right\|_\infty.$$

从而, 由 $\{u^{n_k} v^{n_k}\}_{k \geqslant 1}$ 生成的 $\mathbb{A}_\theta$ 的闭子空间同构于 ℓ_1.

(4) 对 $0 < p < \infty$, 由 $\{u^{n_k} v^{n_k}\}_{k \geqslant 1}$ 在 $L_p(\mathcal{M}_\theta)$ 中生成的闭子空间是什么?

7. 令 G 为一个离散 Abel 群且 $\widehat{G}$ 为它的对偶群 (它是一个紧 Abel 群). 赋予 $\widehat{G}$ 一个规范的 Haar 测度 μ. 我们知道, Parseval 恒等式说的是 Fourier 变换 $\mathcal{F}$ 是从 $\ell_2(G)$ 到 $L_2(\widehat{G})$ 的酉算子:

$$\|\varphi\|_{\ell_2(G)} = \|\hat{\varphi}\|_{L_2(\widehat{G})}, \quad \varphi \in \ell_2(G),$$

其中, $\hat{\varphi} = \mathcal{F}(\varphi)$ 表示 φ 的 Fourier 变换.

(1) 证明：对任意 $x \in VN(G)$, $\mathcal{B}(L_2(\widehat{G}))$ 的算子 $\mathcal{F}x\mathcal{F}^{-1}$ 等于 $L_2(\widehat{G})$ 上由 $\hat{\varphi}$ 确定的乘法算子 $M_{\hat{\varphi}}$, 其中 φ 是 x 的符号;

(2) 证明：映射 $x \mapsto \mathcal{F}x\mathcal{F}^{-1}$ 分别定义了一个从 $C_r^*(G)$ 到 $C(\widehat{G})$ 和从 $VN(G)$ 到 $L_\infty(\widehat{G})$ 的同构.

8. 令 $\{g_k\}$ 是 $\mathbb{F}_\infty$ 的生成子的序列.

(1) 证明：对任意有限序列 $\{x_k\} \subset \mathcal{B}(\ell_2)$ 有

$$\left\|\sum_k x_k \otimes \lambda(g_k)\right\|_{\mathcal{B}(\ell_2)\overline{\otimes}VN(\mathbb{F}_\infty)} \leqslant 2\max\left\{\left\|\left(\sum_k x_k^* x_k\right)^{1/2}\right\|_{\mathcal{B}(\ell_2)}, \left\|\left(\sum_k x_k x_k^*\right)^{1/2}\right\|_{\mathcal{B}(\ell_2)}\right\}.$$

(2) 令 $\{x_g\}_{g\in\mathbb{F}_\infty}$ 是 $\mathcal{B}(\ell_2)$ 的一个有限族. 证明：

$$\left\|\sum_g x_g \otimes \lambda(g)\right\|_{\mathcal{B}(\ell_2)\overline{\otimes}VN(\mathbb{F}_\infty)} \geqslant \max\left\{\left\|\left(\sum_g x_g^* x_g\right)^{1/2}\right\|_{\mathcal{B}(\ell_2)}, \left\|\left(\sum_g x_g x_g^*\right)^{1/2}\right\|_{\mathcal{B}(\ell_2)}\right\}.$$

提示：给定 $\xi \in \ell_2$, 考虑

$$\left\|\sum_g x_g \otimes \lambda(g)(\xi \otimes \delta_e)\right\|_{\ell_2\otimes\ell_2(\mathbb{F}_\infty)}.$$

(3) 给定一个有限和

$$x = \sum_g x_g \otimes \lambda(g) \in \mathcal{B}(\ell_2)\overline{\otimes}VN(\mathbb{F}_\infty),$$

定义

$$P(x) = \sum_k x_{g_k} \otimes \lambda(g_k).$$

证明：P 可延拓为 $\mathcal{B}(\ell_2)\overline{\otimes}VN(\mathbb{F}_\infty)$ 上一个有界投影且范数 $\leqslant 2$.

(4) 令 $\{x_k\} \subset S_1$ 为一个有限序列. 证明：

$$\frac{1}{2}S((x_k)) \leqslant \left\|\sum_k x_k \otimes \lambda(g_k)\right\|_{L_1(\mathcal{B}(\ell_2)\overline{\otimes}VN(\mathbb{F}_\infty))} \leqslant S((x_k)),$$

其中

$$S((x_k)) = \inf\left\{\left\|\left(\sum_k y_k^* y_k\right)^{1/2}\right\|_{S_1} + \left\|\left(\sum_k z_k z_k^*\right)^{1/2}\right\|_{S_1}\right\},$$

其下确界取遍所有 S_1 中的分解 $x_k = y_k + z_k$.

9. 令 $\mathbb{H}$ 为一个复 Hilbert 空间且 $\xi \in \mathbb{H}$. 令 $c(\xi)$ 和 $a(\xi)$ 分别为相应于 ξ 的自由生成子和湮灭子.

(1) 设 $\|\xi\| = 1$ 且选择 $\mathbb{H}$ 的一个正交基 $\{e_i\}_{i\in I}$ 使得 $e_1 = \xi$. 证明：$\{e_{\underline{i}}\}_{\underline{i}}$ 是 $\mathcal{F}(\mathbb{H})$ 的一个正交基.

(2) 对每个多重指标 $\underline{i}$ 确定 $c(e_1)$ 在基向量 $e_{\underline{i}}$ 上的作用.

(3) 推出 $\|c(e_1)\| = 1$.

(4) 证明：$c(\xi)^* = a(\xi)$ 和自由交换关系

$$a(\xi)c(\eta) = \langle \xi,\ \eta \rangle, \quad \forall \xi, \eta \in \mathbb{H}.$$

10. 本题是类似于第 7 题的自由 Fock 空间情形. 令 $\mathbb{H}_\mathbb{R}$ 是一个实 Hilbert 空间且 $\{e_i\}_{i\in I}$ 是 $\mathbb{H}_\mathbb{R}$ 的一个正交基. 令 $g_i = g(e_i)$.

(1) 证明：对任意有限族 $\{x_i\} \subset \mathcal{B}(\ell_2)$ 有

$$\begin{aligned}&\Big\|\sum_i x_i \otimes g_i\Big\|_{\mathcal{B}(\ell_2)\overline{\otimes}\Gamma(\mathbb{H}_\mathbb{R})}\\ &\leqslant 2\max\left\{\left\|\Big(\sum_i x_i^* x_i\Big)^{1/2}\right\|_{\mathcal{B}(\ell_2)},\ \left\|\Big(\sum_i x_i x_i^*\Big)^{1/2}\right\|_{\mathcal{B}(\ell_2)}\right\}.\end{aligned}$$

(2) 令 $\{x_{\underline{i}}\}_{\underline{i}}$ 是 $\mathcal{B}(\ell_2)$ 的一个有限族. 证明：

$$\begin{aligned}&\Big\|\sum_{\underline{i}} x_{\underline{i}} \otimes W(e_{\underline{i}})\Big\|_{\mathcal{B}(\ell_2)\overline{\otimes}\Gamma(\mathbb{H}_\mathbb{R})}\\ &\geqslant \max\left\{\left\|\Big(\sum_{\underline{i}} x_{\underline{i}}^* x_{\underline{i}}\Big)^{1/2}\right\|_{\mathcal{B}(\ell_2)},\ \left\|\Big(\sum_{\underline{i}} x_{\underline{i}} x_{\underline{i}}^*\Big)^{1/2}\right\|_{\mathcal{B}(\ell_2)}\right\}.\end{aligned}$$

(3) 推出

$$\begin{aligned}&\Big\|\sum_i x_i \otimes g_i\Big\|_{\mathcal{B}(\ell_2)\overline{\otimes}\Gamma(\mathbb{H}_\mathbb{R})}\\ &\sim \max\left\{\left\|\Big(\sum_i x_i^* x_i\Big)^{1/2}\right\|_{\mathcal{B}(\ell_2)},\ \left\|\Big(\sum_i x_i x_i^*\Big)^{1/2}\right\|_{\mathcal{B}(\ell_2)}\right\}.\end{aligned}$$

(4) 给定一个有限和

$$x = \sum_{\underline{i}} x_{\underline{i}} \otimes W(e_{\underline{i}}) \in \mathcal{B}(\ell_2)\overline{\otimes}\Gamma(\mathbb{H}_\mathbb{R}),$$

定义

$$P(x) = \sum_i x_i \otimes g_i.$$

证明：P 可以延拓为 $\mathcal{B}(\ell_2)\overline{\otimes}\Gamma(\mathbb{H}_\mathbb{R})$ 上一个有界投影.

(5) 令 $\{x_i\} \subset S_1$ 为一个有界序列. 证明：

$$\begin{aligned}&\left\|\sum_i x_i \otimes g_i\right\|_{L_1(\mathcal{B}(\ell_2)\overline{\otimes}\Gamma(H_\mathbb{R}))}\\ &\sim \inf\left\{\left\|\left(\sum_k y_k^* y_k\right)^{1/2}\right\|_{S_1} + \left\|\left(\sum_k z_k z_k^*\right)^{1/2}\right\|_{S_1}\right\},\end{aligned}$$

其中, 下确界取遍所有 S_1 中的分解 $x_k = y_k + z_k$ 且等价常数是普适的.

参 考 文 献

Davidson K R. 1996. C^*-algebras by Examples[M]. Fields Institute Monographs, Vol.6. Providence, RI: American Mathematical Socity

Dixmier J. 1969a. Les C^*-algèbres et leurs Représentations[M]. Paris: Gauthier-Villars

Dixmier J. 1969b. Les Algèbres d'Opérateurs dans l'Espace Hilbertien (Algèbres de von Neumann)[M]. Paris: Gauthier-Villars

Dunford N, Schwartz J T. 1958. Linear Operators I: General Theory [M]. Applied Mathematics, Vol.7. New York: Interscience Publishers, Inc.

Figà-Talamanca A, Picardello M A. 1983. Harmonic Analysis on Free Groups[M]. Lecture Notes in Pure and Applied Mathematics. New York: Marcel Dekker Inc.

Gohberg I C, Kreín M G. 1969. Introduction to the Theory of Linear Nonselfadjoint Operators[M]. Translations of Mathematical Monographs, Vol.18. Providence, RI: American Mathematical Socity

Kadison R, Ringrose J. 1983. Fundamentals of the Theory of Operators Algebras I[M]. London: Academic Press

Kadison R, Ringrose J. 1986. Fundamentals of the Theory of Operators Algebras II[M]. London: Academic Press

Megginson R E. 1998. An Introduction to Banach Space Theory[M]. Graduate Texts in Mathematics, Vol. 183. New York: Springer

Pedersen G. 1979. C^*-algebras and Their Automorphism Groups [M]. London: Academic Press

Pisier G, Xu Q. 2003. Non-commutative L^p-spaces//Handbook of the Geometry of Banach Spaces, Vol.2. Johnson W B, Lindenstraus J. ed. 1459-1517. Amsterdam: North-Holland

Plymen R J, Robinson P L. 1994. Spinors in Hilbert Spaces[M]. Cambridge Tracts in Mathematics, Vol.114. Cambridge: Cambridge University Press

Rudin W. 1960. Trigonometric series with gaps[J]. J.Math.Mech., 9: 203~227

Rudin W. 1987. Real and Complex Analysis, Third Edition[M]. New York: The McGraw-Hill Companies, Inc. (中译本: 2006. 实分析与复分析. 戴牧民等译. 北京: 机械工业出版社)

Rudin W. 1991. Functional Analysis, Second Edition[M]. New York: The McGraw-Hill Companies, Inc. (中译本: 2004. 泛函分析 (第二版). 刘培德译. 北京: 机械工业出版社)

Sakai S. 1971. C^*-algebras and W^*-algebras[M]. Berlin: Springer-Verlag

Simon B. 1979. Trace Ideals and Their Applications[M]. London Mathematical Society Lecture Note Series, Vol.35. Cambridge: Cambridge University Press

Strătilă S, Zsidó L. 1979. Lectures on von Neumann Algebras[M]. Bucharest: Editura Academiei

Takesaki M. 1979. Theory of Operator Algebras I[M]. New York: Springer

Voiculescu D V, Dykema K J, Nica A. 1992. Free Random Variables [M]. CRM Monograph Series, Vol.1. Providence, RI: American Mathematical Socity

Xu Q. 2008. Noncommutative L_p-spaces and Martingale Inequalities[M]. book manuscript

附录 Hilbert 空间上紧算子的谱理论

本附录介绍 Hilbert 空间上有界线性算子的基本性质, 主要内容是极分解定理和紧算子的谱分解定理. A.1 节简单介绍有关 Hilbert 空间的基础知识, A.2 节介绍紧算子的基本性质, A.3 节证明极分解定理, A.4 节证明紧算子的谱分解定理.

A.1 预备知识

用 $\mathbb{H}$ 表示一个复 Hilbert 空间, 其内积记为 $\langle \cdot\,, \cdot \rangle$, 它对第二个变量线性、第一个变量共轭线性, 即对 $\forall \lambda, \mu \in \mathbb{C}, \forall \xi, \eta, \zeta \in \mathbb{H}$, 有

$$\langle \lambda\xi + \mu\eta,\ \zeta \rangle = \bar{\lambda} \langle \xi,\ \zeta \rangle + \bar{\mu} \langle \eta,\ \zeta \rangle,$$
$$\langle \xi,\ \lambda\eta + \mu\zeta \rangle = \lambda \langle \xi,\ \eta \rangle + \mu \langle \xi,\ \zeta \rangle.$$

用 $\mathcal{B}(\mathbb{H})$ 记 $\mathbb{H}$ 上全体有界线性算子, 用 $\mathbb{H}^*$ 记 $\mathbb{H}$ 的对偶空间, 即 $\mathbb{H}$ 上复值连续线性泛函全体. 赋予一致范数 (算子范数)$\mathcal{B}(\mathbb{H})$ 是一个 Banach 空间. 对 $x \in \mathcal{B}(\mathbb{H})$, 用 $\ker x$ 表示 x 的核 (零空间), 用 $\mathrm{im}x$ 表示 x 的值域.

定理 A.1.1(Riesz 表示定理) $\mathbb{H}$ 上的复值线性泛函 φ 是连续的, 当且仅当存在 $\eta \in \mathbb{H}$ 使得

$$\varphi(\xi) = \langle \eta, \xi \rangle, \quad \forall \xi \in \mathbb{H}.$$

此时有 $\|\varphi\|_{\mathbb{H}^*} = \|\eta\|$.

Riesz 表示定理是 Hilbert 空间理论的一个基本结果, 其证明在基础泛函分析教材中都可以找到, 故略去.

定义 A.1.1 设 E 是 $\mathbb{H}$ 的一个子集. 称

$$E^{\perp} = \{h \in \mathbb{H} : \langle h, \eta \rangle = 0, \forall \eta \in E\}$$

为 E 的正交补.

有如下的结论, 其证明是容易的, 故略去.

性质 A.1.1 设 E 是 $\mathbb{H}$ 的一个子集, 则

(1) $E^{\perp}$ 是 $\mathbb{H}$ 的闭线性子空间.

(2) 若 E 是 $\mathbb{H}$ 的线性子空间, 则 $(E^{\perp})^{\perp} = \bar{E}$, 其中 $\bar{E}$ 表示 E 的闭包.

若 $\mathbb{E}$ 是 $\mathbb{H}$ 的一个闭线性子空间, 记 $P_{\mathbb{E}}$ 为 $\mathbb{H}$ 到 $\mathbb{E}$ 的正交投影算子.

下面引入正交子空间序列的直和概念. 设 $\{\mathbb{E}_n\}_{n\geqslant 1}$ 是 $\mathbb{H}$ 的一列闭线性子空间, 使得对任何 $n\neq m$ 有 $\mathbb{E}_n\perp\mathbb{E}_m$, 即对任何 $\xi\in\mathbb{E}_n$ 和 $\eta\in\mathbb{E}_m$ 有 $\langle\xi,\eta\rangle=0$. 设 $\{\xi_n\}_{n\geqslant 1}\subset\mathbb{H}$ 使得对每个 $n\geqslant 1$ 有 $\xi_n\in\mathbb{E}_n$ 且 $\sum\limits_{n=1}^{\infty}\|\xi_n\|^2<\infty$. 显然, $\sum\limits_{n=1}^{\infty}\xi_n$ 在 $\mathbb{H}$ 中收敛. 令

$$\bigoplus_{n\geqslant 1}\mathbb{E}_n=\Big\{\sum_{n\geqslant 1}\xi_n:\xi_n\in\mathbb{E}_n,\forall n\geqslant 1,\text{且}\sum_{n=1}^{\infty}\|\xi_n\|^2<\infty\Big\}.$$

容易证明, $\bigoplus\limits_{n\geqslant 1}\mathbb{E}_n$ 是 $\mathbb{H}$ 的一个闭线性子空间并且 $\bigoplus\limits_{n\geqslant 1}\mathbb{E}_n=\mathbb{H}$ 当且仅当 $\Big\{\sum\limits_{n=1}^{k}\xi_n:\xi_n\in\mathbb{E}_n,\ k\geqslant 1\Big\}$ 在 $\mathbb{H}$ 中稠密. 另外, 若 $\{e_i^n\}_{i\in I_n}$ 是 $\mathbb{E}_n$ 的一个正交基, 则 $\{e_i^n: i\in I_n,\ n\geqslant 1\}$ 是 $\bigoplus_{n\geqslant 1}\mathbb{E}_n$ 的一个正交基.

定理 A.1.2 设 $x\in\mathcal{B}(\mathbb{H})$, 则

(1) $(\operatorname{im}x)^{\perp}=\ker x^*$.

(2) $(\ker x)^{\perp}=\overline{\operatorname{im}x^*}$.

证明 (1) $\xi\in(\operatorname{im}x)^{\perp}$ 当且仅当对每个 $\eta\in\mathbb{H}$, $\langle\xi,x\eta\rangle=0$, 当且仅当对每个 $\eta\in\mathbb{H}$, $\langle x^*\xi,\eta\rangle=0$, 这等价于 $\xi\in\ker x^*$.

(2) 对 x^* 用 (1) 得到 $(\operatorname{im}x^*)^{\perp}=\ker x$. 于是由性质 A.1.1 得到 (2). □

A.2 紧 算 子

用 $B_{\mathbb{H}}$ 表示 $\mathbb{H}$ 的闭单位球.

定义 A.2.1 设 $x\in\mathcal{B}(\mathbb{H})$. 若 $x(\mathbb{H})$ 是 $\mathbb{H}$ 的一个有限维子空间, 则称 x 为一个有限秩算子. $\mathbb{H}$ 上有限秩算子全体记作 $\mathcal{F}(\mathbb{H})$.

定义 A.2.2 设 x 是 $\mathbb{H}$ 上的一个线性算子. 若 $x(B_{\mathbb{H}})$ 是 $\mathbb{H}$ 的一个相对紧子集, 也就是说存在 $\mathbb{H}$ 的一个紧子集包含 $x(B_{\mathbb{H}})$ (另一种等价说法是: $x(B_{\mathbb{H}})$ 的闭包 $\overline{x(B_{\mathbb{H}})}$ 是 $\mathbb{H}$ 的一个紧集), 则称 x 为一个紧算子. $\mathbb{H}$ 上紧算子全体记作 $\mathcal{K}(\mathbb{H})$.

设 $x\in\mathcal{F}(\mathbb{H})$, 则对 $\mathbb{H}$ 的任一有界集 A, $x(A)$ 是 $\mathbb{H}$ 的相对紧集, 故 $\mathcal{F}(\mathbb{H})\subset\mathcal{K}(\mathbb{H})$. 由于 $\mathbb{H}$ 的紧集是有界集, 因此有 $\mathcal{K}(\mathbb{H})\subset\mathcal{B}(\mathbb{H})$. 一般此包含关系是真包含的. 事实上, 有如下的结论.

性质 A.2.1 下列命题等价:

(1) $\mathbb{H}$ 是有限维的.

(2) $\mathcal{K}(\mathbb{H})=\mathcal{B}(\mathbb{H})$.

证明 若 $\mathbb{H}$ 是有限维的, 则 $\mathcal{B}(\mathbb{H})$ 的所有元素是有限秩的, 从而是紧的. 另外, 若 $\mathbb{H}$ 不是有限维的, 则 $\mathbb{H}$ 上的恒等算子 $I_{\mathbb{H}}$ 是 $\mathcal{B}(\mathbb{H})\setminus\mathcal{K}(\mathbb{H})$ 中的元素. □

下面的结果描述了 $\mathcal{F}(\mathbb{H})$ 和 $\mathcal{K}(\mathbb{H})$ 的结构.

性质 A.2.2 (1) $\mathcal{F}(\mathbb{H})$ 是 $\mathcal{B}(\mathbb{H})$ 的一个线性子空间而且是一个双边理想.

(2) $\mathcal{K}(\mathbb{H})$ 是 $\mathcal{B}(\mathbb{H})$ 的一个闭线性子空间而且是一个双边理想.

证明 (1) 的证明比较简单, 作为练习.

(2) 设 $x, y \in \mathcal{K}(\mathbb{H})$ 和 $\lambda \in \mathbb{C}$. 又设 K 与 L 是 $\mathbb{H}$ 的两个紧子集使得 $x(B_{\mathbb{H}}) \subset K$ 和 $y(B_{\mathbb{H}}) \subset L$. 由 λK 和 $K+L$ 的紧性得到 $(\lambda x)(B_{\mathbb{H}})$ 和 $(x+y)(B_{\mathbb{H}})$ 是两个相对紧子集, 故 $\lambda x, x+y \in \mathcal{K}(\mathbb{H})$. 另外, $0 \in \mathcal{K}(\mathbb{H})$. 故 $\mathcal{K}(\mathbb{H})$ 是 $\mathcal{B}(\mathbb{H})$ 的一个线性子空间.

由 $x(B_{\mathbb{H}}) \subset K$ 知, 对任意 $z \in \mathcal{B}(\mathbb{H})$ 有 $(zx)(B_{\mathbb{H}}) \subset z(K)$. 由于紧子集在连续映射下的像也是紧子集, 因此 $zx \in \mathcal{K}(\mathbb{H})$. 另外, $(xz)(B_{\mathbb{H}}) \subset \|z\|K$ 而且 $\|z\|K$ 是一个紧子集, 故 $xz \in \mathcal{K}(\mathbb{H})$. 所以, $\mathcal{K}(\mathbb{H})$ 是 $\mathcal{B}(\mathbb{H})$ 的一个双边理想.

设 $\{x_n\}_{n\geqslant 1} \subset \mathcal{K}(\mathbb{H})$ 且 $x \in \mathcal{B}(\mathbb{H})$ 使得 $\|x_n - x\| \to 0$. 则对任意 $\varepsilon > 0$, 存在 N 使得当 $n \geqslant N$ 时, $\|x_n - x\| \leqslant \varepsilon/3$. 由于 $x_n(B_{\mathbb{H}})$ 是一个完全有界集, 于是存在有限子集 $F \subset B_{\mathbb{H}}$ 使得对每个 $h \in B_{\mathbb{H}}$ 都存在 $\eta \in F$ 使得 $\|x_n(h) - x_n(\eta)\| \leqslant \varepsilon/3$. 从而对任意 $h \in B_{\mathbb{H}}$ 都存在 $\eta \in F$ 使得 $\|x(h) - x(\eta)\| \leqslant \varepsilon$. 故 $x(B_{\mathbb{H}})$ 是一个完全有界集. 由于在 Banach 空间中完全有界性等价于相对紧性, 因此 $x \in \mathcal{K}(\mathbb{H})$. 所以, $\mathcal{K}(\mathbb{H})$ 是 $\mathcal{B}(\mathbb{H})$ 的一个闭子空间 (特别地, $\mathcal{K}(\mathbb{H})$ 在算子范数下是一个 Banach 空间). □

定理 A.2.1 $\overline{\mathcal{F}(\mathbb{H})} = \mathcal{K}(\mathbb{H})$.

证明 我们设 $\{e_i\}_{i\in I}$ 为 $\mathbb{H}$ 的一个正交基 (不必是可数集), P_J 为对应于有限子集 $J \subset I$ 的投影算子, 即 P_J 是从 $\mathbb{H}$ 到 $\{e_i : i \in J\}$ 生成的子空间的正交投影算子. 对每个 J, $\|P_J\| = 1$. 若 $x \in \mathcal{K}(\mathbb{H})$, 则对每个 J, $P_J x \in \mathcal{F}(\mathbb{H})$. 要证明 $\|P_J x - x\| \to 0$. 设 $\varepsilon > 0$. 由于 x 是紧的, 故存在有限个 $\xi_1, \cdots, \xi_k \in B_{\mathbb{H}}$ 使得对任意 $\xi \in B_{\mathbb{H}}$ 都存在 $1 \leqslant i \leqslant k$ 使得 $\|x(\xi) - x(\xi_i)\| \leqslant \varepsilon$. 另外, 对任意 $\eta \in \mathbb{H}$ 有 $\|P_J\eta - \eta\| \to 0$. 因此, 存在 J_0 使得当 $J \supset J_0$ 时对任何 $1 \leqslant i \leqslant k$ 有 $\|P_J x(\xi_i) - x(\xi_i)\| \leqslant \varepsilon$. 故当 $J \supset J_0$ 时,

$$
\begin{aligned}
\|P_J x(\xi) - x(\xi)\| \leqslant & \|P_J x(\xi) - P_J x(\xi_i)\| + \|P_J x(\xi_i) - x(\xi_i)\| \\
& + \|x(\xi_i) - x(\xi)\| \\
\leqslant & \, 3\varepsilon.
\end{aligned}
$$

所以 $x \in \overline{\mathcal{F}(\mathbb{H})}$. □

A.3 部分等距算子与极分解

从下面的定义开始:

定义 A.3.1 $u \in \mathcal{B}(\mathbb{H})$ 称为一个部分等距算子, 如果它满足如下条件: 存在

$\mathbb{H}$ 的闭子空间 $\mathbb{E}$ 使得

$$\|u\xi\| = \|\xi\|, \quad \forall \xi \in \mathbb{E}, \text{且} u\xi = 0, \quad \forall \xi \in \mathbb{E}^{\perp}.$$

$\mathbb{E}$ 称为 u 的支撑.

显然, $\mathcal{B}(\mathbb{H})$ 中的所有等距同构算子是支撑为 $\mathbb{H}$ 的部分等距算子, 因此 $\mathcal{B}(\mathbb{H})$ 中的所有酉算子是支撑为 $\mathbb{H}$ 的部分等距算子 (若 $u^*u = uu^* = I$, 则称 u 是一个酉算子. 此时, 对每个 $\xi \in \mathbb{H}$ 有 $\langle u\xi, u\xi\rangle = \langle u^*u\xi, \xi\rangle = \langle \xi, \xi\rangle$ 和 $\langle u^*\xi, u^*\xi\rangle = \langle \xi, \xi\rangle$).

定理 A.3.1 设 $u \in \mathcal{B}(\mathbb{H})$ 是支撑为 $\mathbb{E}$ 的部分等距算子. 则 $\operatorname{im} u = u(\mathbb{E})$ 是闭的, 而且

(1) u^* 是支撑为 $\operatorname{im} u$ 的部分等距算子.

(2) $u^*u = P_{\mathbb{E}}$, $uu^* = P_{\operatorname{im} u}$.

(3) u 在 $\mathbb{E}$ 上的限制是从 $\mathbb{E}$ 到 $\operatorname{im} u$ 上的等距同构算子, 其伴随算子是 u^* 在 $\operatorname{im} u$ 上的限制.

证明 (1) 由 u 在 $\mathbb{E}$ 上的限制是等距算子可知 $\operatorname{im} u$ 是闭的. 因为 $\langle u^*u\xi, \xi\rangle = \langle \xi, \xi\rangle$, $\forall \xi \in \mathbb{E}$, 由下面的极化恒等式:

$$\langle \xi, \eta\rangle = \frac{1}{4}\sum_{k=0}^{3}\langle \mathrm{i}^k\xi + \eta, \mathrm{i}^k\xi + \eta\rangle$$

可知, 对任意 $\xi, \eta \in \mathbb{E}$ 有

$$\langle u^*(u\xi), \eta\rangle = \langle u\xi, u\eta\rangle = \langle \xi, \eta\rangle. \tag{A.3.1}$$

特别地, 对每个 $\xi \in \mathbb{E}$ 有 $\|u^*(u\xi)\| = \|\xi\| = \|u\xi\|$. 故 u^* 在 $\operatorname{im} u$ 上的限制是一个等距算子. 另外, $\ker u^* = (\operatorname{im} u)^{\perp}$. 所以, u^* 是一个部分等距算子.

(2) 利用分解 $\mathbb{H} = \mathbb{E} \oplus \mathbb{E}^{\perp}$ 和在 $\mathbb{E}^{\perp}$ 上 $u = 0$ 的事实可得, 式 (A.3.1) 对任意 $(\xi, \eta) \in \mathbb{E} \times \mathbb{H}$ 成立. 这说明对每个 $\xi \in \mathbb{E}$ 有 $u^*u\xi = \xi$. 另外, 对每个 $\eta \in \mathbb{E}^{\perp}$ 有 $u^*u\eta = 0$. 因此, $u^*u = P_{\mathbb{E}}$. 在上述证明中交换 u 和 u^* 的位置可得等式 $uu^* = P_{\operatorname{im} u}$.

(3) 直接由 (1) 和 (2) 可得. □

对 $x \in \mathcal{B}(\mathbb{H})$, 用 $|x|$ 表示 $\mathcal{B}(\mathbb{H})$ 中满足 $|x|^2 = x^*x$ 的正算子 (见第 1 章). 下述结果就是极分解定理:

定理 A.3.2 设 $x \in \mathcal{B}(\mathbb{H})$. 则存在一个支撑为 $(\ker x)^{\perp}$ 且值域为 $\overline{\operatorname{im} x}$ 的部分等距算子 u 使得

$$x = u|x| \text{且} |x| = u^*x.$$

此外, $(u, |x|)$ 在下述意义下是唯一的: 若 v 是支撑为 $(\ker x)^{\perp}$ 的部分等距算子, y 是正算子使得 $x = vy$. 则 $v = u$, $y = |x|$.

证明 设 $\xi\in\mathbb{H}$, 则

$$\|x\xi\|^2=\langle x\xi,x\xi\rangle=\langle x^*x\xi,\xi\rangle=\langle |x|^2\xi,\xi\rangle=\langle |x|\xi,|x|\xi\rangle=\|\,|x|\xi\|^2.$$

由此可知, $\ker x=\ker|x|$, 从而

$$\overline{\operatorname{im}x^*}=(\ker x)^{\perp}=(\ker|x|)^{\perp}=\overline{\operatorname{im}|x|}.$$

对 $\eta=|x|\xi\in\operatorname{im}|x|$, 令 $u(\eta)=x\xi$. 显然, u 是线性的, 而且

$$\|u(\eta)\|=\|x\xi\|=\|\,|x|\xi\|=\|\eta\|.$$

故, u 是 $\operatorname{im}|x|$ 上的等距算子, 它延拓到 $\overline{\operatorname{im}|x|}=(\ker x)^{\perp}$ 上仍是等距算子. 在 $(\overline{\operatorname{im}|x|})^{\perp}=\ker x$ 上令 $u=0$, 则 u 是一个部分等距算子且满足 $u|x|=x$.

从构造可知, $\operatorname{im}x\subset\operatorname{im}u\subset\overline{\operatorname{im}x}$. 由于 u 是部分等距算子, 因此其值域是闭的, 从而 $\operatorname{im}u=\overline{\operatorname{im}x}$. 故我们构造的 u 满足定理的要求. 另外, $u^*x=u^*u|x|=P_{\overline{\operatorname{im}|x|}}|x|=|x|$.

下面证明唯一性. 设 v 和 y 满足上面叙述条件, 则 $v^*vy=y$; 因此, $x^*x=yv^*vy=y^2$. 由于 y 是一个正算子, 则

$$y=(y^2)^{1/2}=(x^*x)^{1/2}=|x|.$$

对每个 $\xi\in\mathbb{H}$ 有, $v(|x|\xi)=v(y\xi)=x\xi=u(|x|\xi)$. 因此, 在 $\operatorname{im}|x|$ 上 $v=u$. 由连续性得到在 $\overline{\operatorname{im}|x|}$ 上 $v=u$. 由于 $\overline{\operatorname{im}|x|}=(\ker x)^{\perp}$, 故 $u=v$. □

A.4 正规紧算子的谱理论

本节要在无穷维 Hilbert 空间的框架内推广矩阵论中的著名结果:"每个正规矩阵在某个正交基下是一个对角矩阵".

本节中假设 $\mathbb{H}$ 为无穷维可分 Hilbert 空间. 对 $x\in\mathcal{B}(\mathbb{H})$, 用 $\sigma(x)$ 记 x 的谱集, 用 $\sigma_p(x)$ 记 x 的所有特征值构成的集合. 对 $\lambda\in\sigma_p(x)$ 用 $V_\lambda(x)=\ker(\lambda-x)$ 记对应于 λ 的特征空间.

定理 A.4.1 设 $x\in\mathcal{K}(\mathbb{H})$, $\lambda\in\mathbb{C}$ 且 $\lambda\neq 0$, 则

(1) 对每个 $n\geqslant 1$, $\ker(\lambda-x)^n$ 是有限维子空间, 特别地, $\dim V_\lambda(x)<\infty$.

(2) 对每个 $n\geqslant 1$, $\operatorname{im}(\lambda-x)^n$ 是闭的.

(3) 存在 $n\geqslant 1$ 使得对每个 $k\geqslant 1$ 有 $\operatorname{im}(\lambda-x)^n=\operatorname{im}(\lambda-x)^{n+k}$.

(4) $0\in\sigma(x)$ 且 $\sigma(x)\setminus\{0\}$ 中的每个点是 x 的特征值. 除 0 外, 其余谱点或者只有有限多个, 或者构成一个收敛于 0 的序列.

证明 (1) 将 $(\lambda - x)^n$ 展开, 我们可以写成形式 $(\lambda - x)^n = \lambda^n + y$, 其中 y 是一个紧算子 (因为 $\mathcal{K}(\mathbb{H})$ 是 $\mathcal{B}(\mathbb{H})$ 的理想). 在 $F_n = \ker(\lambda - x)^n$ 上 $-y/\lambda^n$ 等于恒等算子, 即恒等算子在 F_n 上的限制是一个紧算子. 故由 Riesz 引理知道 F_n 是有限维的.

(2) 记 $\mathbb{H}_n = \mathrm{im}(\lambda - x)^n$. 首先证明 $\mathbb{H}_1$ 是闭的. 由分解 $\mathbb{H} = F_1 \oplus F_1^{\perp}$ 可知, $\lambda - x$ 在 $F_1^{\perp}$ 上的限制 u 是从 $F_1^{\perp}$ 到 $\mathbb{H}_1$ 上的一个双射. 接下来只需证明 u 的逆是连续的. 若不然, 则存在 $F_1^{\perp}$ 中的序列 $\{\xi_n\}$ 使得 $(\lambda - x)\xi_n \to 0$ 且对每个 n 有 $\|\xi_n\| = 1$. 由于 x 是紧的, 故存在 $\{\xi_n\}$ 的子序列 $\{\xi_{n_k}\}$ 使得 $\{x\xi_{n_k}\}$ 收敛于 $\mathbb{H}$ 的某个元素 ξ. 因此 $\xi_{n_k} \to \xi/\lambda$, 从而 $x\xi = \lambda\xi$, 即 $\xi \in F_1$. 但由 $F_1^{\perp}$ 的闭性知, $\xi \in F_1^{\perp}$. 因此, $\xi = 0$. 但是, 由于对每个 k, $\|\xi_{n_k}\| = 1$ 知 $\xi \neq 0$. 矛盾!

接下来用数学归纳法. 假设 $\mathbb{H}_n$ 是闭的. 容易证明 $\mathbb{H}_n$ 是 x 的不变子空间. 因此将 $n = 1$ 的情形用于 x 在 $\mathbb{H}_n$ 上的限制可知 $\mathbb{H}_{n+1}$ 是闭的.

(3) 用反证法. 若不然, $\mathbb{H}_1 \supsetneqq \mathbb{H}_2 \supsetneqq \cdots \supsetneqq \mathbb{H}_n \supsetneqq \cdots$. 于是, 对每个 $n \geqslant 1$ 可以取 $\xi_n \in \mathbb{H}_n$ 使得 $\|\xi_n\| = 1$ 且 $\xi_n \in \mathbb{H}_{n+1}^{\perp}$. 对任意 $n \geqslant 1$ 和 $k \geqslant 1$, 有

$$x\xi_n - x\xi_{n+k} = \lambda\Big[\xi_n - \xi_{n+k} - \frac{1}{\lambda}(\lambda - x)(\xi_n - \xi_{n+k})\Big].$$

由 $(\lambda - x)\mathbb{H}_n = \mathbb{H}_{n+1}$ 知 $\xi_{n+k} + \dfrac{1}{\lambda}(\lambda - x)(\xi_n - \xi_{n+k}) \in \mathbb{H}_{n+1}$. 故 $\|x\xi_n - x\xi_{n+k}\| \geqslant |\lambda|$, 从而 $\{x\xi_n\}$ 没有收敛子列. 这与 x 为紧算子矛盾!

(4) 由 Riesz 引理知道, 无穷维空间上的紧算子不可能是可逆算子, 因此 $0 \in \sigma(x)$. 设 $\lambda \neq 0$ 使得 λ 不是 x 的特征值. 则 $\lambda - x$ 是一个单射. 另外, 由 (3) 知存在 $n \geqslant 1$ 使得 $\mathrm{im}(\lambda - x)^n = \mathrm{im}(\lambda - x)^{n+1}$. 于是, 对每个 $\xi \in \mathbb{H}$ 存在 $\eta \in \mathbb{H}$ 使得 $(\lambda - x)^n\xi = (\lambda - x)^{n+1}\eta$, 即 $(\lambda - x)^n[\xi - (\lambda - x)\eta] = 0$. 由于 $\lambda - x$ 是单射, 故 $\xi = (\lambda - x)\eta$. 这说明 $\lambda - x$ 是一个满射. 因此, 由开映射定理知 $\lambda - x$ 是 $\mathbb{H}$ 上的可逆算子. 所以, x 的每个非零谱点是特征值.

为完成 (4) 的证明, 只需证明对每个 $\delta > 0$, 只有有限多个线性无关特征向量对应于绝对值大于或等于 δ 的特征值. 用反证法, 假设存在 $\delta > 0$, $\{\lambda_n\}_{n\geqslant 1} \subset \mathbb{C}$ 和 $\{\xi_n\}_{n\geqslant 1}$ 使得对每个 $n \geqslant 1$ 有 $|\lambda_n| \geqslant \delta$, $x\xi_n = \lambda_n\xi_n$ 且 $\{\xi_1, \cdots, \xi_n\}$ 是线性无关的. 令 $\mathbb{E}_n$ 为 $\{\xi_1, \cdots, \xi_n\}$ 生成的子空间, 则 $\{\mathbb{E}_n\}$ 是 $\mathbb{H}$ 的一列严格递增子空间. 另外, 由于 ξ_n 是对应于 λ_n 的特征向量, 故 $x\mathbb{E}_n \subset \mathbb{E}_n$ 且 $(\lambda_n - x)\mathbb{E}_n \subset \mathbb{E}_{n-1}$. 我们取 $\eta_n \in \mathbb{E}_n$ 使得 $\|\eta_n\| = 1$ 且 $\eta_n \in \mathbb{E}_{n-1}^{\perp}$. 对任意 $m \geqslant 1$ 和 $n > m$, 有

$$x\Big(\frac{\eta_n}{\lambda_n}\Big) - x\Big(\frac{\eta_m}{\lambda_m}\Big) = \eta_n - \Big(\eta_n - \frac{1}{\lambda_n}x\eta_n + \frac{1}{\lambda_m}x\eta_m\Big).$$

由

$$\eta_n - \frac{1}{\lambda_n}x\eta_n + \frac{1}{\lambda_m}x\eta_m = \frac{1}{\lambda_n}(\lambda_n - x)\eta_n + \frac{1}{\lambda_m}x\eta_m \in E_{n-1}$$

知 $\|x(\eta_n/\lambda_n) - x(\eta_m/\lambda_m)\| \geqslant 1$. 因此, 序列 $\{x(\eta_n/\lambda_n)\}$ 没有收敛子列. 因为 $\|\eta_n/\lambda_n\| \leqslant 1/\delta$, 所以这与 x 为紧算子矛盾! □

$x \in \mathcal{B}(\mathbb{H})$ 称为正规的, 如果 $xx^* = x^*x$. 下面要介绍正规算子的谱理论. 如下结果是初等的.

定理 A.4.2 设 $x \in \mathcal{B}(\mathbb{H})$ 为一个正规算子, 则

(1) $\ker x = \ker x^*$.

(2) $\lambda \in \sigma_p(x)$ 当且仅当 $\overline{\lambda} \in \sigma_p(x^*)$. 此时, $V_\lambda(x) = V_{\overline{\lambda}}(x^*)$.

(3) 设 $\lambda, \mu \in \sigma_p(x)$ 且 $\lambda \neq \mu$. 则 $V_\lambda(x) \perp V_\mu(x)$.

证明 (1) 对每个 $\xi \in \mathbb{H}$ 有

$$\|x\xi\|^2 = \langle x\xi, x\xi\rangle = \langle x^*x\xi, \xi\rangle = \langle xx^*\xi, \xi\rangle = \langle x^*\xi, x^*\xi\rangle = \|x^*\xi\|^2.$$

故结论成立.

(2) 用上述同样方法可以证明 $\|(\lambda - x)\xi\|^2 = \|(\overline{\lambda} - x^*)\xi\|^2, \xi \in \mathbb{H}$. 故相应结论成立.

(3) 设 $\xi \in V_\lambda(x), \eta \in V_\mu(x)$, 则

$$\lambda\langle\eta, \xi\rangle = \langle\eta, x\xi\rangle = \langle x^*\eta, \xi\rangle = \langle\bar{\mu}\eta, \xi\rangle = \mu\langle\eta, \xi\rangle.$$

由于 $\lambda \neq \mu$, 因此 $\langle\eta, \xi\rangle = 0$. □

下面的定理是本节的主要结论:

定理 A.4.3(正规紧算子的谱分解) 设 $x \in \mathcal{B}(\mathbb{H})$ 为一个正规紧算子, 则

(1) 存在 $\lambda \in \sigma_p(x)$ 使得 $\|x\| = |\lambda|$.

(2) $\mathbb{H} = \bigoplus_{\lambda \in \sigma_p(x)} V_\lambda(x)$.

(3) 存在 $\mathbb{H}$ 中的一个正交基 $\{e_n\}_{n\geqslant 0}$ 和一个序列 $\{\lambda_n\}_{n\geqslant 0} \subset \mathbb{C}$ (x 的特征值) 使得对每个 $\xi \in \mathbb{H}$ 有

$$x(\xi) = \sum_{n\geqslant 0} \lambda_n\langle e_n, \xi\rangle e_n \quad 且 \quad x^*(\xi) = \sum_{n\geqslant 0} \bar{\lambda}_n\langle e_n, \xi\rangle e_n,$$

其中级数在 $\mathbb{H}$ 中收敛.

证明 (1) 用 $r(x)$ 记 x 的谱半径, 即 $r(x) = \sup\{|\lambda| : \lambda \in \sigma(x)\}$. 因为 x 是正规的, 所以 $\|x\| = r(x)$ (见第 1 章). 由于 $\sigma(x)$ 是紧的, 故存在 $\lambda_0 \in \sigma(x)$ 使得 $r(x) = |\lambda_0|$. 若 $\lambda_0 = 0$, 则 $x = 0$ 且 $\lambda_0 \in \sigma_p(x)$. 若 $\lambda_0 \neq 0$, 则由定理 A.4.1 知, $\lambda_0 \in \sigma_p(x)$.

(2) 令

$$\mathbb{E} = \bigoplus_{\lambda \in \sigma_p(x)} V_\lambda(x).$$

它是 $\mathbb{H}$ 的闭子空间. 对每个 $\lambda \in \sigma_p(x)$, $V_\lambda(x)$ 是 x 和 x^* 的不变子空间 (由于 $V_\lambda(x) = V_{\bar{\lambda}}(x^*)$). 因此 $\mathbb{E}$ 是 x 和 x^* 的不变子空间. 现在设 $\xi \in \mathbb{E}^\perp, \eta \in \mathbb{E}$, 则 $\langle x\xi, \eta\rangle = \langle \xi, x^*\eta\rangle = 0$. 故 $x\xi \in \mathbb{E}^\perp$. 从而 $\mathbb{E}^\perp$ 是 x 的不变子空间. 同理可证 $\mathbb{E}^\perp$ 是 x^* 的不变子空间.

假设 $\mathbb{E}^\perp \neq \{0\}$ 且记 $\tilde{x}$ 是 x 在 $\mathbb{E}^\perp$ 上的限制. 则 $\tilde{x}$ 是紧算子且其伴随是 x^* 在 $\mathbb{E}^\perp$ 上的限制. 特别地, $\tilde{x}$ 也是正规算子. 由 (1) 可知, $\tilde{x}$ 具有特征值 μ 和对应于它的特征向量 $e \in \mathbb{E}^\perp$, 此向量显然也是 x 的特征向量, 这与 $\mathbb{E}$ 的定义矛盾! 因此 $\mathbb{E}^\perp = \{0\}$. 因为 $\mathbb{E}$ 是闭的, 所以结论成立.

(3) 在每个 $V_\lambda(x)$ 中取一个正交基 (若 $\lambda \neq 0$, 则此正交基是有限的). 由于 $V_\lambda(x)$ 是两两正交的, 故这些正交基一起构成 $\mathbb{H}$ 的一个正交基. 这个正交基和相应的特征值序列 (特征值记重数) 满足要求. □

注 A.4.1 定理 A.4.3 的逆命题也成立. 事实上, 设 $\{\lambda_n\}_{n\geqslant 0}$ 是收敛于 0 的复数序列, $\{e_n\}_{n\geqslant 0}$ 是 $\mathbb{H}$ 中的一个正交系. 定义 $x \in \mathcal{B}(\mathbb{H})$ 如下:

$$x(\xi) = \sum_{n\geqslant 0} \lambda_n \langle e_n, \xi\rangle e_n, \quad \forall \xi \in \mathbb{H},$$

则 x 是一个正规的紧算子且 x^* 为

$$x^*(\xi) = \sum_{n\geqslant 0} \bar{\lambda}_n \langle e_n, \xi\rangle e_n, \quad \forall \xi \in \mathbb{H}.$$

所有的 λ_n 是 x 的特征值. 若 $\{e_n\}$ 不是 $\mathbb{H}$ 的基, 则 0 也是 x 的特征值.

定理 A.4.4(紧算子的谱分解) 设 $x \in \mathcal{K}(\mathbb{H})$, 则

$$x(\xi) = \sum_{n\geqslant 0} \lambda_n \langle e_n, \xi\rangle e_n', \quad \forall\, \xi \in \mathbb{H},$$

其中 λ_n 是 $|x|$ 的特征值; $\{e_n\}$ 和 $\{e_n'\}$ 是 $\mathbb{H}$ 中的两个正交系.

证明 因为 $|x|$ 是一个正紧算子 (因此是一个正规算子), 故存在 $\{\lambda_n\}_{n\geqslant 0} \subset \mathbb{C}\setminus\{0\}$ 和 $\mathbb{H}$ 中的一个正交系 $\{e_n\}_{n\geqslant 0}$ 使得

$$|x|(\xi) = \sum_{n\geqslant 0} \lambda_n \langle e_n, \xi\rangle e_n, \quad \forall\, \xi \in \mathbb{H}.$$

由极分解 $x = u|x|$ 有

$$x(\xi) = \sum_{n\geqslant 0} \lambda_n \langle e_n, \xi\rangle u(e_n), \quad \forall\, \xi \in \mathbb{H}.$$

令 $e_n' = u(e_n)$. 因为 $e_n \in \operatorname{im}|x|$ 且 u 是支撑为 $\operatorname{im}|x|$ 的部分等距算子, 所以 $\{e_n'\}$ 是 $\mathbb{H}$ 中的一个正交系. □

注 A.4.2　本节的结论对不可分的 Hilbert 空间也成立. 设 $x \in \mathcal{K}(\mathbb{H})$, 则 $\operatorname{im} x$ 是可分的. 因此 $(\ker x)^{\perp}$ 也是可分的. 于是代替 x, 考虑 $x|_{(\ker x)^{\perp}}$, 则将不可分的情形转化成为可分的情形.

习　题

1. 设 $\mathbb{H}$ 是一个 Hilbert 空间, $x \in \mathcal{B}(\mathbb{H})$ 且 $x = u|x|$ 是 x 的极分解.

(1) 证明下列等式:

$$|x| = u^* x,$$

$$|x| = u^* u|x|,$$

$$|x| = |x|u^* u,$$

$$|x^*| = u|x|u^*.$$

给出 x^* 的极分解中的部分等距算子.

(2) 证明下列命题等价:

(i) x 是可逆算子;

(ii) $|x|$ 和 $|x^*|$ 是可逆算子;

(iii) x^* 是可逆算子.

(3) 证明: x 是正规的当且仅当 $|x| = |x^*|$. 此时, 存在酉算子 v 使得 $x = v|x|$.

2. 设 $\mathbb{H}$ 是一个可分的 Hilbert 空间. 设 $p, q \in \mathcal{B}(\mathbb{H})$ 是两个正交投影算子.

(1) 回顾一下两个可分 Hilbert 空间当维数相等时, 为什么等距同构.

(2) 证明: $p \leqslant q$ 当且仅当 $\operatorname{im}(p) \subset \operatorname{im}(q)$.

(3) 证明: 若 $\dim(\operatorname{im}(p)) = \dim(\operatorname{im}(q)) < \infty$, 则存在部分等距算子 u 使得

$$u^* u = p \quad \text{且} \quad uu^* = q.$$

(4) 证明: 若 $\dim(\operatorname{im}(p)) \leqslant \dim(\operatorname{im}(q))$ (允许 $\dim(\operatorname{im}(q)) = \infty$), 则存在正交投影算子 q_1 和部分等距算子 u 使得

$$q_1 \leqslant q, \quad u^* u = q_1, \quad uu^* = p.$$

(5) 证明: 若 $\dim(\operatorname{im}(p)) = \infty$, 则存在等距算子 u 使得 $uu^* = p$.

(6) 证明: 若 $\dim(\mathbb{H}) = \infty$, 则 $\mathcal{K}(\mathbb{H})$ 没有单位元.

3. 设 $\{e_n\}_{n \geqslant 0}$ 是 $\mathbb{H} = \ell_2$ 的自然基. 定义 $x \in \mathcal{B}(\mathbb{H})$ 如下: 对每个 $n \geqslant 0$, $x(e_n) = \dfrac{e_{n+1}}{n+1}$.

(1) 证明 x 是一个紧算子, 并求其伴随 x^*.

(2) 求 $\sigma(x)$, $\sigma(x^*)$ 和 x 与 x^* 的特征值.

(3) 计算 $x^* x$ 和 xx^* 并推出它们的谱分解.

(4) 计算 $|x|$ 和 $|x^*|$.

(5) 求 x 的极分解.

4. 设 $\{e_n\}_{n\in\mathbb{Z}}$ 是 $\mathbb{H}=\ell_2(\mathbb{Z})$ 的自然基. 对每个有界数列 $x=\{x_n\}_{n\in\mathbb{Z}}\subset\mathbb{C}$ 定义 $T_x\in\mathcal{B}(\mathbb{H})$ 如下：对每个 $n\in\mathbb{Z}$, $T_x(e_n)=x_ne_{n+1}$.

(1) 计算 $\|T_x\|$. 证明 $x\mapsto T_x$ 是从 $\ell_\infty(\mathbb{Z})$ 到 $\mathcal{B}(\mathbb{H})$ 的连续映射.

(2) 确定 x 在什么条件下使得 T_x 是 (i) 正规算子, (ii) 酉算子, 或者 (iii) 紧算子.

索　引

(按拼音字母排序)

G

H

I

J

K

L

N

U

V

W

X

Y

Z

其 他

《现代数学基础丛书》已出版书目

1 数理逻辑基础(上册) 1981.1 胡世华 陆钟万 著
2 数理逻辑基础(下册) 1982.8 胡世华 陆钟万 著
3 紧黎曼曲面引论 1981.3 伍鸿熙 吕以辇 陈志华 著
4 组合论(上册) 1981.10 柯 召 魏万迪 著
5 组合论(下册) 1987.12 魏万迪 著
6 数理统计引论 1981.11 陈希孺 著
7 多元统计分析引论 1982.6 张尧庭 方开泰 著
8 有限群构造(上册) 1982.11 张远达 著
9 有限群构造(下册) 1982.12 张远达 著
10 测度论基础 1983.9 朱成熹 著
11 分析概率论 1984.4 胡迪鹤 著
12 微分方程定性理论 1985.5 张芷芬 丁同仁 黄文灶 董镇喜 著
13 傅里叶积分算子理论及其应用 1985.9 仇庆久 陈恕行 是嘉鸿 刘景麟 蒋鲁敏 编
14 辛几何引论 1986.3 J.柯歇尔 邹异明 著
15 概率论基础和随机过程 1986.6 王寿仁 编著
16 算子代数 1986.6 李炳仁 著
17 线性偏微分算子引论(上册) 1986.8 齐民友 编著
18 线性偏微分算子引论(下册) 1992.1 齐民友 徐超江 编著
19 实用微分几何引论 1986.11 苏步青 华宣积 忻元龙 著
20 微分动力系统原理 1987.2 张筑生 著
21 线性代数群表示导论(上册) 1987.2 曹锡华 王建磐 著
22 模型论基础 1987.8 王世强 著
23 递归论 1987.11 莫绍揆 著
24 拟共形映射及其在黎曼曲面论中的应用 1988.1 李 忠 著
25 代数体函数与常微分方程 1988.2 何育赞 萧修治 著
26 同调代数 1988.2 周伯壎 著
27 近代调和分析方法及其应用 1988.6 韩永生 著
28 带有时滞的动力系统的稳定性 1989.10 秦元勋 刘永清 王 联 郑祖庥 著
29 代数拓扑与示性类 1989.11 [丹麦] I. 马德森 著
30 非线性发展方程 1989.12 李大潜 陈韵梅 著

31 仿微分算子引论 1990.2 陈恕行 仇庆久 李成章 编
32 公理集合论导引 1991.1 张锦文 著
33 解析数论基础 1991.2 潘承洞 潘承彪 著
34 二阶椭圆型方程与椭圆型方程组 1991.4 陈亚浙 吴兰成 著
35 黎曼曲面 1991.4 吕以辇 张学莲 著
36 复变函数逼近论 1992.3 沈燮昌 著
37 Banach 代数 1992.11 李炳仁 著
38 随机点过程及其应用 1992.12 邓永录 梁之舜 著
39 丢番图逼近引论 1993.4 朱尧辰 王连祥 著
40 线性整数规划的数学基础 1995.2 马仲蕃 著
41 单复变函数论中的几个论题 1995.8 庄圻泰 杨重骏 何育赞 闻国椿 著
42 复解析动力系统 1995.10 吕以辇 著
43 组合矩阵论(第二版) 2005.1 柳柏濂 著
44 Banach 空间中的非线性逼近理论 1997.5 徐士英 李 冲 杨文善 著
45 实分析导论 1998.2 丁传松 李秉彝 布 伦 著
46 对称性分岔理论基础 1998.3 唐 云 著
47 Gel'fond-Baker 方法在丢番图方程中的应用 1998.10 乐茂华 著
48 随机模型的密度演化方法 1999.6 史定华 著
49 非线性偏微分复方程 1999.6 闻国椿 著
50 复合算子理论 1999.8 徐宪民 著
51 离散鞅及其应用 1999.9 史及民 编著
52 惯性流形与近似惯性流形 2000.1 戴正德 郭柏灵 著
53 数学规划导论 2000.6 徐增堃 著
54 拓扑空间中的反例 2000.6 汪 林 杨富春 编著
55 序半群引论 2001.1 谢祥云 著
56 动力系统的定性与分支理论 2001.2 罗定军 张 祥 董梅芳 著
57 随机分析学基础(第二版) 2001.3 黄志远 著
58 非线性动力系统分析引论 2001.9 盛昭瀚 马军海 著
59 高斯过程的样本轨道性质 2001.11 林正炎 陆传荣 张立新 著
60 光滑映射的奇点理论 2002.1 李养成 著
61 动力系统的周期解与分支理论 2002.4 韩茂安 著
62 神经动力学模型方法和应用 2002.4 阮 炯 顾凡及 蔡志杰 编著
63 同调论—— 代数拓扑之一 2002.7 沈信耀 著
64 金兹堡-朗道方程 2002.8 郭柏灵 黄海洋 蒋慕容 著

65 排队论基础 2002.10 孙荣恒 李建平 著
66 算子代数上线性映射引论 2002.12 侯晋川 崔建莲 著
67 微分方法中的变分方法 2003.2 陆文端 著
68 周期小波及其应用 2003.3 彭思龙 李登峰 谌秋辉 著
69 集值分析 2003.8 李 雷 吴从炘 著
70 强偏差定理与分析方法 2003.8 刘 文 著
71 椭圆与抛物型方程引论 2003.9 伍卓群 尹景学 王春朋 著
72 有限典型群子空间轨道生成的格(第二版) 2003.10 万哲先 霍元极 著
73 调和分析及其在偏微分方程中的应用(第二版) 2004.3 苗长兴 著
74 稳定性和单纯性理论 2004.6 史念东 著
75 发展方程数值计算方法 2004.6 黄明游 编著
76 传染病动力学的数学建模与研究 2004.8 马知恩 周义仓 王稳地 靳 祯 著
77 模李超代数 2004.9 张永正 刘文德 著
78 巴拿赫空间中算子广义逆理论及其应用 2005.1 王玉文 著
79 巴拿赫空间结构和算子理想 2005.3 钟怀杰 著
80 脉冲微分系统引论 2005.3 傅希林 闫宝强 刘衍胜 著
81 代数学中的 Frobenius 结构 2005.7 汪明义 著
82 生存数据统计分析 2005.12 王启华 著
83 数理逻辑引论与归结原理(第二版) 2006.3 王国俊 著
84 数据包络分析 2006.3 魏权龄 著
85 代数群引论 2006.9 黎景辉 陈志杰 赵春来 著
86 矩阵结合方案 2006.9 王仰贤 霍元极 麻常利 著
87 椭圆曲线公钥密码导引 2006.10 祝跃飞 张亚娟 著
88 椭圆与超椭圆曲线公钥密码的理论与实现 2006.12 王学理 裴定一 著
89 散乱数据拟合的模型、方法和理论 2007.1 吴宗敏 著
90 非线性演化方程的稳定性与分歧 2007.4 马 天 汪宁宏 著
91 正规族理论及其应用 2007.4 顾永兴 庞学诚 方明亮 著
92 组合网络理论 2007.5 徐俊明 著
93 矩阵的半张量积:理论与应用 2007.5 程代展 齐洪胜 著
94 鞅与 Banach 空间几何学 2007.5 刘培德 著
95 非线性常微分方程边值问题 2007.6 葛渭高 著
96 戴维-斯特瓦尔松方程 2007.5 戴正德 蒋慕蓉 李栋龙 著
97 广义哈密顿系统理论及其应用 2007.7 李继彬 赵晓华 刘正荣 著
98 Adams 谱序列和球面稳定同伦群 2007.7 林金坤 著

99 矩阵理论及其应用 2007.8 陈公宁 编著
100 集值随机过程引论 2007.8 张文修 李寿梅 汪振鹏 高 勇 著
101 偏微分方程的调和分析方法 2008.1 苗长兴 张 波 著
102 拓扑动力系统概论 2008.1 叶向东 黄 文 邵 松 著
103 线性微分方程的非线性扰动(第二版) 2008.3 徐登洲 马如云 著
104 数组合地图论(第二版) 2008.3 刘彦佩 著
105 半群的 S-系理论(第二版) 2008.3 刘仲奎 乔虎生 著
106 巴拿赫空间引论(第二版) 2008.4 定光桂 著
107 拓扑空间论(第二版) 2008.4 高国士 著
108 非经典数理逻辑与近似推理(第二版) 2008.5 王国俊 著
109 非参数蒙特卡罗检验及其应用 2008.8 朱力行 许王莉 著
110 Camassa-Holm 方程 2008.8 郭柏灵 田立新 杨灵娥 殷朝阳 著
111 环与代数(第二版) 2009.1 刘绍学 郭晋云 朱 彬 韩 阳 著
112 泛函微分方程的相空间理论及应用 2009.4 王 克 范 猛 著
113 概率论基础(第二版) 2009.8 严士健 王隽骧 刘秀芳 著
114 自相似集的结构 2010.1 周作领 瞿成勤 朱智伟 著
115 现代统计研究基础 2010.3 王启华 史宁中 耿 直 主编
116 图的可嵌入性理论(第二版) 2010.3 刘彦佩 著
117 非线性波动方程的现代方法(第二版) 2010.4 苗长兴 著
118 算子代数与非交换 L_p 空间引论 2010.5 许全华 吐尔德别克 陈泽乾 著
119 非线性椭圆型方程 2010.7 王明新 著
120 流形拓扑学 2010.8 马 天 著
121 局部域上的调和分析与分形分析及其应用 2011.4 苏维宜 著
122 Zakharov 方程及其孤立波解 2011.6 郭柏灵 甘在会 张景军 著
123 反应扩散方程引论(第二版) 2011.9 叶其孝 李正元 王明新 吴雅萍 著
124 代数模型论引论 2011.10 史念东 著
125 拓扑动力系统——从拓扑方法到遍历理论方法 2011.12 周作领 尹建东 许绍元 著
126 Littlewood-Paley 理论及其在流体动力学方程中的应用 2012.3 苗长兴 吴家宏 章志飞 著
127 有约束条件的统计推断及其应用 2012.3 王金德 著
128 混沌、Mel'nikov 方法及新发展 2012.6 李继彬 陈凤娟 著
129 现代统计模型 2012.6 薛留根 著
130 金融数学引论 2012.7 严加安 著
131 零过多数据的统计分析及其应用 2013.1 解锋昌 韦博成 林金官 著

132　分形分析引论　2013.6　胡家信　著

133　索伯列夫空间导论　2013.8　陈国旺　编著

134　广义估计方程估计方程　2013.8　周　勇　著

135　统计质量控制图理论与方法　2013.8　王兆军　邹长亮　李忠华　著

136　有限群初步　2014.1　徐明曜　著

137　拓扑群引论(第二版)　2014.3　黎景辉　冯绪宁　著

138　现代非参数统计　2015.1　薛留根　著